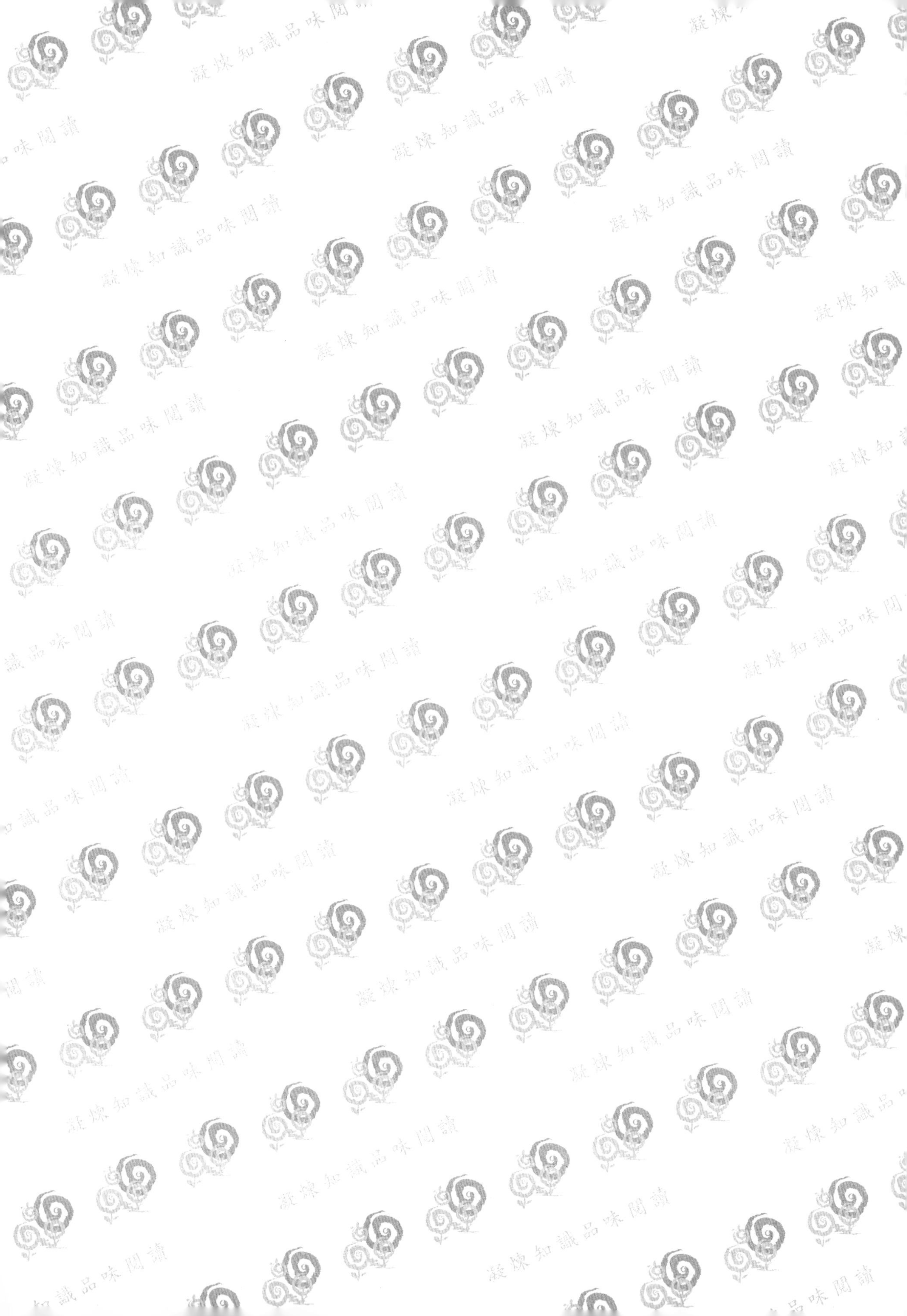

科技管理

張保隆、伍忠賢 合著

作者序

在 2008 年 3 月大選前，李家同以及清華大學萬其超、宋震國、吳誠文等四位教授，發表一份「大學工程教育之檢討」，痛陳長期以來國內工程教育過度強調理論，忽略實務理解力（engineering sense）的重要性，導致培養出大批只懂理論、不懂實務的工學院畢業生。長此下去，將會使台灣變成一個沒有「工程師」的社會，關鍵技術與設備受制於人，影響產業升級。

造成此一危機的原因很多，包括大學評鑑太過重視論文、教授實務經驗不足、輕視技術的士大夫觀念作祟、技職教育萎縮等。更重要的是，台灣社會一直欠缺技術實踐的角色模範：一個吸引年輕人，可以在這片土地上安身立命、長久實踐的技術生涯。

這是媒體的錯，更是教育工作者的失職：我們沒有貼近土地、發掘出默默為台灣技術發展而努力的動人教材。

——**吳泉源**　清華大學科技與社會研究中心主任

財訊月刊，2008 年 4 月，第 210 頁

科技管理是高科技公司生存的基本功，但是也適用於各行各業，其中「創新」扮演著關鍵成功因素。

一、科技島，卻缺乏實用科技管理教科書

台灣號稱科技島，可是《科技管理》教科書卻寥寥可數，企管叢書也很少。類似統一超商總經理徐重仁的核心經營理念，只要消費者不滿意，就有統一超商發展的空間；同樣地，我們自認本書會讓許多大學中大四、碩一學生，甚至上班族（縱使已學過科技管理）都滿意。因為它是以實用為出發點（即以問題解決程序 5W2H）、以策略管理為架構，即站在董事長、總經理、技術長的角度來撰寫。

二、套用李昌鈺的桌子理論

國際著名刑事鑑識專家李昌鈺博士曾以桌子四隻腳為例，說明破案需要「人證、物證、跡證、運氣」。套用他的比喻，我們認為寫本好書的順序是「理論、實務、寫書能力、創意」。由圖 0.1 可見，在圖內方格（代表桌子）內，「圖表、實務、說故事、拚創意」的寫作風格，總希望能讓你覺得讀本書

時好像在看《天下雜誌》、《遠見》、《今周刊》或《商業周刊》等。

(一)《科技管理——個案分析》
1.一版，全華科技圖書，2003 年 9 月，26 萬字。
2.二版，全華科技圖書，2004 年 12 月，30 萬字。
3.張保隆、伍忠賢合著，五南圖書，2010 年 1 月，42 萬字。

(一)本書《技術能力的內容》（表 16.9）。
(二)《技術策略的分類》（圖 4.4），國家創新系統（圖 5.6）。

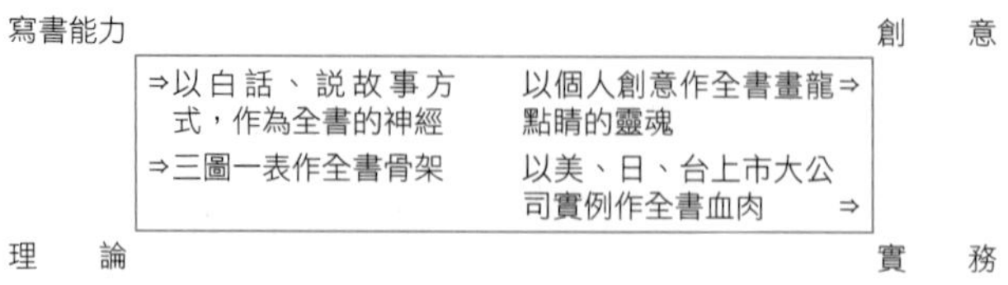

(一)策略管理
1.《實用策略管理》，遠流出版，1998 年 12 月，36 萬字。
2.《策略管理》，三民書局，2003 年 9 月二版，60 萬字。
(二)知識管理
1.伍忠賢和王建彬，《知識管理》，聯經出版，2001 年 4 月，33 萬字。
2.《知識管理》，華泰書局，2001 年 7 月，50 萬字。

圖 0.1　作者們在《科技管理》領域寫書能力——以桌子四隻腳為架構

三、第一本打底，第二本更上一層樓

本書以伍忠賢著《科技管理》（五南圖書，2006 年 4 月）為基礎，但是大幅變動架構，以公司進行創新、研發程序（尤其是第十章研發管理）為導向，強調「即戰力」！

由於篇幅有限，初稿我們拿掉四章份量，其中有二整章如下。

第一章宏達電阿福機、鑽石機研發，改以美國寶鹼（P&G）的開放式研發取代，因後者能跟本書每章連接，而且其產品跟你我息息相關，讀起來更有切身感。

第九章第三到六節原以半導體製造中的晶圓代工為例，說明英特爾、IBM 如何保持技術領先，台積電緊追，聯電、中芯半導體、新加坡特許等苦苦追趕。晶圓代工的奈米製程微縮很符合摩爾定律，讀起來很明確。可是對一般人來說，「太遙遠了」，只好割捨。此外，限於篇幅，參考文獻也不列出。

四、感謝

在本書中，許多地方改寫自報刊，我們皆註明出處，一則表示飲水思源，一則方便讀者可以藉此找出原作。

張保隆　　台中市
伍忠賢　謹誌於　新店市
2010 年 5 月

目　錄

導論
——六個角度搞懂科技管理是什麼

在日常生活中，體育主播經常把棒球、籃球比賽時，哪一隊擁有「主場優勢」掛在嘴上，好像一副你知道我在講什麼似的。問題是，到現在很多球迷還是「不知所云」。

同樣的問題也出現在企業，有些公司巧立名目，設立營運長（其實就是董事長兼執行長時的總經理）、策略長（其實就是經營企劃室主管），常令外界人士「丈二金剛，摸不著腦袋」。

同樣的問題也出現在大學，像「科技管理」課程，就很難讓學生了解「學了以後有什麼用」，從公司的組織圖最容易回答這個問題，「職有專司」、「一個蘿蔔一個坑」等這些俚語，最容易了解學什麼科目的出路在哪裡。

一、從組織圖來看科技管理的範圍——從「投入—轉換—產出」架構來分解組織圖

大公司裡，跟科技管理課程相關的部處至少有四個，重點是，我們以資訊管理的「投入—轉換—產出」架構來分解組織圖。由圖 0.2 下半部，從左到右來看。

(一)組織層級

從組織層級高低，也可以看出董事長對各單位的重視程度。一級單位稱為（事業）「部」（策略事業單位 SBU，大公司時稱為事業「群」）；二級單位稱為「處」（頭頭的職稱大部分是處長或協理，英文稱為 director，有些台灣外商公司硬拗成總監）。

研發部、法務部（有時會讓人誤以為是行政院法務部）是一級單位，主管

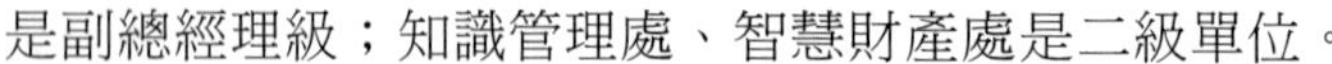
是副總經理級；知識管理處、智慧財產處是二級單位。

(二)畫組織圖有竅門

大一管理學課程便有一章介紹組織設計，有系統的畫法分為二種，特別是依策略大師麥克・波特所提出的價值鏈，即「核心活動（研發、生產、業務）、支援活動（人資、資管、財管）」，如此把各公司的組織圖拿來比較就顯得容易許多。

同樣地，圖 0.2 只是把「研發管理」的部處彙總在一起，其中「研發部」（有時稱為研發總部、研發中心、研究所）起頭作研發；在製造業公司中，知識管理處的主要功能是作為觸媒，加速研發速度。

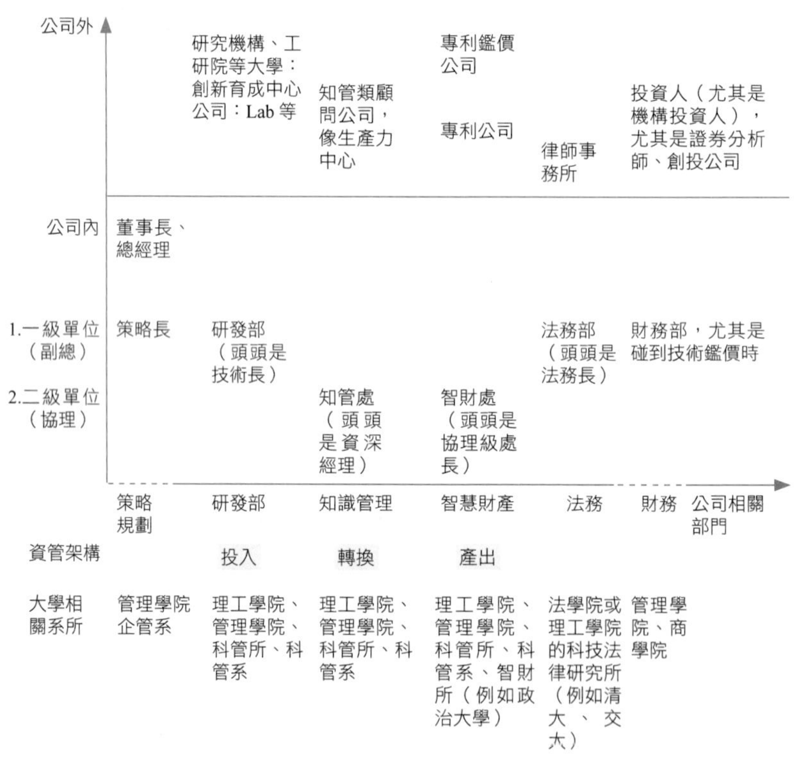

圖 0.2　跟科技管理相關的公司內外單位與大學系所

研發的結果可以申請專利的先到智財處，向各國智財局申請專利，以取得法律面的保障。

如果要進行研發合作和技術移轉的簽約，或是智財權的法律攻防，則需要法務部出面了。

二、因事設系（所）——本書的目標讀者

科技管理至少橫跨公司四個部處，圖 0.2 中 x 軸有二段畫虛線，代表間接相關，因為「利之所在，勢之所趨」，大學會因此設立系所，以滿足社會需求，這又可以再細分為直接的與間接的。

(一)直接目標讀者

本書直接目標讀者主要是下列大學有開課的系所（例如科技管理研究所、智慧財產研究所）。

1.科技管理研究所

在美國，有一些學程需要大學的基礎，因此以設研究所為主，像大眾傳播就是其中之一，科技管理也有這種性質。

2.智慧財產研究所

由於智慧財產權管理越趨專業，有些大學（像政治大學）在科管所之外，再成立智慧財產研究所；那麼，科技管理當然是必修的核心課程。

3.法律系

不管是公司的法務部或外界的律師事務所，跟科技有關的法務事項，可說是占法務相關人員八成時間。因此至少會唸到本書第六章技術預測、第七章專利分析、第十三章專利運用和第十四章保護智財權的戰術作為。

而跟科技相關的法律課程主要有：智慧財產保護法（包括專利申請）、營業秘密法、公平交易法和訴訟程序法、民法（尤其偏重侵權行為）。

有些大學（例如清華大學、交通大學、雲林科技大學）甚至成立科技法律研究所，專攻跟技術相關的法律課程。

有些大學（例如清華大學）為了表示對科技管理的重視，甚至成立科技管理學院，預期未來會有越來越多大學會這麼做；下轄科管所、科法所、智財所等。

(二)間接目標讀者

企管系學生也必修生產管理，不是只有工業工程管理系學生才要；同樣

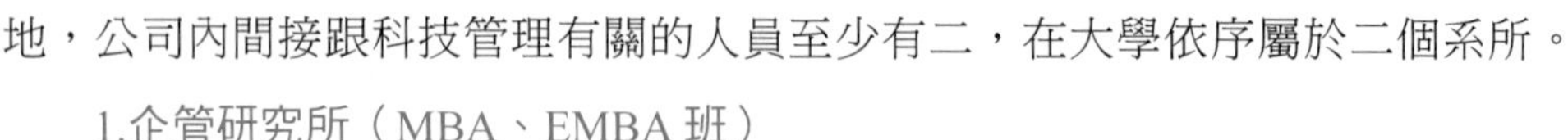

地，公司內間接跟科技管理有關的人員至少有二，在大學依序屬於二個系所。

1.企管研究所（MBA、EMBA 班）

科技管理是技術密集公司（最具體的便是高科技公司）致勝之道，所以，董事長、總經理、高階幕僚（例如董事長室、總經理室）都必須很懂科技管理。因此，越來越多大學的企管所已把科技管理列入課程，跟行銷管理、財務管理等核心課程一樣。

2.財務管理系

財務領域中跟科技管理相關的議題包括技術鑑價（含科技公司鑑價）、智財融資（含智財證券化）等，這往往是公司鑑價課程中的進階課程。

三、科技管理跟策略管理的關係——策略性科技管理

公司內科技管理的目的是為了達到公司（營收、盈餘）成長目標，由這角度來看，本書可用下列二種方式之一來命名。

1.策略性科技管理（strategic technology management）

2.科技管理——策略（管理）角度（technology management—A strategic approach）

由表 0.1 可以清楚看到，整本《科技管理》（至少以本書為例），16 章中有 15 章（除了第二章外）就是科技密集公司的策略管理。

四、科技管理跟研發管理的關係——簡單說，科技管理 = 研發管理

在只能「一言以蔽之」的情況下，往往很容易「一語道破」；如果不在雞蛋裡挑骨頭的話，下面這個主張，可說八九不離十，底下略微說明。

科技管理 = 研發管理

(一)職稱

以台灣製造業中最大民營公司的鴻海精密為例，位於土城市的公司中，下設全球研發總部，由技術長（chief technology officer, CTO）陳杰良領軍。華碩的編制更大，有研發十三部，由於領域太廣，所以由林紹章、吳欽智等三位技術長負責。

簡單地說，研發部的頭頭英文大都是 CTO，而中文大都是技術長，稱為「研發長」的倒是很少見，不過，「研發主管」這個名詞卻頗常見。

表 0.1 本書架構——以「管理」活動為架構

科技管理流程	問題解決程序（5W2H）	本書架構
一、規劃		
(一)策略		
1.成長方向：市場可行性	what	Chap 3 公司：產品創新——兼論創意管理
2.成長速度	who	Chap 4 各種市場角色的技術策略
3.成長方式：生產可行性		
(1)環境偵測	which	Chap 5 國家：科技前瞻到科技政策 Chap 6 技術預測——SWOT 分析中的 OT 分析
(2)成長方式分析		Chap 7 專利分析——SWOT 分析中的 SW 分析
(3)成長方式決策		
(二)組織設計	where	Chap 8 研發部、智財部組織設計
(三)獎勵制度：財務可行性	how much	Chap 9 技術策略決策
二、執行	how	Chap 10 自行研發 Chap 11 聯合研發 Chap 12 外部技術來源——技術移轉 Chap 13 專利運用 Chap 14 智財訴訟 Chap 15 智財行銷
三、控制		Chap 16 科技控制

(二)職掌範圍

技術長大抵是帶研發人員做產品、技術的研發，不過，有些公司在製造部下還有技術處，主要是針對研發部移轉來的技術，設法予以量產，或是後續的去瓶頸工程。

簡單地說，幾乎沒有一家公司同時設立研發部、技術部二個部門。如果同時有這二個部門，研發長可能下轄數百、數千位研發人員，研發部變成直線單位；技術長可能只管一、二十人，技術部是總經理幕僚單位，一如行政院的科技顧問室一樣，而科技部（2013 年成立）等則是行政院下轄的一級單位（即部會）。

五、科技管理跟知識管理的關係——科管為體，知管為用

知識管理是個很抽象的學科，比較像大學中的（社會科學）研究方法課程，它不教什麼具體的研究結果（例如企管、政治），而是教你「點石成金」中的點金術。

同樣地，在科技密集公司中，知識管理主要在協助研發部快速做好研發管理。這可由表 0.2 中可知，以知識管理循環為架構來看科技管理書的架構，至少有一半知管都可以派得上用場。這也難怪，科管所會開知管課程。

表 0.2　從知識管理度來看科技管理書的架構

知識管理循環	知識取得	知識保護	知識移轉（分享轉換）	知識運用
科技管理課程相關章節	§ 4.2 技術策略——自製 vs. 外包 Chap 11 聯合研發 Chap 12 技術移轉	Chap 13 專利運用 Chap 14 保護智財權的戰術作為		§ 3.4 技術推動型創新 Chap 15 技術交易

六、科技管理跟金融業的關係

台股中電子股占每日成交量七成左右，可說是唯一的主流股；由小看大，美國的那斯達克股市、費城半導體指數，甚至紐約證交所（NYSE）的高科技股，都扮演重要角色。

證券公司的證券分析師和承銷部（俗稱投資銀行業務）、證券投資信託公司的研究員和基金經理，以及創投公司等，這些都是以高科技公司為研究、投資對象。也就是說，理工學院、科管學院、管理學院（科管所、企管所、財管系等）的畢業生縱使在金融業上班，也必須對科技管理相當熟悉。

科技管理完美範例
——美國寶鹼公司的開放式研發

我的一大職責，是建立傑出的團隊。我只是促成改變的催化劑。我相當勇敢。我是個建立者。我常思考公益、長期發展等問題，以及我們今日建立的事業能否延續 10 年、20 年、50 年。我愛思考，但也是行動派，而且講究結果。我不自負，願意以大局為重，把公司或寶鹼品牌的利益擺在個人渴望或成就之前。

——雷富禮（A. G. Lafley）
美國寶鹼公司董事長兼執行長
經濟日報，2007 年 3 月 4 日，C4 版

學習目標

了解研發管理在公司策略管理中的角色，即先確定營業範圍（where）、產品（which）、消費者（who），了解其需求（要什麼 what），科技管理偏重如何把產品做（how）出來。即策略管理、行銷管理指引公司做正確事（do the right thing），科技管理是「用正確方法做事」（do the thing right）。

直接效益

本章可以一次了解《開放式研發》、《開放式經營》的典範——美國寶鹼公司，可作為公司讀書會、碩士班的個案討論教材。

本章重點

1.開發式創新（open innovation）。p.12

2.公司策略。§1.2 第一段

3.產品開發流程。§1.3

4.寶鹼的科技管理。表 1.5

5.公司併購。§1.7 二

6.技術銷售。§1.7 三

前言　完美範例

「沒吃過豬肉，至少也看過豬走路」這句俚語貼切描寫為什麼本書第一章會以一個完美範例來說明一家公司如何進行科技管理。讓絕大部分沒在公司工作過的學生體會科技管理對於達成公司目標的貢獻，與研發管理的執行。本章八節皆跟第三～十六章相互呼應，詳見表 1.4，讓你具體了解為什麼我們要討論科技管理，也就是說，科技管理在產品開發過程中的貢獻，進而落實公司策略，達到公司目標。

「完美」這個字源自美國黃金單身漢喬治・克魯尼主演的《完美風暴》（Perfect Storm）這部電影，之後，掀起一片「完美」的命名跟風。

本章第一版以股王宏達國際電子（2498，簡稱宏達電）2007 年 6 月推出觸控螢幕手機（阿福機）、2008 年 5 月推出鑽石機為例。但是視野較窄，重點在於研發部。本章唯一缺點是寶鹼（P&G）是美國公司，一般人比較不熟悉，但是當看完下段時，你會發生「原來寶鹼產品無所不在」；再者，報刊上寶鹼曝光度高，就後續研究來說，不會有資料可行性的問題。

一、寶鹼產品在你我生活中

寶鹼在全球 160 個國家營運，行銷超過 300 多個品牌（詳見表 1.1），並擁有 25 億位消費者。這家非常具有創造力與不斷創新的企業，除了引領新產品的開發外，也深深影響人們的生活型態。

寶鹼向來讓相關產品用同一品牌，例如「潘婷」系列就包括：洗髮精、潤絲精、護髮霜和髮膠造型產品。

表 1.1　寶鹼的事業群、事業部與品牌

事業群	事業部（21 個）	品牌（300 多個）
一、核心事業群		
(一)女性		
1.女性照料	・護膚	・歐蕾（Olay）*、SKII ・好自在*（衛生棉）
2.頭髮照料	・美髮	・沙宣、飛柔、威娜、草本精華、可麗柔、潘婷*、海倫仙度斯*，邀請日本女歌手安室奈美惠等代言
3.衣物照料		・汰漬（Tide）*
(二)嬰兒		
嬰兒照料	・嬰兒紙尿褲	・幫寶適（Pampers）* ・Luvx
二、核心事業		
・男性照料		・吉列（Gillette）刮鬍刀*
・清潔用品	口腔保健、衛生紙、Cascade 洗碗精	・速易潔（Swiffer） ・金冠牙刷（Crest）、吉列的歐樂 B（Oral-B）*、金冠（Crest）牙膏
・食品		・品客洋芋片*

*代表年營收 10 億美元以上的品牌。

此外，寵物食品 Iams、胃灼熱藥 Prilosec、汽車清潔槍 Mr. Clean AutoDry 等也是著名產品。

美國寶鹼小檔案

（Procter & Gamble, P&G，台灣公司稱為寶僑家品）

成立時間：1837 年

創辦人：威廉・波克特（William Procter）和詹姆士・甘寶

現任董事長兼執行長：麥克唐納（Robert McDonald），2010 年 1 月 1 日升任董事長。原為汰漬事業部總裁，2009 年 7 月升任執行長

前董事長兼執行長：雷富禮（A. G. Lafley，有譯為雷富理、拉夫雷），2000 年 6 月 8 日上任，2009 年年底卸任

營收：2009 年度（2008.7～2009.6），790 億美元，全球最大日用品公司

盈餘：2009 年度，112.3 億美元

員工數：13.8 萬人

產品：21 個事業部，300 多個品牌

榮譽：美國《巴隆周刊》（*Barron's*）2010 年最受投資人尊崇公司第三名，《財星》雜誌最受尊崇優質企業第九名

二、為什麼要讀寶鹼這個個案

寶鹼開放式經營的成功經驗已成為美國書刊的重點，因此，本書願意花較多篇幅來了解寶鹼從公司策略到科技管理。

1.美國《商業周刊》

「很多公司的董事長都搶著採用『寶僑開放式研發方式』」，美國《商業周刊》寫著。寶鹼也因此成為「開放式研發」最著名的個案。

2.學者歌功頌德

寶鹼合作研發方式非常成功，因此美國加州大學柏克萊分校商學院開放式創新研究中心主任亨利・伽斯柏教授（Henry Chesbrough）在**《開放式創新》**（***Open Innovation***，天下雜誌，2007 年 9 月）跟**《開放式經營》**中，把英特爾、寶鹼、谷歌的成功合作研發例子歸納出來，稱為「開放式創新」。由表 1.2 可見，這包括二個內涵。

表 1.2　開放式研發的二種意義

組織層級	說明	寶鹼的作法
一、由外而內	應盡量利用外部的技術和構想來提升經營績效，使得許多公司研發部的重要性日減。	從公司外部尋求研發創意，結合公司既有的科技，發展新產品。
二、由內而外	公司內未使用的創新或是技術，放入市場，讓研發產生更大的效益。	把公司內部發展出來的專利，上網銷售。這種作法不僅大為提高專利使用的效率，更重要的是，安撫了內部研發人員的反彈，並且順利把目標管理帶入研發部。

3.雷富禮＝新一代的傑克・威爾許

2007 年，因卓越的領導能力和成效，雷富禮獲得多位管理學者、顧問的一致肯定。全球管理學術界頗富盛名的管理學院（Academy of Management）也提名他為 2007 年度風雲主管。在受獎致辭時，雷富禮指出：「我們的工作，也是每一位執行長的任務，就是要結合各個事業、功能及地理區域，還要槓桿運用學習、規模及範疇。」

耶魯大學管理學院桑能費爾德教授（Jeffrey Sonnenfeld）指出，雷富禮的影響力已「不亞於當年的威爾許（Jack Welch，美國通用電器集團董事長兼執行長，2001 年卸任）」，他的領導方式正在改變其他企業的主管。他們歸納出一致的結論為，寶鹼的成功是多個因素共同造成的：強烈的目的感（sense of purpose）、強有力的高階管理群、特別重視流程改善及人力素質的提升。①

傑克・威爾許小檔案

- 出生：1935 年 11 月 19 日
- 現職：作家
- 學歷：伊利諾大學化工博士（1960）
- 經歷：1981～2000 年美國通用電器集團（GE）董事長兼執行長
- 榮譽：1999 年美國《財星》雜誌譽為「二十世紀最佳經營者、最受尊崇的經營者」

1.1 問題診斷

科技管理是達成公司目標的方式之一，公司經營是問題解決程序（診斷—提出構想—決策）的運用。因此，本章從問題診斷這階段開始，以了解問題在哪裡與出了什麼問題。

一、新品需求數量大

由於日用品推陳出新，各品牌產品壽命縮短，必須有源源不斷的新品上架，否則垂垂老矣的舊品，顧客看不上眼，只能低價促銷，微利得很。

寶鹼的科技長吉爾・克勞伊（Gil Cloyd）研究美國日用品的生命週期發現，1992～2002 年之間，產品壽命縮短了一半。他的結論是：寶鹼必須讓新品上架的速度加快一倍。②

二、問題出在研發跟市場脫節

1990 年，寶鹼發下宏願，要在 2000 年之前使營收成長一倍。

1999～2000 年 5 月擔任董事長的賈格（Dirk Jager），展開多項變革方案，力圖重振成長。但新變革還來不及開花結果，經營績效卻已經開始惡化。在營收方面，1999 年營收缺口 100 億美元；在獲利方面，在 1999 年和 2000 年上半年，寶鹼連續數季未能達成預期獲利。證券分析師們一再調低寶鹼的投資價位，股價不斷下挫。2000 年 1 月，股價 110 美元，到了 5 月已跌掉一半。

問題出在賈格大幅提高研發費用，想透過源源不斷推出新產品，在市場上取得領先，可惜研發商品化的比率只有 15%，即研發生產力太低。

三、救援投手來了

2000 年 6 月 8 日，寶鹼宣布賈格下台，由北美地區美容保養產品事業部總裁雷富禮接棒。

雷富禮小檔案

年齡：1948 年、雙子座
現職：前寶鹼董事長兼執行長，2009 年年底卸任
學歷：哈佛大學商學院企管碩士、漢彌爾頓學院學士
經歷：戴爾公司董事、寶鹼各項管理職務、總裁、曾服役於美國海軍
嗜好：閱讀、蒐集棒球卡、漫畫書、搖滾樂黑膠唱片及 Vespa 機車

1.塑造破釜沉舟決心

雷富禮撤掉辛辛那提市總部十一樓以橡木裝潢的主管辦公室，把原來懸掛其中的畫作借給當地博物館。接著，他要求各事業部總裁搬到離員工更近的地方，原來的主管辦公區改為員工訓練中心。雷富禮說，他這樣做，是要「讓員工了解，我們正在推動變革」。

2.打仗靠幹部

高階管理階層的素質，影響公司的組織能力，也會影響成敗。雷富禮特別強調，寶鹼「用最嚴格的方法，有系統的發展領導人才」，包括由他直接參與為 120 位高階人員規劃職涯發展的工作，應是該公司成功的最重要因素。

他說：「我會檢視他們的任務指派計畫，評估他們的長處與短處，以決定如何幫助他們成長。」

這種完整的主管養成，已成為寶鹼不可或缺的一部分。③

1.2 公司策略

公司策略指的是公司成長方向（即多角化程度）、速度和方式，**復甦經營者（turnaround manager）**上台第一件事大都是改變所有的錯，從「正確的地方出發」，即策略修正。

一、成長方向

復甦經營者常做的事便是聚焦經營，只做自己較擅長的事，雷富禮在產品線方面趨向於縮小，但對於營業地區則快速進攻「無人之地」，也就是不在歐美等成熟市場去浴血戰。

1.事業組合

雷富禮精簡寶鹼的事業組合，使事業資產組合朝向快速成長、利潤較高、資產效率較高的事業，即聚焦於運用核心長處來改變賽局，以求在保養美容、健康、個人護理等事業領域取得大贏。雷富禮先把心力集中於四大核心事業類別（衣物照料、頭髮照料、嬰兒照料、女性照料）和營收最高的前十大品牌，詳見表 1.1。

2.地區

寶鹼的二成營收來自開發中國家，低於高露潔的 45%、聯合利華的 35%，這歸因於寶鹼的成本太高，無法壓低售價。

雷富禮認為新興市場（像金磚四國）是寶鹼未來成長的最重要源頭，因此衝刺這個市場。寶鹼構思出在這些市場低價供貨的途徑，把部分產品外包給當地公司，在大陸更師法可口可樂模式生產汰漬產品線，由寶鹼工廠生產清潔劑秘密成分的濃縮物，再由代工公司添加其他成分，完成產品包裝。到 2009 年年底，來自開發中國家的營收已占寶鹼合併營收三成，2010 年上任董事長兼執行長麥克唐納（Robert McDonald）希望透過低價以滲透市場。

二、成長速度

一般復甦經營者往往會把注意力由營收成長，拉回到「有賺錢才對得起股東」。雷富禮強調水到渠成的有機成長，也就是放棄吃多嚼不爛的營收目標。他說：「這是最珍貴的成長型態，我跟 3M 的麥勒尼（註：詳見張保隆、伍忠賢著《科技管理實務個案分析》第八章 3M 的創新管理）、通用電器的伊梅特經常談這件事，有機成長比較可貴，因為它來自於核心能力。」他補充說：「有機成長可以鍛鍊你的創新肌肉，如果是肌肉，使用會變得更強壯。」④

三、成長方式

在成長方式方面，賈格比較著重自己來的內部成長，因此，研發費用也較高。雷富禮則注重「均衡一下」，由表 1.3 可見，以五年為期（即 2001～2006 年），希望來自外部成長的營收占 50%。此外，我們稍微詮釋雷富禮的目標，他的本意指的是「來自外部創意、研發占產品的一半」。

表 1.3　產品開發方式的抉擇

研發自製程度	0%	50%	100%
一、技術／產品取得方式	外部成長。 1.公司併購，其中的「收購」包括資產、股權收購，技術移轉屬於資產收購。 2.策略聯盟，例如聯合研發。	內外部均衡成長，即各占一半。	內部成長。
二、寶鹼的作法		2000 年 6 月，雷富禮上台之後，2001 年採取「連結與發展」（connect & development）。 1.連結（connect）比較偏重外部成長，2006 年時，一半新產品應來自寶鹼外部，另一半來自自主研發； 2.發展（development）比較著重自主研發。	2000 年 5 月以前，偏重自主研發。

1.3 產品開發流程

雷富禮強調，發明是把新點子轉化為具體成果，例如一項產品或制度；創新是把新點子轉化成營收與獲利。也就是說，直到消費者願意掏錢購買你的產品，並且願意一再購買之前，不算是創新。雷富禮把寶鹼的研發活動，從發明修改為真正能產生實效的創新，即**需求導向創新（demand driven innovation）**。

由表 1.4 可見，雷富禮更強調行銷導向，更精準瞄準目標後再射擊，不像賈格時代，看到影子就射擊，以致命中率低。以 2003 年度（2002 年 7 月～2003 年 6 月）為例，新產品命中率（投資報酬率高於資金成本的新產品百分比）由 70% 提高到 90%，在新產品存活期不到 12 個月的消費產品產業，這項成績相當傲人。

表 1.4　寶鹼產品開發流程

產品開發流程	部門	本章節數	本書相關章
一、需求分析	行銷企劃部	§1.3 一	
二、產品構想			
一創意管理			§3.1
三、產品開發決策	業務、品牌、財務等部門	§1.3 三	§3.5
四、新產品開發的負責單位	新產品／事業部（部門名稱 Future Works）	§1.3 四	§8.2 §15.4
五、進行研發			
(一)專利分析			chap 7
(二)自主研發	研發部，員工 7,500 人	§1.5	chap 10
(三)外部研發			
1.公司併購		§1.7 二	
2.技術移轉（移入與移出）		§1.7 一、三	§12.2～§12.4
3.聯合研發	連結與發展部	§1.6	§3.2 chap 11
六、控制		§1.8	chap 16
經營績效評估			

一、研發第一步：消費者行為研究

寶鹼並不是一家不「聆聽消費者聲音」的公司，反之，它是業者翹楚。只是，行銷企劃部給的產品方向跟市場脫節了。雷富禮最常對行銷企劃部、研發部等講的話便是**「顧客才是老闆」（Consumer is boss）**。為了比顧客更了解顧客，寶鹼在消費者研究方面，做得更細，底下說明改變前後的作法。

(一)2000 年以前，偏重市調

早在 1923 年，寶鹼就成立行銷企劃部，專門作消費者調查，在日用品業算是創舉。該部門在 60 國針對 400 萬名消費者進行研究。

寶鹼在 1948 年進軍墨西哥市場，令它傷腦筋的是，一開始在中間所得的六成人口市場上表現欠佳，濃縮洗衣精便是一個明顯的例子。

寶鹼中美洲地區副總裁帕茲·索丹（Carlos Paz Soldan）點出問題所在：「我們在當地聘僱的員工往往是所得相對較高者，我們對中低收入戶的了解太有限了，靠著一些焦點團體座談會和量的研究分析，設計不出真正迎合消費者的產品。」

帕茲·索丹說出寶鹼的領悟：「我們必須走出辦公室，融入較低所得消費者的真實和日常生活中，走進商店裡實地觀察他們的購買行為。」

寶鹼並沒有真正讓顧客成為公司研發過程的參與者，顧客只是扮演被動的角色，對一個又一個的市調刺激產生反應，提供「量化研究資料」。寶鹼也自我侷限在消費者的某個層面，例如針對口腔推出口腔清潔產品。基本上，寶鹼是把消費者從他們的生活環境中抽離出來，然後聚焦在對自己公司（公司的產品或技術）最重要的面向。

偉大的創新來自了解顧客尚未被滿足的需求與欲望。無論市場興或衰，創新都必須從「顧客」的角度出發。然而，這並不等同於由顧客決定。福特汽車創辦人亨利·福特曾說，如果他傾聽市場的需求，那麼他製造出來的將會是一匹跑得更快、更便宜的馬。他了解，顧客真正要的其實是「更好的旅行方式」。深入了解顧客是創新機會的泉源，你必須了解他們的需求、渴望。唯有如此，才能設計出可以協助他們改善生活的產品。

(二)現場創新的運用

雷富禮表示：「一個成功的品牌，就是對消費者永遠不變的承諾及約定。公司一定要堅守此種約定的價值，並且努力縮短與消費者的距離，更要不斷的讓消費者感到驚喜。」

雷富禮上台後，覺得上述問卷等傳統市調法不夠了解消費者行為，因此，寶鹼從 2001 年起推出一系列貼近消費者的計畫，由行銷長史坦格爾負責。

1.生活在其中計畫（living in plan）

生活在其中計畫要求寶鹼員工到消費者家中（或寶鹼的實驗公寓），此外，寶鹼邀請許多消費者跟他們一起生活七天，跟其家人一起用餐、一起購物，觀察他們對時間和金錢的需要、他們的社交生活、什麼對他們而言很重要、他們購買什麼產品，以及如何使用這些產品。

寶鹼研究人員會在「嬰兒發現中心」觀察嬰兒與學步幼兒如何跟媽媽互動、如何移動、尿布如何發揮作用等。

2006 年，寶鹼曾錄了好幾個小時的男性沐浴鏡頭，結果發現他們常用沐浴精洗頭。於是 2007 年，寶鹼推出結合洗髮精和沐浴精的 Old Spices。

2.工作在其中計畫（working in plan）

工作在其中計畫是透過一間像雜貨店，另一間像藥房的實驗店面，由寶鹼提供每人現金 100 美元。研究人員觀察顧客如何在商品展示架間行進，什麼東西引起他們的注意力。寶鹼藉此深入了解消費者的購買行為。

雷富禮強調：「這有助於我們發現傳統市調會錯失的創新機會。」

2001 年以來，寶鹼提高消費者研究經費，2006 年達 2 億美元。雷富禮說：「我們花更多時間到消費者家裡，跟他們一起過生活，或者跟他們一起購物，成為他們生活的一部分。這樣子做，才會有更豐富的洞察力。」

在消費者允許下的窺探行為，是為了在新產品上市之前揪出產品瑕疵，改善既有產品，或者協助設計廣告活動。拍攝下來的消費行為錄影帶會送往產品、包裝設計人員和行銷主管，供他們參考。⑤

二、科技前瞻：預料未來的面貌

1999 年，非營利事業組織「未來研究所」（institute for the future, IFTF）向寶鹼的高階主管提出未來展望簡報，預期生物科技將對寶鹼的許多商品產生越來越大的影響。在座的 12 位寶鹼高階主管面面相覷，他們理解到他們之中沒有一個人具備專長，可以作出有關生技方面的良好決策。

這項領悟使寶鹼採取行動，在內部找到一群擁有生技相關領域博士學位的年輕研發人員，為期一年，大約每個月跟這些高階主管開會一次，教導他們這個領域的知識。2000 年時，這些高階主管沒有變成生技專家，但他們學到了許多這門科學對事業的涵義，並為寶鹼研擬出一項生技策略。如今，你可以看到這項策略反映在寶鹼的許多產品上，特別是在清潔劑和潔髮、護髮產品方面。⑥

三、產品開發決策會議

雷富禮在他跟企業顧問夏藍（Ram Charan）於 2008 年 4 月合著的《創新者的致勝法則——如何透過創新帶動營收和獲利成長》（*The Game-Changer*，天下文化出版，2009 年 7 月）中說，寶鹼對研發不是以個別產品的發明看待，而是視為持續的過程，包括各部門如何共同協助創造營收跟盈餘。他們強調下列公式：

創新 = 1% 靈感 + 49% 努力 + 50% 聰明例行公事

寶鹼組成一支創新領導小組，成員來自業務、品牌、財務等部門，每一季審查十項以上新的汰漬（Tide）創新構想，目的是要找出最有前景者。

以汰漬品牌為例，從 1946 年（自動洗衣機盛行）推出迄今，就有四次破壞性創新：1964 年率先推出的強力合成洗衣粉；1984 年的汰漬洗衣精；1988 年的汰漬漂白洗衣精；2009 年推出平價版（便宜二成）的「Tide Basic」洗衣粉。⑦

在這六十年期間，寶鹼還推出一連串漸進的維持型創新（產品的改良）（平均每年一次創新），使汰漬在美國市場上維持最佳洗衣「劑」（包括洗衣粉和洗衣精）的地位。

但是，到了 2001 年，這個品牌停滯成長，部分原因是價格較高和競爭變得更激烈，消費者心想：「汰漬是比較好，但跟其他品牌相比較，優劣有差那麼多嗎？」寶鹼透過貼近消費者計畫，觀察到許多顧客把汰漬當優質產品，偶爾購買此品牌擺放著，用它來清洗較骯髒、難以清洗的衣物。

寶鹼使他們變成經常性的使用者，發現汰漬可以透過一系列的漸進式、維持型創新，滿足更廣泛的消費者需求，例如：改善柔軟功效、改善除臭／清新效果、改善冷水洗淨效果。這些產品改良使汰漬仍然得以繼續維持較高售價，並且吸引更多使用者，市占率超過 40%。

四、組織設計——職有專司負責成長

雷富禮上任 6 個月，成立負責新產品／事業的部門 Future Works，由總經理丹・雷札克（Dan Rajczak）擔任主管。

科技長克勞伊表示：「現在，如果我們發現某個新產品的商機，就會從新平台的角度來探討。我們希望透過以往不曾考慮過的創新方式，開發出新的產品、服務或事業。這樣的作法，讓公司得以加速產品上市的時間，並因此增加好幾億美元的營收。」⑧

雷富禮認為，寶鹼不只要行銷產品，更要販賣產品經驗，即產品的形狀、味道、觸感。2001 年，寶鹼增設設計主管，直接隸屬於他，除了包裝、企業識別設計，設計部也深入產品開發的所有層面。以歐蕾來說，設計部也參與成分、香味的開發；2004 年版 SKII 的行銷和百貨公司專櫃便出自設計部。

1.4 技術策略決策

寶鹼是全球最大日用品公司，顧客購買日用品大都是例行性採購，著重於產品的功能（或性能），因此產品力（即行銷策略 4P 中的產品）就很重要。產品力來自紮實的研發、生產。在科技「管理」方面，可用「規劃—執行—控制」管理活動，而美國麥肯錫顧問公司的「成功企業七要素」（7S）只是管理活動九中類活動中的七項罷了！

本節依據這樣的架構（詳見表 1.5），來介紹寶鹼的科技管理。

表 1.5　寶鹼的科技管理

管理活動	麥肯錫「成功企業七要素」（即 7S）	寶鹼公司的作法
一、規劃		
	(一)策略	內部跟外部研發各占一半。
	(二)組織設計	設立「連結與發展計畫部」共有 70 位資深研發人員跟外界進行聯合研發等。
	(三)獎勵制度	白貓黑貓，只要會抓老鼠就是好貓。
二、執行		
	(四)企業文化	比較偏向墨守成規，但逐漸改善。
	(五)用人	研發部員工 7,500 人。
	(六)領導型態	合理管理，不採取鐵腕措施。
	(七)領導技巧	
三、控制		
	(八)績效評估	
	(九)修正	

一、科技策略

在財力有限情況下，寶鹼不再凡事自己來；在科技策略方面，必須在「自行研發」跟「**研發委外**」（**R&D outsourcing**）中間取得均衡。

(一)技術策略構想

雷富禮接掌陷入逆境的寶鹼時，高階主管們認為，扭轉公司頹勢的途徑有二。

1.蕭規曹隨

採取賈格的作法，即高研發密度。但是，雷富禮也知道，光靠大幅增加研發費用，並不能解決問題。寶鹼沒有時間等待龐大的研發費用「最終」帶來足夠盈餘。

2.退縮

把研發費用降回賈格上位前的水準，改而把投資主力注入行銷和品牌建立方面，雷富禮看出，寶鹼不能把研發費用降回過去水準，因為寶鹼的營收和獲利下滑，是因為商品市場趨於成熟，寶鹼要想重振營收，必須加快研發新品推出速度。換句話說，寶鹼需要靠研發帶動未來的成長。

(二)優劣勢分析（sw analysis）

雷富禮深刻了解寶鹼的長處，以研發來說，寶鹼固然有很好的成果，但比起大學或研究單位，寶鹼的研發支出跟收穫是不成比例的。

2008 年 5 月，他接受訪問時說：「我們經過很久才發現，本公司的發明不見得比別人強。我們擅長的是搭建新品牌、新產品跟消費者之間的橋樑。」⑨

(三)研發方式的決策

雷富禮說得一針見血：「如果我們做的是非此即彼的抉擇，我們就不可能獲勝，因為人人都可以做這樣的抉擇。當你顧此失彼時，你就不會是產業中的最優者。要是你做出取捨，你將不是贏家。」

雷富禮不相信只有這二條路可走，也質疑其他主管認為理所當然的假設：研發費用跟新品營收成正比。

他思考是否有其他更好的方法可以提高研發的生產力。他把目光轉向公司之外，找到了一條更好的研發途徑：他推出**「連結與發展」（connect & development）**計畫。⑩

雷富禮認為要提高研發的商品化比率與新產品成功率，有效的創新必須透過各種連結，寶鹼不再只專注於內部研發，改採開放模式，由表 1.4 可知，以成長方式來說，寶鹼採取內外兼修的「均衡成長」。推出「連結與發展」尋求來自各方的創新，讓寶鹼現在和過去的員工、消費者、顧客、供貨公司，甚至競爭者參與創新活動。

寶鹼採用的策略類似於美國大型製藥公司的作法，後者在面臨新藥研究突破不易的困境時，紛紛尋求生物科技業和其他研發人員的協助。

雷富禮承認寶鹼模式跟製藥業有類似之處，但內容卻不同。製藥業因為迫於新藥不足而求助外界，但寶鹼是在新產品不虞匱乏之際，求助外界來強化新產品。⑪

二、組織設計

為了跟外界進行聯合研發，因此寶鹼設立「連結與發展計畫部」，在全球幾個重點國家，派駐 70 位資深研發人員，擔任技術創業家，擔任跟來自各國機構、人員聯合研發的協調員，首先是回應外部研發人員對寶鹼研發需求的回應。

三、獎勵制度：考評方式改變

為了讓 7,500 位研發人員成為主動擁抱外來點子的「整合者」，寶鹼規定，研發人員以外來技術解決問題的績效跟自行研發的一樣，「事實上，我們的績效制度甚至偏好外來點子，如果你把節省時間造就的額外績效也計入的話。」

出點子者的收穫是加入寶鹼的全球小組，以及分享營收。寶鹼有時買斷產品，有時付權利金，有時成立合資事業。丹麥發明家拉斯穆森 1970 年代吃了寶鹼閉門羹，後來寶鹼回頭找他，2004 年推出著名的 Glad ForceFlex 垃圾袋。他說：「全球無數消費者樂用我的作品，我很高興。」估計寶鹼已付給他 300 萬美元。[12]

四、企業文化

寶鹼近 200 年的歷史中一貫的企業文化與價值觀：提供能改善世界各地消費者目前、及未來世世代代生活的優質品牌產品。

以巴西寶鹼為例，員工相信，他們不僅僅是在創造獲利，也是在改善人類生活。他們強烈的使命感不但激發各部門密切合作，也使他們與消費者緊密溝通，能夠滿足消費者的需求，創造出真正有價值的產品，讓他們無比興奮，這便是思考價值與使命掀起的巨變。[13]

根據市調公司佛瑞斯特（Forrester Research）針對 18～27 歲的消費者調查發現，他們一週花在網路的時間約 13 個小時，至於看電視時間只有 10 個小時。在網路已經逐漸凌駕電視之際，專門追蹤網路廣告的調查機構 TNS Media Intelligence 預估，寶鹼只支出它在美國廣告預算 87 億美元的 2% 在網路上。

為了增加數位廣告，2008 年春天，寶鹼設立數位創新經理一職。

調查機構 eMarketer 表示，谷歌在「關鍵字」廣告市占率 74%。因此，要說服闊綽的廣告主從電視撤離，轉向讓品牌在其影音分享網站 YouTube 亮相，對谷歌來說也是一大挑戰。據 Zenith Optimedia 指出，電視廣告占全球廣告總支出的近四成。

在寶鹼，墨守成規的企業文化，讓員工多拘泥守舊。谷歌則是另一個極端，員工騎著滑板車在大廳閒晃，並在公共白板上進行腦力激盪。

2008 年 11 月，這二家企業文化南轅北轍的公司交換員工，雙方共有 20 幾位員工參與彼此的員工訓練計畫與會議。

寶鹼數位創新經理喬斯登強調，「我們嘗試擴大我們品牌經理的眼界。」⑭

五、領導型態

在創新的整合過程中，是管理者把各種創新的驅動因素結合起來，讓人生氣勃勃，激勵員工登上新高峰。管理者是鼓動者，他們持續高瞻遠矚，估量所屬產業的不斷變化；他們設定可以達成但需要創新的更宏大目標。他們知道創新是團隊活動，也懂得運用智商和情緒智慧（EQ），能夠跟各式各樣的人一起工作，並把人們的創造力轉化為實質的成果。

創新的管理者熱衷於了解消費者，全心全力投入以深入了解消費者的需求。一段時日之後，他們學到了如何處理伴隨創新而來的風險與失敗，也建立了信心。他們開始有自信，知道自己能掌握在可能性與實用性之間取得平衡的藝術。他們能夠運用智慧，誠實找出失敗和成功的原因。最重要的，他們知道創新是高度整合的過程，是有系統、可複製的，而且能產生成果。

2007 年 3 月初，雷富禮獲哈佛大學甘迺迪政府學院及美國新聞與世界報導評選為 2006 年美國最佳公司董事長。

1.5 研發執行 I：自主研發

這種貼近觀察非常有助益。舉例來說，直到 2000 年年初，寶鹼「Downy」衣物柔軟精在墨西哥市場上的市占率仍低，生活在其中計畫使寶鹼人員獲得重要洞察。他們發現飲用水的取得是非常嚴重的問題，就連低所得者也花錢購買瓶裝水，數百萬的農村婦女仍然必須到井邊打水，或是到社區的馬達站汲水。在城市裡，自來水一天只供應幾小時。

大多數家庭沒有全自動洗衣機，擁有烘乾機者更少，依舊得手洗衣物。但是婦女非常重視洗衣工作，儘管沒錢買很多新衣，但她們以能夠讓家人穿著乾淨、燙整的衣服出門工作或上學為榮。她們的洗衣流程非常講究（一般有六道程序：洗衣、洗清、洗清、柔軟、洗清、洗清）。寶鹼的人員發現，她們花在洗衣工作上的時間，比花在所有其他家事上加總起來的時間還要多，而且九成的婦女使用某些種類、成分的柔軟劑。用水問題加上對洗衣的講究，使得洗衣工作對婦女而言真是件苦差事。

有了這些洞察，寶鹼的研發小組開發出「Downy Single Rinse」（簡稱DSR）產品，使洗衣流程縮減為三道程序：洗衣、添加柔軟精、洗清。寶鹼推出這項產品時，獲得墨西哥自來水公司和環保署的背書支持，並廣泛在商店中示範，讓婦女觀看使用 DSR 的洗衣流程。結果，DSR 大受婦女的歡迎。

1.6 研發執行II：聯合研發

聯合研發（甚至委外研發）是雷富禮在科技管理中的核心，執行方式如下說明。

一、外部研發的來源

在網際網路 2.0 時代，寶鹼的連結與發展企劃部協助設立 Nine Sigma 和 yet 2 等網站，網際網路成為創新**中介者（inno-intermediary）**。寶鹼在各國子公司，指派資深研發人員擔任「技術創業者」，透過網路無遠弗屆特性，對外廣發英雄帖，尋找外部研發人員的創意和協助。

在尋找技術方面，以 2008 年 4 月為例，網站宣布正尋找一種「自動起泡」技術，準備用在洗衣劑上。以 2008 年度（2007 年 7 月～2008 年 6 月）為例，接獲 350 萬項新創意和發明，是網站成立四年來的最高記錄。

二、跟大學合作

寶鹼積極跟大學、供貨公司及外部的發明家攜手合作，也跟他們分享成果。

2006 年時，寶鹼的研發人員想到在洋芋片印字的點子時，他們隨即把所需要克服的技術困難寫成報告，再透過「連結與發展」部門網站對外徵求解決之道。

義大利波隆那市大學一位教授發明了一種類似噴墨印表機的器材，可以在麵包、蛋糕噴上各式圖案。靠著他的技術，「洋芋片印花」（Pringles Print）從構思到生產只花了不到一年時間，遠比內部研發花的時間少多了。

為了配合電影的上檔熱潮，寶鹼集團的品客洋芋片在 2008 年美國市場推出《蜘蛛人 3 特別版》，不但紙桶上印著漫畫英雄，裡頭每一片洋芋片，彎曲的表面竟然都用食用色素印上不同的綠色謎語，像是：「蜘蛛人的真實身分為誰？」

三、寶鹼有「合作研發」實驗室

寶鹼跟德國石化公司巴斯夫（BASF）有「合作研發」實驗室，也邀請美國洛斯阿拉莫斯國家實驗室的研發人員，參與他們的一些研發會議。寶鹼相信，能跟背景這麼不同的組織合作，所有的辛苦都是值得的。⑮

四、跟原物料公司合作

在跟原物料供貨公司研發合作方面，例如寶鹼跟巴斯夫公司的研發人員合作開發突破性的聚合物技術，使用於寶鹼的洗衣劑產品中；此外，清潔先生魔術擦（Mr. Clean Magic Eraser），用來擦除牆壁塗鴉，其主要成分由巴斯夫公司製造。

巴斯夫（BASF）公司小檔案

・公司住址：德國路德維希夏芬市
・產品：苯乙烯、觸媒轉化器
・員工數：2.5 萬人
・市場地位：全球最大化工原料公司，例如供應運動鞋原料給愛迪達

五、跟對手合作

寶鹼的對手高樂氏（Clorox）早先從莊臣公司（SC Johnson）買下「Glad」品牌，但由於欠缺新技術開發新產品，這個品牌面臨商品化危機。寶鹼研發出二項已經通過局部市場測試、非常優異的包裝材質專利技術，但是寶鹼因為歷經財務危機，欠缺資源推出新產品。

寶鹼進行評估後得出的結論是，跟高樂氏合作勝過由寶鹼自行開發，部分原因是使用「Glad」品牌，寶鹼就不需要花錢建立新品牌和通路。因此，寶鹼跟高樂氏公司共同創立一家合資企業，推出 Glad Press'n Seal 保鮮膜產品，全美市占率第一名。

1.7 研發執行III：公司併購與技術移轉

美國公司習慣採取公司併購（技術移轉屬於其中的資產收購）來取得技術、產品、品牌，雷富禮把公司併購視為外部研發的方式之一。由表 1.6 可見，在他任內幾個比較著名的公司併購。

表 1.6　寶鹼來自外部的技術產品

時間	說明
1999 年	向對手日本嬌聯公司（Unicharm）購買該公司開發的除塵器在日本以外市場的銷售權，推出靜電除塵拖把速易潔（Swiffer），即除塵紙拖把，當除塵紙髒了，只需換紙便可。
2001 年	寶鹼收購佳潔士電動牙刷公司（SpinBrush），藉由公司併購，寶鹼買到了一個開發完成、並經市場測試的產品，因而減低新產品的風險，加快切入市場。 向一家法國西德瑪公司（Sederma）購買實驗證明有效的細胞再生與傷口癒合成分（即新胸技術），開發出歐蕾新生換膚（Olay Regenerist）系列保養品，主要功能在於防止皺紋。 為改善染髮劑的持久效果，引進英國道康寧公司（UK Dow Corning）的矽材料技術。
2006 年	寶鹼（牙膏市占第二，金冠牙膏）合併吉列（Gillette，牙刷市占第一，歐樂 B 牙刷），寶鹼希望整合口腔保健產品，讓顧客也能像買保養品或洗髮用品一樣，帶整套產品回家。

一、技術移轉——以歐蕾換膚系列為例

寶鹼在 1985 年收購理查維克公司（Richardson-Vicks）時，也一併買下了歐蕾這個品牌，但這個品牌當時已經顯露疲態。現代管理學之父彼得・杜拉克（Peter F. Drucker）曾說過：「人口結構的改變是非常肥沃、可靠的創新機會。」當寶鹼在尋找高成長、高利潤的事業領域時，顯然想起了這句箴

言，認為老齡化趨勢中存在潛力市場，而那個綽號「Oil of Old Lady」的歐蕾（Olay）品牌，也成為寶鹼瞄準的目標之一。

寶鹼決定用產品改良甚至產品突破來重振這個品牌，它徵詢全球各地數千名婦女的意見，發現她們最普遍關切的是臉部皮膚的老化，並進而辨識出七種問題（皺紋、乾燥、斑點、膚色暗淡等等），這些成為寶鹼產品改良的施力點。

歐蕾換膚系列（Olay Regenerist）的核心技術——新胸技術是向法國一家公司購買的（有一說是共同研發），以傷口治癒科技為訴求。這些創新不僅重振歐蕾，還變成高成長、高利潤的品牌，市占率已超過 40%。

二、公司併購

寶鹼透過幾個公司併購案，以強化產品線。

1.2001 年，收購佳潔士電動牙刷公司

寶僑的牙刷品牌金冠（Crest）只是一般牙刷，缺乏電動牙刷這項產品，因此，在 2001 年，寶鹼花了 4.75 億美元，收購諾汀漢一史帕克（Nottingham-Spark）集團旗下的佳潔士電動牙刷公司（SpinBrush），這是採取電池驅動的低價位電動牙刷。

2.2006 年，收購吉利公司

1997 年以前，寶鹼的金冠在美國牙膏（牙膏市占第二）和整體口腔保健為市場龍頭，後來被高露潔棕欖（Colgate-Palmolive）超越，2007 年幾乎是 3：1。寶鹼推出橘子和肉桂口味的牙膏，受年輕人喜好，金冠的收入 3 年內成長一倍，業績直逼高露潔。

寶鹼結合各部門腦力激發新產品構想，牙膏的新口味便是由 Millstone 咖啡、草本精華洗髮精事業部獻計。此外，香味專家建議的牙膏包裝特殊設計，讓消費者刮一刮就可以聞到牙膏的香味。

2005 年 1 月下旬，寶鹼以 608 億美元併購吉列公司，是當年最大的併購案，因為這個併購，使得寶鹼打開了全新的男性消費商品的市場，同時也取得吉利在產品與市場經營的專門知識。

吉列旗下的品牌包括：金頂電池、歐樂 B、吉列刮鬍刀、百靈小家電與鋒速 3 等五大品牌，這些商品對寶鹼來說，是從未接觸過的新興市場，而且這

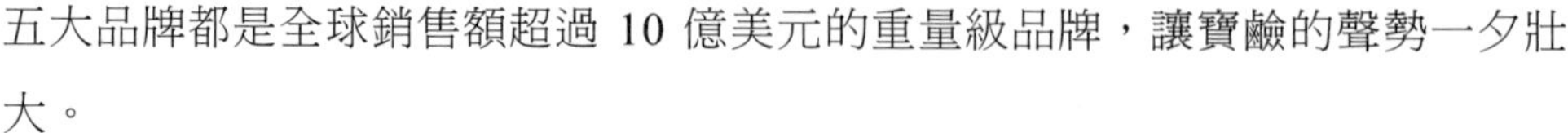

五大品牌都是全球銷售額超過 10 億美元的重量級品牌，讓寶鹼的聲勢一夕壯大。

三、技術銷售——賺得少的就出售

寶鹼開發了一個概念產品，但發現目標市場只有 3,500～5,000 萬美元的規模，遠低於公司所訂的報酬率門檻。由於這個產品概念仍待進一步開發，於是寶鹼跟一家創新投資公司談定，由後者進行後續開發並轉售。這樣的安排不僅可以讓寶鹼未利用的資產也能有機會創造營收，還可以強化跟創新投資公司之間的關係。要是創新投資公司熟識的發明家社群有一些有趣的、跟寶鹼有關的構想，寶鹼就能取得優先審閱的權利。

1.8 經營績效

在雷富禮正確的領導情況下，用正確方式做正確的事，成功只是時間、程度的事，由表 1.7 可見寶鹼 1999～2009 年的經營績效。

表 1.7　寶鹼研發費用與經營績效

年度	1999	2000	2001	2002	2003	2004	2005	2006	2007	2008	2009
(1)研發商品化比率	15～20%								50%		
(2)外部研發比重	15%							36%	50%		
(3)研發費用（億美元）									21		
(4)營收（億美元）	381.25	399.51	392.44	402.38	433.77	514	567	682	765	813.7	790
(5)＝(2)/(3)研發密度		4.8%						3.4%			
(6)盈餘（億美元）	37.63	35.42	29.22	43.52	51.86	61.56	69.23	86.84	103	121	112.3
(7)稀釋後每股盈餘（美元）*	2.59	2.47	2.07	1.54	1.85	2.34	2.53	2.64	2.53	3.64	4.26

*「稀釋」是指已考慮轉換特別股、員工認股計畫（ESOP）後的股數。

一、產品績效

到了 2006 年，寶鹼可說達到雷富禮所提「內外部研發各占一半」的目標，至於石破天驚的產品，像幫寶適和汰漬這類能為公司數十年持續帶進豐厚營收與獲利的商品，對寶鹼和對整個產業來說，還是可遇不可求的。

雷富禮說：「我們還沒有開發出新一代的拋棄式紙尿片。我希望未來能推出一、二款新品，我們已有幾個新構想，也許我這輩子可以目睹它們問世。」⑯

二、財務績效

透過一堆努力，由表 1.7 可見，寶鹼的經營績效非常亮眼。

- 營收由 2000 年度 400 億美元，成長到 2009 年度的 790 億美元，九年算數平均成長率 10.8%，對日用品這個成熟產業來說，已難能可貴。尤其八年是正成長，只有 2009 年度衰退 3%。
- 盈餘由 2000 年度 35.42 億美元，成長到 2009 年度 112.3 億美元，年成長率 21.7%，不過 2009 年度營收減少 3%、盈餘減少 7.2%，所幸出售 Folgers 咖啡這個品牌有小賺，否則少賺更多。
- 稀釋後每股盈餘維持在 2.5 美元。
- 股價仍停留在 60 美元左右。

註　釋

①世界經理文摘，2008 年 1 月，第 70～71 頁。

②天下雜誌，2007 年 10 月 24 日，第 174 頁。

③世界經理文摘，2010 年 1 月，第 17～18 頁。

④經濟日報，2004 年 6 月 14 日，36 版，官如玉。

⑤經濟日報，2007 年 6 月 4 日，A14 版，官如玉。

⑥摘修自世界經理文摘，2007 年 10 月，第 108～109 頁。

⑦工商時報，2009 年 8 月 23 日，D3 版，吳慧珍。

⑧哈佛商業評論，2007 年 8 月，第 119 頁。

⑨經濟日報，2008 年 5 月 11 日，C3 版，吳國卿。

⑩摘修自世界經理文摘，2008 年 2 月，第 102～105 頁。

⑪經濟日報，2008 年 5 月 11 日，C3 版，吳國卿。

⑫經濟日報，2010 年 1 月 3 日，A9 版，彭淮棟。

⑬經濟日報，2009 年 10 月 26 日，A8 版，謝璦竹。

⑭工商時報，2008 年 11 月 20 日，A6 版，蕭麗君。

⑮天下雜誌，2007 年 10 月 24 日，第 176 頁。

⑯經濟日報，2008 年 5 月 11 日，C3 版，吳國卿。

本章習題

1. 以表 1.1 為基礎，請上台灣寶僑家品公司網站（www.pgtaiwan.com.tw），看看該公司在台灣市場有哪些產品，本題為破冰題，讓你了解寶僑產品「在你左右」。
2. 以表 1.2 為例，你是否可以舉一些具體例子。
3. 雷富禮並不是研發人員出身（即缺乏科技學術背景），為何能把公司管理好？（Hint：§ 1.3 的第一段）。
4. 以表 1.3 為基礎，說明「100% 自主研發」跟「內外部均衡研發」（套用「平衡」股利中「平衡」一詞）各適用哪種公司、產品、時機？
5. 寶鹼的消費者生活觀察方式取代問卷、深度互動訪談（即焦點團體），你認為如何？
6. 革命性創新（俗稱殺手級產品）、產品改良的關係如何？試以汰漬洗衣劑為例。
7. 開放式經營跟美國大型傳統製藥（即化學藥）公司的經營有何雷同之處？
8. 試以一個新的例子來說明寶鹼如何進行研合研發。
9. 為什麼同業間要合作研發呢？（Hint：以 § 1.6五為例）
10. 開放式研發是否以大公司比較有對外吸引力（好點子、委外研究）？

2 科技管理快易通

我們常常聽到一種說法，說我們要有創意，這當然是對的，因為有創意的產品往往有高附加價值。但我們又要知道，如果未能掌握核心技術，光有創意是毫無意義的。舉例來說，假設我們想出了像日本任天堂 Wii 那樣有創意的玩意兒，我們恐怕只有空想而已，因為我們的技術能力不夠高。要做出 Wii，我們首先要掌握的是感測器感應技術，也要掌握住無線通訊技術。最後，必須掌握精密的控制技術，任天堂之所以能夠製造這種世界上數一數二的機器，完全是因為他們是有這些核心技術的。

如果我們不能掌握核心技術，我們就只好依賴別人的技術，一旦我們所依賴的技術落伍了，我們也就落伍了。即使沒有落伍，我們也等於在替那些先進國家做苦工，有點像是殖民地。他們賺大錢，我們賺小錢；他們賠小錢，我們賠大錢。

——李家同　暨南、清華、靜宜大學榮譽教授
聯合報，2009 年 1 月 11 日，A4 版

學習目標

本章由淺入深，第三節先說明「什麼」（what）是科技管理；第四節說明科技產業的發展型態；第五節再說明科技對台灣經濟的重要性；第六節則討論台灣需靠先進技術才能使經濟轉型，邁入先進工業國之林。

直接效益

本章第一、二節採取回復基本的治學方法，有助於以後各章打基礎，也跟你分享「學習如何學」（learn how to learn）的方法。

本章重點（*是碩士班程度）

*1.基礎研究 vs. 應用研究。表 2.1
*2.知識、技術和生產流程。圖 2.1
3.研發、科技和創新三個同義詞。表 2.2
4.策略性資源、技術的內涵。圖 2.2
5.技術的二種型態。表 2.3
6.工業的分類。表 2.4
7.工業依技術水準區分。圖 2.3
8.實用企業管理矩陣。表 2.9
9.4C 的產業生命週期營收。圖 2.5
*10.雁行模式。圖 2.6
11.1960 年代以來台灣經濟發展的主流產業。表 2.12
12.施振榮的微笑曲線。圖 2.7
13.美、台的價值曲線。圖 2.8
*14.IBM 的差異化策略。表 2.13
15.追趕型 vs. 世界頂尖型經營方式。表 2.14
*16.亞洲經濟金三角。圖 2.10

前言　科技建國

學雜耍、體操，總是一步一步練，一招一招往上加；同樣地，學習任何一個學科，最好也採取這種作法。本章由公司經營角度切入，由簡入繁，才容易抓住科技管理的精髓。

第一節仔細說明「科技」，再拆解成「科」學、「技」術，再由產業區分為高科技、中科技和低科技產業三類，可以清楚抓住「科技」二個字的精髓；第三節簡略說明「管理」，並且從企業經營角度來看科技管理在企管七管（或是策略大師波特的價值鏈）中的地位，由左向右前後關係，才容易了解研發部、技術長、法務部等公司科技管理的範圍和內容。

2.1 科技是啥玩意？

很多名詞在生活中常掛在嘴邊，可是真的打破沙鍋問到底，反而令人張口結舌。例如：什麼是「主場」優勢？為什麼用心狠「手辣」來形容人很殘忍？同樣地，高科技類股是台灣唯一主流類股，投資人皆知；高科技產品（例如：數位相機、筆記型電腦）價格呈下滑趨勢、政府大量採購 F16 戰機等高科技武器。由上述這些報刊、電視觸目可見的用詞，足見「高科技」一詞是生活中的會話名詞。但是什麼是「高」科技呢？有高，就一定有「低」，甚至會有「中」，如何劃條楚河漢界呢？

一、最簡單的治學之道：回復到最基本

「教人釣魚一天，可以讓他過一生；給人魚吃，只能吃一天。」在本書一開始，我們希望能告訴你，如何深入掌握「科技管理」的精義。尤有甚者，還特別強調，我們最基本的治學理念：**回復到最基本（return to basics）**；也就是「專業始終來自生活」，這跟諾基亞（Nokia）手機廣告詞「科技始終來自人性」的道理相同。

「專業始終來自生活」的涵義是指任何高深的學問，都可以用生活中熟悉、淺顯的三個例子來就近取譬，舉三反一，才能讓你我由懂到「通」！而通則久，即唯有融會貫「通」，知識才可長可「久」。

接著，我們破冰的先用社會科學最簡單的治學方法：拆字法，深入淺出來說明「科技是啥玩意」。

(一)拆字法

古代、現代的人創造字（造詞）都有它的道理，例如，所有金屬都有「金」字邊，那麼「林」就不會有冷冰冰的金屬類。

同樣地，大部分的企管專有名詞都不是單字，而是二個（以上）字組成的，想了解這些名詞的本質（nature），最簡單的方法便是採取化學中的分解法；在字母、詞來說，便是拆字法。

專有名詞跟化學的合成物一樣，了解專有名詞最簡單的方式跟化學名詞一樣，也就是把名詞分解到最基本的字，像 H_2O 是水，美國潛艦把海水吸入，把海水分解成氫和氧，把氧留下供給官兵呼吸之用，把氫排出艦外，所以潛艦所經之處，跟蝸牛爬過留下一道半透明液體一樣，也會拖著一條氫氣軌跡。

科技管理大部分名詞是化學中的合成結果，由二個以上單字組成一個名詞。只要把各個單字意思分別了解，整個名詞就易懂、易記了。唯有具備此能力，就不怕有千萬個專有名詞，反正「兵來將擋，水來土掩」。

(二)科技管理可以拆成三個字

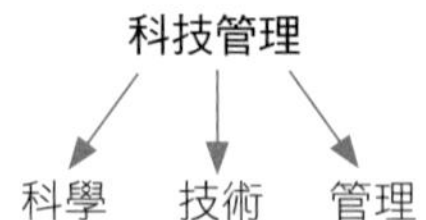

二、結果：科學 vs. 技術

(一)物理學之父吳大猷的解讀

吳大猷先生曾經說，我們很不幸「創造了科技這個名詞，把科學、技術二個有基本分別的概念合併起來」。基本上，科學是求知、求真的探索，技術是實用性的研究，其研究過程中，總有一些部分是按照一些已知的原理，不過二者也不可以作絕對劃分。

science vs. technology

1.科學（science）：科學研究以發掘基本知識為主，一個國家中的科學單位指的主要是大學、國家級基礎研究機構（例如中央研究院）。

2.技術（technology）：技術研發偏重應用研究，以產品研發、製程研發為主，目的在於追求利潤。政府設立的公共服務研究機構（public science R & D institute），包括經濟部設立的工業技術研究院（工研院）……等。

3.科學和技術或科技（science & technology, S & T）：例如政府的科技政策（S & T policy）。

(二)技術

技術（technology）定義為「把基礎知識轉為實用的過程」，產業發展所仰賴的技術進步，由於其先進性，日益從接近商品化的應用端移向（基礎）知識端，這是世界產業發展從強調高科技，到 1996 年以來高唱知識經濟（knowledge-based economy 或 knowledge economy）的根本原因。

精確地說，科技是指「科學和技術」（science & technology），「科學」比較著重基本研究，「技術」則偏重應用研究。同理，我們把 information technology 譯為資訊技術，不趕時髦地稱為資訊科技。

(三)科學進行基礎研究

科學進行基礎研究，應用研究的成果是技術，由表 2.1 可見，科學偏重基礎知識的研究，即**基礎研究（basic research）**；而公司偏重應用知識的研究，即**應用研究（applied research）**。表中第六項以 2009 年諾貝爾物理獎三位得主中二人的研究為例，應用在實務上最常見的便是數位相機、照相手機。

三、過程：研究 vs. 發展

經濟發展是生產力不斷提高的過程，在發展的過程中，生產方式或產業特性大致循著勞力密集、資本密集、技術密集到知識密集的道路，其中最關鍵的因素是技術進步的來源。台灣的地位大致在技術端向知識端移動。從市場價值的生產上溯到基礎知識的關係，可用圖 2.1 來表示。

表 2.1　基礎研究 vs. 應用研究

	基礎研究（basic research）	應用研究（applied research）
一、科學用詞	科學（science）	技術（technology）
二、企管用詞	研究（research）	發展（development）
三、知識管理用詞	基礎知識（basic knowledge）	應用技術（applied technology）
四、在策略管理上的利益	接近知識端的利益	接近應用技術
1.風險	大	小，因為相關知識大致具備
2.成功機率	小	大
3.競爭優勢維持期間	較久，此即技術上的差距	較短
五、專利種類	發明（invention）	1.新型（new utility model） 2.新式樣（new design）
六、舉例*：以 2009 年諾貝爾物理學獎得主為例	1970 年代，Willard Boyle & George Smith 發明電荷耦合器（Charge Coupled Deviced, CCD）	2002 年，日本的索尼公司等推出數位相機，以電子裝置取代底片

資料來源：主要整理自孫震（2001），第 15～16 頁。
*工商時報，2009 年 10 月 7 日，A6 版，鍾志恆。

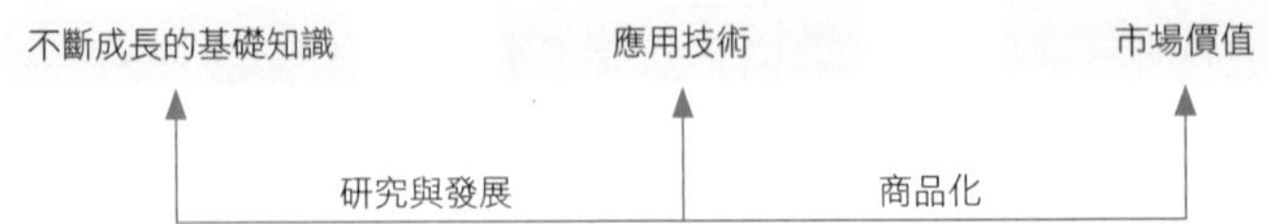

圖 2.1　知識、技術和生產流程

人們經過不同程度的研發過程，從基礎知識導引出應用技術（applied technology），然後**商品化（commercialization）**產生經濟價值。基礎知識經由研發而不斷增長，通常研究一詞包括發展。

(一)研究

研究（research）是研究科學知識的過程（process of formulating new scientific knowledge）。

(二)發展

發展（development）是形成應用技術的過程（process of formulating applied technology），所以，美國有些人把研發人員明確地稱為發展人員（developer）。

research & development

1.研究（research）：偏重於科學層級，大學等機構內專職人員宜稱為研究員（researcher）、科學家（scientist）。

2.發展（development）：偏重於技術層級，少數文獻把公司內的研發人員稱為發展人員（developer）。

3.研究發展或研發（research and development, R & D）：指的是二大個體的所有研究發展活動。

由表 2.2 可以進一步區分研發、科技和創新三個名詞的差別，研究的成果是科學創新，發展的成果是技術創新，創新的源頭是**創意（idea，點子）**，創新作動詞用是**創新過程（innovation process）**，創新也是成果，例如表 16.1 中的創新績效。

表 2.2　研發、科技和創新三個同義詞

	投入	初步結果	直接結果
英文	R & D	technology	innovation
一、政府		科技政策（technology policy），相對於經濟政策等。 嚴謹的應稱為 science and technology policy。	創新政策（innovation policy） 國家創新系統（national innovation system, NIS）
二、企業	研發能力 （R & D capability） 研發投資 （R & D investment） 研發管理 （R & D management） 合作研發 （cooperative R & D 或 collaboration in research and technology 或 research collaboration） 具體的為產學合作 （industry-university collaboration 或 university-industry cooperation）	technology 有時又跟 knowledge 交互使用 技術能力（technological capability） 技術預測（technological forecasting） 技術創新（technoligical innovation） 技術策略（technology strategy） 技術管理（technology management） 技術移轉（technology transfer） 技術交易（technology exchange） 技術擴散（technology diffusion） 技術標準化（technology standardization）	創造力（creativity）有時跟創新交互使用 創新能力（innovation capability） 創新決定因素（determinats of innovation） 創新行為（innovative behaviour） 公司創新系統（corporate innovation system, CIS） 創新策略（innovation strategies） 創新組合（innovation portfolio） 創新件數（innovation counts），常指專利件數（patents counts）

四、技術對公司的重要性

「技多不壓身」、「一技在身，不怕失業」，這些俚語貼切地說明專長對人的重要性。在公司，則稱為技術。

(一)技術是一種策略性資源

「靠山吃山，靠水吃水」這句俚語充分說明資源對於個人、公司的重要性；「沒有三兩三，怎敢過梁山」、「藝高人膽大」這些俚語指出技術對於個人的功能。

同樣地，公司如果策略性資源豐富，自然有比較多的發展方式，這是資源基礎理論（resource-based theory）的基本主張。也就是公司該截「長」（優勢，strength）補「短」（弱勢，weakness），藉以趨「吉」（機會，opportunity）避「凶」（威脅，threat）。

由圖 2.2 可見，技術只是策略性資源的一部分，在各行各業的重要性不一，至少對靠技術取勝的產業，技術就成為「看家本領」，必須「靠技術吃飯」！此外，由圖也可見，知識包括技術，而技術是最明確的一種知識。

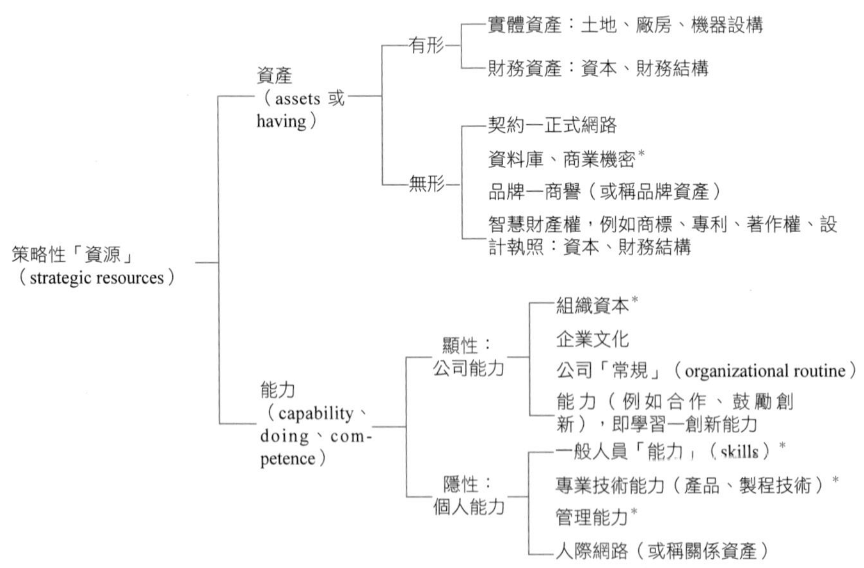

圖 2.2　策略性資源、技術的內涵

資料來源：吳思華（1994）。

註：括弧內用詞皆為筆者所加。*指知識。

(二)技術的二種寄生型態

技術有二種存在方式，一是「看」得見的，像是先進製程機器設備（例如晶圓代工、DRAM 廠的 12 吋晶圓廠）；一是看不到的專業技術能力，詳見表 2.3。

其中，專業技術能力指的是：技工、技師、工程師等的「身懷絕技」、「一技在身」，在主計處第四局的定義中，技術勞工（skilled worker）的另外一邊就是體力工人（nonskilled worker）。

表 2.3　技術的二種型態

知識	隱性知識（implicit knowledge）	顯性知識（explicit knowledge）
技術	非體現的技術（nonembeded technology）： 主要是技術人員身上的能力（包括經驗）	體現的技術（embeded technology）： 主要是機器設備的精進、進階

五、科技在產業分類的運用

依科技水準高低把工業區分為三級：高科技、中科技和低科技，詳見表 2.4。其中，台灣投資人喜歡二分法，把工業分為高科技和傳統產業，後者包括低科技、中科技產業。

表 2.4　工業的分類

科技程度	OECD 的定義	台灣股市的定義
高科技 （high technology）	電腦（computer）或資訊 通訊（communication）　}3C 消費電子（consumer product） 航太、製藥 OA 設備	高科技類股 1.上市類股：股票代碼 23、24、30、60、61 開頭。 2.上櫃類股：股票代號前 2 碼 54、61、62、80、81、82 開頭。
中科技 （medium technology）	（精密）機械 科學儀器 汽車、化工	傳統類股
低科技 （low technology）	其他運輸工具業	

(一)高科技產業

高科技（high technology）是指先進科技（advanced technology），由於是先進科技，因此還在繼續發展進步之中。高科技產業具有以下特色。

1.「研發費用占營收」（即研發密度，R & D intensity）比率高，技術創新在產業發展中占重要地位。

2.研發人員占員工比重高。

3.產品的生命週期短，不斷推陳出新。

由圖 2.3 可見，我們依研發密度，武斷地來劃分低中高科技產業，即研發密度小於 1% 屬於低科技產業（low technology industry）；研發密度 1～2% 稱為中科技產業（medium technology industry）；3% 以上稱為高科技產業（high technology industry）。

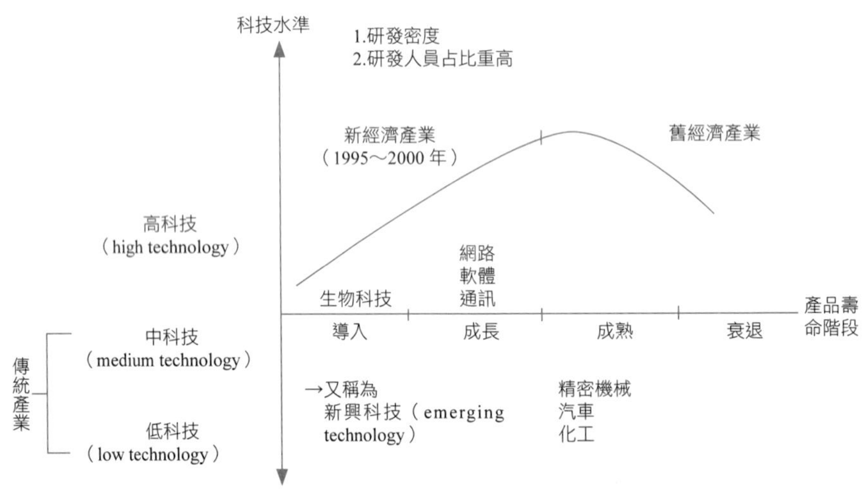

圖 2.3　工業依技術水準區分

大陸的稅法有認定標準

2008 年起，大陸政府為了產業升級，在稅法上針對高新技術企業給予企業所得稅優惠（稅率 15%，一般企業 25%），而且有下面的認定條件，可說是高科技產業的具體說明。

大陸官方公布的「國家重點支持的高新技術領域」包括：電子信息技術、

生物與新醫藥技術、航空航天技術、新材料技術、高技術服務業、新能源及節能技術、資源與環境技術等七大類。

大陸高新技術企業認定條件

- 近三年透過自主研發、併購等，擁有主要產品核心技術自主智財權
- 產品屬「國家重點支持的高新技術領域」範圍
- 具大學以上學歷的科技人員占員工總數 30% 以上，其中研發人員占員工總數 10% 以上
- 近三個會計年度研發費用占總銷售收入的比率：年營收小於人民幣 5,000 萬元者，不低於 6%；年營收在 5,000 萬元至 2 億元人民幣，不低於 4%；年營收在 2 億元人民幣以上者，不低於 3%
- 高新技術產品占企業當年收入 60% 以上
- 企業研發管理水準、自主智財權數量等指標符合「高技術企業認定管理工作指引」

資料來源：高新技術企業認定管理辦法。

(二)中科技產業

2003 年 2 月，經濟部工業局頒布新修訂的「促進產業升級條例」指出，凡是符合新興重要策略性產業，而且積極投入研發經費與人力的公司，都可以申請「科學工業」資格證明。以中華汽車（2204）為例，由於汽車產業屬於新興重要策略性產業，而中華汽車為了開拓國際市場，近幾年來積極投入研發。從 1999 年成立「亞洲技術研發中心」（CARTEC）以來，便朝著自主研發設計方向邁進。平均研發經費占營收 5%，比台灣製造業平均只有 1% 的研發密度高出很多。研發成效具體下，進行申請後很快就獲得經濟部回覆，取得科學工業認證，成為汽車業首家獲此認證的公司。

(三)不宜以產業來區分

元智大學講座教授許士軍在一次演講中指出，我們習慣以產品類別區分是否屬於高科技產業並不適當。例如，某些號稱高科技的個人電腦產業，其附加價值日益減少，主要以代工為主，尤其標準化後所需的知識更少。反倒是海外

的一些傳統產業，例如：丹麥的食品、家用品、農業；義大利的紡織、成衣、鞋子；瑞典的海礦設備等，其附加價值及所需知識，並不比號稱的高科技產業少。

(四)科技在產業分類的運用

高科技、中科技產業和知識密集服務業稱為**知識產業（knowledge-based industries）**。

此外，高科技產業中又可以分為二種：其一是新經濟產業，主要指生物科技、網路、軟體、通訊；其二是舊經濟高科技類股，可說是高科技產業中的傳統類股，技術成熟，毛益率在 5% 以下。

2.2 科技是什麼東西？——以筆記型電腦延長續航力為例

用文字解釋文字，容易讓人覺得是文字遊戲。一張照片便可以讓你了解熊貓的樣子，同樣地，本節以 2008～2009 年筆記型電腦的主要功能訴求之一「續航力」來說明，要讓筆記型電腦可以免充電用很久，涉及很多相關元件、模組的配合。

筆記型電腦只是手持式裝置的例子，手機、PDA、掌上型遊戲機等皆面臨同樣問題。

一、為什麼挑筆記型電腦

4C 產業中，產值最大的還是個人電腦，由表 2.5 可見，筆記型電腦在 2009 年滲透率超過 50%，也就是變成主流，桌上型電腦變成非主流，所以本節以筆記型電腦來舉例。

表 2.5　個人電腦的銷量　　單位：億台

年	2008	2009	2010 (F)	2011 (F)
(1)桌上型（DT）	1.377	1.0744	1.17	1.2
(2)筆記型（NB）	1.53	1.78	2.03	2.5
(3)小計	2.907	2.85	3.2	3.7
(4)筆記型電腦滲透率 = (2)/(3)	52.63%	62.3%	63.44%	67.57%

資料來源：綜合整理。

二、2008 年，拚誰撐得久

2008 年第三季，電腦雙雄推出的商用筆記型電腦主打「持久戰」，由表 2.6 可見，惠普號稱續航力可耐用 24 小時，戴爾宣稱 19 小時。

表 2.6　2008 年惠普跟戴爾的筆電功能 PK 賽

公司	惠普	戴爾
時機（在台）	2008.10.1	2008.10.2
機型	Elitebook	Latitude E
微處理器	英特爾迅馳 2	英特爾迅馳 2
作業系統	XP（比 Vista 耗電）	Vista
螢幕尺寸	14.1 吋	−
背光源	選項	LED
硬碟	選項	固態硬碟
電池續航力	24 小時，選購 12 cell 的電池模組	19 小時，須搭配 12 cell 電池芯電池

三、影響續航力的因素與公司

2005 年起，高油價與環保意識，綠色商機抬頭，其中最直接的便是針對電器產品的省電功能，表 2.7 中，這屬於「節流」部分，至於電池耐用時數的延長，這屬於「開源」部分，電池技術不是台灣公司的強項，此處不說明。

本節只說明一個元件（微處理器）、二個模組（散熱模組與硬碟）如何省電。

表 2.7　影響筆記型電腦續航力的因素與公司

影響續航力因素	負責公司	處理方式：以惠普 **2008 年 8 月商品 NB Elitebook 為例**
一、耗電	透過低耗能的零組件	
1.中央處理器	英特爾	英特爾低功耗迅馳（Cetrino）2，2009 年以 Nehalem 為核心的 NB 平台 Calpella，全面支援 WiMAX 上網
2.其他處理器	英特爾	
3.硬碟	記憶模組公司，例如創見（2451）、威剛（3260）	以固態硬碟（SSD）取代傳統硬碟，優點是省電，缺點是記憶容量有限（較適用於易 PC 之類的平價電腦）
4.螢幕	液晶面板公司，例如友達（2409）、奇美電（3481）	2007 年 12 月，索尼公司率先推出有機發光二極體（OLED）的筆記型電腦，取代冷陰極管（CCFL），預估 2010 年滲透率 50%、2015 年 100% ①
5.散熱模組		更有效率的散熱方式
二、電池	電池公司，全球最大的是日本三洋；台灣最大的是新普（6121）；大陸最大的是比亞迪	1.短期作法 電池模組中的電池芯數量，例如 12 顆 2.長期作法

四、多核心處理器

過去數十年來，英特爾與其他微處理器公司，均把焦點放在提升處理器的運算速度，新一代晶片雖有效提高運算效率，卻有高耗電與高溫的缺陷。

為了改善這些問題，半導體業者開始把多個微處理器的核心電路壓縮在單一晶片上，發展出「多核心」產品。2008 年英特爾和超微（AMD）已發展到四核心技術，但業界預測未來將有串連數十個甚至數百個微處理器的多核心晶片問世。

(一)英特爾科技發展六大重點

2008 年 8 月 19～21 日，在美國舊金山市舉辦的「英特爾科技論壇」（Intel Developer Forum San Francisco 2008），由英特爾資深副總裁暨行動事業群總經理 Dadi Perlmutter 講解最新行動運算技術發展，指出高效能、輕薄、安全防護、行動上網裝置（MID）、更長電池時間、無線網路等六大方向，將是筆記型電腦發展重點。2009 年 9 月 22 日，英特爾論壇仍老調重彈。

(二)Nehalem 處理器省電的設計

2009 年英特爾的主戰晶片是 Nehalem 處理器，這是個家族產品，針對桌上型和筆記型電腦、伺服器皆有不同版本，此外，在核心公司有 2 個、4 個、8 個多種規格。

1.體積縮小：採用奈米製程，所以能把晶片作得更小，約可省電二成。

2.處理器數目減少：盡量朝向系統單晶片（system on a chip, SoCs）。

3.省電設計：使用 Turbo mode，在不需要更多核心發揮功效時，自動關閉其他會使用的處理器核心，可以大大省電；在效能上，記憶體頻寬提高三倍，3D 動畫效能提高二倍。總的來說，號稱「25 瓦行動運算處理器」。②

Nehalem 架構處理器

・Nehalem 被視為英特爾近 40 年來，處理器架構翻新最重大的變化之一，2008 年年底問世。

・Nehalem 架構處理器把四核心置於單一晶片，不僅提升處理器本身效能，跟前一代產品不同處在於，Nehalem 大幅改善處理器和記憶體、其他零件的溝通方式。

・這種技術稱為「通用系統介面」（QPI），大幅改善記憶體延遲和頻寬的問題。

五、散熱模組

為了降溫，一打開筆記型電腦時，由微型電風扇為主的散熱模組便立即驅動，以避免過熱而當機，甚至燒壞。散熱是個專業，有氣冷、水冷，還可從散熱管材料科技著手。這些是鴻準（2354）、超眾（6230）等散熱模組、機殼公司的防守區域。

六、固態存取用電省九成

英特爾技術長賈斯汀表示，跟硬碟相比，**固態存取（solid state）**用電量僅為十分之一，為此，英特爾以相變儲存技術研發的快閃記憶體。

根據美商新帝（SanDisk）預估，至 2010 年為止，全球會有 5,000 萬台的筆記型電腦將內建固態硬碟，市場滲透率將達 20%，產值 47 億美元。

固態硬碟（Solid State Drive）小檔案

- 固態硬碟是如同把一般常用的快閃記憶體（flash）記憶卡或 USB 隨身碟，容量加大至 128 GB，再加上控制晶片〔由群聯（8299）提供〕，並以內建或外接方式連結在筆記型電腦上，以取代硬碟的存取方式。
- 固態硬碟利用電位存取資料，內部沒有任何移動零件。可減少整體基礎建設、冷卻及能源消耗成本。工作時不會有類似傳統硬碟讀寫頭移動的機械動作，具有低耗電、耐震、穩定性高、耐低溫等多項優點。筆記型電腦使用固態硬碟則有可大幅縮短開機時間（30 秒內）、低耗電、耐摔及耐低溫的特色。
- 可提升可靠度和與降低總持有成本。

1.科學原理

瑞典皇家科學院指出，2007 年榮獲諾貝爾物理學獎的費爾和格倫貝格，1980 年代發現的**巨磁阻效應（giant magnetoresistance, GMR effect）**成為今日硬碟讀取頭科技的基礎。③

2.技術演進

2010 年 2 月 1 日，英特爾等聯合發表全球首款採用 25 奈米製程技術的 NAND 快閃記憶體，所需的晶片數量將比前幾代技術減半，也就是把相同容量的記憶體擠進一半的空間中。這也意味著能生產含 32 顆晶粒（die）的 256 GB 固態硬碟，而不必用到 64 顆晶粒。能導致未來智慧型手機、媒體播放器等電子裝置的儲存容量更大、尺寸更小。④

2010 年 3 月 16 日，英特爾宣布推出 125 美元入門級價位、34 奈米製程 NAND 晶片生產的 40 GB SATA 固態硬碟 X25-V，主打**小筆電（Netbook）**、具固態及傳統硬碟機雙磁碟機配置的桌上型電腦等市場。

英特爾目標是要成為固態硬碟一哥，並希望 2010 年把固態硬碟由利基市場帶到主流市場。⑤

2.3 科技管理是啥玩意？

第一、二節先了解科技的定義，第三節第一段再說明管理，二者一組合便是科技管理。接著，我們從公司內組織設計、大學系所來看科技管理的內容。

一、管理活動

下至股長，上至董事長，工作或許有輕重之別，但是工作活動內容都是一樣的，即進行管理活動（management activities）、發揮管理功能（management function），這可以從大小二個角度來看。

(一)管理循環

先從遠鏡頭來看，管理者的工作內容、管理程序（management process）最簡單的分類方式便是「規劃—執行—控制」（1980 年以前稱為「行政三聯制」），字越少越好記（比 PDCA）。這個生生不息的程序又稱為**管理循環（management cycle）**，圖 2.4 將貫穿全書。

圖 2.4　管理（活動）循環

注意我們作圖方式是依照管理資訊系統的「投入—處理—產出」格式，由左至右，縱使作表時，橫軸也是隱含此觀念，本書圖表皆極度標準化，易懂易記。

(二)管理活動

接著，我們再把鏡頭拉近一些，由表 2.8 可見，三大類管理活動又可再細分為九中類，平均一大類活動可再細分三中類活動。表中第二行九中類管理活動就是本書第三～十六章的內容。

表 2.8　三大類、九中類管理活動

大分類	規劃（planning）	執行（implementation）	控制（controlling）
中分類	・訂目標（goal） ・決策（decision）：例如訂策略、立計畫 ・組織設計 ・獎勵（含控制型態）	・用人 ・溝通（含協調） ・領導（含領導型態、領導技巧、團隊精神和衝突處理）	・績效評估 ・回饋 ・修正

二、最狹義的公司科技管理：研發管理

由表 2.9 的第 1 欄可見，管理學稱為企業活動，企業為維護這些活動運作良好，設有相關部室予以執行。

表 2.9　實用企業管理矩陣

時間	年　月　日		
管理活動 / 7S / 企業活動	規劃 策略　組織設計　獎勵	執行 企業文化、用人、領導型態與技巧	控制
一、公司階層 二、功能部門 (一)核心活動 1.研發（含知識管理） 2.生產（含採購） 3.營業（含行銷） (二)支援活動 4.人資（或人事） 5.財務 6.資訊 （7.會計、總務、法務）*			

註：*是本書所加。

套用策略大師波特的價值鏈觀念，最狹義的科技管理是研發管理，屬於能直接替公司創造價值（value，常指盈餘），核心活動中的源頭。

三、企業管理一以貫之

有些人問：「六項企業活動究竟幹什麼事？」由表 2.10 就近取譬說明。

表 2.10　企業活動的流行稱呼、大學系所

企業活動	流行稱呼	管理的對象	大學	
			系	研究所
公司管理			企管系、國際企業	企業管理
(一)核心活動				管理科學
1.研發		產品、技術開發	—	國際企業管理
2.生產	黑手、管工廠的	機器、工人、物料（採購、倉儲）	工商管理（乙組） 工業工程（甲組）	研發管理
3.行銷	業務	客戶	廣告、行銷與物流	
(二)支援活動				
4.人力資源	人事	人	勞工	人力資源
5.財務	出納、管錢的、掌櫃的	錢	財務、財務金融	
6.資訊	電腦	電腦	資訊管理（乙組） 資訊工程（甲組）	
7.會計	管帳的	財務報表	會計	

(一)管理的對象不一樣

1992 年，電視上播出港劇《天蠶變》，以武當派為背景，由於武術發展歷史悠久，弟子無力兼擅各種功夫，於是精挑六位弟子專攻六項絕藝，稱為六絕弟子。

這個例子跟企管情況幾乎一模一樣，要想十八般武藝樣樣精通，那是不太可能的；縱使是企管博士，也大都只主修（major in）一科、副修（minor in）一科，其他科目也往往只具備碩士班的程度。

雖然如此，是否表示企管隔行如隔山呢？剛好相反，財務管理、行銷管理等的七管，前面代表管理的對象，但是後面二字卻都是「管理」，管理的對象

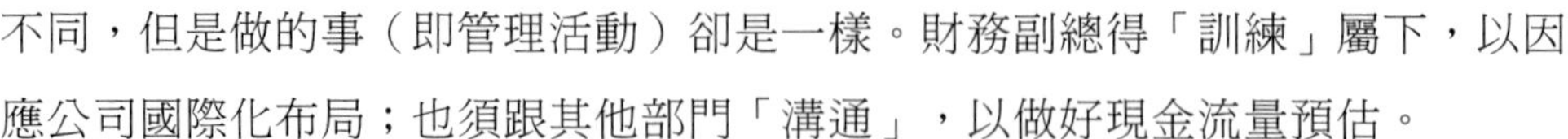

不同，但是做的事（即管理活動）卻是一樣。財務副總得「訓練」屬下，以因應公司國際化布局；也須跟其他部門「溝通」，以做好現金流量預估。

接著，你大抵可以回答出「投資學」和「投資管理」這二門課程的不同。投資學詳細說明如何投資各種金融商品（以股票、債券為主）賺錢，是站在單兵作戰角度。投資管理課本則額外花三章以上，說明投資部門（例如證券投資信託公司）的組織設計、獎勵制度、用人和控制，是站在主管角度。其他科目同理可推，例如「行銷學」和「行銷管理」。

有很多系所並不屬於管理學院，但只是管理的對象不一樣，至於管理的本質仍一樣，例如：陽明大學醫院管理研究所→醫院，真理大學運動管理系→體育館、健身房。

(二)大學的相關系所

企管是實用的，大學要有學生才能生存，因此，會看公司需要什麼人才，才來設立系所；比較少有「先天下之憂而憂」的情況，以免曲高和寡。

由表 2.10 最右一欄可看出，針對每項企業活動，大學中皆有設系，研發管理因素質較高，而且需要理工科底子，因此，比較沒有設系，而是設所；人力資源管理也有此現象。

(三)加個虛詞

很多名詞受限於語言習慣，因此常會稍稍扭曲英文的原義。先舉一個相似情況，再來說明科技管理也有同樣問題。

1.中小企業

資本額 8,000 萬元以下的公司稱為中小企業（small business），以上的稱為大企業。小企業不好聽，所以跟「老鷹」、「老虎」一樣，再加上前置虛詞。依照經濟部中小企業處的定義，並沒有「中」企業的定義。

2.科技管理

字斟句酌地說，technology management 宜譯為技術管理，因為科技管理的英文是 science and technology management（S & T management）。

美國人很清楚公司從事的是技術研發，所以，該透過技術管理以確保研發部達到公司目標。

四、科技管理

到了台灣，人們習慣把高科技掛在嘴上。其實 high-tech company 是指高（階）技術公司，跟「科學」扯不上關係。這大概是 technology management 翻譯成科技管理的原因之一吧！

＊學者的定義

美國國家研究委員會（NRC）在 1987 年的報告中，把科技管理定義為「科技管理是一個涵蓋科技能力的規劃、發展和執行，並且用以完成組織的營運策略目標的跨學科領域。」

此處「組織」共包括四個層級：全球（至少是二國）、一國、地方或產業、公司。

由於本書以公司為討論對象，所以上述定義中的「組織」可以換為「公司」。

2.4 產業的波浪型發展

人有生老病死，產品也一樣，即**「導入—成長—成熟—衰退」的產品生命週期**，以產品營收曲線來看呈現一點點 S 型（其實是倒 U 型）。因此，就同一公司來說，往往必須尋找第二條成長曲線，以取代日薄西山的第一條成長曲線。

依這個道理來看，由圖 2.5 可見下列二項趨勢。

1.就同一行業來說

資訊業中的筆記型電腦帶動的換機潮，將可避免個人電腦產業進入衰退期。

2.新行業接棒

2000 年，手機迅速遞補個人電腦的暫時衰退；2003 年起，消費電子產品（例如液晶電視）逐漸從導入期進入成長期，延續高科技產業的生命週期。

至於生技產業到 2009 年以後才會進入大量商品化階段，2003～2008 年產值仍微不足道；但是卻可以歸為第三條成長曲線。

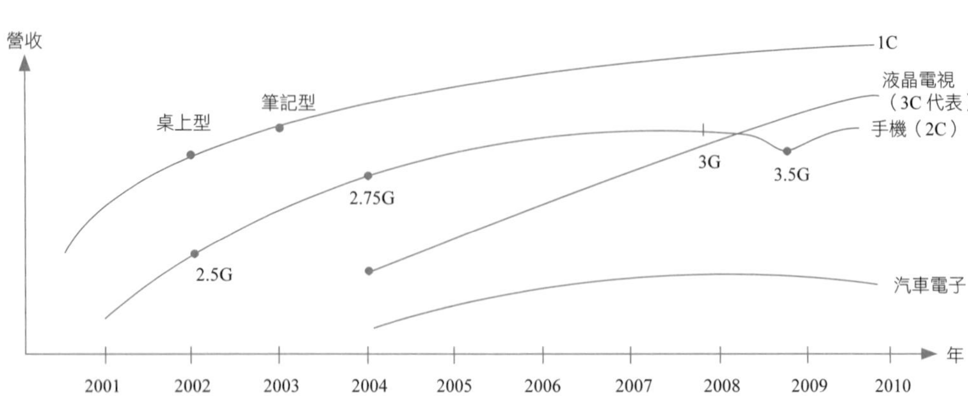

圖 2.5　4C 的產業生命週期營收

一、三大產業的發展趨勢

每天打開報刊，一堆隻麟片爪的新聞，頂多只能算是一片片的拼圖，除非有大圖的架構，否則比瞎子摸象還慘，只能摸到一小塊。江山代有才人出，產業發展也是，由表 2.11 可見，站在 2010 年來看三大重要產業的發展趨勢。

(一)高科技產業

2004 年以前，高科技產業幾乎跟 3C 產業畫上等號；2005 年又再加上汽車電子（car electronic），合稱 4C 產業。套用實用 BCG 模式，個人電腦已幾近於落水狗階段，手機為搖錢樹階段，消費電子則依舊大賣：數位相機（2003 年起）、音樂播放機（MP3，2004 年起）、平面電視（2005 年起），可說是 2005～2010 年時的明日之星。

第 4C：車用電子

是什麼動力讓這些電子業龍頭對車用電子領域趨之若鶩？拓墣產業研究所的資料顯示，2006 年全球車用電子產業產值高達 1,400 多億美元，是筆記型電腦市場的二倍；這樣的產值當然讓高科技公司「心動不如馬上行動」。汽車是產業火車頭，材料、機械、化工、電子……一大堆東西，發展空間大，電子業從決戰辦公室到決戰客廳，如今是決戰汽車：有移動通訊、衛星定位、監測胎壓等等。其中 35% 產值來自電子。

在政府方面，工研院跟業界籌組「車輛電子研發聯盟」，該聯盟將提供業界技術交流的平台，為能夠發揮實質效益。

在 2005 年上半年，裕隆喊出 IA（IT & Automobile）整車計畫，邀請鴻海、廣達、華碩等參與，試圖結合電子業和汽車業，讓雙方了解彼此的技術特色與需求。廣達和華碩英雄所見略同地陸續設立車用電子部。電機電子公會在 3 月初也成立汽車電子委員會，建立跟汽車業溝通的機制。

(二)高科技產業的奧斯卡獎

每年 1 月在美國拉斯維加斯市舉行的消費電子產品展（Consumer Electronics Show, CES）可說是 3C 產品美國奧斯卡獎的頒獎典禮，很多人會由此來看科技業的趨勢，詳見表 2.11 中 2010 年那一欄。底下簡單說明。

1.個人電腦

個人電腦（尤其是筆記型電腦）的功能趨向：3D（立體）顯示、觸控螢幕、省電（英特爾的低電壓處理器 culv）。

2.手機

強調手機具備微型投影機（Pico）功能，如此以來，手機可投射出 30 吋的影像，預估 2011 年年銷 764 萬台、2012 年 1,759 萬台，威脅到筆記型電腦。⑥

3.消費電子中的液晶電視

液晶電視是消費電子中的大宗，發展趨勢有二：LED 光源滲透率 20%，另一是 3D（立體），預估 2010 年年銷 500 萬台，2013 年滲透率 25%。⑦

二、替代能源產業

2004 年起的高油價時代，2005 年太陽能概念股爆紅，做太陽能電池的茂迪，從 7 月起躍居股王，股價達 1,200 元。太陽能產業可紅很久，2004～2010 年年成長率 30% 以上。

三、生物科技產業

生技製藥從 2004 年起才有零售藥品的上市。2004 年 5 月 13 日，美國 Ernst & Young 管理顧問公司預測，美國股票上市的生技製藥公司可望在 2008 年由虧轉盈，營收 910 億美元，盈餘 43 億美元。

表 2.11 三大重要產業的發展趨勢

年	1995～2000	2001	2002	2003	2004	2005	2006	2007	2008	2009	2010
一、高科技（4C 產業）											
(一)個人電腦		液晶螢幕取代 CRT 螢幕	年成長率只剩 10%				筆記型電腦滲透率 40%	10 月，華碩推出易 PC	精簡型筆電當道	觸控面板漸紅	微軟 Windows 7 漸紅
(二)手機					年成長率 20%	30 萬畫素進入殺價戰，3G 手機 5,300 萬支	130 萬畫素當紅，3G 破 1 億支	200 萬畫素，觸控手機推出	3.5G 手機漸紅	觸控面板成為主流	下載電腦程式成為主流
(三)消費電子											
1.數位相機（DSC）			取代傳統相機		進入殺價戰 300 萬畫素	500 萬畫素當紅進入殺價戰，台灣衰退二成	單眼、大頭貼機型走紅	800 萬畫素變成入門機款	產值衰退，漸被手機取代	1000 萬畫素成為主流	數位相機挑戰 DV
2.音樂播放機（MP3）	卡帶型隨身聽	CD 型隨身聽			蘋果公司 iPod 大賣	MP 大風行	iPod nano 大暢銷 160 GB 光碟型當紅		銷量衰退，被 iPhone 部分取代	同左	同左
3.DVD 放、錄影機		DVD 銷量超過 VHS		DVD 放影機取代 VHS 錄放影機		低階 DVD 錄影機進入殺價戰	藍光、HD、DVD 放影機入市	DVD 錄影機進入成長期	藍光放影機進入導入機	美國年銷 700 萬台藍光放影機	藍光成長期
4.平面電視					年銷 900 萬台	42 吋電漿電視、32 吋液晶電視殺價，年銷 240 萬台	進入 50 吋電漿電視、37～40 吋液晶電視階段	高品質（HD）電視導入	產能過剩，42 吋以下，進入削價戰，年銷 9,000 萬台	LED 光源：3D 推出	LED 光源成為次主流，2011 年成為主流
(四)汽車電子						GPS、車用電腦概念股興起			原油漲至百美元，日產汽車推出電動車		
二、替代能源產業						1.太陽能概念股快速爆紅，因油價狂飆至一桶 70 美元 2.豐田、福特推出油氣、油電混合車				太陽能原料大跌，太陽能股股價重跌至百元以內	太陽能發電進入成長期
三、生物科技（以生技製藥業舉例）					開始推出生技製藥					生技股開花	生技股結果

2.5 台灣經濟的今天——全球電子代工島

2001 年台灣經濟成長率為 –2.18%，台積電董事長張忠謀警告要是不進行一些基本改革，台灣經濟將面臨上限（每人平均國民生產毛額 15,000 美元），時屆 2010 年，問題仍然一樣，甚至更嚴峻。台灣經濟該往哪裡走？「登高必自卑，行遠必自邇」，還是先了解 2010 年的現況，第六節再討論可能的出路。

一、台灣、南韓跟著日本走

1980 年代，日本擁有最先進的工業技術，經濟蓬勃發展，外貿順差，官方外匯存底和民間國外淨資產高居全球第一。美國學者傅高義曾寫了《日本第一》分析日本經濟奇蹟的成因，而美國經濟則瞠乎其後。然而「十年風水輪流轉」，1990 年代的十年，日本陷入泡沫經濟泥淖，國際競爭優勢每下愈況；日本財經界人士稱過去二十年是經濟發展的「空白期」，日本已由經濟「先進國」向下沉淪為「遲進國」，而美國則因資訊技術產業迅速發展，創造出「新經濟奇蹟」。

過去日本和亞洲許多經濟專家，喜歡以「雁形理論」來說明東亞國家的經濟發展歷程。日本是雁首，飛在最前面，其工業技術和產業發展居於領導地位；接下來是南韓和台灣，接受日本的技術移轉，產業發展平均落後日本十年左右；再接下來是其他東南亞國家和大陸，接手日本、台灣、南韓移出的產業。但是，這種循序前進發展架構在過去十年顯然已破壞大半，例如台灣即跳過日本，直接從美國引進最新資訊技術，躍居為全球資訊大國；台積電和聯電以「晶圓代工」聞名於世，聯電甚至赴日本併購以擴展經營版圖，因此台灣有「後來居上」的趨勢，詳見圖 2.6。

日本經濟沉痾難起的關鍵在於，欠缺創新、活力和彈性。

以雁行理論說明國際比較利益原則的產業發展，從 1950 年至二十一世紀初；國家群組依經濟發展階段劃分為大陸、東協（即亞洲四小虎，包括：泰國、菲律賓、馬來西亞和印尼）、亞洲四小龍（包括：台灣、香港、新加坡和南韓），以及日本；產業發展從勞力導向型、規模導向型、生產導向型演進到創新導向型。

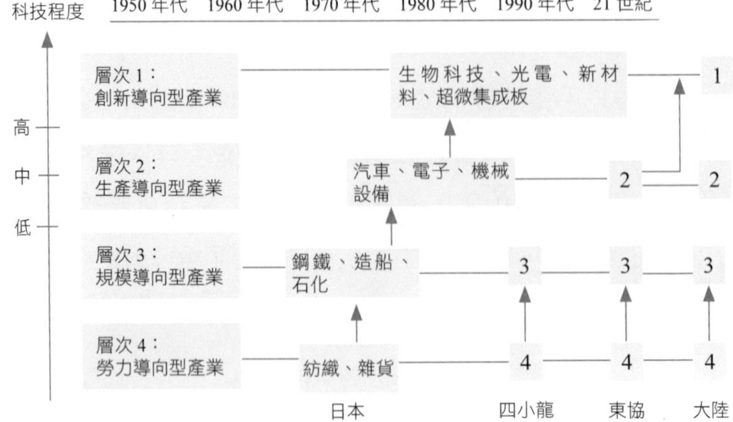

層次 1：創新導向，研發密集型產業，例如航空、電腦和製藥業。
層次 2：裝配導向，零件密集型產業，例如汽車、電視機。
層次 3：重工業和化學工業，例如鋼鐵、重型機械和基礎化工產品。
層次 4：勞力密集型輕工業，例如服裝、鞋類和各類雜貨。

圖 2.6　雁行模式

資料來源：參考顧秉維，《再論雁行模式》的比較優勢再循環圖，第 70 頁。

台灣從 1950～1980 年代，勞力密集及資本密集產業的成功發展舉世聞名，躍進全球中所得之林。進入二十一世紀，固然要保留 1990 年代電子及電器產業在國際擁有的競爭優勢，但現在更重要的是突破到新境界，建立具有創新科技和規模經濟的產業。例如，美國的高科技及其他工業先進國家的全球公司，具有大規模經濟的國際競爭優勢。政府在 1960 年代對紡織業和 1980 年代對電子業曾訂定鼓勵方案，對當時經濟成長有很大的貢獻；現在鼓勵方案朝向擴大經濟規模。將來要進一步健全中小企業的整合及擴大全球公司的經濟規模，以提升新技術的研發和國際競爭優勢。日本已經進入高工業化國家，南韓在這方面比台灣早起步好幾年，值得台灣學習。

二、台灣的經濟發展進程

經濟是企業的集合，由表 2.12 可見台灣經濟發展階段，背後代表著企業賺錢的本事。1960 年代靠勞力賺錢；1970 年代靠機器設備賺錢；1980 年代以來，再加上技術，進入高科技階段。

表 2.12　1960 年代以來台灣經濟發展的主流產業

年	1960 年代	1970 年代	1980～2000 年	2001 年以後
一、產業重心	輕工業，偏向勞力密集	資本密集和技術密集型工業	高科技工業，偏向技術密集	發展知識密集產業
二、產業	紡織、鞋、傘	家電	電子（尤其是資訊）	1.現有產業：高質化、高附加價值化，即產業知識化 2.新產業：即知識產業化，例如：生技、文化創意、研發服務業、數位內容業
三、競爭優勢				
1.價	√	√	√（低價結果是微利）	√
2.量			√	√（少量多樣的彈性）
3.質			√	√
4.時			√（透過全球運籌以追求「速度」）	√（透過協同研發以追求及時上市）

三、在價值鏈中定位

(一)1992 年

宏碁資融公司董事長施振榮（2004 年年底卸任宏碁集團董事長之職）於 1992 年首度提出**微笑曲線（smiling curve）**，用以解釋個人電腦產業的附加價值曲線，詳見圖 2.7。微笑曲線把研究發展和品牌經營視為二大附加價值重點，根據微笑曲線，個人電腦產業當中的零組件以及行銷二大環節，分別跟研究發展和品牌經營密切相關，是附加價值之所在。行銷側重地區性競爭，靠著品牌經營、行銷管道布建，以及運籌能力創新價值；而零組件的廣義範圍涵蓋軟體、微處理器、動態記憶體（DRAM）、特殊用途積體電路、液晶螢幕（其實就是電腦螢幕、液晶電視，有時宜稱為顯示器，不宜稱為監視器）、硬碟機、主機板。

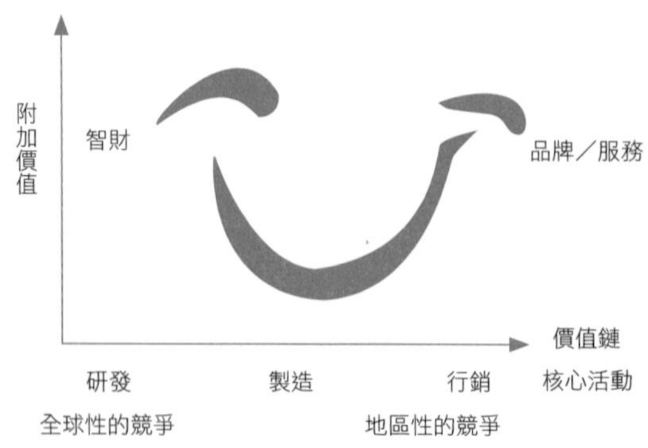

圖 2.7　施振榮的微笑曲線

(二)還是賺小錢

技術對企業最大的衝擊，可以從價值鏈核心活動來看，由圖 2.8 可看出，美國人可說是賺行銷利潤為主，最標準的例子是 IBM、戴爾、惠普大幅外包請台、日代工，美國的價值曲線才是嘴角上揚的「微笑曲線」，詳見圖 2.8。

反之，台灣主要是賺代工錢，價值曲線反倒呈抿嘴型；而且生產的利基也越來越薄，連高科技電子業都外移到大陸。美國麻州理工大學著名經濟學者萊斯特・梭羅（Lester C. Thurow）建議該走行銷這條路，台灣必須有自己的品牌，但不是公司品牌，而是消費者品牌，像可口可樂。因為我們看全球小而富的經濟體，他們都有一、二個知名品牌，例如瑞典的愛立信（Ericsson）和芬蘭的諾基亞（Nokia），這些公司就呈現國家在全球經濟舞台上的耳目。

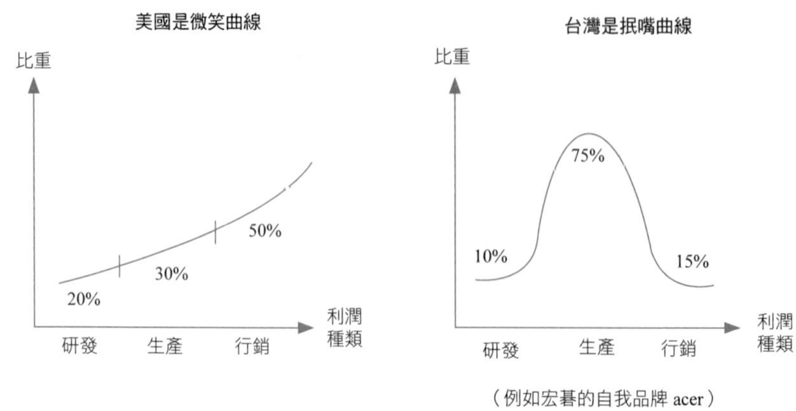

圖 2.8　美、台的價值曲線

台灣過去對無形資產的投資明顯偏低，因此即使在某些產業上表現不錯，重要的領域仍必須仰賴國外公司，因此創造出的附加價值非常低。例如，雖然台灣是全球最大的個人電腦接單地，但是所創造的附加價值相當少。根據統計，每 1,000 元的產品中，台灣只賺到 25～50 元。因此，電腦代工公司的利潤比不上掌握關鍵技術的美國英特爾、微軟等公司。

2001 年 1 月，中研院院士劉遵義指出，台灣過去的經濟成長，機器設備的貢獻占 85%，勞力占 15%，但是無形資產（包括人力資源、技術進步等）的貢獻卻是零。反觀日本，過去無形資產對經濟成長的貢獻達 39%，歐美先進國家達 59%，這顯示台灣數十年來的經濟成長，主要依賴生產因素「量」的累積，而不是「質」的提升。在提升附加價值方面，台灣未來有相當大的成長空間。

(三)台灣製造業附加價值率不敵美、韓

公司的附加價值率（即成本中減掉原料成本除以營收）代表一家公司在價值鏈中的貢獻。由圖 2.9 可見，台灣製造業以代工（甚至是製造代工）為主，附加價值率比美、韓製造業低很多，差在研發與品牌利潤。以研發來說，台灣電子產業的核心技術仍仰賴輸入，每年付出的技術授權費用極為可觀，台灣絕大多數原物料、重要的零組件需仰賴進口，而這段期間這些材料國際行情大漲，使得公司的投入成本激增，削減了公司的獲利。

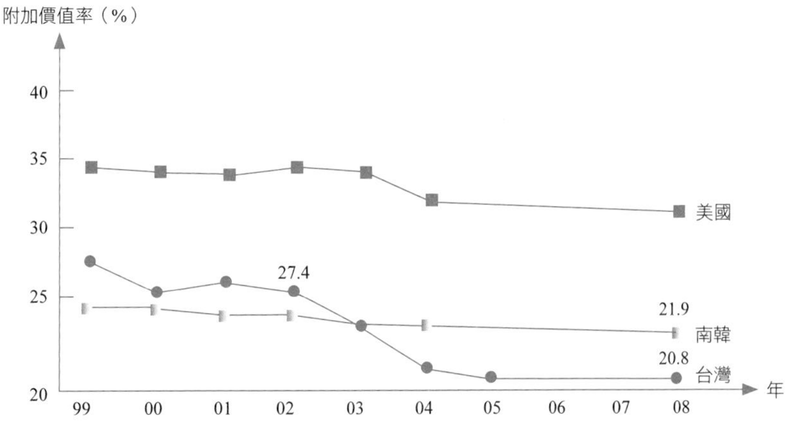

圖 2.9　美、韓、台製造業的附加價值率

資料來源：行政院主計處。

(四)高科技公司賺辛苦的打工錢

台灣可說是全球個人電腦的最大代工島，電子五哥主要還是賺代工錢，因此跟以品牌為主的美國電腦公司相比，只能用「別人吃肉，我們喝湯」來形容。

(五)2002 年，科技業進入微利時代

資訊產品進入成熟期，戴爾、惠普等大型電腦公司帶頭殺價，為了確保獲利，對代工公司採取每年削價 10%（以上）的採購價格策略；而且，配合網路競標方式，讓台灣等代工公司流血搶單。

網路競標從人性的弱點下手，2002 年第三季，戴爾開始大量使用（標準化的零組件），惠普也起而效尤後，台灣公司就陷入極度痛苦的處境。

2002 年以來的價格戰，也清楚反映了「有人能打（戰），有人不能打」。打贏的就搶下對手地盤，享受規模經濟、營收快速放大。廣達、鴻海就是範例，2003 年營收都一口氣成長了 1,000 億元以上。鴻海集團董事長郭台銘在 2006 年 6 月的股東大會中說，（電子代工市占）第一名賺大錢，第二名賺小錢，第三名損益兩平，第四名以後等著被收購。這種說法，貼切地說明代工業殺紅了眼的紅海慘狀。

四、大陸的威脅

「出口依存度」是指對某個出口值占台灣總出口的比重，比重即表示對大陸市場依賴度提升。1992 年對大陸市場的依存度僅 12%，但 2008 年已倍增至 20%，大陸已超越美國，成為台灣最大的出口市場。

台灣產製出口的鋼鐵逾半銷往大陸，而有機化學品、工業用紡織物、鋼製品、光學儀器、塑膠製品銷至大陸的比重也超過四成，電機設備、光纖也有超過四分之一輸至大陸。由台灣輸往大陸的產品多屬半成品或零組件；而不是最終成品，顯示出今天台灣對大陸的出口泰半是台商對大陸投資所衍生出來的貿易需求，跟 1980 年代台灣與美國貿易性質明顯不同。

令人憂慮的是，2007 年起大陸的公司也自行供應這些零組件時，或是外商所生產的產品比台灣更具競爭優勢時，大陸將降低對台灣的「進口依賴」，造成台灣經濟面臨更嚴重的衝擊。

經濟部 2003 年的調查發現，在大陸投資的台商四成以上已經減少從台灣輸入原料、半成品，而增加在當地採購。如果台灣的技術不能保持領先，生產力無法提升，恐怕在大陸進口市場的領先優勢也會被南韓迎頭趕上。

(一)大陸威脅論

如果台灣的產業競爭優勢是代工製造，當大陸這個**「世界工廠」（world factory）**興起之後，台灣製造業一定會選擇外移至大陸，因為大陸有相對便宜的人力和土地，台灣在製造體系外移後，還剩下什麼？

(二)大陸跟台灣彼此取代而不是互補

經濟部 2002 年的一項報告發現，在赴海外投資的製造業者中，約有 84% 是採取「水平分工」，而不是「垂直分工」，這表示在大陸的子公司和台灣的母公司皆可以生產相同的產品。

(三)台灣接單，大陸出口！

2003 年 11 月 24 日，經濟部產業技術資訊服務推廣計畫（ITIS）舉行 2004 年資訊產業景氣研討，會中資策會市場情報中心（MIC）副主任秦素霞指出，在世界主要資訊硬體生產國境內的產值排行方面，美國依然是全球第一。大陸在 2002 年超越日本，成為全球第二大的資訊硬體生產國，2003 年仍穩居第二名，產值達 490 億美元，成長 39%，成長率居各國之冠。

台灣境內產值因企業的生產據點持續外移到大陸，降到 118 億美元，衰退三成，但全球排名仍維持第四名。

根據台灣資訊硬體產業的生產地分析，2002 年有 47.5% 產值在大陸產出，35.7% 來自台灣；2003 年有 63.3% 產值是從大陸產出，台灣的產值比重降到 20.9%。

台灣的資訊硬體產品全球市占率仍然持續成長，其中筆記型電腦的市占率 80%、主機板 80%，2005 年相當熱門的數位相機市占率也提高到 40%，以美國和歐盟為主要出口地區。

2.6 台灣經濟的遠景——創新製造中心

在「前有強敵、後有追兵」的全球競爭之下，台灣企業該如何突破經濟發展瓶頸，訂定公司策略呢？

一、策略大師波特 2001 年的忠告

2001 年，《天下雜誌》20 週年慶，策略管理大師麥克．波特（Michael E. Porter）來台演講，針對台灣當時的經濟困境提出破解之道。其中針對台灣企業的建議如下，時隔十年來看，依然受用。

(一)典型台灣企業的策略

典型台灣企業經營方式如下。

- 專注製造而不專注於服務。
- 快速採用新技術。
- 以價格和上市速度為競爭武器。
- 替美國和其他亞洲國家客戶做代工製造。
- 研發重點注重成本降低和製程改善。
- 尋求低成本的生產因素。
- 在人力資源上授權較少。

(二)到了改弦更張的時間了！

2008 年 7 月 31 日，安侯建業會計師事務所舉辦「透視亞洲投資新趨勢」論壇。瑞士信貸亞洲首席投資分析師陶冬表示，台灣必須真正經濟轉型，如果勾勒不出台灣經濟轉型的樣貌，苦日子可能會走不完。

台灣當務之急是找到在世界經濟領域的定位，以台灣本身的資訊產業優勢，可以考慮發展為高端科技產業研發與生產中心。⑧

(三)改變企業策略

1.學學 IBM 軟硬通吃吧！

台灣多項創新國際評比表現優異，卻未反映在平均國民所得，1996～2006 年的十年間，台灣國內生產毛額的全球排名一直停留在 30 名左右，無法

持續成長，主因是台灣製造業採行大量生產、低價銷售的結果，卻讓獲利率下滑。

IBM 過去也以製造為主，但逐步轉型，從 1992 年度硬體（大電腦、伺服器）占盈餘比重的 90%，至 2008 年度已降至 57%；服務占盈餘比重則從 27% 提高至 43%；2009 年度占 46%；預估 2010 年度逾 50%。

表 2.13 是我們整理出 IBM 軟硬通吃的差異化策略，台灣正處於轉型期，由「效率驅動」階段邁向「創新驅動」階段；如果經濟要持續成長，創新能力將是最主要的驅動力，台灣跟當年 IBM 的情況相當類似。

表 2.13 IBM 的差異化策略

定位：以種類／需求／途徑為基礎		
IC 晶片	產品	服務
1.技術授權：技術權利金收入一年 35 億美元以上。 2.接受其他公司的研發外包業務：IBM 美其名稱為「服務科學」，比較像台積電的子公司創意電子、聯電集團的子公司智原。	1.大型電腦。 2.伺服器。	即資訊技術服務。 1.資料倉儲。 2.流程改造服務甚至提供經營方式（business model）的諮詢。 3.資訊系統（美國稱為資料中心）代管。

台灣在研發、服務模式與市場創新等領域，仍有進步的空間。

2.藥方

台灣企業宜採取差異化的競爭策略來「換臉」（face-off），不再只是扮演製造代工、設計代工的角色，即表 2.14 中追趕型的經營方式。

IBM 提倡的**「服務科學」（service science）**，希望結合科技、管理與工程，協助服務業改善每一個營運流程環節，包括行銷、客戶服務等。

舉例來說，美國著名的梅約醫學中心（Mayo Clinic）利用 IBM「藍色基因計畫」（Blue Gene）的超級電腦技術，了解病人對不同藥物的反應，進而使醫療行為更「個人化」，把診斷、用藥針對個人「量身訂做」。

表 2.14　追趕型 vs. 世界頂尖型經營方式

	2001 年殺價搶單的經營策略	建議：創新型經濟
一、白話一點的説法	偏向「用正確方法做事」（do the thing right），即偏重營運效率。	偏重「做正確的事」（do the right thing），偏重策略定位。
二、套用波特的事業策略	成本領導，以代工為主。 1.砸大錢，買機器設備。 2.產業出走，追求生產因素成本最小。	差異化。
三、日本的用詞	「追趕型經營」 同一產業內公司以同一產品，競相以「生產效率」進行惡性、殺價競爭，可說是「無策略的消耗戰」。	「世界頂尖型經營」 以發揮自有特色的策略進行競爭，例如，開發不同產品、服務，建立品牌，以智慧財產權保護關鍵技術。

在美國，電腦產業不只賣硬體設備，也積極提供硬體以外的服務。這就是建立繁榮經濟的不二法門：不但提升營運效益，也創造產品價值。光賣產品本身是不夠的，要提供整套的服務，這才是獲利的關鍵，即表 2.14 中世界頂尖型經營方式。

3.不聽老人言

從 1999 年起，波特認為台灣企業的策略必須改弦更張，但是研究結果顯示，台灣企業在這方面進步幅度很小，令人失望。企業是台灣未來成功的關鍵，而不是政府。台灣成功與否，就看企業對「競爭」採取什麼樣的看法和作法；這一點，企業界要好好思考。⑨

二、科技投資是打敗貧窮的唯一出路

2002 年，《遠見》雜誌於 10 月 11～16 日針對 849 家上市、上櫃公司和富邦、普訊、建弘、宏鑫、和通等十家明星創投公司進行調查，創投業回收率 100%，上市公司有效回收問卷 346 份，回收率為 40.75%。

調查顯示，65% 上市公司有貧窮危機感。未來台灣憑什麼打敗貧窮？

75% 上市公司和 90% 創業投資公司，都認為科技投資是衝破貧窮風暴的一條出路，「而且是唯一出路」，普訊創投資總經理范成炬如是說。

(一)代工公司也需要有專利

2006 年起，惠普對宏碁研擬一套六個月作戰方略，除了產品戰、價格戰外，還包括宣傳戰、心理戰，二次提訟算是發動法律戰。惠普也向投資界放話唱衰宏碁。

2007 年 3 月 27 日，全球個人電腦龍頭惠普公司在美國提起侵權訴訟，控告宏碁侵害其五項專利權，除請求損害賠償外，並要求法院禁止宏碁在美國銷售某些產品。緊接著，惠普又在 4 月 19 日，對宏碁進行第二次訴訟，指控宏碁侵犯其另五項專利權。宏碁美國子公司 5 月 9 日向法院遞狀，要求鴻海、廣達及緯創等三家代工公司「共同履行訴訟保證責任」，並協助宏碁處理惠普訴訟案。

這即是代工契約裡的擔保條款，代工公司對此一條款感到頭痛，因為客戶（通常是品牌公司，如惠普、戴爾等）都會要求代工公司，負擔日後專利侵權訴訟所衍生的鉅額法律賠償費用，或盡到即時告知及協助防衛的義務。這對代工公司是相當沉重的負擔。大多數代工公司總是在這類條款上跟客戶多所爭執，殊不知這會影響客戶下單的意願。

鴻海為數眾多的專利件數，以及陣容龐大的法務智權人數，構築一道堅強的防護網，自然在對客戶的擔保上，可以承諾做到比一般代工公司更完善的風險承擔，這也就是許多國外一線公司會找鴻海代工的主因之一。[10]

(二)研發的重要性——以沒有根的產業 DRAM 為例

要挑個沒根而產值最大的行業，該屬半導體（上中下游為 IC 設計、製造、封裝測試）製造中二大支中的記憶體（主要產品是 DRAM，其次是快閃記憶體 flash、DDR）。光 DRAM 五虎〔依營收順序如下：力晶（5436）、華亞科（3474）、南亞科（2408）、華邦電（2144）、茂德（5387）〕2008 年營收 1,500 億元。由於產值大，因此曝光率也高，一般人多少有些印象。

由於開始沒根，只能隨時仰賴技術母廠予以技術升級，隨時都必須付出高額技術權利金，可能是台灣的公司付給外國公司中最大的行業。因此挑這行業來說明沒有根的行業，公司的悲哀，以彰顯研發的重要性。

＊21 年一場夢

1987～2007 年的 20 年來，記憶體產業稅前盈餘 768 億元，稅後純益 870 億元。稅後盈餘還超過稅前盈餘，原來是促產條例的投資抵減。

2008 年五虎慘賠 1,000 億元，累積 20 年的獲利，在一年全部吐回去還不夠賠，這個投資兆元產業等於是白忙一場。

1987～2008 年這 21 年來，DRAM 產業沒有自我研發技術，南韓的三星、海力士都逐漸升級，台灣卻只能跟英飛凌、海力士、爾必達（Elpida）技術結盟，向國外大公司買技術。國家每一年付出了龐大的租稅補貼，但是卻沒能讓 DRAM 產業技術生根。⑪

2009 年，經濟部推出「DRAM 產業再造方案計畫」，成立「台灣創新記憶體公司」（TIMC）打算整合五虎，但因為五虎各有技術來源，且該年底，每顆 DRAM 價格由 0.5 美元上漲到 2 美元，新產品 DDR3 上看 3 美元；後勢可期，五虎更是沒興趣整合。DRAM 產業繼續走「無根」經營老路。

(三)吳泉源的評語

清華大學科技與社會研究中心主任吳泉源表示：「台灣 DRAM 產業的問題不在於向全球企業購買技術，而是缺乏產業生根的決心與努力。這些年來拚命興建一堆 12 吋廠，其實是這個高風險產業中，德、日、美等國大公司既想擴充版圖、又不願承擔龐大資金風險的策略手段。發展中國家繳交學費並不可恥，重點在於是否有決心和智慧，以此策略聯盟做踏腳石生根發展。比起三星、海力士等公司，台灣那些不長進的記憶體公司實在愧對社會的支持。」⑫

市況差，大家比的是「誰虧得少」，如果做不到製程最先進、成本最低廉，龐大的生產設備「資產」反而成了「負債」，這也讓過去台灣記憶體公司業者引以為傲的「全球 12 吋廠密度最高」，2007～2009 年成了「不願提及的夢魇」。

三、台灣的優勢

在美國經濟復甦帶動下，連日本這個十多年深陷困境的經濟景氣都趨向樂觀之際，世界經濟論壇（WEF）在 2009 年 9 月 8 日公布（2009～2010 年全球競爭力報告），在 133 個接受評比的經濟體中，台灣的總體競爭力全球排名第十二，在亞洲則是居第四（次於新加坡、日本和香港），主要是在技術領域表現出色。這項報告是比較長期性和未來性的訊息，由此更加突顯台灣經濟潛力被國際人士高度肯定，詳見表 2.15。

表 2.15　台灣在全球競爭力排名與內涵

2009 年全球競爭力排名			
國家	今年	變化	2000 年
瑞　士	1	↑	2
美　國	2	↓	1
新加坡	3	↑	5
瑞　典	4	—	4
丹　麥	5	↓	3
芬　蘭	6	—	6
德　國	7	—	7
日　本	8	↑	9
加拿大	9	↑	10
荷　蘭	10	↓	8
香　港	11	—	11
台　灣	12	↑	17
南　韓	19	↓	13
大　陸	29	↑	30
印　度	49	↑	50
俄羅斯	63	↓	51

資料來源：世界經濟論壇（WEF）。

台灣在全球競爭力各項排名			
指標	2009 年	2008 年	進（退）步名次
全球競爭力指數	12	17	↑5
1.基本需要	18	20	↑2
(1)體制	38	40	↑2
(2)基礎建設	16	19	↑3
(3)總體經濟的穩定	25	18	↓7
(4)健康與初等教育	15	20	↑5
2.效率增強	17	18	↑1
(1)高等教育與訓練	13	13	0
(2)商品市場效率	14	14	0
(3)勞動市場效率	24	21	↓3
(4)金融市場成熟度	54	58	↑4
(5)技術準備度	18	15	↓3
(6)市場規模	17	16	↓1
3.創新因素	8	8	0
(1)企業成熟度	13	12	↓1
(2)創新	6	7	↑1

資料來源：經建會。

(一)台灣有技術先進國的味道

1981 年以來，台灣從早期成立電子公司接收美國已經漸漸淘汰的封裝技術，用高額技轉費取得日本已經獲利十幾年的液晶（LCD）面板產業；到 2003 年，半導體技術已跟英特爾同步，面板產業跟三星競爭，都說明了台灣不再是技術的接受國，而逐漸走向先進技術的量產國。

儘管台灣在基礎研究上仍屬弱勢，但是在新技術的商業量產能力上，已經跟美國和日本接近，台積電、鴻海、奇美實業等公司，成本競爭優勢都位居全球之冠，全球許多新產品都移往台灣企業的工廠生產。

(二)專利大國

在全球專利市場的大本營美國市場，台灣的專利申請數量，連續三年名列全球第四名，僅次於美國、日本與德國。但是在質量上，依舊落後。

「專利質量」是以該專利被學術期刊引用的次數為基礎計算方式，也就是優質技術強度。雖然台灣專利申請總數名列全球第四，但如果把技術分為二十一大類別，台灣企業僅在八項領域的專利市占率，排名前四名。台灣的專利相當集中，電子電機類（28.4%）、數位通訊類（21.1%）、機械類（16.5%）、半導體類（14.3%）。

(三)總的來說，技術入超

從中央銀行國際收支帳的統計：2006 年台灣公司付出權利金達 23.21 億美元，權利金收入不過 2.44 億美元，只有支出的十分之一，差距懸殊。二者相減，權利金淨流出逾 20 億美元（約 650 億元），也就是說，台灣是「技術入超」國。

這是央行依據公司匯款用途的粗略統計，有人（例如施振榮，遠見雜誌，2006 年 3 月 1 日，第 171 頁）估計，台灣公司每年須支付給歐美、日、韓等國企業的權利金達 1,500 億元！⑬

(四)建議：轉型至「創新導向」經濟

通常一國經濟有三個基本發展階段，詳見表 2.16，跟圖 2.7 很類似。

1.第一階段：資源導向經濟

或稱生產因素導向經濟，這類型的經濟完全依賴廉價的勞工、生產原料和自然資源。

2.第二階段：投資導向經濟

這類資本密集型經濟的國家生產相同的產品，但是願意花費龐大的經費吸收技術、購買現代化的生產設備和建構第一流的基礎設施。很多國家常碰到的難題是卡在二個階段中間，無法向更高的層次前進。

表 2.16　經濟發展的三個階段

資源導向經濟（生產因素導向） ⇨	投資導向經濟（資本密集產業） ⇨	創新導向經濟
・基本生產因素（低廉的薪資、天然資源、地理位置）是競爭優勢的主要來源 ・透過進口、外人直接投資及模仿來吸收技術 ・企業以價格競爭，缺乏接觸顧客的直接管道 ・企業在價值鏈中的角色有限，主要著重在組裝、勞力密集的製造和資源採集 ・對世界經濟的景氣循環、商品價格和匯率都極度敏感 ・代表國家：大陸	・國家的「鑽石體系」大量投資於有效率的基礎建設和現代化的生產流程 ・透過授權、創投、外人直接投資及模仿來獲得技術 ・不僅吸收國外技術，也有改善技術的能力 ・提供標準化產品及服務上的效率，是競爭優勢的主要來源 ・企業提供代工製造，並且延伸在價值鏈中的能力 ・專注在製造業與委外服務的出口 ・代表國家：台灣、南韓、新加坡	・國家的「鑽石體系」，特色是具備所有生產因素的優勢，以及深化的產業群聚 ・運用全球最先進技術的創新產品和服務，是競爭優勢的主要來源 ・企業以獨特且放眼國際的策略來競爭 ・整體經濟的服務業比重很高，能夠抵禦外來的衝擊 ・代表國家：日本、美國、歐洲

資料來源：天下雜誌，2001 年 9 月，別冊第 15 頁。

3.第三階段：創新導向經濟

透過生產具獨特的產品和服務，來提高國民所得和人民的生活水準。

由圖 2.10 可見，台灣在亞洲經濟金三角中，偏向 3C 產品的高階製造，大陸偏重低階製造，不過跟日本靠品牌賺錢，台灣和大陸可說是「百步和五十步」之差，跟日本則可用「相差十萬八千里來形容」。

(五)2003 年的世說新語

微笑曲線對個人電腦產業附加價值的詮釋，因為時空環境變化而有所調整。不僅如此，微笑曲線的應用範圍也明顯擴大，例如：半導體、消費電子、軟體、數位學習產業，甚至農業，都可以套用微笑曲線，並藉此尋找各產業的經營重點。

微笑曲線也能夠用以闡釋台灣公司經營消費電子產業的機會，台灣公司經營消費電子產業的品牌有大陸市場為腹地，而大陸市場在全球市場所占比重高

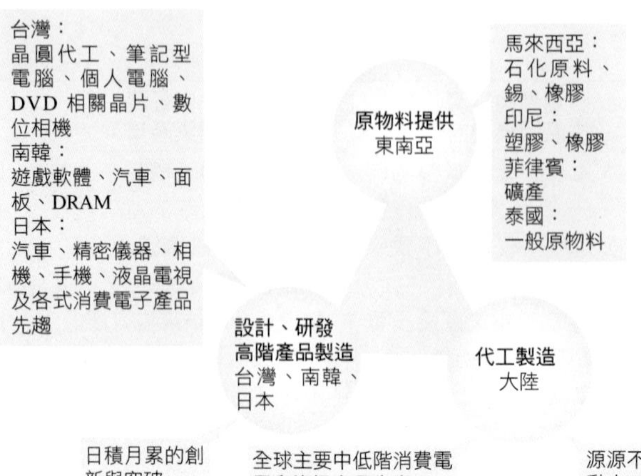

圖 2.10　亞洲經濟金三角

達一成以上；反觀宏碁在 1980 年經營自有品牌，只能以台灣市場為腹地，占全球市場比重不到 1%，台灣公司經營消費電子產業的自有品牌籌碼遠大於宏碁當年的品牌經營。因此，2003 年 4 月，施振榮認為在消費電子產業領域中，台灣公司跟日本公司之間的競爭優勢差距明顯縮小。

施振榮認為，透過加速新產品設計及全球運籌管理，仍可有效提升製造業附加價值，因此，台灣資訊電子產業還要藉由大陸生產製造資源，讓代工客戶如同吃鴉片一樣依賴台灣公司。

(六)施振榮的建議

2002 年 11 月 26 日，施振榮應《經濟日報》和中華知識經濟協會邀請，在聯合報系會議室對一百多位企業界人士以「品牌經營策略與知識管理」為題發表演講。演講摘要如下。

> 台灣的委託設計仍然在世界市場上占主導地位，從我所提出的微笑曲線可看出，我們一方面要往設計代工的方向加強，另一方面則要加強服務，這樣來提升附加價值。
>
> 台灣提高微笑曲線價值的策略應該是：在微笑曲線的左邊，要研

發智慧財產。透過對美國的創投活動，使智財在台灣生根，同時借重大陸人力，台灣可以做到以晶片、面板等關鍵零組件的優勢主導全球創新數位產品。

在量產製造方面（也就是到微笑曲線的中段），台灣要做到產品快速創新設計、大陸生產、全球運籌服務。

在品牌服務（微笑曲線的右邊）方面，則要立足大中華市場，放眼世界，並且創新應用資訊技術以創造價值。

台灣的定位應是全球華人資源整合的主導者，領導全球代工市場及大中華品牌市場。

台灣自有品牌企業所面臨的挑戰為：本土市場太小，台灣占世界市場不到 1%，台灣跟大陸加起來才不過占 20%，所以宏碁要到外面打天下。

市場規模為創新之母，市場小則回收有限，無法鼓勵大家創新，台灣的委託設計進入全球市場才有能力創新。

2010 年 3 月 3 日，施振榮出席龍騰微笑競賽啟動記者會表示，整個微笑曲線，左右兩端都要從消費者的需求去思考，「端到端」的整合，每一端都要做到最好、做到世界級，才能提升台灣競爭優勢。⑭

(七)心動，馬英九馬上行動

馬英九總統了解「創新 = 台灣競爭力」的道理，於是他在 2010 年 3 月 6 日的治國週記裡指出，立法院審查通過「產業創新條例」，包括：製造業、服務業及農業，不論傳統或高科技，只要能夠創新就給予獎勵，其中打出自己的品牌，在市場上占有一席之地，就是創新。用這種方式來提升台灣的競爭優勢，所以我們現在把創意與競爭力勾起來，把它們劃上等號。

為什麼要這樣做？他表示，因為過去我們研究跟發展大部分都集中在製造業的技術或者製程，講究如何降低生產成本，加速出貨效率，所以台灣企業最讓世界感覺印象深刻的，總是能夠做得又快又好，但是在其他新興工業國家崛起後，我們以往靠委託代工為主的生產模式，已面臨被追上的危險。⑮

2010 年 1 月 18 日，馬英九出席 2010 年《天下》經濟論壇開幕式時表示，將把台灣打造成「全球創新走廊」，成為全球新產品測試場，作為歐美技術、資金與亞太市場之間的橋樑。⑯

註　釋

①經濟日報，2008 年 7 月 8 日，A9 版，于倩若。

②工商時報，2008 年 8 月 21 日，A4 版，黃智銘。

③經濟日報，2007 年 10 月 10 日，A5 版，陳宜君。

④經濟日報，2010 年 2 月 3 日，A7 版，簡國帆。

⑤工商時報，2010 年 3 月 17 日，A14 版，涂志豪。

⑥財訊雙週刊，2010 年 2 月 11 日，第 207 頁，林哲良。

⑦經濟日報，2010 年 1 月 11 日，D1 版，國際組。

⑧經濟日報，2008 年 8 月 1 日，A4 版，吳瑞娥、林杰兒。

⑨天下雜誌，2001 年 9 月，別冊第 6 頁。

⑩經濟日報，2007 年 7 月 11 日，A14 版，方玉諶。

⑪摘錄自謝金河，「DRAM 廿年一場夢？」，財訊月刊，2008 年 8 月，第 18～19 頁。

⑫摘修自財訊月刊，2008 年 9 月，第 184 頁。

⑬商業周刊，1041 期，2007 年 11 月，第 132 頁。

⑭工商時報，2010 年 3 月 9 日，A17 版，洪錫龍。

⑮工商時報，2010 年 3 月 7 日，A13 版，于國欽。

⑯經濟日報，2010 年 1 月 19 日，A14 版，何孟奎。

本章習題

1. 參考其他書了解「科技管理」一詞的定義。
2. 「科學研究」和「技術發展」這樣配對是否簡潔易懂？
3. 以圖 2.2 為基礎，詳細說明什麼是「技術」。
4. 科技產業是否是指某產業或是高科技產業？

5. 以表 2.9 來說，你同意「最狹義的科技管理是研發管理」這種說法嗎？
6. 你認為個人電腦已經到了「後 PC 時代」嗎？
7. 圖 2.5 縱軸中，請加入實際金額。
8. 主幹（mainfram）一詞在科技管理中究竟指什麼？
9. 台灣目前在圖 2.6 雁行模式的哪一階段？

3

技術推動的產品創新

市場機構 Canalys 統計，宏碁（2353）2008 年第三季擠下惠普，榮登歐洲個人電腦市占龍頭寶座；華碩超越戴爾，躋身第三名。寫下台灣科技品牌發展的空前記錄。

這個里程碑具有二層意義，第二層意義是，這次把雙 A 送進前三名的是火熱的精簡型電腦（Netbook），這項產品是 100% 的「台灣原生」概念，2007 年 10 月華碩推出易 PC（Eee PC，華碩稱為易電腦）後銷售一路長紅，反過頭來逼迫英特爾、微軟、惠普、戴爾等國際大廠，跟在屁股後面響應趨勢，這是前所未見的現象，也是台灣個人電腦實力的一次極致展現。

——曾仁凱

經濟日報，2008 年 11 月 12 日，D7 版

學習目標

科技管理決勝在於能用得出來幾分，而不是功夫有多高。本章從技術推動型創新，說明技術如何運用，以創造競爭優勢。

直接效益

有關技術運用的課程一直是訓練機構開班的焦點，看完本章再加上一些實例，你大抵可以當講師了。

本章重點（＊是碩士班程度）

1.創意、專利、產品和公司交易的仲介者。表 3.2

2.開放式經營方式。表 3.3

3.創新類型和公司內負責部門。表 3.4

4.產品、製程創新的分類。圖 3.2

5.模組化的產品創新。圖 3.3

6.創新類型和績效衡量。表 3.5

7.三個推、拉的同義字。表 3.6

8.策略指引的產品創新和技術策略。圖 3.6

＊9.新產品開發和產品生命週期。圖 3.7

＊10.技術商品化的五個關鍵成功因素。表 3.8

前言　技術在運用，不在於擁有

「沒有三兩三，怎敢過梁山」，這句俚語貼切地形容兩把刷子的重要性，於是很多上班族焚膏繼晷的終身學習，唯恐自己懂得比別人少。這跟港劇《天龍八部》中的「北喬峰，南慕容」中的慕容復一樣，他是北燕國王之後，祖父一輩亡國後，他發誓要學會各門各派武功，以求復國。可是「吃多嚼不爛」，每次在跟人對打時，都必須有不會武功的表妹王語嫣場邊指點該用哪一門派的哪一招。

雖然有些教育學者主張學習的本身已自成目的、具有意義，但是我們更支持哈佛大學教授 Davids 和 Botkin 1994 年出版的《床下的怪物：企業如何掌握知識創造利潤》一書中的主張：最不想要的就是學習型組織，應該發展學習型公司（learning business），也就是把學習、知識和利潤連成一氣。

知識對企業是種策略性資源、生產因素，因此貴在於活用，而不在於蒐集、擁有（例如專利權數目、圖書量）。最簡單的例子是三國時代，東吳周瑜以妙計打贏赤壁之戰，三萬軍力大敗曹操的三十萬大軍；難怪日本戰國時代武將毛利元就會說：「頭腦是最危險的武器。」探索（Discovery）頻道中專輯探討「十大致命武器」，人的頭腦勝過刀槍棍箭，名列前茅。

這個道理最戲劇化的例子是電影《蝙蝠俠第 3 集》，大壞蛋之一的謎天大聖（金・凱瑞飾）發明一種機器，蒐集了全高登市市民（包括蝙蝠俠）的腦波，也就是他擁有全市的知識、想法（包括男配角羅賓的性幻想）。他自豪地說：「如果知識即力量，那我就是上帝。」當他強迫蝙蝠俠只能在羅賓和女主角梅茲絲醫生（妮可・基嫚飾）中救一個人時，「沒想到」蝙蝠俠卻用拋繩把大吊燈打落，擊垮謎天大聖的腦波機，也拯救了 2 位人質。

本章根據 80：20 原則，採取企業核心能力的三大來源：策略、管理、技術，詳細討論技術的運用。雖然有些地方難免會作一些定義（例如第二節中創新類型），事涉碩士班級專業程度，因此還是有必要「前集提要」一下！

3.1 研發第一步：創意管理 I——公司內部的全員創意，兼論新產品開發事業部

如同全員品質管理、全員行銷一樣，科技管理，尤其是創意管理的學者總希望全員創新，背後的想法是「三個臭皮匠，勝過一個諸葛亮」。

本節從組織管理的角度來說明如何激發員工「think, think, think」，詳見表 3.1，底下依序詳細說明。

一、策略

許多公司在以美國 3M（明尼蘇達礦業製造公司）公司（詳見張保隆、伍忠賢著《科技管理實務個案分析》第八章美國 3M 的創新管理）為學習標竿時，常犯的一個錯誤是，太過於注重特定的管理措施（例如「15% 法則」），未能留意到這些實務背後的四個理念。

1.在經營理念（例如使命宣言）中，以員工和創意為核心。

2.給員工成長、嘗試、從錯誤中學習的空間，詳見本節四(一)。

3.促進內部人才的流動，詳見本節二(一)。

4.在整個組織中建立強烈的坦誠、信任與社群感，詳見本節六(一)。

表 3.1　提升公司創造能力的管理作為

管理活動	麥肯錫成功企業七要素	說明
一、規劃		
	(一)策略	
	(二)組織設計	1.新事業發展部 2.專屬創投公司
	(三)獎勵制度	
二、執行		
	(四)企業文化	1.創意導向的企業文化 2.容許失敗：紀律與創意的抉擇
	(五)用人	人員招募
	(六)領導型態	賦能
	(七)領導技巧	
三、控制		

二、組織設計

研發部只是把點子化成產品的生產單位，即接單研究，當然，研發部也可主動出擊。然而，以接單研發來說，主要下單的是各事業部，其次是經營者（董事會）的策略雄心。

(一)新事業發展部

各事業部往往擔心推陳出新容易鎩羽而歸，以致人們習慣待在舒適區。為了避免事業部「好逸惡勞」，有些公司以新事業發展部來作為內部育成中心（business incubator），等到產品上市後甚至在市場站穩後，才推給相關事業部去養育。

(二)專屬創投公司

針對公司外部研發資源的孕育，往往透過專屬創投公司去「養小雞」，常見的有下列二家。

1.英特爾資本公司

1990 年代，英特爾成立大型創投公司英特爾資本（Intel Capital），大力投資相關公司，以 2009 年 11 月為例，英特爾資本等三家中外創投業者，共同出資 2,500 萬美元，參股香港鳳凰衛視旗下鳳凰新傳媒 23% 股份，準備大舉進軍大陸新媒體市場。英特爾資本大陸區董事總經理許盛淵說：「新媒體是對傳統媒體的創新與革命，它改變了人們獲取資訊、消費娛樂及互動溝通的方式，在大陸市場展現出巨大的發展潛力。此次注資再次證明了英特爾投資繼續支援大陸本土科技創新、推動產業升級的信心與承諾。」①

2.諾基亞成為夥伴

全球手機龍頭諾基亞公司 2004 年出資 1 億美元成立創投公司「諾基亞成長夥伴」（Nokia Growth Partners），除了尋求投資報酬率之外，這筆基金的目的，也在尋找一些握有對諾基亞有利科技的新興公司，重點領域包括手機付費與照相技術。由於績效佳，2008 年 8 月再加碼 1.5 億美元，部分資金將用於挖掘大陸、印度的新興科技公司。②

三、獎勵制度：提案制度、創意比賽——以 IBM 為例

第 2 代網際網路（Web 2.0）讓部落格、留言版變成公共論壇，可以作為公司尋訪創意的工具，以 IBM 為例說明。

2005 年，IBM 開始舉辦「創新大激盪」（Innovation Jam），讓來自全球 104 個國家、67 家公司、15 萬人的「臭皮匠」，搖身一變成為 IBM 的諸葛亮。之後，每年舉行。

以 2006 年的 7 月 24～27 日、9 月 12～15 日二階段舉辦為對象說明。

第一階段，IBM 向旗下所有員工、眷屬、甚至客戶、企業合作夥伴等發出邀請，共同到 IBM 網站上進行全天候的創意發想。

任何創新、可以實用在生活中、改善人類生活的點子，都可以盡情地提出，跟全球的網友分享。參與發想的網友當中，最年輕的只有 8 歲。

「我們等於是把實驗室對全世界開放了，」IBM 的董事長帕米薩諾（Sam Palmisano）打趣地說。

到了第二階段，由副總裁等級以上主管，IBM 以「商業價值」、「獨特性」、對產業發展可能造成的「衝擊性」、在一定時間內能被落實的「可行性」等四項準則進行篩選，去蕪存菁後得到 3 萬多個創意，被放到顯著位置繼續深入討論。

最後，選出五項概念成熟、可行度最高的創新項目後，由 IBM 投入資金 1 億美元，預計在 5 年之內研發完成，並推廣到社會上廣泛運用。

這五項集思廣益、匯聚而成的重點創新，被 IBM 稱為「Next Five in Five」（未來五年的五大創新），內容涵蓋環保節能、健康飲食、便捷交通、醫療照護、手機附加服務等領域。

「這場活動大幅提升了我們創新的能力，並讓我們更精確地朝著商業及社會的領域上創新，」帕米薩諾表示。

這樣廣邀大眾參與的腦力激盪方式已經逐漸蔓延到許多企業。

四、企業文化

為了讓創新不致白忙，公司必須謹慎地在趣味與紀律之間、方法與流程之間、創造力與效率之間取得平衡。企業必須學習如何在僵化（僵化會扼殺創造力）與混亂（混亂造成創意到處亂竄，卻永遠沒有產品問市）之間，走細小的鋼索。企業領導者至少必須在以下三個不同層面建立適當的平衡。

1.在創新的流程本身之中取得平衡，詳見本段(一)。

2.在主要功能部門之間取得平衡。

3.在管理方法中取得平衡，詳見本段(二)。

(一)放任與紀律間的平衡

要把創意構想轉化為產品，需要的是堅持及有系統的方法，其成效最終取決於高階主管能不能在創造力與效率二者之間，取得適當的平衡。對絕大多數企業來說，是一項動態的挑戰，因為在持續成長與發展的過程中，大多數公司往往會在這二者之間擺盪。

像 2002 年，3M 公司任命來自通用電器集團的麥勒尼（James McNerney）擔任董事長，他引進通用電器的必殺技「六標準差」，連研發部也適用。好處是降低研發失敗，缺點是打擊員工創新的動機。以致 2005 年後，他必須功成身退，董事會引進新董事長，鐘擺從紀律擺回放任。

塑造 3M 企業文化的基礎價值觀，是該公司堅定不移地相信創意與個人創新精神的力量。唯有公司高階管理者願意接受，甚至稱許「意圖甚佳的失敗」，員工才會繼續展現追求創新的行為。主管不問你為什麼失敗，而是問你從失敗中學到什麼。他們持續鼓勵創新者和公司中的每個人分享他們的知識；他們什麼都不浪費，什麼都不忘卻。在公司學習方面，鮮少公司能比得上 3M 公司。

(二)在管理方法中取得平衡

美國著名設計公司 IDEO 也歷經時日地演進出一個五階段的方法論，即「IDEO 模式」，在其中內建鬆緊平衡（built-in loose-tight balance），以幫助員工穩定地產生高度創新的產業設計及顧客經驗解決方案。

五、用人

創新仰賴創意，創意主要源自有才賦的個人。

(一)招募：找尋有創意的人

許多公司在招募創意人才時，常採取下列三個方法。

1.僱用具備廣泛能力與興趣的人（在微軟公司，他們稱為「頻寬」）

有創意的公司最主要特色之一是愛才，且知道去哪裡尋找人才，對人才招募流程投入極大心思與努力。1995 年，3M 公司的人資部員工訪談 25 位最多產的發明者，有系統地定義出「3M 創新者」的特性素描。這些創新者除了具備分析思維的能力外，他們的特性還包括：在本身的專長學科領域外，還有廣泛的興趣；他們非常熱心於實驗及處理不尋常的問題；他們對自己所做的事擁有熱情；他們不屈不撓且足智多謀。

IDEO 公司也傾向尋找在其選擇的專長領域具備傑出技能、擁有廣泛興趣、博學而不被傳統職業標籤定型的人。

2.僱用有多種背景與性格的人

創新的管理工作中有許多矛盾之處，公司需要尋找既具有個人主義傾向，但同時又能在公司環境中跟同事相處發揮創意的人才。

3.讓同儕積極參與挑選過程

在有創造力的企業中，凝聚力是來自共同的執著及對夥伴關係的榮耀感，並不是來自彼此和藹可親。有創意的個人最尋求能有機會和他們高度尊崇的人共事，這也是為何必須讓他們參與小組人員挑選流程的原因。

(二)賦能，以避免「不教而驅之戰」

為達成全員創新的目標，必須讓員工具備創新的技能。例如，美國惠而浦要求 15,000 位員工都必須修完 2 小時的「企業創新概論」線上課程，同時也鼓勵他們向公司 500 位「創新導師」請益，這些人在開發、測試與檢驗新點子上，都接受過密集訓練。僅僅期望員工創新是不夠的，你一定要讓他們具備創新的條件。

(三)專案小組的混搭

擁有多樣化的人才與觀點是刺激創新的基礎，日產設計國際公司（NDI）在其員工招募中訂定「互補配對」（divergent pairs）政策，這是該公司從早年經驗中獲得的洞察所衍生出來的一項政策。公司創辦人赫許柏格（Jerry Hirschberg）最早挑選來協助他經營的 2 位設計師風格非常不同，其中一位的設計方法像個發明家或工程師，從主要部分及功能性著手；另一位的設計方法比較像藝術家，整體美是首要考量。赫許柏格認為：「在創設公司後不久聘用這 2 人，立刻為公司注入活力及碰撞的張力。這 2 人以全然不同的重點考量與工作風格來處理計畫，他們相互推拉、彼此激發與摩擦……。這樣不僅能迎合更多的要求條件，也可以形成刺激作用，構成有目的的設計混合。」

六、領導型態：坦誠、信任與社群感

(一)社群感

在 3M 公司，社群感意味當你尋求幫助或提出創意時，所有同仁都會作出回應，促成「問題尋找解答」與「解答尋找問題」的巧遇，這是該公司很普遍的創新特色。在諾基亞，社群感意味你可以信賴你周遭的同事，你可以冒大險。

(二)讓員工流動才會帶來交會點創新

點子往往是透過閒聊而激發出靈感，美國企管學者 Frans Johansson 在《麥迪奇效應》（*Medici Effect*）（商周出版公司，2005 年 10 月）一書中，用以形容交會點所發生的新構想層出不窮現象，這個名詞源自文藝復興時代的義大利，經營銀行業的麥迪奇家族架構了一個有利各種活動進行的平台，促成創意勃發的現象。強生把不同領域交會的地方叫做交會點，把交會點爆發出來的驚人創新稱為麥迪奇效應。

他認為人口流動、科學學門整合以及電腦計算能力（本節第一段）的躍進，使我們所能碰到交會點數量和型態日益增多。

2007 年年初美國柏克萊大學發行的《加州管理評論》（*California Management Review*），出版特刊討論辦公空間設計（workspace design）。顯示「實體辦公空間」已經從建築、都市研究、人體工學等，逐漸進入管理領域，可望成為管理研究的新顯學。

七、領導技巧

專家學者最常用「爵士樂團」來比喻公司的創意小組，主管必須動態地移動，因為在不同階段，貢獻來源也不一樣，有些人是高度原創性的思考者，有些人是創意突破者或促進者。

1.沒大沒小

創新小組主管必須具備的重要技巧之一，是知道何時該從流程中去除層級制度，以及何時該把它放回來。在英特爾，他們把這種技巧視為在「讓混亂支配」（letting chaos reign）跟「在混亂中統治」（reign in the chaos）這二者之間切換。

日本本田汽車公司的「暢所欲言」（waigaya）論壇，任何人都可以參加，在該論壇沒有位階之分。

2.聆聽

研發是一種靠著許多多樣化、獨立且快速的實驗而獲致成果的流程，需要的是能容忍失敗、重視與接受有建設性衝突的環境。微軟創辦人比爾．蓋茲說：「你必須仔細傾聽公司裡所有聰明的傢伙所說的話，這就是何以像我們這樣的公司，必須吸引許多思維模式不同的人才的原因。我們必須容許許多異議，辨識出好的創意，並加以支持。」

3.2 研發第二步：創意管理II——到研發市集買點子

想買南北貨嘛！很多人直接想到的是台北市迪化街；想買白牌電腦嘛！很

多學生、上班族第一印象就是台北市光華商場。那麼想買創新呢？就找創意仲介公司，詳見表 3.2。

表 3.2 創意、專利、產品和公司交易的仲介者

交易＼成熟度	產品點子（idea）	成熟可行的構想（market-ready idea）	專利	產品	公司
代表賣方			√，專利代理商（licensing agent）		√ 1.創業投資公司、投資銀行業者 2.例如大學的企業育成中心（business incubator）
			√ 發明資本家（invention capitalist），買進發明家的專利，再轉售給公司，有時會把跟某一個特定產品有關的幾項專利組合起來，一起銷售	√	
	電子研發市集（electronic R&D marketplace），像是 InnoCentive、NineSigma、yet2.com 等，也能協助搜尋具潛力的構想或專利		專利仲介者（patent broker），以中立的身分（並不代表任何一方），撮合發明家跟公司進行專利的商業化		
代表買方	創意星探（invention scout）：過濾篩選，再交由公司評估商業，他們代表大公司探詢發明家社群		√，公司內部的企業育成中心		√，公司旗下的創投公司

資料來源：整理自賽提希・南畢山和默罕伯・梭尼，「到市集買發明」，哈佛商業評論，2007 年 6 月，第 56～62 頁。

本節主要以美國二所大學的教授南畢山（Satish Nambisan）和梭尼（Mohanbir Sawhney）在《哈佛商業評論》上的文章為基礎發展出來的。

一、開放式經營

在第一章中曾提及亨利・伽斯柏主張的**開放式經營方式（open business model）**，這是擴大他開放式創新的主張，簡單地說，「研發」（美國人用創新一詞範圍廣，但大而無當）不宜悶在自己公司內，應該跟外界有來有往。由表 3.3 可見，可分為二階段。

表 3.3　開放式經營方式

對公司盈餘的貢獻	增進公司核心能力	創造盈餘
公司外部	1.外部點子來源，詳見§4.2 2.聯合研發，詳見 chap 11 3.公司併購，詳見§8.6、§12.4	・技術交易 詳見 chap 15
公司內部	詳見本章第一節	同上

(一)研發分工

伽斯柏對「創新分工」（division of innovation labor）描述如下。

1.創意中介

開放式經營方式利用更多點子來創造價值，因為它們不只使用公司本身開發出的點子，也採用外界的點子。藉此透過創意的全球市場來創新。在創意的全球市場上，他們既是創意的供應者，也是創意的購買者。一旦忽視這個全球市場上的機會，公司就是白白喪失賺錢的機會。

為了利用這種分工方式，公司必須開放其經營方式，要是能這麼做，將會有更多創意，同時，公司內部許多未派上用場的點子，也將有更多途徑可以問世並發揮經濟潛力。

在創意中介市場時代，要實行開放式研發，必須建立綿密的內部創新網絡，並取得此網絡的支持，同時，這個網絡必須使公司跟多樣化的外部創新社群連結起來。公司的經營方式跟管理架構本身必須改變，使開放式經營方式的心態成為整個公司管理的一部分。

2.研發委外

在創新成本方面，開放式創新經營方式藉由利用公司外研發資源，替公司的研發流程節省時間與經費。從寶鹼可以看到此方式在節省成本和加速產品問世方面的功效。

(二)技術交易

瑞維特和克萊合著的《閣樓上的林布蘭》（*Rembrandts in the Attic*）中指出，如果把智慧財產從公司的閣樓上取下來，撣去上頭的灰塵後對外出售，一

定能賺不少錢。

1990 年代後期開始，逐漸有人建議以更開放方式管理公司的智慧財產，有些公司開始把自己的技術授權給其他公司。

二、買方開出條件

就跟買房子找信義房屋等房屋仲介一樣，公司也可以找掮客（中介者）去搜尋，當然委託人得付些費用，委託人一定會給予明確標準，掮客才知道往那裡去找與報價。

1.創意窗口

客戶公司的研發組合裡的缺口，與亟需解決之處。

2.投資報酬率門檻

三、創意星探

美國辦公用品連鎖店史泰普（Staples）推出自家品牌的產品，塑造本身的「創新者」形象。史泰普考慮到自行設立大型的產品開發部非常耗時費錢，因此，公司決定委託「大創意公司」（Big Idea Group）及「產品開發公司」（Product Development Group）這二家創意星探公司，找出最有商業化潛力的產品構想。通常，史泰普公司會指定它們找尋有關某個主題或市場的構想，像是歸檔文具和筆記本。

這些創意星探在開始搜尋新點子時就收取費用；有時候他們事後還可以抽成，也就是說，如果他們找到的點子日後如願成為史泰普品牌的產品，他們也可從支付發明家的權利金中，抽取一定比例。這套作法已經為史泰普推出不少產品，包括一系列新設計的檔案夾，還有以字母（而不是號碼）來設定密碼的鎖，因為使用的是字母，所以可以把密碼設定為一個英文單字；避免人們常常忘記號碼密碼中的號碼。

創意星探通常會為發明家舉辦產品說明會，來媒合買主。

四、芝加哥可發明專業服務公司

2001 年，1978 年出生的卡普藍（Zachary Kaplan）跟夏特（Keith Schacht）看到 IDEO 的專訪，才知道 IDEO 設有一個圖書館，專門蒐集罕見材料，以供員工激發產品設計靈感。

他們認為，這樣的圖書館對於想要創新的企業很有幫助，於是萌生幫企業客戶打造產品點子圖書館的念頭。隨後他們訪談了 50 位潛在目標客戶（不同業界的產品研發者），發現大多數人都同意，如果能夠有一個井然有序的圖書館，不斷向他們介紹最新的材料或器具，會是一個新產品點子的好來源。卡普藍與夏特至此決定創業，共同創立了可發明公司（Inventables）。

(一)搭起橋樑

可發明公司為還沒被發掘的創意點子，以及渴望創新產品的企業客戶搭起友誼的橋樑。該公司的客戶包括：可口可樂、寶鹼、雅芳、耐吉、美國軍方等。可發明公司 2006 年度營收約 200 萬美元。

(二)找點子

公司的 13 名員工組成了一隊點子獵人，他們四處參觀業界展覽、閱讀專業期刊、參加研討會，以及定期跟公司具有合作關係的學者專家對話，從中尋找好點子。

公司也僱有論件計酬的研究者、舉辦學生競賽，並且提供一般民眾透過網站就可以繳交點子的管道。當公司把點子出售後，公司才付款給點子提供者，每一季，可發明公司可蒐集到超過一百個點子。

對公司來說，理想的點子既要創新也要可行。公司有三項基本篩選標準，被選中的點子至少必須符合其中一項。

1.點子必須展現出新意；

2.點子必須是以創新的方法解決了一個問題；

3.點子目前只被用在某個產業，對其他的業界而言還是陌生的。

為了確定點子真的夠新，公司僱用一群產品設計專家來進行把關。最後，每一季公司會整理出最具潛力的二十個點子，把它們做成樣品，並且附上詳細的相關資料，寄給客戶參考。

(三)賣點子

每位企業客戶每三個月會收到名為「設計輔助」（DesignAid）的點子工具箱，箱中包含二十個點子的實體樣品、說明雜誌，以及連結的網路資料庫。

公司認為，讀到一個產品點子是一回事，真正拿在手上把玩則是另一回事。產品設計是很需要用手去感知操作的工作，因此公司把所有點子化為有形。

客戶或許可以從其他地方獲得類似的點子資訊，但是少有提供實物樣品的管道，這一部分成為公司的競爭優勢。以隱形墨水為例，真正看到實物，會比光閱讀到墨水的化學成分，更能激發企業客戶採用這個產品，或者再發想出生日卡產品的動力。

每個點子都被放在像遊戲卡帶一樣大小的硬紙盒中，高度剛好可以放進一般書架，硬紙盒就像書本一樣打開，封面是透明塑膠，內容物一目了然，書背的部分則清楚標示點子為何，客戶可以一盒一盒地放上書架，逐漸形成酷點子圖書館。

隨樣品附上的是《設計指南》（*Design Guide*）雜誌，內容一一解說當期二十個點子，以及可如何變化運用。例如，原本用在船身或飛機機身上，可以在戶外潮濕表面寫字的特殊筆，公司就建議客戶可以拿來運用在防水兒童著色簿，或者在浴缸中玩耍的彩繪遊戲。

公司把點子分成五大類：材料、機械、程序、電子產品，以及新鮮貨。不同的產品種類在雜誌中以不同的顏色區分，幫助企業客戶快速找到目標。同樣為了節省客戶的時間，點子以照片、素描以及簡短的摘要呈現，用字遣詞力求淺顯，希望門外漢也能看得懂。

要是客戶喜歡某個點子，可以再上網查詢細節。公司的網路資料庫具有搜尋功能，針對每一個點子，都有技術面解釋、價格、製造商連絡方式。專利權、相關學術報告等細節資訊，等於幫客戶節省了初步研究的時間，為新產品點子起了個頭。點子出版之後的六個月內，點子提供者平均會接到 1～3 家財星五百大企業的詢問電話。

(四)量身訂做

除了訂閱一年四期的制式點子工具箱，公司也可以為客戶量身訂做，只適合某個產業的工具箱；或者提供諮詢顧問服務，給予腦力激盪課程。根據情況不同，有些客戶一年支付的費用高達 20 萬美元。有客戶把點子樣品當作面試工具，協助公司評估求職者的創新能力，也有客戶訂閱點子工具箱，當作送給親友的耶誕節禮物。

公司每季舉辦一次圓桌會，所有的客戶都可以參加。每名參加者都要帶一個新點子來跟大家分享，同時也可以帶一個問題前來，請大家一起腦力激盪。這是客戶跟不同產業公司的創意主管互動的好機會。

在公司網站上，客戶留言表示，在收到每一期的點子工具箱時，都會感到很興奮，不知道這一期又會有什麼新鮮玩意在箱子裡。公司的員工在準備每一期的內容時，自己都感到很興奮。

2004 年在接受《Business 2.0》雜誌訪問時，夏特說：「我們要找的是，把不可能變可能的東西。」就是這份化無為有的魔力，讓裝箱與開箱的雙方，都為箱中的內容著迷。③

(五)研發市集的例子——DEMO：科技創新前哨站

DEMO 是個已在美國成立十年的老牌子展覽會，提供新創公司與創投業者媒合機會，由數百家報名公司精選出幾十家，安排他們上台簡報，讓台下的創投業者或公司併購決策人員品頭論足一番。每次都吸引大批媒體、專業人士雲集，不少創業家就是在此賣掉公司或取得資金，而參展的新技術應用更成了未來產業發展的風向球。參展的業者有八成是美國公司，而其中 85% 來自矽谷。

五、創新投資公司

創新投資公司的貢獻在於，他們融合對產業與市場的洞見、人脈及創新管理等技巧，同時也承擔部分的研發風險。至於投入資金主要的目的在於，修正產品的瑕疵。

階段 1：搜尋與評估

創新投資公司利用他們跟發明家社群的良好關係，找尋、評估產品概念。他們多半透過口耳相傳，找出有潛力的點子，再設法找到那些產品的發明家，經常直接對發明家提出評估意見，再讓發明家根據這些意見來改善他的構想。

階段 2：開發與精煉

創新投資公司跟發明家協商，取得某項創意構想的部分所有權後，創新投資公司自掏腰包進行開發，把創意轉化成實物，以供買方評估製造的可行性與商業潛力。創新投資公司在評估時，通常都會運用他們對產業的深入了解，並謹守明確的市場焦點。評估之後，創意要修改的幅度不一，視產品本身的特質、所處產業或市場的狀況，以及潛在買主公司的需求而定。

以長青智慧財產公司（Evergreen IP）為例，有位發明家提出可收疊的塑膠垃圾桶概念，可以用在派對、野餐、社區活動等臨時活動場合。這個概念有發展潛力，但在初步評估後顯示，它的獲利機會不大。長青公司出資，對這個概念進行深度的消費者研究，結果發現這位發明家處理的是一個過去鮮少被注意到的問題，市場機會高達 2.5 億美元。只不過，他提出來的解決方案並不理想，因此長青公司投入資源，大幅修改設計理念，提高它的商業可行性。如此發展出來的產品原型，吸引好幾家大型製造業者的高度興趣。

階段 3：市場

創新投資公司會針對買方提出發展完成的產品概念，創新投資公司不但要深入了解潛在買主公司的需求與能力，也必須具備管理與合理配置智財權的專業能力。

以伊格耐智慧財產公司（IgniteIP）為例，該公司評估一項自水中除去重金屬的技術，這套技術可以協助採礦業者減少有毒廢棄物。發明這項技術的人曾試圖藉此建立新事業，但沒有成功。伊格耐公司接手後進行市場評估，結果發現最大的挑戰是要克服採礦業對接納這類新技術的遲疑。因此，伊格耐公司不但修改這項技術來突顯它的潛力，也規劃新的授權機制，創造充分的購買誘因，同時確保伊格耐公司及發明家獲得足夠的投資回收。

3.3　創新和科技管理

在瞬息萬變的經營環境，唯一的因應（消極的）、控制（積極的）之道便是「變」，也就是創新，這個道理無須贅詞強調。剩下的問題是創新要有本錢，其中很重要的便是技術；也就是透過科技管理以支撐公司水源式（源源不斷的）創新。

一、創新類型、核心能力

經濟發展組織（OECD）在 2005 年的《奧斯陸手冊》（*OSLO Manual*）中把公司創新（corporate innovation 或 organizational innovation）定義，如表

表 3.4　創新類型和公司內負責部門

投入（負責單位）	轉換（創新方法）	產出（創新）	
		Betz（1994）的用詞	常見用詞
研發部	線性革新式創新過程（linear radical innovation process）	1.革新式創新（radical innovation）	1.突破性產品創新（break-through）
研發部和生產部	綜合上下二種方法	2.次世代技術創新（nextgeneration technology innovation） (1)系統創新（system innovation）：像樂高遊戲般，把現有技術整合，以形成新系統產品 (2)次世代技術創新：在系統內逐步改善，以創造新技術世代的產品	2.新產品開發（new product development） (1)演化型產品創新（evolutionary product innovation） (2)設計創新（design innovation）
生產部	循環逐步改善式創新過程（cyclic incremental innovation process）	3.逐步改善式創新（incremental innovation）：著重產品設計、製程技術的創新，著重於掌握舊市場	3.產品改良（product development）

3.4 所示。其中技術創新（technical innovation）是最常見的，又可細分為：**產品創新（product innovation）**、**製程創新（或流程創新，process innovation）**、**管理創新（administrative innovation）**，後者可說是除了技術創新以外的功能層級創新。投資銀行高盛學習長理查・黎安斯對創新的定義更簡潔：「可以創造價值的新想法」。

二或三分法的好處是容易記憶，核心能力也可以如此區分，可以概分為下列三種。

1.策略能力（strategic competence）或經營能力（management competence）；

2.管理能力（administrative competence）；

3.技術能力（technology competence）。

少數人把這些稱為知識用途結構（knowledge usage structure）。

二、科技管理是創新中最大的一部分

2006 年，台灣最流行的企管名詞可說是「六標準差」；2007 年是「設計美學」；2008 年，輪到「創新管理」。由圖 3.1 可見，科技管理是達到產品、製程創新的手段。

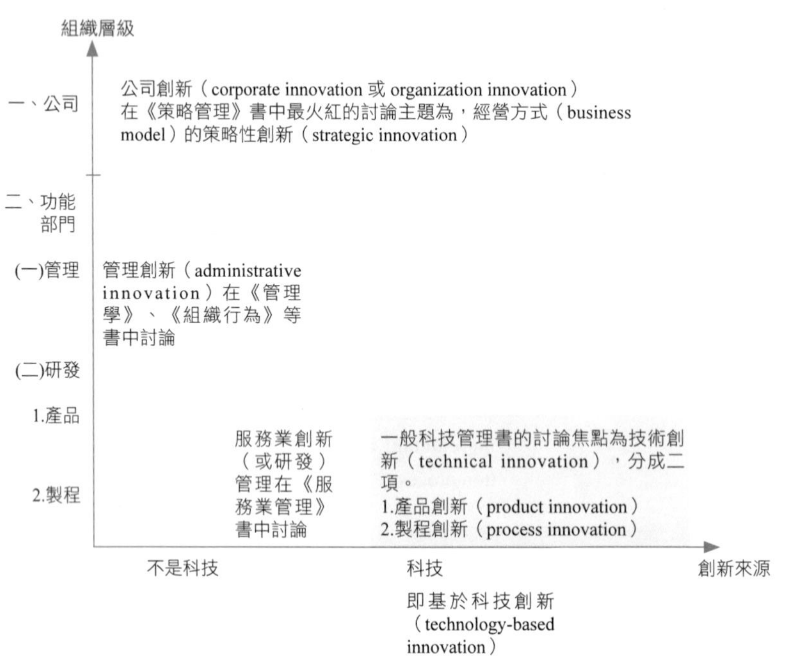

圖 3.1　科技管理在創新過程中的貢獻

三、技術創新的程度

技術創新和整容很像，由小到大依序可分為三種（詳見圖 3.2），分類的原因是為了跟學習型態連結。

1.產品改良（**product improvement**）。

2.新產品開發（**new product development, NPD**），常稱為演化型產品創新（evolutionary product innovation）。產品改良、開發的方法之一稱為設計創新（design innovation），也就是工業設計的意思。

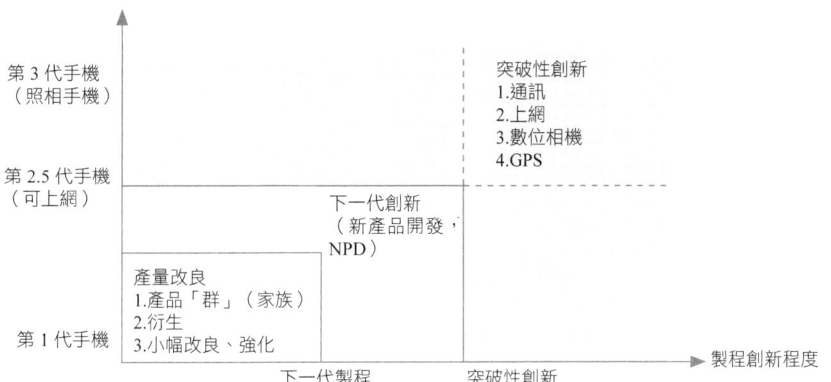

圖 3.2　產品、製程創新的分類

資料來源：改編自 K. O. Clark and S. C. Wheelwright, Managing New Product and Process Development, New York, Free Press, 1993。

3.突破性產品創新（**breakthrough**），又稱為「不連續創新」（discontinuous innovtion）。至於哈佛大學商學院教授克雷頓・克里斯汀生（Clayton Christensen）主張的「**破壞性創新**」（**disruptive innovation**），比較偏重市場面，詳見第四章第三節。

(一)新興技術

對於處在實驗室階段、還沒有商業化的技術，稱為新興技術，emerging可說是雨後黃昏中的「雨後」。以圖 3.2 為例，新興科技常是指下一代創新、甚至突破性創新。

(二)新興技術示例：觸控電子書

2008 年最具創意的發明之一為觸控電子書閱讀器，使用在電子書的軟性顯示器又常被稱為「電子紙」（e-paper display, EPD），像台灣面板公司元太、友達都推出搭配觸控功能的電子紙。

至於索尼、亞馬遜書店則相繼推出電子書，2009 年進入導入期，最簡單的功能便是取代報紙。隨著品牌增加，電子書以每年 5～10% 的速度降價，2010 年內建 3G 網路的電子書閱讀器價位低於 200 美元，而且觸控功能將逐漸成為標準配備；2011 年將達到 100 美元的價位，引爆市場需求。

(三)模組化的產品創新

模組化的產品創新又稱為系統創新（system innovation），俗稱「樂高式創新」。

我們延續圖 3.2 中的第 3 代手機為例，由圖 3.3 可見，它是建立在 2.5 代手機的基礎上去創新，再加上下列二個新功能。

1.數位相機，但是卻衍生一個不好的副作用：偷拍。

2.（無線）上網，3G 手機有簡易的筆記型電腦功能，可以上網進行轉帳、付款、下載線上遊戲、MP3、接收數位廣播、電視的功能。上網交易又稱為**行動商務（mobile commerce, M-commerce）**，為了達到此二項功能，以材料技術運用於彩色面板，取代以往的單色（黑白）、小面板。

簡單地說，各類技術像模組、樂高的積木，一塊一塊適當地組裝成新型產品 3G 手機。例如，2008 年 12 月美國耶誕採購旺季的當紅產品之一就是蘋果公司 7 月推出 iPhone 3G 手機，每支售價 399 美元。

(四)交叉研發

交叉研發（cross-breeding）是指結合二種相異、甚至不相干的產品類型，催生全新的產品。日本建伍（Kenwood）跟義大利迪朗奇（DeLonghi）合作研發的收音機烤麵包機、南韓樂金電子推出內建血糖測量器的電話，都是具體實例。

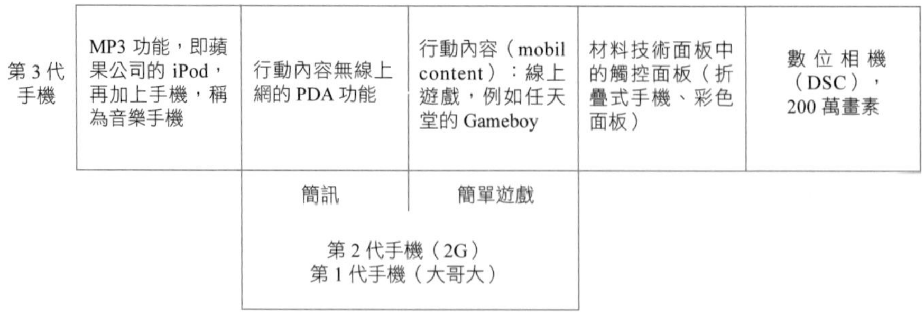

第 3 代手機	MP3 功能，即蘋果公司的 iPod，再加上手機，稱為音樂手機	行動內容無線上網的 PDA 功能	行動內容（mobil content）：線上遊戲，例如任天堂的 Gameboy	材料技術面板中的觸控面板（折疊式手機、彩色面板）	數位相機（DSC），200 萬畫素
		簡訊	簡單遊戲		
		第 2 代手機（2G） 第 1 代手機（大哥大）			

圖 3.3　模組化的產品創新

2006 年，蘋果公司推出 iPod nano 後，特別跟耐吉公司（Nike）合作打造「跑出動感節奏」（Tune Your Run）的音樂慢跑鞋，鞋底內建無線感應器與 iPod nano 連接，iPod 的螢幕通常用來顯示音樂曲目，但接上耐吉慢跑鞋後，就會顯示步行數與卡路里消耗量。使用者可邊跑邊聽音樂，還能得知距離、速率與熱量消耗等數據。

四、創新類型跟公司內負責部門

不同的創新，在公司內往往分由不同部門負責，詳見表 3.4。

Betz 把創新過程分成三類。

(一)線性革新式創新過程

線性革新式創新過程（linear radical innovation process）主要在培育革新式創新，著重在創新發明的新構想，以期創造或進入嶄新的市場。而研發是以線性方式傳遞，也就是科學→工程→技術的線性創新過程。

(二)綜合法

結合逐步改善式創新跟革新式創新的創新過程的綜合法，此種創新主要在研發次世代技術／產品，把革新式的創新構想融合在既有技術中；一方面是在改善既有技術外，更重要是如何把革新式創新過程所獲得的新概念、新方法、技術資訊等研發成果運用在既有技術上，以突破既有技術的瓶頸和重大性的發展，以彌補逐步改善式過程中創新的不足。

(三)循環逐步改善式創新過程

循環逐步改善式創新過程（cyclic incremental innovation process）主要在培育逐步改善式創新，著重在既有產品和市場的掌握。在研發上，跟革新式創新截然不同，其研發過程是圍繞著既有技術，以進行一點一滴逐步累積的改善式創新過程。

把多項創新結合在一起，就是一個很大的創新，因為創新不限於全新的核心技術改變。例如電子寵物和計算機，它們的硬體相同，也都需要省電，只是軟體應用程式不同，就可以產生不同的產品。數位相機跟數位攝影機的結構大致類似，只是加入不同的相關應用軟體，就能產生性能不同的二個東西。多項創新策略的結合，縱然不是偉大的發明，但是通常可創造相乘綜效。

五、生意囝仔不好生

日本產業總合研究院理事長吉川弘之認為，日本經濟積弱不振最重要原因來自：「日本企業不能把基礎研究的成果轉到商品化創新，二者互不相干。」

基礎研究跟商品化牽涉二種截然不同的思維，基礎研究本身有一套完整的系統論，但是如何把研究成果加以應用，使其商品化，卻一直缺乏一套有系統的方法。

基礎研究就像「分析切割」（analysis），而商品化則像「整體綜合」（synthesis）。分析的時候只須關注單一焦點，綜合的時候則要顧及商品的顏色、形狀、特性、顧客接受度，必須面面俱到。

數位相機是日本的創新產品，在發展過程中也曾經碰到瓶頸，幸好卡西歐公司想到加上液晶螢幕，可以立即觀看拍攝的影像，這種嶄新的創意讓市場大吃一驚，立刻造成轟動。

六、創新直接績效的衡量

想衡量科技管理對於創新的影響，就必須稍微撈過界地討論創新的直接績效。至於創新的最終績效主要是指經營績效（詳見表 3.5 第 3 欄），直接績效的衡量方式有指標、指數二種方式。

(一)創新指標

就跟景氣對策信號中的領先指標中共有八項內容一樣，三項創新各自可以再往下區分，得到技術（甚至更細到產品）創新指標中、小類。

技術特質包括：技術知識複雜度、專用性、不確定性、變動速度等，其中專用性需要更進一步說明。

Harabi（1995）認為，以下幾個指標可以用來衡量創新成果的專用性。

1.創新產品的專利對外授權數；

2.專利可獲得的權利金；

3.技術知識的內隱性。

專用性（appropriability）是指公司擁有某種可以創造獨特價值的資源獨占力，Teece（1994）認為，當技術知識很難複製（內隱性高），且智慧財產權相關法律制度完善時，則專用性較高。

表 3.5　創新類型和績效衡量

創新類型	內容	績效衡量
一、策略創新（strategic innovation）	1.產品新定位 2.產品新用途 3.價值活動鏈重組	
二、管理創新（以國際行銷為例）	1.國際行銷（服務）、維修 2.打國際名牌的經驗和能力 3.管理國際行銷通路的能力	
三、技術創新		
(一)產品創新	・對客戶需求特性、市場潮流的掌握 ・產品開發和功能設計技術能力 ・新產品推出（或商品化）、速度	1.（每位研發人員的）專利權數 2.商標數：改良新產品營收 3.營收
(二)製程創新	・量產良率或製程品質 ・製程彈性 ・降低成本的製程能力	1.製程成本減少 2.研發費用

(二)創新指數

把三項創新指標綜合計算便可得到創新指數，如此比較可以得到全面觀，常見方式如下。

1.三者相乘

例如，澳洲 Monash 大學管理學院 Ramin 等教授（1999）便是採取三者相乘方式，不過他們並沒有考量策略創新，而只有考量管理、技術（產品、製程）創新。

2.其他處理方式

其他由指標們去計算出指數的還有公式等方式。

(三)「點子—研發—發明」的創新活動

「己已巳」三個看似一樣的字，也可視為「投入—轉換—產出」（例加購料—加工—出貨）的活動階段，即「己是原料；已是轉換過程中的半成品；巳是出廠的成品」。用這角度來看，幾個科技管理中常見的字，看似同義字，實則有先後之別；詳見圖 3.4。

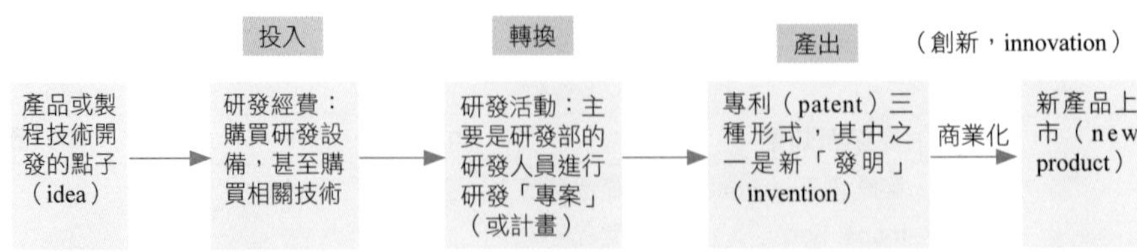

圖 3.4　創新活動階段

1.點子是投入

有好點子（idea）才能贏在起跑點，但是能大賺的點子都來自對經營環境的深入觀察，尤其是科技能做出什麼！

2.研發過程是轉換過程

研發是創新活動中的「清水變雞湯」、「點石成金」的轉換過程。

3.發明是產出

蘋果公司的當紅音樂播放機（MP3）iPod 是發明的商業化（即新品上市），至於 2005 年 9 月 7 日推出的 iPod nano 只是產品改良；很多發明皆可申請專利。

4.全程稱為創新

很多人習慣用**創新（innovation）**來形容公司有研發活動，這樣說看似「介高尚」。

3.4　技術推動型創新

一、三個「推」、「拉」同義字——小汽車 = 轎車 = 房車

語言是活的，常常不同詞卻代表同一個意思，稱為同義字。同樣地，由表 3.6 可見，至少有三種情況會用「推」、「拉」這二個字，意義都是相同的。

由公司發動的把產品向前「推」給購買者（例如購買消費品的消費者），反之，由購買者啟動的，也就是「民之所欲」，這種稱為**拉策略（pull strategy）**。

經濟學中針對物價上漲的二股力量，對字的用法也一樣。

表 3.6　三個推、拉的同義字

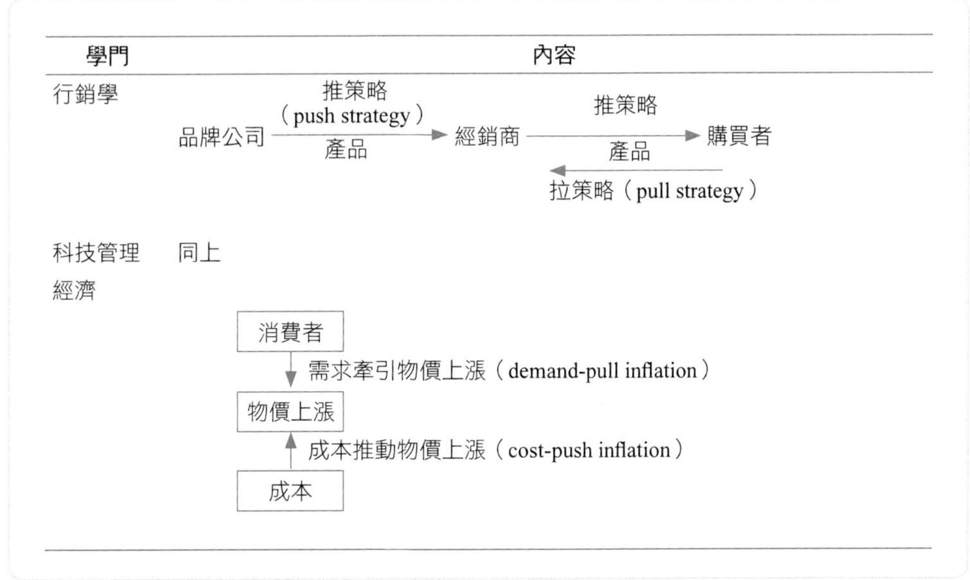

學門	內容
行銷學	品牌公司 —推策略（push strategy）產品→ 經銷商 —推策略 產品→ 購買者；← 拉策略（pull strategy）
科技管理	同上
經濟	消費者 ↓ 需求牽引物價上漲（demand-pull inflation） 物價上漲 ↑ 成本推動物價上漲（cost-push inflation） 成本

二、三個市場牽引的產品

(一)面板

友達光電執行副總經理熊暉（2007 年轉任佳世達公司總經理）認為，液晶顯示器是映像管顯示器的替代品，取代了電腦螢幕、傳統電視，而且品質更好，因此 2003 年換機需求以致供不應求，可說是市場牽引的。

再舉二個生活中的消費品來說明消費者「拉」著跑的情況。

(二)高爾夫球頭

在全球高爾夫球頭代工市場上，台灣已有六～七成市占率，復盛工業（1520）是屬一屬二的大廠，球頭年產量 1,400 萬支。

復盛總經理林炳榮認為，球頭跟時下很多的產品趨勢一樣，流行的節奏很快，也比較短暫。著重的是研發設計能力，這跟過去復盛先以產能規模取勝不同，除了要有大舉量產能力，隨時因應客戶需求外，也要有強勁設計能力，配合甚至要有點主導市場風向球的實力，才能掌握市場脈動。

復盛利用碳纖材料融合鈦合金技術研發出更「炫」的球頭，該產品均已陸

續申請專利中，2003 年年底新廠完成後，2004 年即加入投產行列。

復盛會積極切入高階產品領域和研發新產品，主要是隨時可以吸引客戶的焦點。以實例分析，如果產品賣得好，會更積極開發新產品；產品賣得不好，就會更積極找下一個流行產品，這是復盛朝向研發領域很大的動力。

(三)舒適女性除毛刀

吉列（Gillette）多年來獨霸刮鬍刀市場，在美國市占率達三分之二，尤其在高檔高毛益的替換刀頭刮鬍刀市場，地位更是穩固。吉列擅長於逐步抬高產品價格的策略，藉由長時間的產品間隔，推出功能上有重大突破、定價也高一級的刮鬍刀，讓產品價格穩定爬升。

吉列主要產品上市的時間間隔寬，新產品因而更需要龐大的資本支出。例如，在 1989 年推出「Sensor」系列刮鬍刀後，花費 7.5 億美元研發費用，到 1998 年才推出新款刮鬍刀「Mach3」，這是史上最暢銷的刮鬍刀系列。吉列一方面推出更高價新產品，另一方面也逐步調高原有產品售價，以鼓勵消費者改用新品。

1999 年時，舒適公司（Schick）在各地召開員工會議，研究女性除毛方式。當時，女用除毛刀除了比男性刮鬍刀多了個粉紅色把手之外，基本上並沒有區別。舒適公司的研究結果顯示，女性希望有沐浴專用的除毛刀。

產品工程師奧羅夫女士（Glennis Orloff）開完會回到飯店休息時，看見浴缸邊的小肥皂，突然靈機一動，心想何不開發一種可以同時抹肥皂和除毛的產品呢？於是她把那塊肥皂帶回實驗室，在肥皂中間挖了個洞，塞一片刀頭進去。她說：「以它陽春的程度來說，效果算差強人意。」

這個構想催生了 2003 年 4 月推出的明星產品「Intuition」系列女用除毛刀，是舒適公司多年來最具創意的產品。「Intuition」4～10 月銷售額近 4,000 萬美元，在非拋棄式除毛刀市場搶下 8.5% 的市占率，一舉把舒適的市占率推升近 3 個百分點，達到 17.9%。

2003 年9 月，舒適公司再接再厲，推出市面上第一款四刀頭刮鬍刀「Quattro」，從 8 月中就開始強打廣告，共砸下 1.2 億美元，部分證券分析師認為產業勢力版圖可能就此改變。老大哥吉列公司沒料到舒適公司會來這招，不免有些不是滋味。

摩根士丹利公司（Morgan Stanley）證券分析師佩柯里羅（Bill Pecoeriello）說，在舒適公司加入高檔刮鬍刀戰局的競爭下，迫使吉列公司加快產品上市腳步，縮短原有的產品週期。他表示，戰局已經起了變化，吉列公司不再能好整以暇地慢慢研發了。

三、技術推動型創新

技術推動型創新（technology-push innovation）是指由技術突破以推出新產品服務；在電影便是藝術電影，在流行歌曲便是創作型歌手。

四、二個失敗的技術推動產品

然而一旦缺乏市場導引，則可能會變成閉門造車的生產導向，行銷學教授李維特（Theodore Levitt）於 1960 年形容此為**「行銷近視症」（marketing myopia）**。

產品、生產導向的技術推動產品叫好不叫座的鎩羽而歸，由淺入深常見原因有三，底下詳細說明。

1.消費者沒「欲求」（desire），例如平板電腦。

2.消費者有「欲求」，但是荷包負擔不起，以致沒有需求，例如協和號飛機。

3.消費者有需求，但是產品不合用，例如賽格威電動車。

(一)平板電腦不切實際，但 iPad 2013 年銷量超過小筆電

個人電腦已是成熟產業，全球桌上型電腦市場成長率也趨緩，在商用市場已趨飽和下，家用市場的成長力道明顯大於商用市場；而且在筆記型電腦持續擴大搶占桌上型電腦的效應下，桌上型電腦公司積極尋覓開拓新市場，New PC 應運而生。

平板電腦、Desknote、迷你 PC、液晶電視四大產品項目是最被看好的「New PC」產品，面對傳統個人電腦成長面臨瓶頸，新 PC 時代來臨，全力突圍而出。

2003 年 11 月，宏碁跟微軟攜手合作的全球首款雙用**平板電腦（Tablet**

PC）Travel Mate C100 率先推出。宏碁集團董事長施振榮親自上陣，當起宏碁雙用平板電腦代言人，強力促銷平板電腦。售價高達 7 萬元的平板電腦，優點是可以在螢幕上用光筆手寫輸入，主要市場是不擅長鍵盤中文輸入的高階主管。問題是，這些金字塔最上層的人大部分不用隨身攜帶電腦，因為都有秘書、助理代勞。所以平板電腦做不起來，不是售價問題，而是找錯對象了，2003 年只占個人電腦 5%，市場一直打不開來。

2010 年 1 月 27 日，蘋果公司董事長賈伯斯（Steve Jobs）推出觸控式平板電腦 iPad，有人批評是大型 iPhone 3GS 手機，但至少抓到一個重點：價位平民化、最低價 499 美元（約 16,000 元）、頂級（有 3G 通訊功能）為 829 美元（26,000 元）；可以作為電子書閱讀器用，其功能詳見圖 3.5，拓墣產業研究所預期 2013 年銷量 4,000 萬台以上，超越小筆電。④

有關 iPad，請詳見張保隆、伍忠賢著《生產管理個案分析》（五南圖書）第十一章蘋果 iPad 的成本分析與供應鏈。

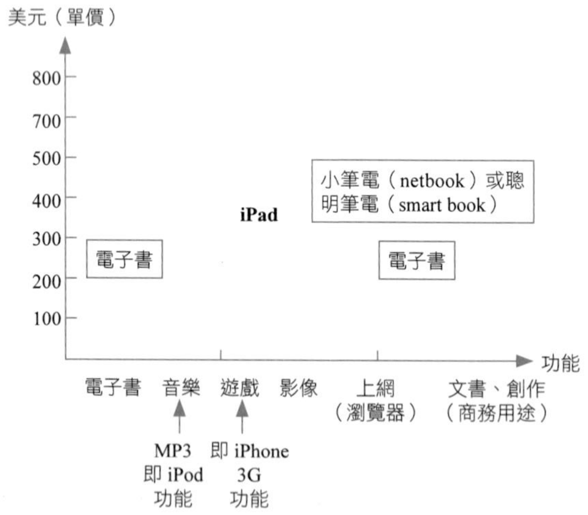

圖 3.5　蘋果公司 iPad 平板電腦三大功能

資料來源：修改自 30 雜誌，2010 年 3 月，第 18 頁。

(二)太貴了，協和號飛進歷史

協和號（Concorde）是由英法（Anglo-French）聯營的客機，1977～2003 年以超音速（supersonic speed）載著有錢人飛越大西洋，被視為身分地位的象徵，對通勤的名流來說，協和號客機是橫越大西洋的計程車。

2003 年 10 月 24 日，隨著英國航空公司（British Airways）的協和客機飛完最末班，協和號在航空史上的一章也宣告結束，想必許多人會不禁流下懷舊之淚。

協和號的優點是「快」，只要 1.5 小時就可以從紐約飛到巴黎。由哈里遜・福特主演的《新龍鳳配》，他就是靠此客機，雖然比女主角茱莉亞・歐蒙的飛機晚飛 20 分鐘，但卻提前半小時到。然而票價卻是一般飛機的四倍，像哈里遜・福特這樣的顧客不多，所以協和號只好不堪虧損地飛進歷史了！

五、這樣做，才對！

技術可以做出無限的產品，但是賣不掉的產品，再高竿的技術也是「英雄無用武之地」。

為了避免閉門造車，技術策略必須以行銷導向的策略來指引。圖 3.6 的分析架構主要靈感來自英國專家 Robert G. Cooper（2000）的文章，不過，我們做了很大的變更，其中最明顯的便是加入事業策略此一欄；此外，我們認為產品創新和技術策略指的便是新產品過程、技術組合管理。很多英國公司採取 Stage-Gate TM 程序來開發新產品，其中竅門是畫出里程碑，以免路走偏了，這是指圖 3.6 中新產品過程中的(二)那一項活動。

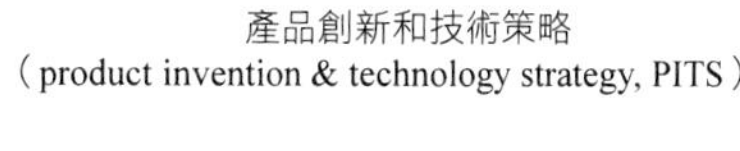

圖 3.6　策略指引的產品創新和技術策略

資料來源：改編自 Cooper, Robert G., "Product Innovation and Technology Strategy", Research Technology Management, July-Aug. 2000, p.39, Figure。

3.5 技術商品化

「十年寒窗無人問，一舉成名天下知」，古代讀書人至少知道出題方式、方向，也就是考試導向，而不是學問導向的。

同樣地，技術商品化過程中，業務部扮演帶路鳥的角色，研發部才不會瞎子摸象、誤入歧途。所以，研發人員必須對於商品化過程、關鍵成功因素相當了解，才不致技術本位主義，許多公司董事長因為「重技術，輕市場」，以致虧損累累，這才是**技術惡夢（technology nightmare）**。

一、技術創新的商業化過程

新產品開發過程在大二行銷學、工管系大二生產管理、大四研發管理，甚至創意管理中都是以一節來處理，可見其重要性。

(一)新產品開發步驟

由圖 3.7 可見，新產品研究發展過程要經過六步驟。

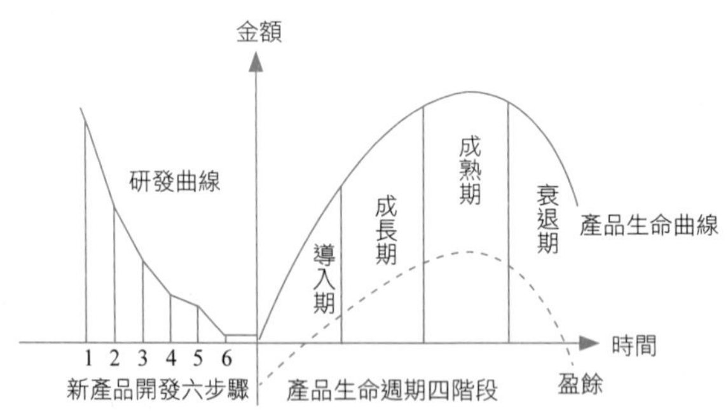

圖 3.7 新產品開發和產品生命週期

1.構想蒐集（idea collection）

由業務部、企劃部，少數情況下由研發部提出新構想。

2.構想甄選（idea screening）

由委員會開會，憑知識經驗初次過濾。

3.商業分析（business analysis）

由專案研究員進行市場可行性分析。

4.產品的工程發展（engineering development）

由研究發展部的工程師設立專案進行設計、模型、研製。

5.市場試銷（market test）

由研發部製造樣本產品，交給行銷研究都選定樣本地區或樣本顧客，進行試銷。

6.上市行銷

由工廠大規模生產，由業務部安排新產品上市相關行銷策略組合事宜，產品推出市場，進入商品化。

(二)上市後

至於產品上市後，產品由新到舊，則進入產品生命週期的宿命階段。

二、美國惠而浦怎麼做

1999 年，美國惠而浦（Whirlpool）公司執行長惠特萬（David Whitwam）立下目標，要讓這家首屈一指的家電公司躍居為創新龍頭。惠而浦發展出一套新產品開發程序，能把點子去蕪存菁，並研發出符合市場需求的商品，成功帶動業績蒸蒸日上，詳見表 3.7。

底下以洗衣機滾筒清潔除味錠 Affresh 的研發過程為例來說明。

表 3.7　美國惠而浦的研發點子篩選過程

行銷管理步驟	新產品開發程序——C 系統	惠而浦的作法*
一、構想蒐集（idea collection）	C0 構想階段（proposal phase）	目標：惠而浦全球研發部門主管諾瑞納（Moises Norena）說：「每個月我們都會提出創新管道的預估銷售規模，而 2010 年度的預期銷售目標是 40 億美元。」該公司 2009 年度營收為 189 億美元，這意味將近兩成由新產品貢獻。 惠而浦稱為「創新管道」階段，研發部會把所有的研究結果記錄在「機會摘要」的文件中，再由產品部門、新事業開發小組與「創新導師」（i-mentors，公司內受過發掘創意訓練的員工）先提出構想，稱為**創新管道（innovation pipeline）**；創新管道中約有 1,000 種產品點子，但最後平均只有 100 種會上市。

表 3.7 （續）

行銷管理步驟	新產品開發程序——C 系統	惠而浦的作法*
二、構想甄選（idea screening）	C1 規劃階段（planning phase）	惠而浦稱為研發盒子（i-box）階段，在點子審核階段，由 15 名研發人員和區域經理組成的小組審核，他們分別來自行銷、業務、客服和研發部門。這個小組每個月開會一次，評估各項提案的可行性並分配經費。值得研發的概念得符合三項條件：它必須用嶄新方式滿足消費者需求、本身具備寬度，能作為相關產品的研發平台，以及能提振獲利。
三、商業分析（business analysis）		「研發盒子」指的是長達三頁的記分卡，研發小組必須具體提出產品的預期營收、技術可行性、品牌關聯性，以及市場趨勢等，然後研發小組再根據各項標準給予 1～5 分的評等，最後的平均分數決定計畫被放行或冷凍起來。 惠而浦約有 1,500 個提案計畫，因為各種原因被束之高閣。例如，公司有意推出露營專用的活動式裝置，但因為產品屬性跟旗下的家電系列差異過大，最後忍痛放棄。
四、產品的工程發展（engineering development）	C2 設計階段（R & D design phase） C3 樣品試作階段（sample pilot run phase） C4 工程試作階段（engineering sample pilot run phase） C5 試產階段（product pilot run phase）	惠而浦的標準階段關卡流程（stage-gate process）。
五、市場試銷（market test）	C6 量產階段（mass production phase）	生產
六、上市行銷（marketing）		販售

*資料來源：整理自經濟日報，2009 年 8 月 31 日，A8 版，莊雅婷。

2006 年時，客戶告訴惠而浦的研發人員，水漬和化學殘留物常聚積在滾筒式洗衣機蓋子的油封（seal）上，造成機身內部產生異味。

新事業開發小組的組長馬丁，當時負責主導 Affresh 研發計畫，他已經知道市場存在這個消費者需求。經過一個多月的研究，他認為 Affresh 能運用到廚房用品上，符合研發點子的第二個標準。

提振獲利也不是問題，據 IBIS World 統計，滾筒式洗衣機的銷售節節攀升，預計 2010 年度賣出 191 萬台，3～5 年後更可望超越直立式洗衣機。

透過這種研發決策方式，惠而浦催生了滾筒式洗衣機專用的清潔除味錠 Affresh，2007 年 9 月上市，售價 6.99 美元。第一年全年營收比馬丁預期的多兩倍，而且已成功切入大型連鎖便利商店市場。由於推出後廣獲市場好評，到 2009 年 Affresh 就拓展成擁有四項商品的系列品牌，預估在 2015 年以前，營業規模可達到 1 億美元。由於成績亮眼，該公司 2009 年 9 月推出 Affresh 品牌的洗碗機和清潔劑。⑤

三、技術商品化的五個關鍵成功因素

技術絕不是憑空從可能變成實際、從冷門轉為熱門，分析十大熱門技術所必須具備的五個條件，再參考新產品上市後的行銷 4P 表現，把五個關鍵成功因素區分為必要、充分條件，而且依產品生命週期來對號入座，詳見表 3.8。

四、新技術效能超越舊技術

新產品必須比舊產品好用，而且缺點和故障必須保持於一定的下限。哈佛大學商學院教授克里斯汀生表示，語音辨識軟體至今無法取代打字成為辦公室速記的主要方法，就是因為缺點過多，包括：速度緩慢、不易操作和錯誤率太高（2010 年約 5%）都是大缺點。

表 3.8　技術商品化的五個關鍵成功因素

條件情況			產品生命週期
一、必要條件（技術、生產可行性）	1.技術成熟	1.錯誤率低或穩定性高，耐看耐用 2.產品好用	導入期
	2.基礎建設	例如： 1.手機的基地台 2.數位電視的電視公司更換發射台	
	3.大公司投產	如此才能量產、大幅降低成本，另一部分源自加速技術演化	成長初期
二、充分條件（市場可行性）	1.產品售價降低	新產品售價降低，市占率提高，產品售價不再高不可攀	導入期
	2.產品轉換	天下沒有價格打不敗的品牌忠誠度，例如，2008 年液晶電視一吋 2,163 日圓（約 714 元），42 吋液晶電視約 30,000 元，液晶電視進入普及、國民機種階段	成長末期、成熟期

註　釋

①經濟日報，2009 年 11 月 10 日，A12 版。

②工商時報，2008 年 8 月 1 日，A 8 版，李鐏龍。

③摘修自 EMBA 世界經理文摘，2007 年 8 月，第 72～76 頁。

④江欣怡，「賈伯斯秀第 3 顆金蘋果 iPad」，30 雜誌，2010 年 3 月，第 16～19 頁。

工商時報，2010 年 4 月 2 日，A3 版，何英煒。

⑤經濟日報，2009 年 8 月 31 日，A8 版，莊雅婷。

本章習題

1. 附有迅馳 CPU 的筆記型電腦屬於哪一種創新？為什麼？
2. 數位家庭產品是否可以定義為「3C 產品⊕無線通訊（WLAN 或藍芽⊕互通作業系統」的樂高式創新呢？

3. 除了圖 3.2，你還見過哪些創新分類方式？

4. 以表 3.5 為基礎，跟圖 3.2 對照，有什麼差別？

5. 以表 3.6 為基礎，你還有哪些用拉和推來命名的專有名詞？

6. 以圖 3.4 為基礎，舉一家公司為例。

7. 以一家公司一項產品為例，說明圖 3.6 的程序。

8. 除了圖 3.7 上新產品開發六步驟外，還有八、九步驟的說法，有什麼差別？

9. 以一項產品（例如 3.5 代手機）為例，說明其產品生命週期。

10. 以一項產品為例，說明表 3.7 技術商品化的步驟。

技術策略構想

科技創新要能創造商業價值才有意義，另外市場機會也要配合商業模式，各類經營方式不管是自有品牌加自製、自有品牌加外包、製造代工或設計代工都沒有好壞，只擁有不同核心能力與企業文化。

2007 年 10 月華碩推出易 PC 之後，宏碁就開始研究迷你筆電的市場需求，確認市場需求之後，就針對易 PC 的缺點進行改良，所以推出的 Aspire One 可以後來居上，每個月出貨都超過 100 萬台，是筆記型電腦史上第一款單一機種每月出貨超過 100 萬台的機種。

——王振堂　宏碁董事長

工商時報，2008 年 11 月 13 日，A8 版

學習目標

本章主要著重於技術診斷（以了解技術缺口），進而在公司資源限制情況下，擬定技術策略。

直接效益

本章有許多很操作化的工具，例如 4G 規格二大陣營，也有很具體的專利風險管理（第六節以 DVD 放影機、錄影機產業為例），可說具體實用。

本章重點（＊是碩士班程度）

1.公司技術系統診斷流程圖。圖 4.1
＊2.技術能力跟衡量內容。表 4.1
＊3.技術地圖。圖 4.2
4.技術缺口分析的結果。表 4.2
5.技術策略跟本書相關章節。表 4.3
6.公司四種分類方式及其可能因果關係。表 4.4
7.依產品技術、製程技術區分公司角色。圖 4.3
8.技術策略的分類。圖 4.4
9.技術組合——以晶圓代工為例。圖 4.5
10.技術生命階段的知識管理活動。圖 4.6
11.技術傳承。圖 4.7
12.技術演化理論。表 4.6
＊13.技術管理——技術生態學角度。表 4.8
＊14.技術創新程度跟創新方法。表 4.9

前言　正確的開始，成功的一半

本書的基本精神是「策略（性）科技管理」，也就是公司的科技策略是為了達成公司目標，因此，其他功能管理之前加上「策略」形容詞，就是為了強調此點。

各個功能部門的政策目的皆是為了落實公司策略以達到公司目標，這種策略導向的科技管理（strategic-oriented technology management），在 1990 年代已經成為常識，所以我們不想花篇幅再介紹 1987 年的 B-Tech 方法，這是由 Battelle 技術創新和管理協會推出，它強調能整合公司事業部策略和技術政策。

在本章中，我們先進行技術（系統）診斷，以了解公司（技術能力）距離目標有多遠，知道落差才能決定技術策略方向、方式和速度。

此外，在第七章中也說明公司優劣勢分析法，即「知己知彼」之後，識時務者為俊傑，在各情況下公司有哪些把戲可玩！

4.1 技術診斷

科技「管理」的本質是問題解決程序，既然知道目標（或理想），接著便是進行問題診斷，這個流程只要唸過《管理學》的皆知，只是跟策略管理一樣，在規劃、執行、控制等管理活動字語之前再加上科技此一形容詞。在科技管理時稱為**技術系統診斷（technology system diagnostics, TSD）**，詳見圖 4.1。

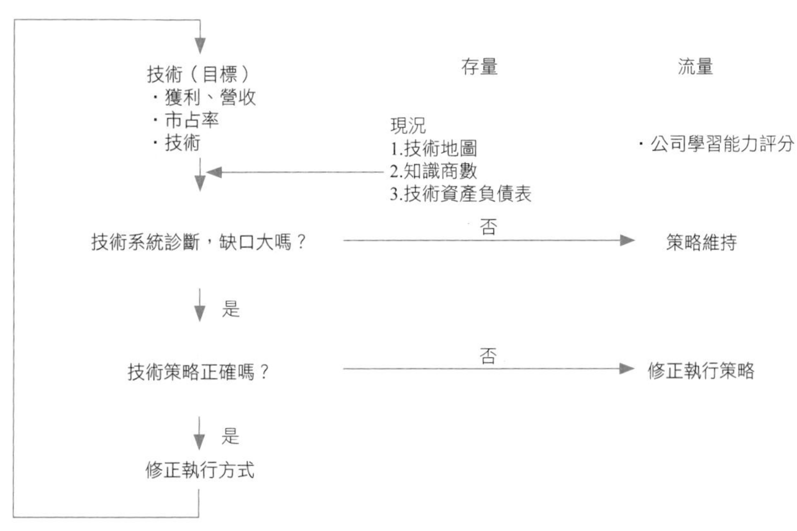

圖 4.1　公司技術系統診斷流程圖

一、以關鍵技術為衡量對象

「擒賊先擒王」、「80：20 原則」……，這些傳統智慧簡單指出在進行技術診斷、評估時，評估的主要對象是關鍵技術，關鍵技術的定義詳見第六章第二節。

二、技術診斷時機

技術系統診斷的時機可以分為二方面：一是產出面，即（將）出現績效缺口（performance gap）時；另一是投入面，巧婦難為無米之炊，也就是所投入的技術不足以達到目標。

三、技術診斷方式

技術診斷常見的面向有二，請見表 4.1。

表 4.1　技術能力跟衡量內容

技術能力衡量方式	學者
一、存量（stock 或 inventory）	
1.技術地圖	
2.技術組合	
3.技術資產負債表	Hartmann（1999）
二、流量（flow）	
1.公司學習能力評分	Redding（1997）
2.公司智商（organization IQ）	Mendelson（2000）

1.存量分析

這跟資產負債表比較像，分析公司有什麼強勢技術（即資產），哪些技術還不足（即負債）。

作出技術分布圖的活動稱為技術繪圖（technology mapping）、技術製圖（technology cartography）或技術導航（technology navigation）。

2.流量分析

這跟損益表比較像，代表公司創造、運用技術的能力。

(一)技術資產負債表

技術（能力）衡量（technological assessment）已有 20 年的歷史，可以衡量一個公司各項技術存量（technological inventory）、技術（能力）潛力（technological potential），最後得到像 BCG 般的技術組合。德國柏林市 Kearney 管理顧問公司 Matthias H. Hartmann（1999）延伸推出技術資產負債表（tecchnological balance sheet）。

(二)流量估計：公司學習能力評分

功能能力（functiontal capabilities）主要是指研發、製造部門所具備的能力，有些研發專家〔例如英國的 Bone 和 Saxon（2000）〕把技術視為功能

（部門的）能力；而技術能力（technology capabilities）包括三種成分。

- 人員及其技能，由**利害關係人分析（stakeholder analysis）**判斷關鍵技術人員的需求和期望；
- 機器和設備；
- 公司和事業部流程。

技術存量是昨日累積的成果，但是技術流量的評估也很重要，最常見的便是衡量你的公司有幾分符合學習型公司（其他人譯為學習型組織）。美國伊利諾州策略學習研究所執行董事 John Redding 在 1997 年發表的一篇文章，把二十一種問卷作了比較，滿像汽車性能配備比較表，分成三大項。

1.*學習層級*：個人、小組、部門到公司；

2.內容；

3.*衡量的方法*：包括測驗進行、評分、問卷測驗和詮釋所需的時間、用途。

四、技術水準的高低

不同產業對技術層次高低用詞也不同，精密機械是指公差的大小，公差越小則複雜度越高；半導體業中則為製程線距的大小，製程線距越小則複雜性越高；光資訊產業則是指精準度要求的高低，精準度越高則複雜性越高。

五、由技術地圖來看優勢劣勢

在進行 SWOT 分析時，有關技術能力的盤點稱為**技術稽核（technology audit）**或**技術能力分析（technology capability analysis）**。存貨盤點表可以讓人一目了然地知道存貨現況；同樣地，把技術能力當成原物料，進行盤點，所得到的結果稱為**技術地圖（technology map）**，詳見圖 4.2。

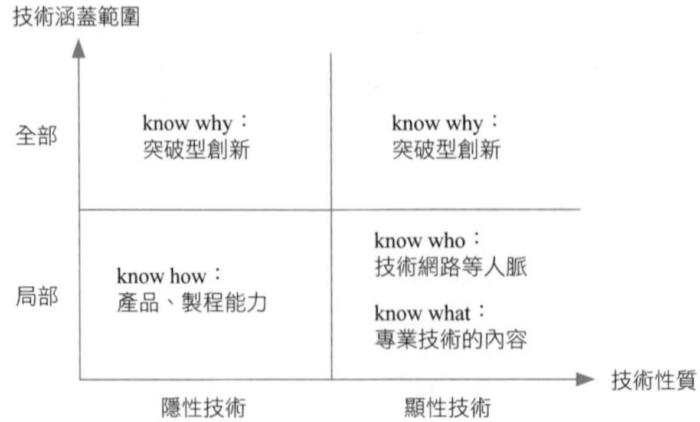

圖 4.2　技術地圖

六、知識診斷的結果

如同由營收缺口去細部分析原因，這是企業診斷的核心。再往前推，往往發現問題出在「力有未逮」、「智不如人」，前者是有形資產，後者主要就是技術。技術診斷便在了解現在的技術存量，即表 4.2 中的第 2 列，稱為技術基礎（technology base）。再進一步評估這些技術對塑造競爭優勢的長短，這即是第 3 欄的技術地圖，在個人來說則稱為技術分布圖。「地圖」只是個用詞，指的是技術缺口的圖示，即公司（或員工）在哪些關鍵技術具正缺口（即長處），哪些呈負缺口（即不足）。

表 4.2　技術缺口分析的結果

組織層級	基本狀態	診斷後的結果
公司	知識庫（knowledge reserviors）或公司技術基礎（corporate technology base）	SW（優勢劣勢）分析的結果：技術地圖（technology map） 1.標籤（labels） 2.路徑（directories）
部門		
個人	個人技術基礎（individual technology base）	技能鑑定後的結果： 技術分布圖

七、不使用「技術稽核模式」

策略導向的科技管理史不絕書，像 Carcia-Aarreola（1996）提出技術稽核模式（technology audit model, TAM），也是把一堆 SWOT 分析、技術分類、技術取得和運用等拼湊在一起。撇開其內容好壞不談，使用「稽核」這個詞便不太妥當，因為稽核偏重於事後的控制面。

4.2 技術策略快易通

一、策略的重要性

行動派的人認為執行力才是一切，動腦派的人用正確方法做正確的事，策略指的就是「正確方法」，其「目標」是做對的事。策略錯了，有什麼大不了的？英國華威克（Warwick）大學 Cowling 和 Tomilnson 在《經濟期刊》（*The Economic Journal*, 2000）的一篇論文指出，日本大企業的海外投資以致令本土工業「空洞化」（hollowing out），而政府主管機關通產省束手無策，是造成日本經濟由興盛至衰退的「策略性失敗」（strategic failure）。

1999 年 11 月 27 日，美國《紐約時報》專欄中，著名的麻州理工大學經濟系教授克魯曼（Paul Krugman）認為，日本經濟確實已在衰退邊緣。由日本的例子可見「一步錯，步步錯」的嚴重性。「站對山頭，勝過拳頭」，這是對策略具備「正確的開始，成功的一半」的最佳描述。

1980 年來，有許多功能管理皆冠上「策略」一詞，例如：策略（性）人資管理、策略性行銷管理，甚至連財務管理中還有細分至策略預算。一言以蔽之，即表示不能本位主義，作好功能管理必須以達成策略目標為依歸。以技術來說，便是**策略（性）技術管理（strategic technology management）**，看到策略一詞，便知道這屬公司層級。

二、技術策略目的和內容

許多人對行銷策略（常見為 4P）琅琅上口，生產策略常指自製或外包；常見的財務策略分為（以投資為例）消極（常見為買入持有法）和積極二種；至於人資、資訊、技術策略是指什麼，並沒有共通語言，但是這問題並不難解決。

「策略」（strategy）是指引行動朝向目標的一套想法，公司策略至少包括下列三項內容。

1.公司該往哪裡去（where），指多角化程度；

2.成長速度；

3.成長方式，是內部（即走自己的）抑或外部（即策略聯盟、併購）。

同樣地，**技術策略（technology strategy）**也可以取此三類內容，詳見表4.3。不過，由於技術水準、公司規模等皆影響公司的行動空間，所以有必要先說企業的幾種分類方式。

表 4.3　技術策略跟本書相關章節

企業依技術水準來分類	產品導向型	老二主義	挑戰者	市場先進者
一、成長方向 chap 4		跟著先進走：台灣	另創規格： 1.大陸手機、DVD 2.Linux 挑戰微軟	主導產業規格：3 G 、影音壓縮，詳見 § 4.2
二、成長速度（詳見§ 9.3～9.4）				
三、成長方式（詳見§ 9.5）	策略聯盟或公司併購	外部成長策略聯盟，包括產學研的合作研發，chap 11	企業併購 1.技術移轉，詳見§ 12.1～4 2.公司併購，詳見§ 9.5	↔ 自行發展chap 10

三、公司的分類

很多分類方式看似無關，其實有因果關係，先進入市場的公司有「時間優勢」，常常累積比較豐富的技術底子，產品、市占率也比較高，詳見表 4.4，逐步說明於下。

(一)依進入市場時間分類

就跟消費者對新產品的採用行為分類方式一樣，同樣地，也可以把同一市場內的公司依進入市場的先後順序區分為三類。

表 4.4　公司四種分類方式及其可能因果關係

由上往下因果關係	分類			
一、進入市場先後順序	晚期進入者（late entrants）	早期進入者（early entrants）	先進者（pioneers 或 first to market）	
二、技術水準	老二主義（me-too）	產品導向型（product oriented）	挑戰者（follow the leader）	先進者
三、波特的競爭策略*	低成本集中（cost focus）	差異化（differentiation）	差異化集中（differentiation focus）	成本領導（cost leadership）
四、市場地位	市場跟隨者（market follower）	市場利基者（market nicher）	市場挑戰者，共 2～3 家	市場領導者，俗稱領導公司，單一公司市占率超過二成

註：*詳見伍忠賢，《策略管理》，三民書局，2003 年 10 月，二版，圖 13.2。

1.先進者（pioneers, first to market）；

2.早期進入者（early entrants）；

3.晚期進入者（late entrants）。

(二)依產品技術跟製程技術分類

技術密集產業的成功關鍵因素主要是技術，又可以粗分為產品技術（product technology）和製程技術（process technology）。

因此，我們可以依技術水準的高低，把產業內的公司區分為四類型，即先進者、挑戰者、老二主義，以及產品導向型，詳見圖 4.3。

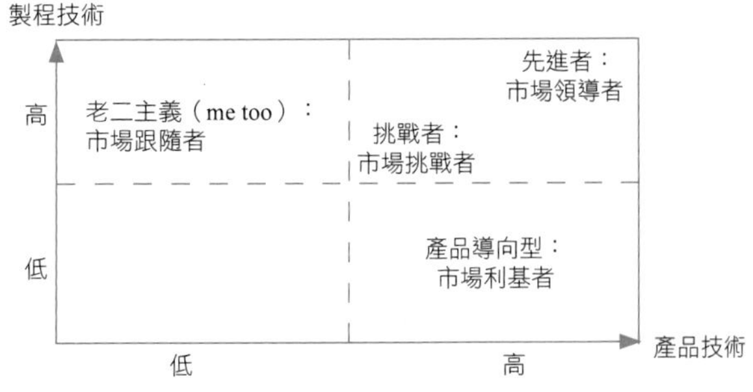

圖 4.3　依產品技術、製程技術區分公司角色

在圖 4.3 中，我們把挑戰者放在先進者、早期進入者之間，它可能是先進者也可能是早期進入者，也可能進入市場的時機就夾在二者之間。

(三)畢其功於一役

由圖 4.3 可見，為了便於理解起見，我們硬把圖 4.4 中四種公司和不同競爭地位時的公司角色一對一配對，雖然拗得有點硬，但是還不至於離譜，例如先進者常常是市場領導者。以 2010 年為例，全球敢投入大尺寸面板（例如 120 吋）研發的只有三星電子和日本夏普。新產品推出往往也牽涉到市場規格的標準化，唯有市場領導者比較有實力敢衝，中小型公司則比較不敢貿然去做。

四、技術成長方向

「陸海空軍孰輕孰重」，這種路線之爭是技術策略最大的決策，在資源有限的情況下，很難做到大家都有糖吃，總有重點發展路線（例如，家電業者研發費用大都花在 IA 家電），以培養明日之星。此時技術投資組合便派得上用場，處於金牛階段的技術只消維護便可，奶嘴大都塞給明日之星（事業部、產品）所需的技術，其次才是問題兒童階段。

五、公司在某一產品的技術策略

技術策略的分類有很多，Brockhoff 和 Chahrabartin（1988）的架構頗詳細。我們採用其觀念，再加上我們的延伸解釋，先說明圖 4.4 二軸的涵義。

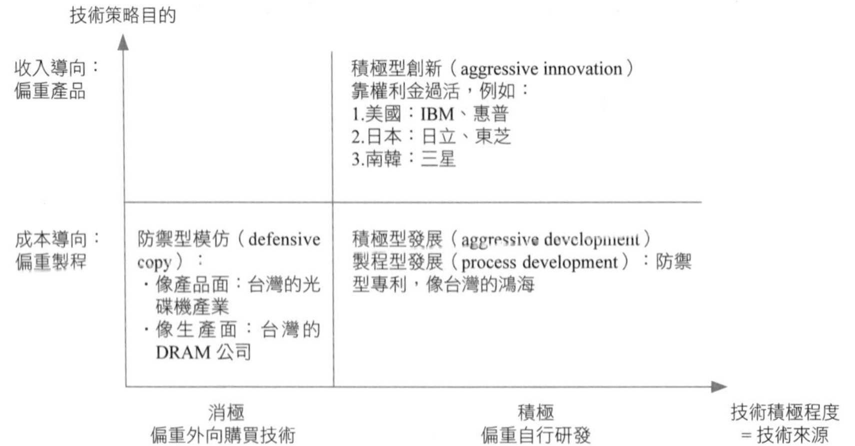

圖 4.4　技術策略的分類

1. x 軸

公司技術積極程度	積極	消極
= 技術來源	= 自主研發	= （向外）技術移轉

2. y 軸

技術策略目的	收入導向	成本導向
= 價值來源	偏重產品設計，即開源	偏重製程，即節流

由此可以把大部分公司的單一產品的技術策略劃歸下列四種型態之一。

(一)積極型創新

市場領導公司透過積極型創新（aggressive innovation），不僅自己生產產品，而且更靠技術授權權利金過活，美國高通（Qualcomm）、荷蘭飛利浦、美國 IBM 便是很好的典範。

(二)積極型發展

市場利基公司靠積極型發展（aggressive development），無論在產品或製程面，獨樹一幟，像台灣的華碩電腦。

(三)製程型發展

製程型發展（process development）的公司雖然仍採取自主研發策略，但是獲得專利的目的只求自保——省得被告侵權而賠一屁股錢，台灣絕大部分科技公司的心態皆是如此；專利數第一名的鴻海是這方面的代表。專利很少帶來權利金。

(四)防禦型模仿

市場跟隨者在技術策略往往採取「跟著產業規格走」，不管是產品或製程，大都向外買技術，稱為防禦型模仿（defensive copy）。

六、技術能力組合

技術地圖上只能呈現某種技術能力的項目、存量，但是還必須依技術生命週期，採取實用 BCG 模式，詳見圖 4.5，此稱為技術組合。我們以晶圓代工公司為例，2000 年 11 月起，大陸上海、北京動工興建 8 吋晶圓廠，可見其技術門檻不高；反之，台積電、聯電等則努力設立 12 吋晶圓廠；以及往通訊用途邁進，因此晶片越做越小，0.1 微米便成為製程技術標竿，2004 年則朝 0.1 微米以下邁進。如果用時間來舉例，8 吋晶圓是「昨日」（2003 年以前），12 吋晶圓是「今日」（2004～2012 年）技術，至於 18 吋晶圓（2013 年以後）則是明日技術，拚賺賠靠的是今日技術，決勝負則取決於明日技術。

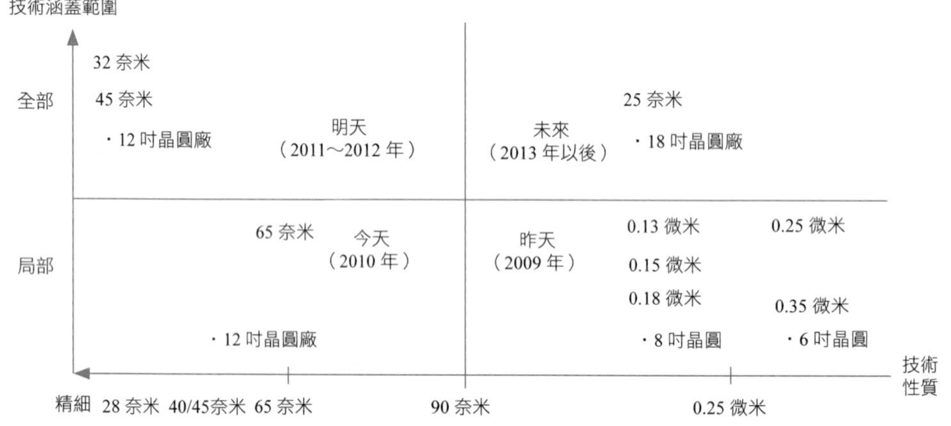

圖 4.5　技術組合——以晶圓代工為例

技術組合管理

由技術長事業部主管等經常進行技術組合檢查（technology portfolio reviews），作為**技術組合管理（technology portfolio management）**的開端，詳細內容詳見圖 4.5 中所述。Cooper 原文此欄指的是「專案」組合管理，不是指技術。

七、發展速度

(一)技術生命週期

跟人、產品一樣，許多特定技術也有生命，詳見表 4.5。例如，當矽晶圓

表 4.5　技術管理——技術生態學的角度

壽命階段	新生	選擇	定位
活動性質		1.技術創新逐漸成形 2.逐漸例規化、系統化和程序化	1.透過產品把技術予以商業化 2.技術逐漸擴展至產業中游（生產）、下游（銷售）
	探索性研究		—
外　界	技術支援		—

製程已經到達商業化階段，塑膠微晶片技術要到 2003 年夏天才能推出原型（新生階段），商業化用途（例如超市商品標籤，消費者無須從購物籃中取出便可掃瞄結帳）是 2005 年以後的事。

技術目標影響科技管理系統發展速度，而這可分為導入期、成長期（含成熟、衰退期）來說明。

1.導入期

一開始進行科技管理時，不宜野心太大，要是擔心時不我予，而且自行發展又力有未逮、緩不濟急，那只好搭別人的順風車，也就是外購技術，詳見第十章第二節。

2.防衰抗老

跟人一樣，特定技術也會呈現生老病死，由圖 4.6 可見技術生命週期（technology life cycle）。例如印刷廠的鉛字撿字排版技術，在 1970 年代被電腦打字排版取代，已到了技術廢棄（technology switching 或 obsolescence）的壽終正寢階段。電腦、醫學知識進步速度很快，技術生命週期也比較短。

舊的不去，新的不來；同一技術也會出現老幹新枝的技術傳承（technology succession），由圖 4.7 可見。2005 年時，以台積電來說，12 吋晶圓技術生命曲線已處於成長期；8 吋晶圓技術生命曲線則逐漸逼近衰退期。

3.舊技術「延壽」

許多舊技術、舊機器所費不貲，如果能引進新技術，便可以使之「延長壽命」，最常見的是美國尼米茲級主力艦引進新的戰管系統、武器，使其服役年限提升。

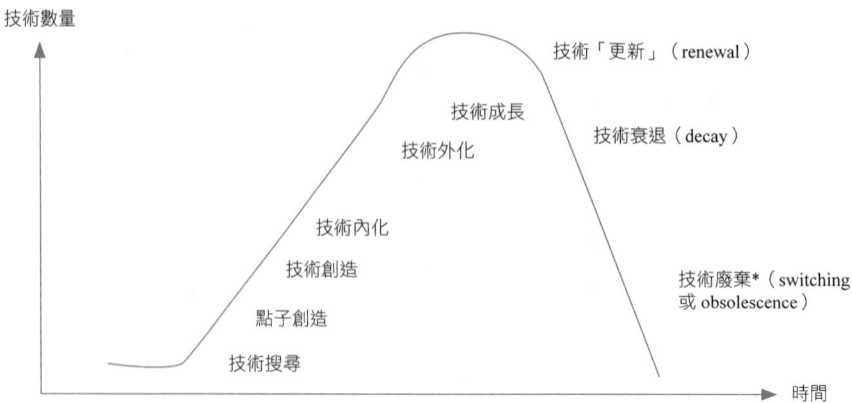

圖 4.6　技術生命階段的知識管理活動

資料來源：同表 4.8，p.673，圖 5。

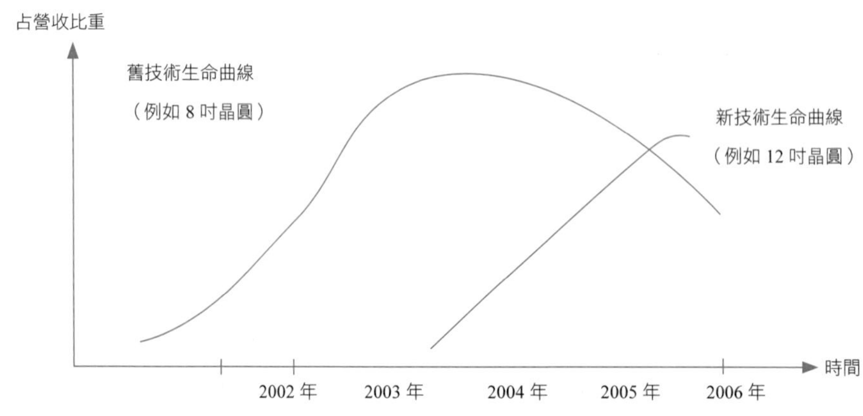

圖 4.7　技術傳承

資料來源：同表 4.8，p.671，圖 4。

延長舊科技壽命的機制之一就是向新科技取經，哈佛大學商學院教授史諾表示，汽化器的壽命在整合電子燃油噴射科技後，大幅獲得延長，只有那些研發電子燃油噴射科技的公司受惠。

舊科技也可以藉由混合新舊元素產品，創造通往新科技的橋樑。電動汽車研究早就行之有年，但從汽油為動力的汽車直接跳到電動汽車，卻證明充滿挑戰性。

非營利組織 CalCars 創辦人克萊姆表示，油電混合動力汽車對汽車業者想要開始轉型，可說是一條簡單途徑。

因行為上所需要的改變很少，因此許多駕駛願意進行這項改變。稍後，當這些駕駛習慣油電混合動力汽車的特質，像是平穩的駕駛後，他們將更願意購買純電動汽車。

一旦他們開始選擇這條路，這意味我們將逐漸可以研發能延續更久與更便宜的電池，最終我們將發展純電動汽車。①

(二)技術的路徑相依程度

技術發展通常具有某種特定的路徑相依程度，而且會受特定技術典範影響，在某些特定的問題上，基於現有的科學原理和材料選擇所推導出的一組特定解決方式；而技術軌跡是指基於這些技術典範的基礎所形成的日常解決問題的形式。簡單地說，公司在發展新的產品或製程時，通常會依循過去在特定技術軌跡所累積的成功經驗。

技術路徑相依程度會影響公司進行技術創造的團隊類型，當技術路徑相依程度低（即突破型創新時），公司傾向於使用專案小組（有些學者稱為重型小組），賦予比較大的自主程度來進行產品開發，會比較有效率；反之，則採取以現有組織架構（俗稱輕型小組）。

(三)技術演化理論

政治有「主流民意」，社會上有「主流價值（觀）」，這是常見的「主流」用詞。在公司、政壇（尤其是政黨內）有「主流派」和「非主流派」之分；在技術也有，例如 LED 以白光為主流，藍光是偏支，DVD 也常有這種情況。市場領先者想創造「潮流」、引領流行，進而制定產業規格；反之，挑戰者則唱反調，另起爐灶。如何選邊站，這是台灣企業的難題！

從理論發展過程來看，技術演化的相關理論如表 4.6 所示，底下詳細說明。

1.主流設計

在產業的各種相互競爭技術中，能建立主宰地位的技術標準即為主流設計（dominant design，有譯為主導性設計），擁有主流設計技術（dominant technology）的公司能贏得高市占率，此舉得以改變整個產業的競爭結構和變遷型態。所以，跟隨者比較願意追隨此種技術路徑。但是，並不是每個產業都

表 4.6　技術演化理論

學者	主張名稱	說明
Abemathy & Utterback（1974）	主流設計（dominant design）	產業主流設計擁有改變整體競爭架構和變遷型態的力量，主流設計建立後，相關創新活動大都依其而行
Sahal（1981）	技術軌跡（technology trajectory）	代表該公司所選的技術發展路徑，能影響未來技術的發展，並且強調創新活動為依賴軌跡而行的演化本質
Dosi（1982, 1984, 1988）	技術典範（technology paradigm）	技術典範替產業指引方向，並提供創新法則和智慧，使企業能循序找出自我優勢和問題解決方式
Friedman（1994）	技術領域（technology field）	把技術的形成歸因為相關人才平等互相搭配，並且重視領域內行為者之間的社會化關係

資料來源：洪世章、徐玉娟，「資訊革命與技術演化」，中山管理評論，2001 年夏季號，第 247 頁，表 1。

會出現主流設計，因為主流設計是二個以上技術的競爭結果。所以，當需求很低或競爭受到阻礙時，不會出現主流設計；而且，主流設計不一定為產業最佳的技術，技術的優越不是成為主流設計的決定因素。例如，交流電成為現今電力系統技術標準的主因，不在於其比直流電具有絕對的技術優勢，反而是工業領導者的個人偏好傾向和財務狀況，成為最後選擇的決定性因素。

2.技術軌跡

主流技術因整體產業技術不斷提升而逐步改良的概念，成為 Sahal（1981）提出**技術軌跡（technology trajectory）**的理論基礎。技術軌跡指出產品遵循產業結構所衍生的競爭規則，進行不斷的技術演進。不過，技術軌跡強調技術演進不是隨機活動，而是配合產業本身的邏輯或規則；但是隨著範圍擴大時，規則也會跟著越複雜。

主流設計是許多技術軌跡的一環，主流設計的路徑是隨著某個技術軌跡向前延伸，因此之前所選擇的技術路徑，對於未來技術的演進有很大影響。

3.技術典範

Dosi（1982）延伸 Kuhn（1970）的科學典範（scientific paradigm）概念，以探討技術創新的本質。透過對內燃器、石化和半導體產業的觀察，賦予**技術典範（technology paradigm）**意義；技術典範是一種明確且可供遵循的方式，使公司可以利用現有的資源獲得最新的研發知識，以遵循規則改善商品，創造本身的技術優勢。Dosi（1984, 1988）認為技術的變化存在著穩定和持續改變，因此技術典範的範圍將不易劇烈改變。技術典範的概念隱含主流設計和技術軌跡，不過，由於受到經濟、技術歷史、制度和公司等因素影響，技術軌跡的發展是有限制的。技術典範認為技術演進其有內部的邏輯和規則，產品的誕生不是隨機活動下的產物，所以，當技術軌跡不斷延伸的情況下，終究將限制於技術典範內。

4.技術領域

Lewin 和 Caatrwight（1952）是最早把「領域」（domain）觀念應用於社會科學的學者，著重於如何達成社會系統的改變，同時強調注重社會系統與整個社會的配置。

Friedman（1994）以技術中公司和人的關係進一步擴展典範和軌跡，構成**技術領域（technology field）**的概念。技術領域著重於探討社會中相關一連串技術內公司和人的關係，認為新技術的產生背後隱藏管理和工作組織的相互搭配，藉以解釋技術的演變。

技術典範沒有提及整個技術發展背景、人才、制度和公司等關係，而技術領域把探索著眼放大環境中，包括制度化的人、公司和網路關係，並且鼓勵發掘其背後的原因。②

(四)技術演化理論與案例

1.4G 規格之爭

技術演化有二個常見的例子：晶圓生產（從 0.11 微米進階到 45 奈米，詳見圖 4.5）和行動寬頻，後者大家比較熟悉，只要是國中生以上，幾乎人手一支手機，每 2 個上班族就有一人有筆記型電腦，都會用到。

由表 4.7 可見，手機從第 1 代行動寬頻（1G），到你正在用的 2.75G 手機（主要是傳簡訊、PDA 手機）、3G 手機（主要是照相手機，其次是行動上

表 4.7　行動寬頻通訊的技術演進

技術	出現時間	當紅時間	傳輸覆蓋距離	頻寬	傳輸速度	適用工具
LTE	2009	2013 (F)			10 Mbps	手機
WiMAX：IEEE 標準 802.16e	2008.11	2012 (F)	100～600 公尺	30 MB	75 Mbps 上網費用比 3G 便宜三成以上	手機、筆記型電腦、市內電話、PSP、MP3
3.5G：HSDPA	2006.6	2010		14.4 M	7.2 Mbps 可做電視手機之用	手機、筆記型電腦
3G：GPRS、WCDMA、CDMA	2000	2007	500～3,000 公尺		3.6 Mbps	手機
2.75G：WiFi、GPRS、802-11a.b.g	1998	2004	30～100 公尺 GPRS 是 GSM 升級版	56 K		筆記型電腦
PAN：藍芽			3～10 公尺			
2G：GSM			GSM 是 2G 的主流技術			
ADSL（寬頻上網）				2～8 M	2～10 Mbps	市內電話、桌上型電腦

網）。至於筆記型電腦用的無線傳真（WiFi）屬於 2.75G；2008 年，電腦公司推動 3.5G 網路卡。

3G 技術花了十年，到 2007 年才被國際通訊聯盟（ITU）認可，才剛底定，業者卻從 2008 年起拚第 4 代行動通訊（4G）的主導權，2008 年底，戰爭序幕拉起，決戰可能在 2012 年。

2.WiMAX 的好處

九成以上筆記型電腦內建 WiFi 網路卡，在便利商店、咖啡店等公眾熱點（hot spot）上網，打開電腦連上無線上網訊號，就能利用 WiFi 輕鬆上網。不過，利用 WiFi 傳送圖片，使用者可能就得有相當的耐心了，因為 WiFi 頻寬只有 56K，一旦檔案比較大，傳送速度等個 5 分鐘也不稀奇。

在傳輸速度方面，無線寬頻接取（WiMAX）大概是 WiFi 的六倍，是 3.5G 的六倍。

WiFi 的適用距離只有 90 公尺以內，一旦使用者離開熱點涵蓋區域，筆記型電腦就無法連上網路，限制了使用者運用網路的範圍。

WiMAX 的長程傳輸距離就能解決這個問題，WiMAX 的最適用距離可達 9.6 公里，傳輸速度可以達至 70 Mbps，比 ADSL 還要快速。

WiMAX 是什麼？

無線寬頻接取（Wireless Interoperability for Microwave Access, WiMAX），是遠距離無線寬頻通訊技術，它的傳輸速度最快可以達到 70 Mbps，有效傳輸範圍可達 30～50 公里。

3.長程演化技術

長程演化技術（long term evolution, LTE，有譯為長期演進技術，顧名思義是指 3G 長期演進技術）是行動寬頻技術之一，是 3G（WCDMA 與 CDMA）電信公司繼 3.5G（高速下行網路封包存取技術，HSDPA）之後的下一代行動寬頻標準，是第 3 代行動電話夥伴計畫（3GPP）制定的一個標準。由於這個計畫是行動業者組成的國際組織，行動用戶支援能力較佳，在電信業者間的接受度也較高。但由於全球尚未定義第 4 代行動寬頻（4G），因此外界大多把 LTE 稱為 3.9G，跟 WiMAX 一樣都可滿足行動寬頻需求。

4.2008～2011 年是雙軌的過渡期

2009 年，英特爾推出專為筆記型電腦設計，代號為 Montevina 的第 5 代迅馳微處理器，內建整合 WiFi 和 WiMAX 的無線網路晶片（代號為 Echo Peak）。

5.摩托羅拉二邊下注

外界好奇 WiMAX 與 LTE 二大行動寬頻技術未來的生死戰，2008 年 9 月 10 日，摩托羅拉寬頻及網路行動通訊事業部亞洲區技術長暨越南分公司董事長歐文（Rav Owen）表示，二項技術仍是不同的市場與應用範疇，不會有一個取代另一個，LTE 主要應用在手機上，WiMAX 則由於內建晶片組價格相對便宜，應用在相機、MP3 與筆記型電腦等其他消費電子產品上。

(1)基地台設備想左右逢源

WiMAX 商用化進程速度仍優於 LTE，摩托羅拉在台設立互通測試（IOT）實驗室，鴻海、廣達、華碩、正文、智邦、友訊、合勤等網通製造業者，都有送產品去測試。

摩托羅拉已運用 75% 的 WiMAX 研發成果來發展 LTE 技術，摩托羅拉研發的通用 OFDM 寬頻平台，可以同時適用於 WiMAX 與 LTE 技術（2009 年推出二用基地台），方便購買 WiMAX 基地台的電信業者，未來要是轉換至 LTE，可減低轉換成本。③

(2)手機也是二邊下注

摩托羅拉在美國跟 ClearWire 合作 WiMAX，同時也跟威瑞森（Verizon）力拱 LTE（2009 年推出），摩托羅拉採取二項技術同時押寶的策略。

6.宏達電在 WiMAX 手機拚第一

全球 WiMAX 行動網路還猶如小孩兒學步，宏達電（2498）在 WiMAX 手機市場拔得頭籌，推出全球第一款 GSM/WiMAX 雙模手機：HTC MAX 4G（觸控式 PDA 手機），2009 年 11 月 26 日開始在俄羅斯銷售。

消費者和使用 GSM 的朋友通話時，也可以轉換為 VoIP 的形式省錢，俄羅斯的第一家 WiMAX 電信公司 Scartel（服務品牌名稱為 Yota）配合推出線上遊戲、地圖、訊息並進行檔案交換等應用服務，也可以支援大型 WVGA 螢幕觀賞線上電影、影像和電視節目。

Yota TV 提供 23 個免費頻道，透過手機的 3.8 吋（32 萬畫素）螢幕解析度，可以同時顯示 9 個電視頻道，讓使用者更容易選取和切換，並享受到 WiMAX 寬頻的流暢影音表現，這款手機也有 8GB 內建記憶體，可以儲存電子書、音樂、電視節目等。④

7.匯豐銀行集團看好 LTE

全球主要的電信業者都以 LTE 為首要發展目標，包括 AT&T 已經宣示進入，索尼愛立信也表示將投入，大陸最大無線電信公司中國移動通信也表示直接進入。

匯豐亞太區通信產業研究部主管葛林南（Tucker Grinnan）認為，4G 的真正未來在 LTE，而不在 WiMAX，全球的趨勢也都向 LTE 發展。⑤

8.大同小異

以 2010 年通訊發展的技術進程來看，WiMAX 進度較快，並已形成初步的產業供應鏈，LTE 仍在進展中。

從所發展的技術基礎來觀察，LTE 在技術演進的路程上，WCDMA/HSPA 一脈相承，WCDMA 技術已發展了十幾年左右，有其累積裝置量，因此以用戶市場現況來說，WiMAX 較為不利。WiMAX 跟 LTE 核心技術相近，WiMAX 與 4G 為 All-IP Network，皆使用 OFDMA & MIMO 為核心技術外，摩托羅拉的調查資料，有 87% 的技術投資可共同。台灣 2004 年發展 WiMAX，具技術自主能力，已跟全球大型公司合作出貨，對資通業者來說，未來要跨入 LTE 更不是問題。⑥

(五)循序或跳蛙

縱使選定技術發展方向，但是某一種技術的發展也會涉及循序或跳蛙（leapfrogging，或隔島躍進）的選擇，後者也就是「不會走就想飛」，標準例子便是手機製造，直接由第 2 代進入第 3 代手機，連第 2.5 代手機都跳過。

這些決策可以套用技術管理來落實說明，以免流於抽象論理。由表 4.8 的**技術生態學（technology ecology）**角度來看，偏向於技術遠景階段。

(六)技術演化

技術往往沒什麼單一用途，阿斯匹靈可以治頭痛，但是 2001 年發現有助於預防心臟血栓、2003 年 11 月發現可以預防胃癌，這種延伸技術運用範圍稱為技術演化（technology evolution）。具有高產業關聯效益的技術往往最受青睞，詳見表 4.9。

此時便涉及主觀評估技術的等級，常見的評估項目有下列數項：攸關性、可信賴度、全面性、新穎性（novelty）。

(七)技術複製

如同公司一分為二，技術也可分割。例如，同樣的技術可以分給二個部門、子公司去運用，稱為技術複製（technology copy）。

表 4.8　技術管理——技術生態學角度

管理活動（循環）	規劃	執行		考核（含回饋）
技術管理活動	技術遠景（technology envisioning）	技術製造（technology creation）	技術演化（technology evolution）	技術控制（technology control）
活動順序（由上至下）	·技術掃瞄——找出技術「軌跡」（trajactory） ·技術「預測」（forecasting） ·技術遠景（vision）或技術前瞻（foresight）：情境分析 ·技術「跳蛙」（leapfrogging） ·技術「不連續」（discountinuities）	·技術焦點 ·技術集群 ·技術取得 ·技術移轉 ·技術創造 ·技術創新 ·技術平台 ·技術組合	·知識管理　科技管理 ·知識搜尋　技術吸引 ·知識創造　技術變革 ·知識創造　技術整合 ·知識內化　技術製圖 ·知識外化　技術擴散 ·知識成長　技術成長 ·知識更新　技術替代 ·知識衰退　技術廢棄	·（同）技術掃瞄 ·技術「鑑價」（evaluation） ·（同）技術製圖 ·技術「監視」（monitoring） ·技術「評估」（assessment） ·技術「稽核」（audit）

資料來源：整理自 Bowunder（2000），p.667，圖 2。本書作了下述變動。

1.「管理活動（循環）」為本書所加；

2.循環圖改成階段表；

3.各階段內活動重新排序，尤其是技術演化、創造，步驟引用圖 4.7 上的順序；

4.·表示知識循環。

表 4.9　技術創新程度跟創造方法

創新程度＼創新方法	歸納	演繹
化合		技術融合（technology fusion）：例如，CNC 工業用電源供應器，涉及資訊、電子二種領域知識。
混合	跟別人策略聯盟以強化技術（technology enhancement）	1.技術互補（technology complementing）：例如上網、藍芽技術用在手機。 2.技術演化：類似技術升級，即延伸技術的運用範圍。
強化	跟別人策略聯盟以強化技術	

4.3 蘋果公司 iPhone 手機的產品壽命週期策略——2007 年 iPhone 到 2009 年 iPhone 3GS

有些人喜歡購買三合一洗髮乳，洗髮、潤髮、護髮畢其功於一役的產品，卻只需花三分之一的價錢。

本節原本以晶圓代工台灣積體電路公司（2330）的奈米製程保衛戰，來說明產業龍頭如何透過製程領先，來維持市占率與盈餘。本書作者之一伍忠賢曾寫過《透視台積電》一書（五南出版，2006 年 4 月），因此對此主題有學習曲線效果。此外，討論 45 奈米、28 奈米等製程，也很有科技感。此外，報刊上常出現英特爾晶片是由 45 奈米、32 奈米製程作的，弄懂奈米製程也很有用。

但是這樣做只有一個缺點：「太技術化了」，或是太冷門了。直到發現蘋果公司 iPhone 手機，這個對象非常生活化，而且一次可以探討三個主題：不同市場角色的科技策略、產品壽命週期行銷策略與相關主題。

基於盡量擴大廣度的考量，本書跟姊妹作《科技管理實務個案分析》不重疊，由於 iPhone 太精彩，值得破例處理：《個案分析》一書第七章只討論 2007 年的第一版 iPhone，本節討論從第一版到 2009 年 6 月第三版 iPhone 3GS 的歷史演進。

一、技術生命週期的最佳例子

跟人類一樣，許多科技也有「生長病死」的生命週期，稱為技術生命週期。而它運用於產品時，會使產品出現耳目一新的感覺。

(一)技術與產品創新程度圖

為了分析產品創新程度對產品新穎程度的影響，我們套用大家耳熟能詳的 BCG 模式（或座標圖一、二、三象限），而得到圖 4.8。這是為了分析 iPhone 2007～2009 年的演進過程而想出來的圖。

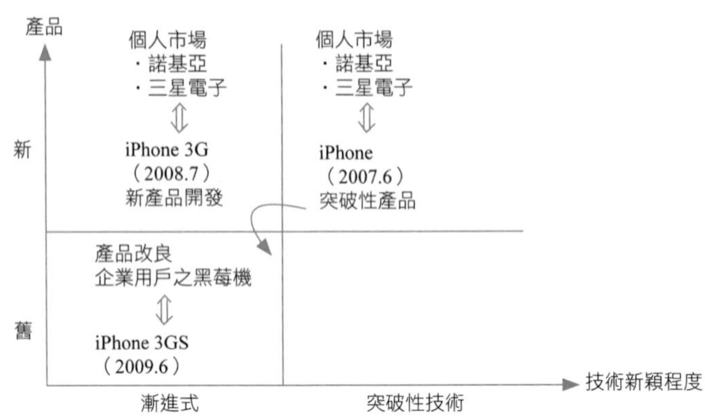

1～3 代 iPhone 硬體功能比較

產品功能	**iPhone Ⅰ** **iPhone**	**iPhone Ⅱ** **iPhone 3G**	**iPhone Ⅲ** **iPhone 3GS**
推出時間	2007 年 6 月 29 日	2008 年 7 月 11 日	2009 年 6 月 19 日
一、通訊			
(一)通訊速度	2.75G	3.5G	3.5G
上網速度		3.6 Mbps	7.2 Mbps
(二)處理器晶片		8、16 GB 二種	比Ⅱ代機快二倍，網頁瀏覽、郵件附件處理更快
(三)續航力（小時）			
1.通話		10	12
2.WiFi 上網	（WiFi 11 b/8）	6	9
3.音樂播放		24	30
4.影片播放		7	10
二、作業介面			
1.觸控	直向鍵盤顯示	同左	橫向鍵盤顯示
2.作業系統	Mac OS X	Mac OS X	Mac OS X
3.中文	無	有	聲控（voice control），有
三、附加功能			
1.MP3	√	√	√
2.數位相機（萬畫素）	200	同左	300（自動對焦）
3.其他功能	YouTube	GPS	電子羅盤

圖 4.8　2007～2009 年 iPhone 的演進

1. x 軸

x 軸依技術新穎程度來分析，一是突破性技術（breakthrough technology），是指新興技術（emerging technology），比較石破天驚的。等過了一段時間後，就變成成熟技術了。

2. y 軸

y 軸可說是產品創新（product innovation），突破性技術常常能推動突破性產品創新（breakthrough product innovation）。等到技術成熟了，此時只能小幅改善技術，其產品稱為新產品開發，產品處於成長期。最後，當技術、產品都到成熟期，只能由「微型」（主要指外觀）修改，稱為「產品改良」。

(二)技術與產品創新圖應用在 iPhone 系列

由圖 4.8 可見，iPhone 三代的歷史演進的涵義。

1.殺手級產品

2007 年 6 月，iPhone 是突破性產品，首創多點觸控螢幕，6 月 17 日，宏達電推出的阿福機是單點觸控。iPhone 引發觸控螢幕風潮，2008 年起幾乎變成智慧型手機、PDA、掌上型遊戲機、MP3 的標準配備。

對蘋果公司，把觸控螢幕當成最大的利器，在此一觸控操作的體驗上持續擴大利基，不管是用在 iPod touch 或是 iPad 上，其獨特的觸控操作方式，成為蘋果公司代表性的標誌。

2.新產品開發

2008 年 7 月初推出的 iPhone 3G，光看字面就知道比 iPhone 贏在通訊（含上網）速度，即由 2.75G 變成 3G。

在技術上，屬於漸進式的改良，因此勉強地說 iPhone 3G 屬於「新產品開發」。3G 是已經存在八年的成熟技術，只是蘋果公司在 iPhone 研發期間（2005 年 1 月迄 2007 年 6 月，iPhone 花了 30 個月研發），初學乍練，而且為了售價，因此只好先推 2.75G。

此外，在續航力方面也做了一些提升。

3.產品改良

2009 年 6 月推出的 iPhone 3GS，光看字面就知道是 iPhone 3G 衍生版，S 代表速度（speed），由圖 4.8 的附表可見，上網下載速度快二倍，針對網頁瀏覽、電子郵件附件處理更快。

此外，在操作介面多了聲控，附加功能多了電子羅盤，整體來說，看似到頂了，可說是小修小改的「產品改良」。

二、事業策略：差異集中到差異化

iPhone 一舉成功的原因是贏在「定位明確」，跟華碩的易 PC、任天堂的 Wii 一樣，都是攻入對手忽略的輕度使用者（light user）市場。這個由各手機的硬體功能比較是看不出所以然的。

(一)市場種類

智慧型手機因功能多，售價（一般指 500 美元）也高，因此買方常是企業人士。智慧型手機的另一邊指的是功能手機，買方主訴求是「只要能打、接電話」就很夠了。

1.個人用戶

上班族自行購買智慧型手機，常是為了上網、收發電子郵件，甚至導航（即汽車、個人 GPS）。

這部分的市場龍頭是諾基亞，手機偏重低價，在 2008 年 iPhone 3G 鯨吞市場前，諾基亞在智慧型手機市占率：2007 年為 60%，2008 年底只剩 45%。

2.企業用戶

由圖 4.9 可見，公司買手機給員工（主要是業務代表等外勤人員與中高階主管），小至可方便傳電子郵件（常常是客戶傳到公司的伺服器上該業代的郵址）等給他們；大至員工用手機查詢公司相關產品的存貨，以當面答覆客戶的訂單詢問。

以此來說，企業用戶買手機主要看重其輕便性，以取代筆記型電腦，當然，**行動上網裝置（mobile internet devie, MID）**也有此功能，只是少了打電話的功能。

在美國，加拿大的行動研究公司（Research in Motion, RIM，在美國那斯達克上市）是龍頭，在智慧型手機市占率約 55%。黑莓機的使用者通常都是高收入的商務人士，其中不少人還可以報公司的帳來下載軟體。

在歐洲，台灣的宏達電（HTC）是龍頭，在全球市占率約 6%。

(二)iPhone 在功能方面的創新

iPhone 在外觀就可看出與眾不同的創新有二個，而且是因果相關的。

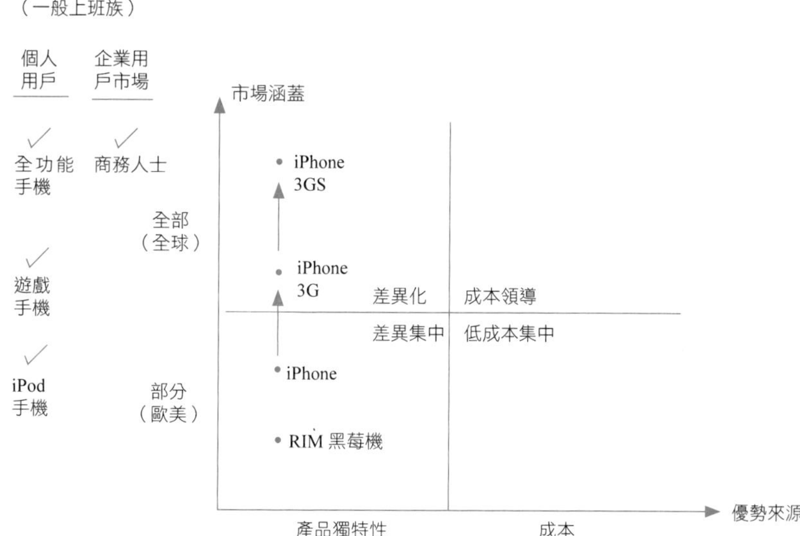

圖 4.9　iPhone 系列的事業策略

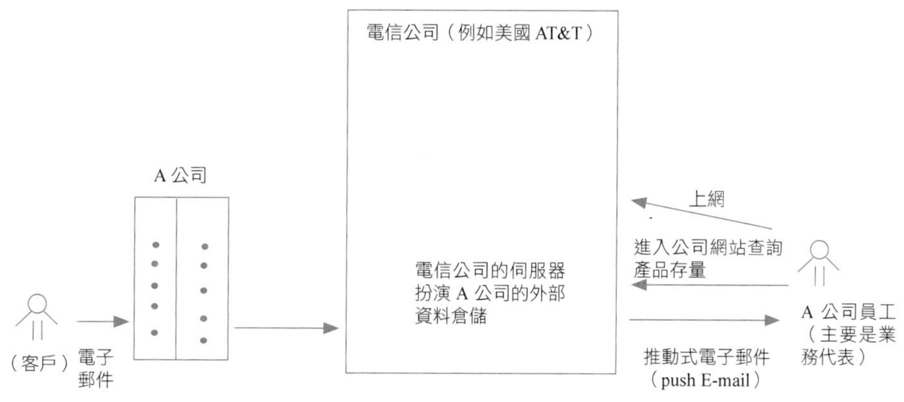

圖 4.10　智慧型手機企業用戶市場

1.輸入方式

由圖 4.11 可見，手機的輸入方式有二種：（數字）鍵盤與觸控螢幕，iPhone 是首家運用多點觸控螢幕的，在此之前，工業電腦（常見的是便利商店收銀櫃台的結帳螢幕）使用單點觸控，這技術源自 1980 年代。

觸控螢幕的好處有三：其一，不用留空間給數字鍵盤，如此把留出來的空間留給螢幕；其二，虛擬鍵盤變得更大、更容易操作，此符合**通用設計**（**universal design**）原則；其三，更何況很多情況不需要用到鍵盤，觸控螢

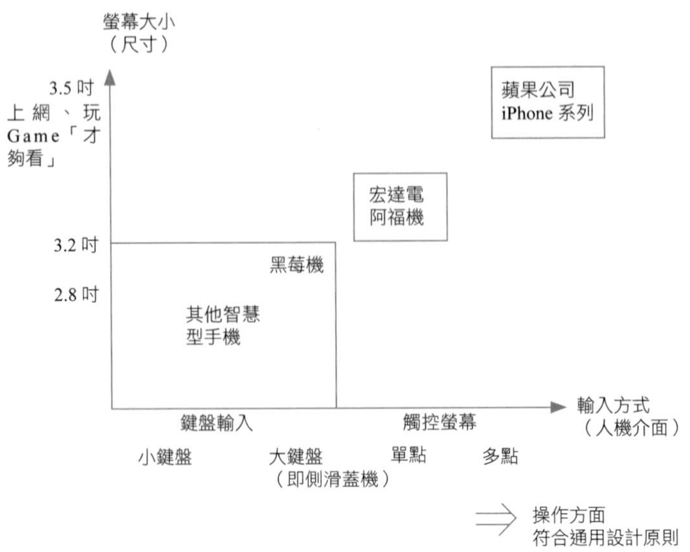

圖 4.11　iPhone 在操作、外觀的創新

幕的輸入方式更符合人性。噱頭來自於巨星湯姆・克魯斯在《關鍵報告》中大黑板的多點觸控操作，就這點來說，iPhone 觸控螢幕的未來性十足。

2.3.5 吋螢幕才夠看

3G 手機上網最大的障礙在於 2.8 吋螢幕不夠看，為了看到全網頁，只好縮小影像（包括線文字），反而看不清楚內容；反之，為了看清楚，一個螢幕（俗稱桌面）能看到文字內容就很有限。

除了上網之外，掌上型遊戲機螢幕 4.5 吋才夠看，iPhone 為了拚手機能放進口袋、重量（135 公克）的考量，因此把螢幕放大到極限，即 3.5 吋，直到 iPhone 3GS 一路走來始終如一。

2009 年 6 月，幾乎所有智慧型手機都像穿了制服式，外觀上都像 iPhone 了，即多點觸控、3.5 吋螢幕變成標準配備。

(三)iPhone 在市場方面的創新

iPhone 在市場上的創新，在於打入智慧型手機市場中的輕度使用者「light user」，甚至未來使用者。其打動顧客的心有二大因素：功能方面的創新（詳見上一段說明）、中等定價（詳見下下小節說明或圖 4.17）。

1.以鄉村包圍都市

許多連鎖商店新成立時，大都設在對手設店較少的鄉村（包括都市的郊區，在大陸稱為三線城市），以求安全，等到實力夠強了，再進軍都市，跟市場領導者決戰，這種打法俗稱「以鄉村包圍都市」。

由圖 4.12 可見，iPhone 也是依據這道理，先攻打智慧型手機的潛在市場，把這些原來使用 iPod、功能手機的，畢其功於一役的改用 iPhone。

iPhone 主打智慧型手機的潛在用戶，從大學生到中高年齡層，偶爾上網（即輕度使用），對科技有點陌生（即不喜歡鍵盤輸入、覺得智慧型手機的功能難用）。

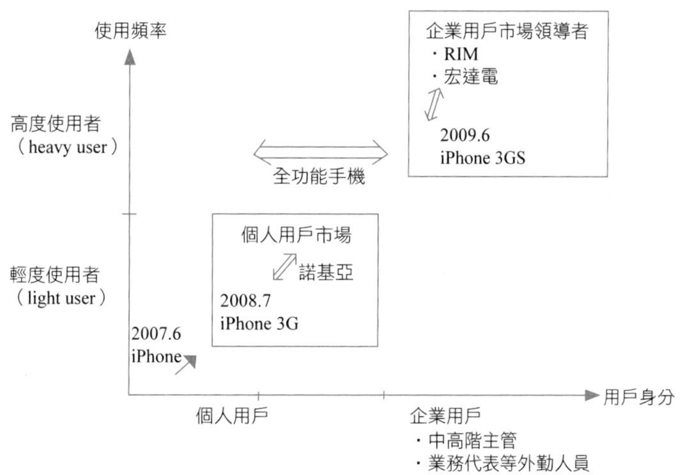

圖 4.12　iPhone 系列的定位

2.克里斯汀生的破壞性創新

克里斯汀生主張的二種破壞性創新，由圖 4.13 可看出，指的都是市場創新，產品都是現成的，頂多只是用新技術讓產品更好用。

克里斯汀生強調「能賺錢的創新才算得上破壞性創新」，從市場上如何大賺錢，那就是如入無人之地。以 iPhone 來說，是讓智慧型手機好用，以打入潛在市場，屬於高價市場破壞性創新；一般歸類為 M 型社會右邊。

至於華碩易 PC、印度塔塔汽車（售價 2,500 美元）、平價航空，皆屬於簡化產品服務功能，以求降價到顧客花得起，屬於平價市場破壞創新；一般歸類為 M 型社會左邊。

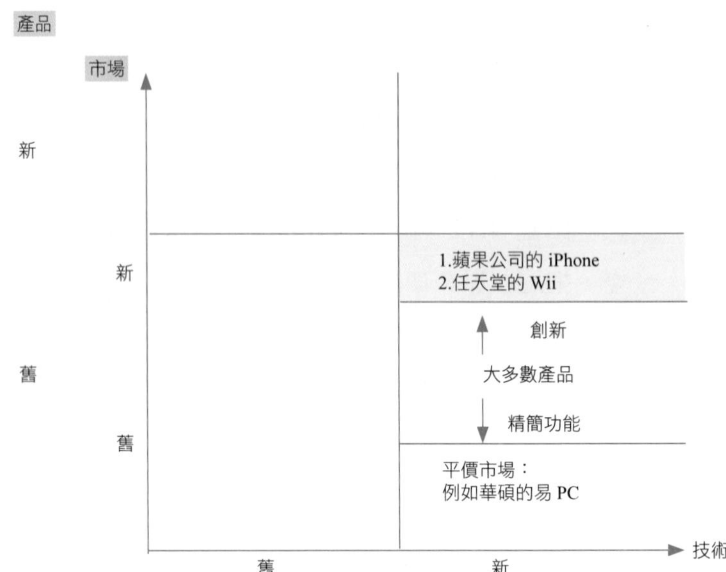

圖 4.13　克里斯汀生的破壞性創新，iPhone 屬於破壞性創新中的一型

三、不同市場角色的最佳範例

市場中有一線、二線、三線公司，資源不同，各有其安身立命之道。我們以表 4.10 蘋果公司推出 iPhone 手機的三階段發展為例說明。

(一)市場角色

行銷管理書中，依市場占有率來區分市場中各個公司所扮演的角色，這跟跑長跑、自行車比賽很像，可分為領先集團、主集團與落後集團。伍忠賢（2006）提出圖 4.14，用產品技術、製程技術的高低來區分市場領導者（market leader）、市場挑戰者（market challenger）和市場跟隨者（market follower）。

在正常情況下，圖 4.14 第一象限（產品好、製程棒）由市場領導者占著，第四象限由市場挑戰者占著，推出獨特性產品，但品質較差、成本較高（二者即製程技術差），因此只能蠶食市場領導者的小塊地盤。市場跟隨者大抵是二、三線公司，專精於製程技術，不求產品領先，但求售價比市場領導者便宜二成以上，在產品方面採取「我一樣」（me-too）的跟隨策略。

表 4.10　蘋果公司分三階段稱霸智慧型手機市場

階段	第一階段（2007.6～2009.5）		第二階段（2009.6～2011.5）	第三階段（2011.6～）
一、市場定位（主戰場）	個人用戶市場		企業用戶市場	全戰場
二、對手	諾基亞		行動研究公司（RIM） 宏達電	
三、蘋果公司角色	市場挑戰者	市場挑戰者	市場領導者	同左
四、競爭戰器	行銷策略			
(一)產品	2007.6～2008.6 iPhone	2008.7～2009.5 iPhone 3G	2009.6～2010 iPhone 3GS	可能一年出數種機型
(二)定價	iPhone 中價位	3G 中價位 iPhone 低價位	3GS 中價位 3G、iPhone 低價位	
(三)促銷	1 億美元廣告費	可能占營收 2.5%	同左	同左
(四)立體配置	1.由獨家合作電信公司負責	同左	同左	同左
	2.直銷為輔：240 家旗艦店、網購		2009 年下半年進軍大陸	同左
五、銷量市占率	2007	2008	2009	2010 (F)
(1)iPhone 銷量（萬支）	300	1,300	2,300	3,500
(2)智慧型手機銷量（億支）	–	1.39	1.76	2.33
(3) = (1)/(2)，iPhone 市占率	–	9.35%	13.1%	15%

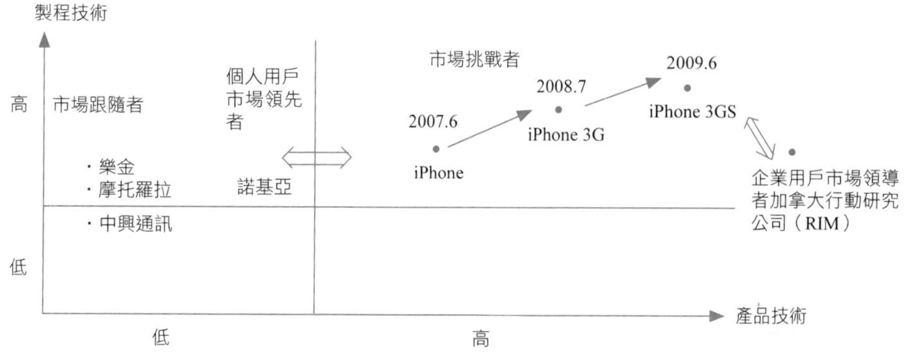

圖 4.14　iPhone 由市場挑戰者問鼎第一名寶座

(二)iPhone 系列的成長曲線

蘋果公司在手機的競爭策略上，節奏感很清楚，由表 4.10 可見，可分為下列三階段。

四、第一條成長曲線（導入期）：iPhone、iPhone 3G

把 iPhone 系列當成一個產品，iPhone、iPhone 3G 屬於導入期，稱為第一條成長曲線，成長期算第二條、成熟期算第三條。

由圖 4.14 可見，第一條成長曲線時，iPhone、iPhone 3G 主攻個人用戶市場，因為攻城武器（例如撞門槌）還沒做好，只好把企業用戶市場擺在一邊。

(一)優劣勢分析（SWOT 分析中的 SW 分析）——個人用戶市場有機可乘

由圖 4.14 可見，一般情況下，要當市場領導者必須有「兩把刷子」，即產品與製程技術高超，偏偏在個人用戶市場，龍頭諾基亞露出罩門，即它之所以成為龍頭，是因為「來得早」，再加上功能手機市占率快 40%，財務實力雄厚，因此能穩坐寶座。

1.產品技術強

蘋果公司看到這塊市場容易打，只要設法在產品技術上突破便可。2001 年底，蘋果公司推出音樂播放手機（MP3）iPod，打敗了 1977 年 7 月推出隨身聽而成為市場龍頭的日本索尼。隨身聽相關系列 28 年賣了 3.85 億台，iPod 七年半（迄 2009 年 5 月）就賣了 2.1 億台。由於 iPod 成功的經驗，蘋果公司體會到「產品、市場夠新」，贏的機率就高。

索尼沒有率先推出 MP3，大抵應了美國哈佛大學商學院教授克雷頓・克里斯汀生所形容的**「創新者的兩難」（The Innovator's Dilemma）**，賭贏報酬高，但賭輸的代價也不低，那只好打安全球。

2.製程技術強

蘋果公司在製程技術上，程度也很高。為了維持 iPhone 的高品質，鴻海集團旗下的富士康砸重金搶訂單，光是為了「雕」出 iPhone 上那一圈完美無瑕的金屬環（一個造價近 20 美元），富士康投資千萬元，買了數千台的專用銑床機（一般電子產品用不到），手筆之大，嚇走一些代工公司。

(二)iPhone 先求上壘

iPhone 的多點觸控螢幕令人耳目一新，基本效益是一支 iPod 手機（或廣義的說音樂手機），再加上操控方便。iPhone 沒有賣好，其功用在於透過突破性創新去吸引潛在客戶（即功能手機用戶），這些人想擁有 iPod 也想買手機，買 iPhone 比分別買還划算。

(三)iPhone 3G 再求得分

2008 年 7 月初，iPhone 3G 上市，基本效益是遊戲手機，仍然是瞄準更多輕度使用者，此時，運用範圍更廣，鋪貨到全球（除了大陸），已進入「差異化策略」。

潛在市場有限，想擴大版圖，必須搶對手客戶。諾基亞不是智慧型手機的專家，比較偏採取「多機型、低價」方式來鞏固個人用戶地盤，iPhone 3G 搶的是諾基亞的個人用戶地盤。

(四)諾基亞反擊防禦慢一年

諾基亞針對 iPhone 的攻擊，在 iPhone 2007～2008 年上半年時，未採取反擊防禦措施，讓 iPhone 攻占灘頭堡、iPhone 3G 攻城掠地。諾基亞錯失先機，只得苦苦追趕。

1.N5800 拚 iPhone 3G

2008 年，諾基亞推出 N5800，這是觸控螢幕的音樂手機，比 iPhone 慢了一年，但卻擋不住 iPhone 系列的遊戲功能。

2.N97 拚 iPhone 3GS

跟 iPhone 3GS 同時，諾基亞推出 N97，但是售價 620 美元，較 iPhone 3GS 高出 55%，只是照相為 500 萬畫素，無其他優勢功能。

五、第二條成長曲線（成長期）：iPhone 3GS

由圖 4.15 可見，2009 年 6 月，iPhone 3GS 上市，殺氣很重，因為想在個人與企業用戶市場「雙殺」市場龍頭。

(一)鞏固個人市場，坐二望一

iPhone 3GS 是全功能手機，而且價位中等，諾基亞火力不足，城池一個一個被攻陷，此時 iPhone 系列在個人用戶市場已有坐二望一的實力。

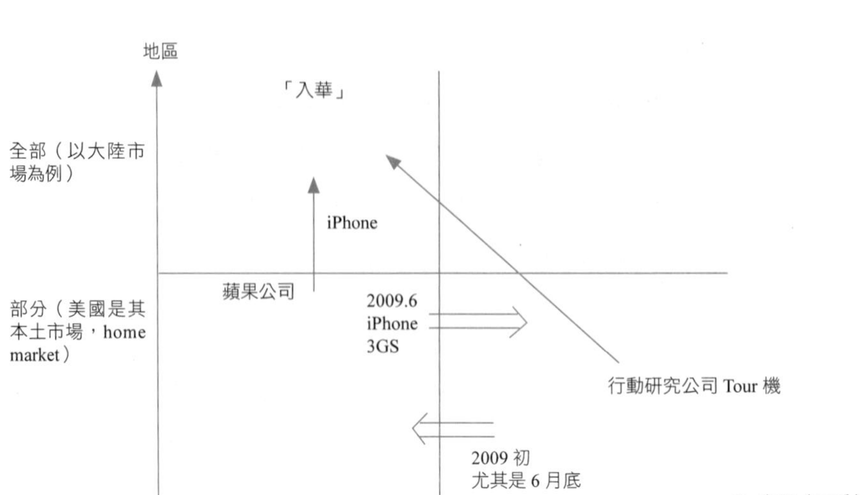

圖 4.15　iPhone 跟黑莓機的大決戰

(二)進攻企業用戶市場：堅壁清野後，再攻城

iPhone 3GS 是衝著黑莓機來的，黑莓機的功能（推動式電子郵件與鍵盤輸入）與品牌忠誠度（美國歐巴馬總統是死忠支持者）不易撼動，蘋果公司用 2 年打口碑，滲透個人用戶，最後，推出功能更好的 iPhone 3GS，跟黑莓機進行「坦克大決戰」。

這有個很重要的市場涵義，在此之前，iPhone 打的是個人市場，而像黑莓機、宏達電主打企業用戶（美國智慧型手機有六成是公司買的），公司跟電信公司談妥電子郵件伺服器服務功能。iPhone 成功打入許多公司高階管理者，這些人認為 iPhone 容易使用，網路瀏覽和多媒體功能也令人愛不釋手，進而改變企業對 iPhone 的態度，市調機構做的中、大型公司調查，黑莓機「此消」、iPhone「彼漲」。

(三)行動研究公司急了

行動研究公司不採取防禦策略，而是採取攻擊策略，攻入 iPhone 的地盤：個人用戶市場。

1.2009 年初，搶攻個人用戶市場

行動研究公司看到蘋果公司攻城掠地，當然會急了，本來就推個人用戶市場，2009 年上半年用三個舊機型降價猛攻，效果很棒，個人用戶竟占新銷售

手機 55%，年銷 2,850 萬支手機。

2009 年 6 月 16 日，行動研究公司展出 Tour 機型，扣除 100 美元回函貼現後，每支實際售 199.99 美元。由史普林特（地位像台灣的台灣大）和威瑞遜（地位像台灣的遠傳）二家行動通訊公司發售。

2.搶進大陸市場

2006 年，行動研究公司曾進軍大陸，但因售價過高，曲高和寡，只好黯然打住。2009 年，大陸開通 3G，再加上蘋果公司大張旗鼓談「入華」，行動研究公司只能跟大陸老三中國電信合作。客戶基礎 0.3 億人，無法跟蘋果公司合作的中國聯通 1.4 億戶相比。

(四)2010 年，黑莓機就會嚐苦果

iPhone 3GS 新增的安全和管理功能（詳見第四節最後部分）對大型企業極具吸引力，佛瑞斯特研究公司（Forrester Research）副總裁謝德勒說：「iPhone 在企業用戶市場，2010 年下半年起肯定是黑莓機的對手」。⑦

六、第三條成長曲線（成熟期）：iPhone

2010～2012 年，蘋果公司可能還是每年推出一款手機，延續 iPod 的命名法，仍以「iPhone」作為「姓氏」，只是名字不同罷了，例如 2011 年，如果 4G（第 4 代手機）上市，可能會命名 iPhone 4G 等。即不會採取機海策略，而讓整個系列自然而然形成產品線的深度。

依此成長速度推估，如果沒有什麼意外，2013 年，蘋果公司將成為智慧型手機龍頭，才花七年，真可用「神奇吧，傑克！」來形容。

4.4 iPhone 系列的研發活動

上一節是從公司董事會（經營階層）的角度來分析 iPhone 系列的各種層面，本節站在研發長的角色來看、下一節站在行銷長與業務長的地位來看，皆屬於一級主管的戰術作為。本來的布局是依 iPhone、iPhone 3G、iPhone 3GS 分別討論其研發、行銷策略與對手反應，但是限於篇幅，只好改由依研發、行銷為切入點，各討論三小節：iPhone、iPhone 3G 與 iPhone 3GS。

在硬體方面所做的改變不多，機體重量維持在 135 公克，體重外觀幾乎沒改款，所以研發重點在於作業系統。在進入本文之前，請先看表 4.11，先有個全面觀，iPhone 手機上的四大作業系統都是持續改善的。

表 4.11　2007～2009 年蘋果公司在手機作業系統的研發

效益種類	2007 年	2008 年	2009 年
一、攻擊效益			
(一)遊戲	2007 年 3 月，在應用程式開發公司會議（WADC）中，公布應用程式（本書稱為電玩）的作業系統。	2008 年 7 月，仿數位音樂線上商店 iTunes，成立「蘋果應用程式商店」（簡稱蘋果軟體商店）。	2009 年 3 月 17 日，蘋果公司公布 iPhone os 3.0 的作業系統，其中軟體開發套件，增加 1,000 個程式介面讓軟體公司開發新功能，例如：納入即時傳訊、地圖指引與音樂串流等。此外，也讓軟體公司向用戶收費更有彈性，例如可透過訂閱或小額交易方式，解決軟體公司長久以來的不滿。
(二)音樂	沿用 iPod 的作業系統，再予以精進，成為手機版的音樂編輯、下載等作業系統。	同左	2009 年 1 月 7 日，取消「數位版權管理技術」（DRM），iPod、iPhone 買歌曲，可以拷貝到其他平台。歌曲依暢銷程度分為 0.09、0.99、1.29 美元。⑧ 2009.6，iPhone 3GS 擁有音控功能，用戶只要開口就可以直接啟動語音電話、尋找歌曲，以及其他手機上的資訊。
核心			2009 年 9 月，蘋果公司跟 EMI、索尼、華納、環球音樂公司，努力推動賣 CD 專輯，想比賣單曲多賺一些。
二、核心效益			
(一)文字輸入方式	虛擬鍵盤，直式顯式。	同左	虛擬鍵盤，橫向顯示，詳見第三小節。
(二)上網：網路瀏覽器（Safari）	2007～2009 年皆沒改變，稱「狩獵旅行」（Safari）。		新版 Safari 在運算速度上有長足進步，蘋果公司自稱速度比微軟的 Internet Explorer（IE）還要快。 新版 Safari 也融入 iTunes 多媒體應用程式介面特色，使用者可在表層介面直接檢視瀏覽歷史記錄，也可在瀏覽器首頁直接看到常用網站的縮圖顯示，連結常用網站更為便利。

一、2007 年 6 月，iPhone

(一)攻擊性功能：觸控螢幕

蘋果公司依據力量原則（principle of force）採取迂迴攻擊（bypass attack），即以「技術跳蛙」（technological leapfrogging）的新技術（此例是指觸控螢幕），去攻打新地區。

iPhone 一開始，可說是觸控螢幕的黑莓機，多點觸控螢幕是操作功能，也是噱頭，透過科技應用的突破性創新，把 iPhone 塑造成一支好用、人人可用的智慧型手機；此部分屬於易 PC 中三個 e 中的容易工作（easy to work）功能。

(二)攻擊性功能：流暢外觀

蘋果公司的產品一向強調外觀（包括色彩）與眾不同，iPhone 手機 3.5 吋、渾圓外型，也是特色之一。2007～2009 年都沒改款，批評之聲與解釋詳見表 4.12。

表 4.12　對 iPhone 系列的二大批評

	批評	可能解釋
1.外觀	對手機公司來說，蘋果公司或許可說是標準的不按牌理出牌，過去幾乎從來沒有單一手機種長賣超過一年不改款，而繼續在市場銷售的情況。iPhone 3G、iPhone 3GS，外觀及零組件除了攝影鏡頭之外，也仍維持原本的設計，消費者會不會看膩？恐怕是外界對蘋果公司的一大質疑。	不過蘋果公司有恃無恐的是，蘋果商店銷售火熱，相對地也模糊了 iPhone 需不需要改款的焦點，尤其是大螢幕手機外型彈性並不高，但是其顯示面板本身就是最個性化的設計，如果消費者的眼光都集中在應用程式上，對手機外觀設計如何也就無關緊要了。⑩
2.機型款式	由於多家手機公司均以全戰線方式操作，但蘋果公司至今仍維持每年一款手機，長期下來恐將失去競爭優勢。⑨	iPhone、iPhone 3G、iPhone 3GS 三線連珠，各守低價（入門）、中低價、中價位三個市場區塊，可視為三款手機，詳見圖 4.17。

(三)核心功能：網路瀏覽作業系統

上網裝置中市占率最高的是微軟的「IE」(Internet Explorer)。由於微軟在個人電腦視窗作業系統市占率逾八成，因此 IE 就「順理成章」賣得超好。其他競爭者有谷歌的 Chrome、挪威 Opera 軟體公司的 Opera、Mozilla 公司的「火狐」(Firefox)。

蘋果公司沿用其在個人電腦上自行開發的「狩獵旅行」(Safari)，自行開發網路瀏覽作業系統，可能多花一些錢，但可取得技術自主性。

二、2008 年 7 月，iPhone 3G

iPhone 3G 比 iPhone 最大的不同只有一點，即服務性商品中的應用程式商店開幕。

(一)把作業系統奠定好

2007 年 3 月，蘋果公司在應用程式開發公司(WDAC)中已公布電玩設計的基礎：作業系統。

(二)開店做生意

2007 年以後，蘋果公司做的是為開設「蘋果商店」設計作業系統，推出後稱為軟體市集。

隨著全球行動上網市場大餅越做越大，行動應用軟體市集也成為手機公司、軟體公司及電信公司的兵家必爭之地，詳見表 4.13。2009 年，手機下載軟體次數 23 億次，預估 2014 年達 50 億次，但營收從 2013 年衰退。

電玩市集(marketplace)提供一個全球性的市場讓小型、電玩軟體公司可以將產品賣到全球各地。[11]

(三)行動研究公司慢九個月開店

行動研究公司在軟體領域並非新手，這家公司從 2002 年開始就跟軟體公司合作替黑莓機開發應用軟體。在這段期間內，軟體公司研發十萬個以上工具組來為如 Intuit 的 QuickBooks 預算編列軟體和 Tarascon Primary Care Pocketbook 醫師臨床參考指南這類的產品撰寫程式碼，不過在 2009 年 4 月「黑莓機應用世界」(Black Berry App World)網路商店開幕前，黑莓機的相

表 4.13　手機電玩市集

平台 名稱	App Store 網路應用程式商店	Android Marketplace	RIM Application Center	Ovi Store	Windows Marketplace
推出時間	2008.7	2009	2009.4.1	2009.5	2009.9
業者	蘋果	谷歌	RIM	諾基亞	微軟
台灣應用程式公司	極致行動科技、愛卡拉全球在線、KKBOX	極致行動科技、KKBOX 及愛卡拉全球在線上架	N/A	N/A	2009 年 7 月，在台舉辦的應用程式比賽；KKBOX 於 Mobile 6.5 問世時上線
備註	2009 年 7 月初，6.5 萬個應用程式、下載次數 15 億次	5,000 多萬的應用程式	提供給黑莓機的用戶	配合 N97 手機推出	2009 年第三季上線，配合 Windows Mobile 6.5 作業系統上市

資料來源：各家業者，2009 年 7 月 20 日。
工商時報，2009 年 12 月 29 日，A14 版，吳筱雯。

關軟體散布在網路的各個角落，而沒有集中在單一的網站上。

黑莓機通常被認為以實用性見長，但略嫌無趣。

行動研究公司共同執行長拉薩瑞迪斯（Mike Lazaridis）在拉斯維加斯的無線通信展舞台，為旗下眾所期待的網路商店主持開幕儀式。「黑莓機應用世界」網路虛擬商店提供各式各樣由外部開發商所研發的軟體，讓使用者可以下載到他們的黑莓機上。

蘋果公司跟電玩公司三七分帳，行動研究公司跟電玩公司二八分帳，而且黑莓機電玩軟體的價格從 2.99 美元起跳（不包括免費軟體），遠高於 iPhone 的起跳價 0.99 美元。「對我們開發商來說，當然是利潤越高越好。」紐澤西的軟體開發商高先生（Robert Kao）表示，他計畫在軟體世界銷售一套要價 9.99 美元的電子郵件應用軟體。

(四)諾基亞的 Ovi 商店

2009 年 5 月，諾基亞的網路商店 Ovi Store 才開幕。這個網站不會只是列出所有可供訂購的應用軟體，而是根據個人品味、所在地點和朋友推薦，給予每位消費者不同的選擇。

(五)電玩軟體公司挺蘋果商店

任何對手要趕上蘋果公司在行動軟體上的成績，都絕非易事。

iPhone 用戶是對行動軟體需求最貪得無厭的一個目標族群，平均一位用戶會下載超過 20 個應用軟體。

在市場沒有明顯的第二大品牌之下，許多軟體公司表示，它們寧願把精力和資源花在已獲實證的蘋果公司市場上。「蘋果公司還遙遙領先其他對手。」相片編輯軟體公司 Big Canvas 總裁中島（Satoshi Nakajima）指出：「我們沒有時間認真去研究其他平台。」⑫

三、2009 年 6 月，iPhone 3GS

2009 年 3 月 13 日，蘋果公司發布 iPhone 3GS 的作業系統（代號 iPhone os 3.0），有二大項目。

(一)攻擊性產品：繼續強化電玩作業系統

針對軟體公司的作業平台的改良，已於表 4.11 中第 4 欄中說明，此處說明外界評價，普遍獲得分析師好評，紐約第一帝國資產管理公司投資長歐布喬斯基說：「蘋果公司回應了用戶和軟體公司的大部分要求。」顧能公司（Gartner）分析師貝克認為，蘋果公司此次發表主要針對開發商社群，使他們能設計更好、更貴的應用程式，有助於創造營收。⑬

(二)正面攻擊黑莓機，進軍企業用戶

黑莓機主要市場在美國，2008 年市占率五成，它有二大獨家本領：一是「推動式電子郵件」（push E-mail）功能，另一是方便輸入的滑蓋機式的 Qwery 鍵盤，讓鍵盤夠大、方便打字，簡單的回電子郵件。

由表 4.14 可見，iPhone 3GS 主要的設計就是為了搶黑莓機的市場。

1.推動式電子郵件

iPhone 3GS 作業系統最大的改變是增加能自動更新的「push」功能，主持 2009 年 3 月 16 日發表會的蘋果公司資深副總裁霍斯托（Scott Forstall）表示：「推動式電子郵件功能千呼萬喚始出來，因為必須重新設計軟體，但總算推出了。」⑭

表 4.14 iPhone 系列在企業電子郵件功能的演進

功能	iPhone	iPhone 3G	iPhone 3GS
一、輸入與電子郵件			
(一)輸入方式	直向鍵盤顯示	同左	橫向鍵盤顯示，以便發電子郵件時有更大鍵盤可用
(二)推動式電子郵件	－	比 iPhone 有改善，在企業電子郵件服務方面	√ 首次推出能自動更新的「push E-mail」
二、安全		加強安全性	√ 更佳
三、管理功能			√ 更佳

資料來源：部分整理自經濟日報，2009 年 5 月 24 日，A7 版，周子渝。

2.第二招要贏過黑莓機

雖然企業用戶習慣於黑莓機的電子郵件即時主動顯示功能，但蘋果公司更進一步發展了這項技術。此外蘋果公司增加了「點對點」（peer to peer）的網路功能，讓用戶可以就近跟他人交換手機上的聯絡簿或音樂檔案。讓任何應用軟體都可以在數分鐘之內，主動提供用戶相關訊息。例如，一個由甲骨文公司所開發的軟體就能夠在存貨量過低時，主動發出警訊給業務人員，讓他們可以向客戶推銷其他替代產品。

4.5 行銷策略與經營績效

好東西也要公司會賣，銷量才會好；「好東西」只是必要條件，「會賣」是充分條件。「會賣」則是行銷策略（4P）得當，2007 年來俗稱品牌管理。

蘋果公司的品牌資產雄厚（例如 2008 年 6 月，密華布朗公司評估其品牌價值 631 億美元，全球第六，第一是谷歌 1,000 億美元），這是長期耕耘的結果，iPhone 可說生在富爸爸家中，贏在起跑點了。

一、產品策略

iPhone 提供各項效益（或價值）給顧客；我們依照投資組合、綜合零售商店的「基本—核心—攻擊」用詞，把產品效益分成圖 4.16 上 y 軸的基本功能、核心功能與攻擊功能。就近取譬地說，以足球隊、籃球隊來比喻，基本功能像後衛、核心功能像中鋒、攻擊功能像前鋒。

(一)大分類：產品效益

iPhone 手機系列成為蘋果公司第三隻金母雞，次於 Mac 筆電、iPod。

(二)中分類：3C 分類

簡單地說，智慧型手機大都是手機上加上 1C 類似產品（例如上網裝置或 PDA），加上第 3C 中的照相機和 iPod。

第 3C（消費電子）可以粗分為三大類：影、電玩、音。聲音最容易處理；「影」的起跳點是照相機，再進一是數位攝影機（要搭 32 GB 硬碟）；最後是網路電視，用戶還得額外付給電信公司月租費或單點費用。

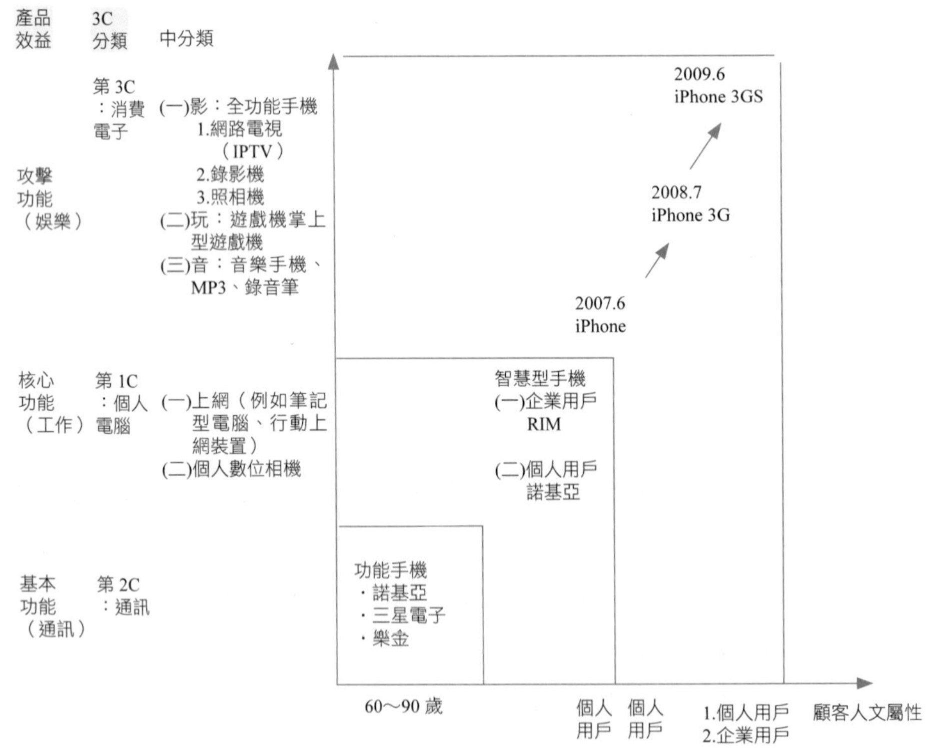

圖 4.16　iPhone 系列的產品效益

二、攻擊性攻能：音樂手機 iPhone = 智慧型手機 + iPod

2005 年 9 月，摩托羅拉在蘋果公司的音樂播放軟體（主要是作業系統與防盜拷）支援下，推出第一款音樂手機 Rokr；2005 年 8 月索尼愛立信推出 W800i，音樂手機才大賣。

(一)聽音樂是最重要的娛樂功能

從 iPod、對手音樂手機的銷售，再加上市調，蘋果公司相當清楚，除了上網、傳簡訊、電子郵件外，聽音樂是智慧手機排名第四的「智慧用途」，MP3 加線上音樂商店 iTunes 是蘋果公司的強項，只要推出 iPod 手機，不用打廣告就可以賣得嚇嚇叫。

(二)利基循環

簡單地說，蘋果公司把 iPod 當母雞、iPhone 當小雞，靠 iPod 功能護送 iPhone 上壘，只要再加 200 美元，就可從 iPod 升級到 iPod 手機（2006 年 1 月，蘋果公司宣布推出手機，報刊皆以 iPod 手機稱之），2.1 億的 iPod 用戶當然會有一些人轉換過來。

(三)iPod 爽到你，甘苦到我

在娛樂功能方面，主要偏重音樂播放機 iPod 的功能，因此會對蘋果公司的 iPod 產生衝擊（impact analysis）。雖然蘋果公司推出觸控螢幕的 iPod Touch，但仍挽不回 iPod 系列的下滑，以 2009 年第一季來說，iPod touch 銷售比一年前增加一倍以上，但因 iPod classic、nano 和 shuffle 滯銷，iPod 系列銷售量減少了 7%，總計為 1,020 萬部。

三、iPhone 3G = 遊戲手機

2008 年 7 月推出的 iPhone 第二版 iPhone 3G，一言以蔽之，可說是遊戲手機，索尼電腦娛樂公司（SCE）的 PSP（掌上型 PS2、共賣了 1.2 億台）、任天堂 DS（共賣了 1.5 億台）是給小孩玩的，iPhone 系列（此時指 iPhone 加 iPhone 3G）的電玩是給大人玩的。這塊市場一直被企業忽略，而只開發個人電腦上的線上遊戲。

(一)電玩軟體產品線夠豐富了

iPhone 剛推出時，約有 7,000 個應用程式，雖然其中有二成是電玩軟體，但軟體程式易讓人誤解，本節以「電玩軟體」來稱呼。隨著 iPhone 2007 年 9 月 5 日降價後，銷路打開，電玩開發公司（報刊稱為軟體開發商）「西瓜偎大邊」的越來越多。到了 2008 年 7 月，已近 3 萬個電玩軟體。

(二)看到上班族掌上型遊戲機市場

手機市場日趨成熟，未來大部分的成長將來自於軟體和服務。2012 年手機內容與資料服務的營收，預估可達 2,400 億美元。目前，蘋果商店的應用軟體大部分免費，但消費者也花了不少錢：16.7% 的美國用戶 2008 年最少花了 100 美元下載。在一片衰退中，手機公司們信心滿滿，因為智慧型手機終於就要脫胎換骨，變成一種既創新又有高利潤的新運算平台。以往電信公司占了最強的位置，也賺走最多錢，但在未來，他們必須把營收分給各種軟體和服務的供貨公司，例如谷歌或臉書。⑮

(三)玩家的說法

「iPhone 是大人的掌上型遊戲機」這個主張可由下面一位享用者的說法可見一斑，面板設備公司美商業凱科技（AKT）台灣總經理郭怡之覺得 iPhone 手機有意思的地方不只是手機的造型、工業設計功力一流，其他可以搭配手機使用的各種應用程式，才是讓科技人會為它著迷的地方。

工作已經這麼累，萬一遇上非常無趣又冗長的會議，想跑又不敢跑，真是讓人會抓狂。這時候從 iPhone 下載來的 Excuse me「假來電」程式就非常好用，你可以自己設定來電時間、甚至是來電者的姓名，等到時間一到，手機鈴聲響起，就會秀出來電者的電話與姓名，例如「老闆」或是「大客戶」之類的，這時跟大家秀一下手機畫面、起身離開會議，大概沒有人會有異議，也可以讓你順利脫離那可能開到海枯石爛的會議，至少一、二十分鐘。⑯

(四)「蘋果商店」開幕

蘋果公司延續 iPod 的線上音樂商店 iTunes（2003 年 4 月）成功經驗，2008 年 7 月，「蘋果應用程式商店」（Apple App Store，註：app 是

application 的簡寫，指應用程式）開幕了，兼具 iTunes 的功能，即可以上網買歌。

蘋果商店裡有萬種遊戲軟體以供下載，大多免費或售價 99 美分，對用戶來說負擔不大，內容豐富好玩，帶動行動電玩軟體下載的風潮。根據《Wired》雜誌報導，一位原本沒沒無聞的美國軟體工程師尼可拉斯（Ethan Nicholas），在蘋果商店上設計一款遊戲 ishoot，名列付費下載排行第一名，光是 2009 年年初就替他賺進 60 萬美元，還創下最高一天 3.7 萬美元記錄。

台灣的極致行動科技表示，過去產品只能在台灣銷售，但自從產品在蘋果商店上架後，以手機麻將遊戲為例，在新加坡及香港等華人市場也獲得很高的下載率。

四、iPhone 3GS = 全功能手機

iPhone 3GS 可說是全功能手機，手機幾乎把 3C 的功能全包括進來，以後大幅改款的機率不大；同樣地，對手想超越的機率也不高。

(一)這樣比，不易看出所以然

每年 6 月，所有手機公司紛紛推出新手機，報刊照例把所有軟硬體功能、售價做個比較表，大體上就像表 4.15 中的「產品」、「定價」，本書加上「促銷」、「實體配置」剛好是行銷組合的架構。不過，光看「產品」、「定價」還是「公說公有理，婆說婆有理」，無法解釋哪些手機賣得好。

(二)這樣比，才看得門道

由表 4.16 可看出，iPhone 3GS 夠格稱得上全功能手機，幾乎把 3C 產品「一機掌握」，雖然照相功能只有 300 萬畫素，但是勉強夠用了。它甚至也有最「夯」的亞馬遜電子書閱讀器的功能，可下載「蘋果商店」中的 24 萬本書來看。

表 4.15　2009 年 6 月觸控手機新機行銷策略比較

公司手機	蘋果公司 **iPhone 3GS**	諾基亞 **N97**	宏達電 **Hero**	**Palm** **Palm Pre**
推出時間	2009 年 6 月 19 日	2009 年 6 月 12 日	2009 年 7 月	2009 年 6 月 6 日
一、產品				
(一)通訊				
1.通訊速度	3.5G	3.5G		3.1G
上網速度	7.2 Mbps	3.6 Mbps		Cdma 2000
2.操作速度				
3.螢幕尺寸	3.5 吋	同左		3.1 吋
(二)作業介面				
1.觸控	多點（電容式螢幕）	同左 ⊕ Qwerty	同左	滑蓋式鍵盤，單點（電阻式螢幕）
2.作業系統	iPhone 3.0	Symbian ⊕ Series 60	第 3 代 Android 手機（第 2 代為魔術機）	上網用的 Web os
(三)附加功能				
1.MP3	√	√	√	√
2.數位相機	300 萬 + 錄影	500 萬 + LED 閃光 + 錄影		300 萬 + LED 閃光
3.遊戲	電子羅盤	同左		
二、定價				
1.單機		32GB　699.99$（美）		
2.搭門號	32GB　299$			
（綁約價）	16GB　199$			8GB　199$
三、促銷				
(一)廣告				
(二)人員銷售				
(三)促銷				
四、實體配置				
1.電信公司	在美 AT&T	在美，史普林特		在美，史普林特
2.地區	全球 80 國		美、歐、日為主	

表 4.16　iPhone 3GS 的六個新增硬體功能

影音功能	作業系統的支援	功能
一、網路電視（IPTV），即電視手機		√
二、電子書閱讀器（Kindle 2）		2009 年 3 月 4 日，從蘋果商店下載電子閱讀器軟體，就可以有亞馬遜 Kindle 2 的大部分功能。⑰
三、攝影機		具有錄影、剪輯與分享功能，拍攝的 VGA 影片可立即透過電子郵件分享或是發布到 YouTube 網站，或透過 Tune 同步到電腦。
四、照相機	在黑莓機及 Treo 等其他智慧手機早已具備的 Quicktime，即文件與相片剪貼、拷貝功能。	相機畫素從 200 萬畫素升級到 300 萬畫素，只能說是差強人意（其他品牌都已搭配 500 萬畫素相機），但具有自動對焦，可以說是彌補了以往 iPhone 迷最大的抱怨。
五、GPS		電子數位羅盤，不只開機畫面酷炫，還可幫助用戶搭配地圖應用程式，快速指引方向。
六、錄音筆		語言備忘應用程式，能隨時隨地錄下任何音訊，省下以往 iPod 還要買錄音棒配件的開銷。

五、價格策略

「一分錢，一分貨」，這句俚語貼切描寫「定價必須跟品質（或功能）一起看」。由圖 4.17 可看出二件事。

1.單機定價

由圖 4.17 可見，iPhone 採取「高品質、高價位」的優勢定價，以塑造「名門」，但是等到 iPhone 3G 之後，每年新機皆走滲透策略，這是搶市占率的作法。

2.系列定價

每年推出新機後；舊機型大抵往廉價品那一格去。

(二)iPhone 3GS 的定價策略

定價（美元）
諾基亞的 N97
Palm 的 Palm Pre
2009.7
HTC 的 Hero
300
200
游擊
過高價
優勢
欺騙
中庸
滲透
2009.6.19
蘋果公司的 iPhone 3GS
廉價品
好品質
超高價
2009.6.8
蘋果公司的 iPhone 3G
8GB 99 美元
16GB 149 美元
低
中
高
品質（或產品效益）

圖 4.17 iPhone 系列的定價策略

(一)2007 年 6 月，iPhone

2007 年 6 月 iPhone 首度上市時，蘋果公司定價 8GB 機種為 599 美元，曲高和寡，相隔不到 3 個月，9 月 5 日起就降價為 399 美元，降幅逾三成，創下史上最快降價的記錄，這可說是定價錯誤，賈柏斯還出面道歉。

(二)2008 年 7 月，iPhone 3G

iPhone 3G 推出，iPhone 8GB 機種價格降至 199 美元，相隔不到 1 年，價格砍了一半，刺激需求增加 50～100%（約為 200～400 萬支）。

(三)2009 年 6 月，iPhone 3GS

2009 年 6 月 iPhone 3GS 新機推出，iPhone 8GB 價格再砍一半，僅 99 美元，是 2007 年推出時的 16%，堪稱史上降價速度最快、降幅最劇烈的 3C 產品之一。

iPhone 3GS 在美國發布的 16GB 綁約價 199 美元；32GB 綁約價 299 美元，這個售價是 iPhone 3G 8GB、16GB 的價格，等於是功能提升、不加價。代表蘋果進軍中低階手機市場，其原因如下。

1.要提防三星電子，而不是宏碁

蘋果公司可能擔心的是手機老二（三星電子）、老三（樂金、LG，2008 年，全球市占率約 8.2%）的反撲。例如樂金通訊部門執行長 Scott Ahn 表示，將透過積極推出智慧型手機（品牌 Arena），在 2012 年成為全球第二大手機品牌及智慧型手機市占率亞軍。[18]

2.iPhone 3G 大降價，預防宏碁、華碩搶市場

2009 年 9 月起，宏碁打算推出十款以上的智慧型手機，其中以採用谷歌 Android 平台的機種 A1 最受矚目，2009 年第四季推出。

宏碁手持智慧事業群總裁艾瑪爾（Aymarde Lencquesaing）認為，宏碁跨足智慧型手機市場有五大優勢，包括投資研發和技術，開發出具競爭力的產品。（註：跟全球各地電信公司洽談合作，預計推出每支綁約價 40～50 美元的超低價智慧型手機，足足比 iPhone 99 美元便宜一半以上），延伸在個人電腦市場的品牌力；注重消費者使用經驗，在世界三大洲都有專業設計小組；專注客戶服務，成立專職小組，負責跟電信公司、經銷通路合作。

宏碁目標是挑戰 2012 年出貨量 2,000 萬支，擠進全球智慧型手機品牌前五強。[19]

六、實體配置

蘋果公司在實體配置方面，主要決策項目有二：進入各市場的時間、在各地主國可以找到哪家電信公司來搭配。

(一)電信公司綁標推

蘋果公司有資格強勢，各國大都找電信業龍頭（例如美國的 AT&T、台

灣的中華電信）合作，在大陸，2008 年找老大中國移動，而因中國移動與蘋果公司未能在收入分成、補貼方案與保證銷售量上等部分獲得共識，中國移動與蘋果公司間的合作談判破裂，⑳只好找老二中國聯通，手機由電信公司綁約賣，像 iPhone 3GS，中華電信就搭 9,500 元的促銷補貼，藉以降低手機售價，以後再從月租費、單點收費賺回來。

(二)蘋果旗艦店，打形象用的

蘋果公司在全球有 240 家旗艦店，強力吸引顧客前來鑑賞電腦，對 2008 會計年度銷售額的貢獻度達 19%。以台灣來說，蘋果第 2 家〔i〕store 專賣店進駐新光三越台中店，便出現人潮，該公司計畫在 2011 年時展店至 10 家。

七、經營績效

從銷量、市占率、營收和盈餘貢獻度和股價來說，iPhone 都是蘋果公司事業組合的明日之星，績效斐然。

(一)目標

賈柏斯希望手機成為蘋果公司第三個事業部，電腦、iPod 年營收近 100 億美元，2008 年度營收 240 億美元，手機占 40 億美元，到 2009 年度達成目標。

(二)實績

每年來分析 iPhone 的實績。

1.2008 年

2008 年，iPhone 賣了近 1,000 萬支、市占率 10%，但諾基亞市占率大幅下滑，可見蘋果公司開發了新市場，但更多顧客是從諾基亞那邊搶來的。

在表 4.10 中最下面的市占率一項，2007 年，我們沒計算 iPhone 的二個原因如下：

(1)產品只賣了半年（2007 年 7 月中才上市）；

(2)產品有效只賣了 4 個月，因為初上市時，定價過高，曲高和寡，9 月 5 日不得不降價三分之一，價位合理後，銷量才打開來。

2.2009 年

2009 年下半年蘋果公司跟老二中國聯通，用戶數 1.6 億戶談妥，進軍大陸，以市占率一成來說，又會多 500 萬支銷量。2009 年度銷量近 2,200 萬支。

3.2010 年

3 月 22 日，美國《財星》雜誌發布 2010 年全球最受尊崇公司名單，蘋果公司連續第 3 年蟬聯第一名，蘋果公司連年成為全球最受尊崇企業的最大理由在於產品：迄今售出 2.5 億支 iPod、4,300 萬支 iPod nono、3,200 萬支 iPod touch，還有 4 月上市的平板電腦 iPad，蘋果公司改變了消費者購買音樂、設計產品，以及跟全世界互動的各個層面。該公司的強勁創新能力與死忠客戶群，讓企業界推崇不已。㉑

2010 年 2 月，美國《哈佛商業評論》刊出「全球執行長50強！」，賈伯斯名列第一，可說實至名歸。

2009 年度，蘋果公司營收 365 億美元（成長率 13%），盈餘 57 億美元（成長率 18%），每股盈餘 5.36 美元，隨著經營績效大紅大紫，股價突破 200 美元，2012 年往 435 美元直攻。2010 年 4 月，市值超過沃爾瑪（2,127 億美元），成為美股第三，僅次於埃克森美孚、微軟。

4.6 技術跟隨者的技術策略——兼論專利的風險管理

大金剛這個用詞來自美國人習慣的漫畫、電影「金剛」。像摩爾（Geoffrey A. Moore）等寫的書《大金剛法則》（*The Gorlla Game*）把市場霸主稱為「大金剛」，例如微軟的「視窗系統」就是作業系統界的大金剛。

而跟大金剛競爭失敗的「猩猩」，則可轉型成「區域型大金剛」，朝被忽視的利基市場轉進，例如蘋果公司的麥金塔系統就是視窗系統之外的一方之霸。

「猴子」是仿造大金剛的架構，生產出完全相容的產品，以吸引無力負擔大金剛產品的消費者，例如相對於英特爾，超微就是在微處理器業的「猴子」。㉒

一、老二主義

宏碁公司前董事長施振榮從 1980 年代一直以「老二主義」（me-too）自我期許，並於 1998 年躍居全球第六大個人電腦公司；2009 年，成為全球筆記型電腦第一大、個人電腦第二大。

真正的老二主義在產品研發上投資微乎其微，其專長在高效率的製造能力，有迅速抄襲和修改的設計能力，滿適合做代工公司的。台灣大部分的個人電腦公司都屬於這類，可以說是市場跟隨者。這類公司傾向於採取「低成本集中策略」，詳見表 4.17。

表 4.17　市場先進或老二主義的優缺點

市場地位	先進者	市場跟隨者（老二主義）
一、好處	・適用小公司單點突破，形成局部兵力優勢 ・適用大公司全面領先，形成全面圍堵	・優缺點跟先進者相反
(一)行銷面		
1.寵顧性	・優勢定價，有準租，廣告費較省	
2.市占率	・規模經濟，具有成本優勢，主要來自生產面平均成本降低	
3.市場排他性	・先占先贏，例如營業區域飽和	
(二)其他	・如「轉移成本」高，在電腦軟硬體最明顯的便是相容問題	
二、缺點		・嚴防先進者推出秘密武器，把跟隨者甩在後頭
(一)風險較高	・可能曲高和寡，以致新產品的成功率低，而造成重大損失	
(二)其他		
三、適用時機	1.創新產品市場大，即消費者追求時髦 2.跟隨者較難很快模仿，例如有專利問題	1.創新產品市場有限 2.跟隨者具有快速、低成本等製造能力

二、專利的風險管理

如果把專利權的制裁視為營運風險之一，那麼便可套用風險管理的二大類、五中類架構來進行分類，以求執簡御繁，詳見表 4.18。

(一)隔離：設計代工／製造代工

把風險透過防火巷、白手套來隔離，常見有下列二種方式。

表 4.18 技術專利風險管理的方式

風險分散			風險移轉	
隔離	組合	損失控制	迴避	移轉
1.替美、日等大公司代工，專利問題由委託生產的公司負擔 2.以第三者來做白手套、防火巷	跟授權公司成立行銷公司	1.小口偷吃 2.尋找利基市場	生產 DVD 大機芯或 DVD 解決方案（例如播放機套件）	1.請專利代工 2.品牌授權方式

1.替別人代工

和碩幫先鋒（Pioneer）代工，英群、宇極和建興幫索尼代工，明基替飛利浦代工，建基替恩益禧代工；報紙譽為 DVD 四大結盟，專利問題完全由委託生產的公司承擔。

2.透過第三者來銷售

以大騰為代表，透過另成立第三者的小公司作為防火巷，對專利侵權索賠的風險承擔和靈活度比較大。

(二)組合：成立合資行銷方式

2001 年 8 月建興電子跟日本傑偉世（JVC）聯盟，在香港成立貿易公司，主要股權屬於傑偉世，所以其 DVD 的專利是由傑偉世保護。而客戶下單給這家貿易公司，此貿易公司再外包給建興生產，由建興直接出貨給客戶。傑偉世負擔 DVD 權利金，因為傑偉世是 DVD 論壇專利所有權人之一，專利費用也較低（據了解約美金 4 元／台左右），一般情況每台 11 美元，節省的權利金很大。也因此建興 2002 年 DVD 生產量已經到達每月 60 萬台，擠進世界第二大，詳見圖 4.18。

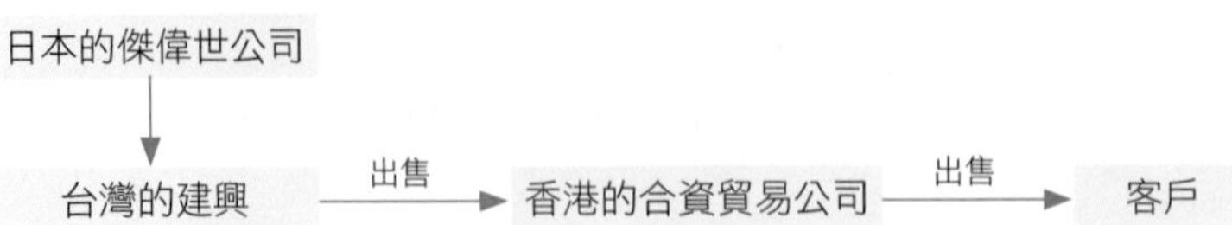

圖 4.18　合資方式

(三)損失控制

台灣小型代工公司或新成立公司大都採取損失控制方式，至少有二種形式。

1.小規模和不曝光方式，先做再說

台灣小公司（當時的皇旗光電和聯積為代表）或新成立公司會以「先做再說」的僥倖心理來卡位，認為公司規模不大，可以小小地做、偷偷地做，專利所有權公司在訴訟成本考量下，不會來追究。

2.尋求利基市場銷售

多數 DVD 公司以製造半成品的 DVD 大機芯（loader）銷售到大陸市場。

(四)迴避：轉向 DVD 大機芯或方案提供

DVD 權利金的收取是以成品（例如 DVD 播放機或光碟機）為對象，至於播放機或其他家電產品有使用 DVD 大機芯（即不包括 MPEG II 解碼功能的光碟機），因為是半成品，在權利金難以追討的情況下，不被列入追索對象。這也提供台灣業者一個生存空間，銷售此 DVD 大機芯，甚至整體 DVD 解決方案（例如播放機套件）給大陸企業，由其組裝成品，並且承擔 DVD 權利金的責任。

2001 年，微軟的電視遊戲機 Xbox 尋找 DVD 大機芯供貨公司時，微軟要供貨公司完全負責專利問題。

MPEG 小檔案

MPEG 的產生主要是 ISO 與 IEC 於 1988 年聯合成立，致力於運動圖像及其伴音編碼標準化工作。它包括 MPEG 系統，則 MPEG 視頻及 MPEG 音頻。原先共有三個版本 MPEG1、MPEG2、MPEG3，後又增加 MPEG4、MPEG7 等不同版本，表示不同用途和質量，MPEG 新發展最重要目標之一就是進行多媒體通訊應用。

(五)移轉

凡是任何有專利疑慮的產品，絕對不冒風險而去碰，常見有下列二種避風險方式。

1.請專利公司代工

1999 年日商先鋒來台尋找 DVD-ROM 的代工公司時，佳世達認為這是其進入 DVD 生產唯一的途徑而極力爭取。在雙方代工合作之後，透過向先鋒再委託代工方式，銷售明基自有品牌的 DVD，詳見圖 4.19。專利權利金的問題完全由先鋒負責，而明基沒有任何專利風險。當然，先鋒負責權利金，它是 DVD 論壇的專利所有權公司之一，權利金相對較低，在銷售 DVD 給明基時，其銷售因權利金而加碼的也有限，這是雙贏的策略合作。在此情況下，大額代工訂單會因價格關係而只下給先鋒，而明基只能承接先鋒不能提供服務的小客戶。

圖 4.19　請專利公司代工情況

2.品牌授權方式

明基跟飛利浦合作，以飛利浦品牌（名義上）來銷售給微軟，實際上是明基在接單出貨。這是明基迴避 DVD 專利風險的另一種方式，即明基以向飛利浦購買 DVD 的主要套件來生產 DVD，再以飛利浦的名義和微軟簽約供貨；此即品牌授權方式，詳見圖 4.20。而權利金由品牌公司負責，明基除了支付品牌授權金外，可能附帶需購買其關鍵零組件的條件或其他。

圖 4.20　品牌授權方式

4.7 產品導向型公司的技術策略

產品導向型公司（**product-oriented company**）幾乎不做研發，只有小規模的技術發展，其生存空間則來自於了解客戶、隨時提供客戶（特定規格）需要的產品。此外，產品設計和業務密切配合、嚴密控制生產成本，可說是採取差異化集中、差異化策略的公司。

註釋

①工商時報，2009年8月30日，C3版，蕭麗君。

②摘修自洪世章、徐玉娟，第227～249頁。

③經濟日報，2008年9月10日，D7版，李珣瑛。

④經濟日報，2008年11月14日，D4版，陳雅蘭。

⑤經濟日報，2008年9月10日，B2版，陳盈羽。

⑥經濟日報，2010年1月28日，專2版，彭子豪。

⑦經濟日報，2009年3月18日，A7版，紀迺良。

⑧經濟日報，2009年1月8日，A7版，陳家齊。

⑨電子時報，2009年6月10日，54版，沈勤譽、連于慧。

⑩電子時報，2009年6月10日，第15版，潘素卿。

⑪工商時報，2009年7月20日，A9版，何英煒、林淑惠。

⑫今周刊，2009年4月6日，第140～141頁。

⑬經濟日報，2009年3月17日，A7版，紀迺良。

⑭經濟日報，2009年3月18日，A7版，紀迺良。

⑮摘修自天下雜誌，2009年3月11日，第157頁，吳怡靜譯。

⑯工商時報，2009年7月18日，C4版，陳泳丞。

⑰經濟日報，2009年3月6日，A7版，莊雅婷。

⑱工商時報，2009年6月13日，A9版，吳筱雯。

⑲經濟日報，2009年6月17日，C3版，陳雅蘭、曾仁凱。

⑳經濟日報，2009年3月30日，A7版，李紳君。

㉑工商時報，2010 年 3 月 5 日，A9 版，蕭美惠。

㉒摘修自經理人月刊，2005 年 2 月，第 82 頁。

本章習題

1. 以表 4.1 的定義，舉一個產品的關鍵技術為例。
2. 以圖 4.2 為基礎，舉一個產品為例。
3. 除了表 4.1 羅列的以外，還有哪些衡量技術能力的方法？
4. 以圖 4.3 為基礎，舉一家公司為例。
5. 以表 4.2 為基礎，以一個人為例，說明其能力缺口。
6. 以圖 4.5 為基礎，以一個產業為例，各找四家代表性公司。
7. 以圖 4.6 為基礎，舉一家公司為例。
8. 究竟什麼是技術領域？
9. 你認為台灣公司適合加入 4G 手機哪一種規格？

5

科技政策和國家創新

工業技術上的強國，自己要能夠掌握關鍵性技術。例如，台灣對汽車的生產，應該要能生產高性能引擎；以工具機來說，應該要有自己的控制器；以通訊工業來說，應該要能設計通訊工業中的積體電路。但是，台灣一直做不到。「二兆雙星」（二兆指的是半導體與光學）產業的重要機器設備、零組件、原料都是向國外買，我們借用別人的技術去做代工，這樣子如何成為工業上的強國呢？

科技政策要「寧拙毋巧」，前瞻性研究固然重要，但國家型的技術扎根計畫更重要，總統、院長要看清這個事實，有魄力去做改革，努力讓大學、產業界把基礎技術學會，台灣的工業才會有成就，才能成為強國。

——李家同　暨南、清華、靜宜大學榮譽教授

工商時報，2008 年 6 月 15 日，D2 版

學習目標

本章有三個重點：技術前瞻、政府的科技政策和國家創新系統。唯有由大到小（個體，即企業、個人），才能知道如何順勢而為。

直接效益

技術前瞻是訓練機構開課的主題之一，看完本章第一節，只要加上實例，例如面板加以印證，大抵來說，外面的訓練費用和時間就可以省下來了。

本章重點（*是碩士班程度）

*1.政府科技政策對公司科技管理的影響——第五章架構。圖 5.1

2.五級的技術系統。圖 5.2

3.各組織層級的技術前瞻。表 5.1

4.技術前瞻的共識和績效。圖 5.3

*5.情境分析、衝擊分析，以及敏感分析。圖 5.4

6.台灣的政府科技發展組織體系。圖 5.5

*7.國家創新系統。圖 5.6

8.國家創新系統跟國家經濟體系的類比。圖 5.8

9.台灣生技產業創新系統上、中、下游關聯。圖 5.9

前言　上有政策，下有對策

在科技先進國家、新興產業中，政府經費充足與否，對企業科技管理的影響力尤其深遠。因此公司在進行科技管理時，應該深入了解政府科技政策走向，因勢利導，化為對自己的助力，才能收如魚得水的好處。

在本章中，我們採取「投入—轉換—產出」的架構（如圖 5.1 所示）來安排本章各節。

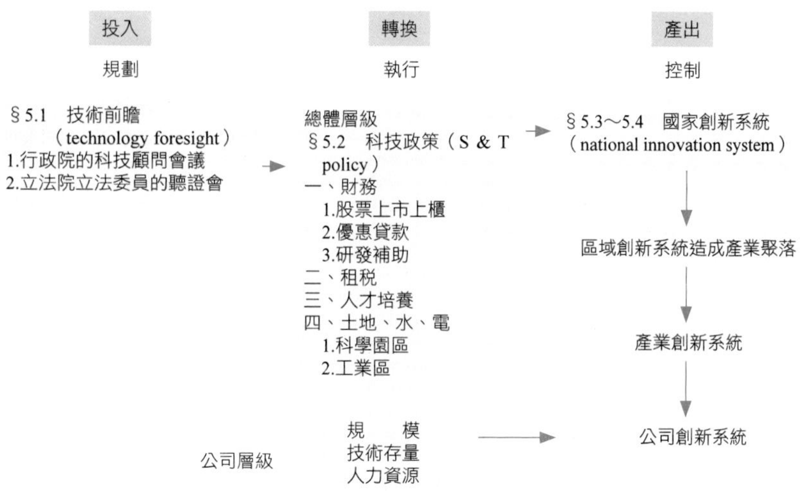

圖 5.1 政府科技政策對公司科技管理的影響——第五章架構

5.1 技術前瞻

技術前瞻（technology foresight）是技術預測中專家預測法的一種結果，本來應該放在第六章第六節，但是由於下列二項因素，所以擺在本處。

1.策略上

政府層級的技術預測常跟狹義定義的技術前瞻是同義詞。

2.戰技上

由於第六章份量較重，為求均衡起見，故把技術前瞻放在本章。

一、組織層級

科技管理依組織層級至少可分為五級，詳見圖 5.2。這在本書中許多地方都會用到，所以在本書第一次出現時便先介紹。

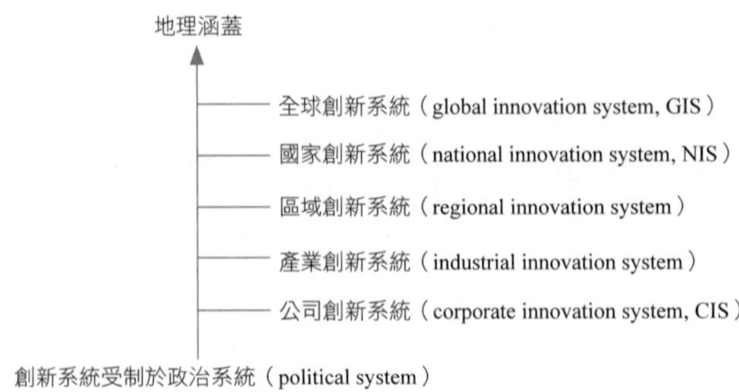

圖 5.2　五級的技術系統

二、各組織層級的技術前瞻

技術前瞻活動依組織層級可分為幾種類型，詳見表 5.1。

表 5.1　各組織層級的技術前瞻

組織層級	舉辦單位	參與人士	結果
全球前瞻（global foresight）	1.國際機構：例如世界經濟論壇 2.市調公司 3.媒體：例如《商業周刊》等		大規模用技術相關的技術前瞻（technology forecasting/foresight）
國家前瞻（national foresight）	行政院：經濟部技術處、國科會	業界（專家）、學者、研究機構、官員，甚至消費者等利害關係人（stakeholders）	科技政策
區域前瞻（regional foresight）	區域範圍的產官學研		產業聚落的現況，前景預測
公司前瞻（corporate foresight）			技術預測（technology forecasting）

(一)分類和預期結果

Glenn 和 Gordon（2001）認為，技術前瞻應用在國家層次的科技政策，必須依賴國家創新系統中的組織機構特性而定，而後者的國情差異很大。他們發展出圖 5.3 架構，用來判斷不同的組織機構特性對於技術前瞻的成效會有何影響；在這個架構中包括二個因素：一是參與的機構對技術前瞻結果的依賴程度；二是技術及全球發展的不確定性。

由圖 5.3 可見，在縱軸由於「有痛有癢」，因此當前瞻結果很重要，此時承辦單位會慎選參與專家，所以前瞻結果準確性比較高。反之，當「事不關己」時（即依賴程度低），縱使環境不確定性低，專家也不易形成共識（即技術前瞻的結論）；縱使有共識，準頭也不高。

圖 5.3　技術前瞻的共識和績效

(二)依賴程度

在前瞻過程中，對各利害關係人（stakeholders）的參與動機加以分析，以對技術前瞻方法的設計提供參考。技術前瞻的過程中，不同群體的參與以及共識形成，因此，各參與者的動機就會影響進行過程中的互動，如果主辦單位能針對不同身分參與者（例如：決策官員、專家、企業、研究機構等），分析其動機，並且提出在採用方法和提供資訊上的指引。與會人士對動機的了解，有助於在技術前瞻過程中的不同階段；以一個 1997 年於芬蘭執行的食物和飲料產業協會所進行的技術前瞻實例，說明一個技術前瞻程序如果能針對不同參與者的動機設計，參與者不但有興趣參加活動，也有助於協助參與者了解自己對整體活動的助益，同時，對於技術前瞻過程中形成有利的互賴和互信人脈關係，也有很大的幫助。

三、國家層級技術前瞻

技術前瞻的普及跟政策內容有很大的相關性，因為各國科技政策的制定過程中，需要一個低風險的政策形成機制，因此，不同的政策形成機制也將使不同國家所推動的技術前瞻結果大異其趣。

經濟合作組織（OECD）是以歐洲國家為主的 30 個民主國家所組成，其「國際未來計畫」（International Futures Program, IFP）隸屬於秘書長的幕僚單位，其主要功能在於協調各處，整合重要的新興議題，提供該組織在未來社經、環保及科技發展議題上的前瞻性發展遠景，找出主要的發展關鍵，分析長期焦點議題，凝聚國際資源的投入，並提供會員國政府制定政策時的參考。例如 2009 年時提出「2030 年生物經濟」（The Bio-Economy to 2030）計畫，詳見孫智麗，「前瞻生物經濟政策意涵」，台灣經濟研究月刊，2010 年 3 月，第 67～70 頁。

四、日本的技術前瞻連結到政策

日本於 1970 年開始，每五年進行一次前瞻調查，是科技前瞻執行規模最大、研究方法最周延的國家，而且還形成政策目標，並採取具體行動，而日本文部科學省科學技術政策研究所在其中扮演重要的角色。

日本政府在 2010 年度（2010 年 4 月～2011 年 3 月），編列了近 390 億美元的科技預算，其中厚生勞働省占了 17 億美元。政策的擬定必須有科學的依據作基礎，厚生勞働省轄下有十餘所公立研究機構，政府可根據施政的方向研擬重點研究課題，委託研究機構進行研究。

少子化危機是日本政府早已預知的嚴重社會問題，2010 年日本人口共 1.28 億人，每 4 位壯年就業者扶養 1 位老人；到了 2025 年，估計人口共 1.21 億人，每 2 位壯年就業者就要扶養 1 位老人。

為了解決未來可預見的種種問題，近幾年日本的科學技術基本計畫列入下列研究課題。

1.生活扶助型機器人的研發；

2.老人在宅遠距照護系統的研發；

3.老人失智症的預防和治療；

4.其他鼓勵適婚者結婚生子的施策研究。

鳩山內閣於 2009 年 12 月 30 日提出的「新成長策略基本政策方針」中，列舉八項重大政策課題，其中二項也針對未來社會的變遷未雨綢繆，分別是環境與能源面的綠色創新（加速太陽能電池普及化、開發次世代電動車、高安全核能發電設備等），以及醫療與護理面的生活創新（次世代老病照護制度等）。①

五、技術前瞻的執行步驟

德爾菲區域技術前瞻（Delphi-technopolis regional foresight）主要的方法是採用專家討論及問卷法。

(一)情境分析法

許多全球企業開始引進**情境分析**（**scenario analysis**，企管稱為情節分析），這是針對未來影響企業甚鉅又參雜了許多不確定性因素的重要議題，預先規劃多個不同情境，讓企業屆時可以隨實際情況的變化，在預先規劃的不同情境之間切換，有點像是情境演練或沙盤推演。情境分析是由英國石油公司所研發出來的情境分析，使我們對未來的幻想或推測更加精準。

荷蘭皇家殼牌石油的作法是，選出 10～20 位不同功能的高階人員參與這項活動。與會人士每人可以提出一項未來可能產生的重大變化，內容不限於個人的想像力。思源基金會董事長黃河明曾經參與的一個情境分析個案中，便有與會人士提出五年內台灣跟福建之間將會建起跨海隧道的想像。當然這位人士並不是憑空想像，而是以他蒐集的資訊為本。所以儘管機會很小，但是如果真的發生，對從事兩岸生意的企業來說將會是天大的改變，所以主席同意把這情境列進去。

每個人都提出其預測後，大家再選出最佳的預測，以及該預測可能在哪一年發生。情境分析最重要的不是在做最好的預測，因為沒有人知道什麼事情一定會發生，而是在蒐集資訊。成員一起討論公司未來的情境可能會如何，在每個人所想出的可能性中，就揭露了個人對公司的優缺點以及對大環境的看法，並且透過情境分析重新建立一套公司新的發展遠景。

接下來討論預測事件可能的構成條件，並且擬出未來幾年每年可能發生的重大事件。然後，預測事件如果真的發生了，再討論對公司的影響和衝擊程度，這種評估自然是以企業的營收和盈餘為對象，並且可以據此作樂觀與悲觀二種情況下的營收和盈餘曲線。

最後便是編情境了！也就是大家就特定事件發生或沒有發生，提出企業的二套因應之道。到此階段，基本上便完成了情境分析。第二階段，便是在預測事件發生時間將近之時，企業便要啟動環境掃瞄的動作，通常企業可以指定二人透過媒體和各種管道，監視整個事件的進展。在第六章第五節第三～四段有進一步說明。

(二)衝擊分析圖

1970 年代 OECD 的 Frascati 手冊，在 1980 年代的修正之一便是應用與衝擊分析法（utilization and impact approach）：主要是建構幾項重要的衝擊指標，藉由這些量化或質化指標來分析科技活動對整體經濟的影響，詳見圖 5.4。

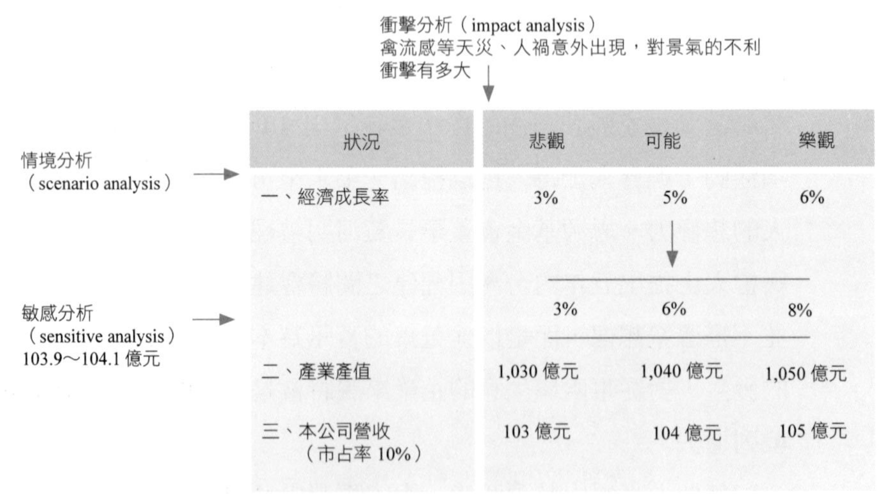

圖 5.4　情境分析、衝擊分析，以及敏感分析

六、技術前瞻的時代考驗

在環境變動下，進行技術前瞻的過程也面臨新的挑戰，必須採用新方法才會有更好的效果。過去幾年來，許多國家推動技術前瞻績效很好，不過，隨著

環境的變動和擴大前瞻應用範圍的努力，需要更好的理論基礎進行前瞻程序，以解決可能的挑戰，才有機會得到更好的認同。技術前瞻面臨的挑戰來自下列三個方面。

1.必須加強與會者的參與，才能把技術前瞻的結果與執行更有效率的連結；
2.必須更加了解各種技術前瞻技巧的適用情況和應用範圍；
3.企業文化因素對技術前瞻過程中產生的限制，要有更好的了解。

Glenn 和 Gordon（2001）認為，這些挑戰主因來自於前瞻程序中缺乏政治人物和企業經營者的有效參與。

參與式政策分析（participatory policy analysis）可以作為技術前瞻解決相關問題的一個架構，它可讓與會人士對前瞻過程有更多的參與，而且有更多的支持。不過，其缺點是可能會妨礙技術專家意見的推導，這其中的平衡點會因不同技術前瞻活動的文化和經濟結構而有所不同。

5.2 政府的科技政策

政府的科技政策在塑造國家創新系統上扮演舉足輕重的角色，這在科技後進國家、新興產業尤其明顯。因此，在討論公司科技管理時，不能視為一個封閉系統，關起門來做皇帝；反之，宜「開大門，走大路」，知道政策方向，才能因勢利導。

一、科技政策的定義

依據聯合國教育科學文化組織（UNESCO）的報告書，**科技政策（science & technology policy, S & T policy）**定義為：「一個國家為強化其科技潛力，以達成其綜合開發的目標和提高其國家地位，而建立的組織、制度及執行方向。」科技政策就是政府為了促進科技有效發展，以達成國家整體建設目標，所採行的各種重要制度和施政方針。

二、科技政策的分類

近年來許多研究科技政策的學者，改採演化論觀點（evolutionary

perspective）探討科技政策的分類，一反過去經濟均衡分析的論點，強調科技創新活動的異質性和動態性；也就是各種創新活動均有其政治經濟脈絡（context），並且主張科技發展的軌跡和演進型態。

Ergas（1987）可說是最早從演化論觀點，把各國科技政策區分為二大類。

1.任務導向政策

集權的科技政策之規劃與執行，通常僅針對少數既定技術採重點式地支援大型公司技術開發，例如美國。

2.擴散導向政策

透過健全技術發展基礎設施（infrastructure）、鼓勵技術移轉，以及產官學研技術合作，以便加速企業技術擴散，例如德國、瑞典。

Ergas 進一步根據下列四項因素區分任務導向與擴散導向政策的國家。

1.技術生命週期；

2.政府和民間研發支出的比例；

3.教育制度的設計；

4.國防科技研究與比例。

三、科技政策的重要性，這個夠狠——技術立國！

2001 年 6 月，OECD 出版的「社會科學與創新」研討會論文集指出，未來創新政策的重要性遠大於經濟政策，美國就是最好的例子。報告中指出以前的經濟政策已經證明失敗，未來創新政策將取代經濟政策，原因有三。

1.過去經濟成功的例子多為創新而來，打破國家藩籬，使得各國經濟政策不再適用；

2.新科技的發明會排除過去的勞動人口，因此舊勞工政策不能解決失業問題；

3.全球化的來臨將使各國經濟政策沒有施展空間。

政府的創新政策包含三部分。

1.鬆土：學校教育和訓練；

2.扶持創新產業；

3.澆水與施肥：提供良好的政經環境和資金協助。

南韓政府科技政策弄對方向

金仁寶集團董事長許勝雄 2003 年 4 月 18 日參加《經濟日報》創刊 36 年社慶系列活動「提升台灣經濟競爭力」高峰論壇時，以「全球已進入完全競爭的微利時代」為題發表演說。在全球化的競爭中，逼得各國政府必須有其明確的治國理念和產業發展策略。

他舉南韓為例表示，南韓政府深知在電子相關產業無法跟台灣競爭，所以全力發展半導體產業和面板製造業。另外，運用政府力量，整合企業資源，全力發展通訊和遊戲軟體等，進而建立良好產業鏈，使南韓相關產業能蓬勃快速發展。

四、科技發展組織體系

在科技發展組織方面，1979 年行政院會議通過「科學技術發展方案」，成立「從政院科技顧問組」和各部會的科技顧問室。

政府科技發展組織體系可以分為推動機構、執行機構和企劃評估體系三大部分，詳見圖 5.5，以下分別說明。

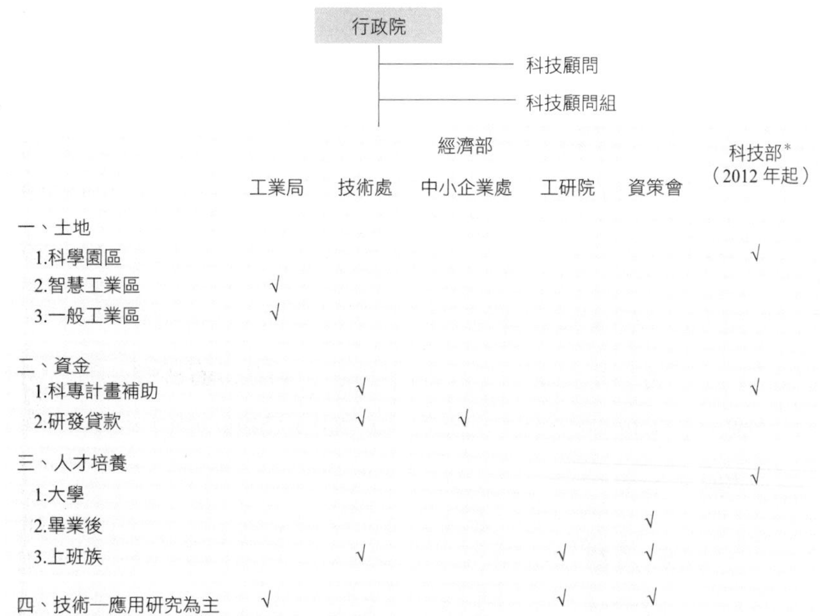

	經濟部					科技部*（2012 年起）
	工業局	技術處	中小企業處	工研院	資策會	
一、土地						
1.科學園區						√
2.智慧工業區	√					
3.一般工業區	√					
二、資金						
1.科專計畫補助		√				√
2.研發貸款		√	√			
三、人才培養						
1.大學						√
2.畢業後					√	
3.上班族		√		√	√	
四、技術—應用研究為主	√			√	√	

圖 5.5　台灣的政府科技發展組織體系

(一)推動機構（科技行政組織）

總體科技發展政策是依據全國科技會議的共識，由科技部（2012 年以前稱為行政院國科會）議提出「國家科學技術發展計畫」，經行政院核定實施，同時由政府相關部會推動發展，因此，科技發展採取整體規劃、分工執行的原則。

依據 2010 年 1 月 12 日，立法院通過的「行政院組織法」，2012 年，由國科會升格成立科技部，併入原子能委員會、行政院科技顧問組。

(二)執行機構

科技發展的基礎和先導性應用研究，主要執行機構為中研院和各大學；應用研究和技術發展則由工研院為首的財團法人研究機構為主體；而產品開發和商品化研發主要是由公民營企業負責。

(三)企劃評估體系

科技發展風險極大，為求有效運用有限資源，政府除了訂定科技發展政策和發展重點外，最重要的是中長期計畫的規劃、執行中計畫和評估，以及完成研發後和績效考核，因此科技規劃、執行和考核三聯制體系，成為台灣科技發展重要機制。

五、科技計畫

在全國科技計畫中長程方面，2001 年核定的「國家科學技術發展計畫」為最新的依據。

(一)科技政策形成機制

全國科技會議、行政院科技顧問會議、電子資訊與通訊和生物技術策略會議、產業自動化會議，以及行政院科技會報，都能發揮凝聚共識與擬定方向的功能。

(二)重點方案

行政院的「國家資訊通訊發展方案」、「科技人才培訓及運用方案」、「加強生物技術產業推動方案」、「科學技術基本法」，以及「政府科學技術研究發展成果歸屬及運用辦法」等，皆促進科技進步。在整合資源方面，跨部會推動國家型科技計畫，對整體資源整合和下游合作研發，具有重大意義。

(三)國家型科技計畫

為了增進國家競爭優勢和因應當前國家重大社經問題的需要，國科會從1998 年起擬定「國家型科技計畫推動要點」，經過第 134 次委員會議通過。其目的在結合科技研發的上、中、下游資源，規劃推動國家型科技計畫，有效提升研發成果。

(四)國家型科技計畫的例子

2009 年 8 月 12 日，「電信國家型發展第三階段計畫」出爐，詳見表 5.2。國家型電信發展計畫總主持人吳靜雄 2009 年 8 月上旬赴美跟微軟高層簽約合作，微軟及國科會在新竹成立雲端運算通訊應用平台展示中心，共同發展雲端平台以帶動國內整體內容服務，在雲端運算申請應用程式、服務平台等研發專案共同合作。

表 5.2　電信國家型科技計畫

	第一階段	第二階段	第三階段
時間（年）	1998～2003	2004～2008	2009～2013
總產值	3,000 億元	1 兆元	1.6 兆元
主力推展的產業	無線及有線通訊產業、WiFi	WiMAX、WiMAX 應用及相關終端設備	*數位內容產業（包括：Android 平台應用、雲端運算）、4G（LTE 及 WiMAX 進階產品）
主力扶植	手機製造業等 10 多家手機公司	*6 家 WiMAX 電信公司 *網通訊與晶片公司	內容產業、4G 應用發展、4G 終端產品

資料來源：電信國家型科技計畫辦公室。

經濟部跟谷歌簽約合作，在台灣共同發展 Android 相關產業應用，已吸引宏達電、富士康、華寶、英華達、佳世達、華冠、宏碁、廣達等 10 家公司加入，並打算拉攏國內外半導體公司共同加入。

電信國家型科技計畫顧問林一平指出，第三階段的發展計畫將以內容產

業、軟體平台、應用與服務等為主，進一步帶動 4G 產業發展。

透過政府相關單位牽線，中華電信以設備與服務整廠輸出模式，為台灣邦交國建設電信網路，並且希望參與國際電信公司代管營運；遠傳也希望透過引入中國移動資金，帶領國內內容產業相關業者進入大陸布局並搶攻大陸龐大電信商機。②

六、大陸的科技前瞻到產業前瞻

在台灣，我們很容易找到國科會說明怎麼做技術前瞻，在本節，我們以大陸為對象，說明政府的技術前瞻到產業發展的歷程，另一方面，也可作為「利之所在，勢之所趨」的商機（詳見表 5.3）。

(一)大陸科技的劣勢：技術掌握在外資

被稱為「世界工廠」的大陸，製造業產值約占全球製造業總產值的 14%，僅次於美國的 22%，居世界第二位。然而在這風光的外觀下，卻可見大陸工業的科技劣勢：技術掌握在外資，底下以 3C 產業、汽車業來說明。

1.以個人電腦出口為例

2008 年大陸向全球輸出的商品價值達 1.4285 兆美元，成長率 17.2%，前二百大（其中外資企業占 141 家）出口企業占比重 25.7%；出口成長率為 21.3%。

以產業別來看，十大電腦出口公司中，更是清一色台灣公司。出口業績全部以加工貿易方式實現，並未給大陸電腦製造業換來核心技術。

這些台資大公司中，廣達旗下的達功（上海）電腦 2008 年大幅成長 63.5%。以年出口 1,660 萬台電腦，成為 2008 年大陸電腦出口量最高的企業。

本土企業電腦出口額 8.7 億美元，僅占全年大陸電腦出口總額的 1.1%。

2.大陸汽車「萬國車」

2009 年，大陸汽車總銷售量 1,200 萬輛，超越美國，成為全球最大汽車銷售國，其中純陸資、自主品牌（例如吉瑞、吉利）比重不足 30%。

外國品牌所歸屬的合資汽車公司在大陸遍地開花，但對合資企業的中方來說，想獲得核心技術仍是難上加難。以大陸最為知名的大眾、通用、本田、日

表 5.3　大陸「十二五」的七個策略性發展產業

產業別	子項	說明*
一、3C 產業 (一)個人電腦為主，手機為輔		至於資訊產業方面，「物聯網」產業鏈包括：資料存儲及處理技術、以 3C 融合為代表的智慧型技術等方面相關項目。
資訊網路	傳感網、物聯網等 傳感網在基礎設施跟服務領域的應用	溫家寶強調，要及早部署後網路通訊時代的技術，網路及包括紅外線、全球定位系統、電子標籤等物聯網，二者關鍵技術要儘速提升。工信部重點扶植物聯網產業，是 2009 年第四季「保增長」一籃子計畫的重點，以政策支持，作為下一代資訊（大陸稱為信息）發展技術的代表，並讓這二種資訊網路業務成為帶動產業升級的發動引擎。
(二)材料 新材料	微電子和光電子材料和器件、新型功能材料、高性能結構材料、納米材料跟器件等	新材料行業包括：電池材料業、磁性材料業、超硬難熔材料業、化工新材料業等。
二、能源 新能源（新能源、電動汽車、節能環保）	水力發電、核能、風力發電、太陽能發電、沼氣發電、地熱、煤化工、新能源汽車、節能環保等	大力促進節能環保跟資源再利用，並加速培植減碳排放的工業、交通和建築，溫家寶具體指出，大陸新能源汽車技術要走在世界前端。 電動汽車方面，預料未來數年內，中、美二國將有幾百萬輛電動汽車合作生產，遠高於大陸政府原先提出的新能源汽車數量。
三、生物科技 (一)生技製藥 健康科技、生物醫藥（新醫藥）	多發性疾病和新發傳染病防治的創新藥物、先進醫療設備、幹細胞研究等	
(二)生技農業 生命科學（生物育種）	轉基因育種技術等	‧小麥、稻米等主要農作物跟豬、牛、羊等主要牲畜品種改良
四、空間、海洋和地球開發	資源探勘開發技術相關等	‧「載人航太計畫」跟「嫦娥計畫」 ‧海洋資源開發跟海洋產業發展 ‧地球深部資源探勘與開採

*資料來源：經濟日報，2010 年 1 月 1 日，A11 版，林則宏。

產等合資企業為例，其產品的標識、品牌所有權、知識產權等均歸外方。

武漢理工大學汽車工業學院副院長顏伏伍表示，「用市場換技術」已證明是個「很天真的想法」，外資企業把低廉的模具拿到大陸生產，合資企業的中方工程技術人員不得進行更改設計，很難談及自主研發和創新，使大陸在核心技術上一直處於「空心狀態」。而且，外資方要求「在大陸生產的產品只能在大陸市場銷售」。

長春啟明資訊技術公司副總經理趙孝國說：「汽車配套部件採購都是相對封閉的。我們曾想進入日系車、德系車的配套圈子，但被告知需要先通過企業總部的認證，這相當於一大堆的『技術壁壘』橫在我們面前。」產品擁有自主知識產權的三一重工公司 2009 年也遭遇出口「壁壘」。三一重工總裁向文波說，三一產品製造中約 40% 的配套部件需要從國外進口，當三一產品跟日、美、歐的產品發生競爭時，所需進口的配套部件在質量、供貨期上就無法得到保證。2008 年第四季，三一重工出口快速萎縮，同比下降 50% 以上。

受融資體制等市場要素限制，大陸部分優秀企業紛紛選擇海外上市，一些製造業領軍企業甚至打算把控股權出售給外資企業。業內人士認為，這種改革方式的結果只能是大陸不僅沒有贏得核心技術和市場，反而使重要的民族製造業「淪陷」。

為了破解「外資困局」，大陸製造業試圖加快自主創新步伐，並提出建立產業聯盟的想法，加快民族製造業的升級和轉型，使「大陸製造」在全球產業鏈分工占據有利位置。③

(二)2008 年開始研究策略性新興產業

2009 年 12 月 27 日大陸總理溫家寶在接受新華社專訪時透露，從 2008 年下半年開始，大陸政府已經開始著手研究培育新的經濟增長點，特別是策略（大陸稱為戰略）性新興產業。

大陸為了因應金融海嘯（2008 年 9 月 15 日起）衝擊，同時尋找新的經濟增長點，2008 年一口氣啟動 16 個科技專項研究計畫，涵蓋所有科技領域，例如材料與生命工程等，是先求有科技產生，再追求產業化，總投資金額大約人民幣數千億元。④

＊大陸自己搞

以 IC 設計來說，公司數量最多時可以達到 200 多家，2009 年剩下不到百家，幾家頗具規模的像是展訊、大唐、海思等，營運主力多半在通訊晶片上，在研發難度甚高的個人電腦晶片上始終沒有斬獲。

因此大陸官方才會在 2009 年 7 月決定加碼對龍芯晶片的扶植，打造一個設計公司，希望有朝一日，這家專門研發販售龍芯晶片的設計公司，能夠成為台灣的威盛電子（2388），甚至美國的英特爾。⑤

(三)2008 年底，了解外國的作法

對於何以需要在此時加快發展新興產業，溫家寶 2008 年年底在一場會議中曾表示，「面對當前這場國際金融危機，各國正在進行搶占科技制高點的競賽，全球將進入空前的創新密集和產業振興時代。」

溫家寶舉例說，美國把研發投入提高到國內生產毛額 3% 的歷史最高水準，力圖在新能源、基礎科學、幹細胞研究和航太等領域取得突破。

歐盟宣布，在 2013 年以前將投資約 1,500 億美元發展綠色經濟，保持在綠色技術領域的領先地位；英國打算提升在生物製藥的競爭優勢，日本把重點放在開發新能源和環境技術，俄羅斯提出發展奈米與核能技術。

(四)2009 年中，溫家寶有所感

2009 年 12 月 27 日，溫家寶接受新華社記者專訪時提到，2009 年 8 月，有次視察江蘇無錫的大陸中科院物聯網研究所，頭一次得知什麼是物聯網（Internet of Things, IOT），即感測器（常見的是電子標籤 RFID）加上網際網路，也就是透過感測器把網路運用到基礎設施和服務產業，而且前景廣闊。⑥回到北京後，溫家寶連續召開三個座談會，詳見下一段說明。

(五)2009 年 9 月，科技前瞻

2009 年 9 月 21～22 日，溫家寶召開三次新興策略性產業發展座談會，聽取經濟、科技專家的意見和建議，47 名中科院院士和工程院院士、大學和科研院所教授、專家，企業和行業協會負責人參加了此次會議。與會者紛就發展新能源、節能環保、電動汽車、新材料、新醫藥、生物育種和信息產業建言獻

策。比較有系統地提出產業未來發展的方向，準備把它跟「十二五」計畫緊密連結。

溫家寶強調，選擇新興策略性產業，要兼顧一、二、三產業和經濟社會協調發展，統籌規劃產業布局、結構調整、發展規模和建設時序，在最有基礎、最優條件的領域率先突破。溫家寶指出，要以國際視野、策略思維來選擇和發展新興的策略性產業，著眼於提高國家科技實力和綜合國力，著眼於引發技術和產業變革。必須做好策略決策儲備、科技創新儲備（尤其是指掌握關鍵核心技術）、領軍人才儲備、產業化儲備，這四項儲備決定未來，要把專家們的意見和建議，體現在政策制定中，作為2010年的工作重點或者列入長期計畫。⑦

(六)提出構想

2009年11月3日，溫家寶在人民大會堂對大陸科技界發表「讓科技引領中國持續發展」演講時表示，為因應國際金融危機，各國無不盡全力搶占經濟和科技的制高點，把科技創新投資作為最重要的策略投資，預示著全球科技將進入一個前所未有的創新密集時代，新興產業將成為推動世界經濟發展的主導力量。全球將因此進入密集創新和產業振興的時代，大陸必須選對重點培育產業，才在這場戰役中呈現跳躍式成長。

每次國際金融危機都會帶來一場重大科技變革，因應成功的關鍵在於人類智慧和科技力量，因此大陸開始考慮以政策支持科技業，著手培養新的經濟增長點，特別是策略性新興產業。⑧

三週後，新華社才刊出溫家寶講話全文，其中一段如下。

> 「歷史經驗表明，經濟危機往往孕育著新的科技革命。正是科技上的重大突破和創新，推動經濟結構的重大調整，提供新的增長引擎」、「誰能在科技創新方面占優勢，誰就能夠掌握發展的主動權。」

從溫家寶談話可以看出，大陸對於在後金融危機時期，快速掌握下一波新興產業主控權的急迫感。

(七)政策出來了

2009 年 11 月下旬，大陸中央政治局會議中央經濟工作會議召開，確立「策略性產業發展計畫業」（詳見表 5.3）是繼「4 兆（人民幣）擴內需」、「十大振興產業」之後，2011 年大陸經濟成長的最大引擎，也是「十二五規劃」（第十二個五年計畫，2011～2015 年）的經濟成長軸心，政府將在財政租稅與信貸等方面大力扶持。

由表 5.3 可見大陸的重點發展產業，但這並無太多新意，早在「國家中長期科學和技術發展規劃綱要（2006～2020 年）」便已提及此跟「十一五」（2006～2010 年，九個重點產業：裝備製造業、城市軌道交通、電力建設、石化、科技創新、服務業升級、傳統汽車業、半導體、光電產業）有很多重疊之處，只是此次提升至國家策略高度，驅動力道便不可同日而語。

5.3 國家創新系統

知識經濟強調「出奇制勝」、「以智取勝」，因此創新的重要性就不可言喻了。然而「創新」是結果，必須有效整合資源，才能有像印度的軟體設計業或是美國好萊塢的電影產業。國家創新系統可拆成二部分：國家與創新系統，強調政府在創新系統中的角色。

一、大有為的政府

就跟人會生病所以必須看醫生，或者是公司內必須有管理者才能避免員工各行其是，否則有如一盤散沙；同樣地，如果民間在創新方面都水到渠成、渾然天成，也就是不可見的手讓資源有效配置，那麼就不需要政府干涉（或介入）。然而事實並非如此，因此才需要政府「大有為」，才會有國家創新系統觀念的產生，詳細說明於下。

政府介入的先決條件

創新主體間的知識流通（knowledge flow）是創新過程中的核心，以及交換顯性知識和隱性知識以產生創新。然而這過程都因下列二種失靈，以致效果大打折扣。

1.（創新）系統失靈

經濟暨合作發展組織（OECD）（1997）指出，（創新）系統失靈（system failure）主要是因各創新主體間互動不足、政府基礎研究和產業應用研究配置不當（mismatches）、技術移轉障礙、企業資訊吸收能力不足等，均會造成創新績效不佳。因此，OECD 強調應該強化網路跟改善企業的（技術）吸收能力，以匡正系統失靈。

2.市場失靈

常見的市場失靈包括下列二方面。

(1)需求面

包括市場不存在（例如對技術沒需要），以致技術供給者只能嘆道：「英雄無用武之地」、供需雙方不知彼此在哪裡。

(2)供給面

包括供給不存在，或者供給不足。政府在創新活動中的角色，除了匡正技術創新過程中所產生的系統失靈和市場失靈外，還應強化創新系統內各子系統的相互作用。

二、國家創新系統

美國學者 P. P. Nelson（1992）以國家角度，提出**「國家創新系統」（national innovation system, NIS）**理論，強調國家創新能力不能單單憑藉研發經費和人力；更重要的是，強化國家創新系統中主角（企業、大學、研究機構、國外）的創新知識的流通和互動關係，以及改善相關政府支援制度，才能把知識力量成功地轉化為經濟實力。因此，國家創新系統的「知識分配能力」（knowledge distribution power）是經濟成長和國際競爭優勢的關鍵因素。

(一)政府在創新系統中的功能

美國著名智庫蘭德（RAND）公司研究員 Popper 和 Wagner（2001）的一份研究報告指出，美國新經濟蓬勃發展的主因之一，即得益於美國國家創新系統的有效運作。

國家創新系統提供政府一個基本架構，以利於政策形成和執行，進而改進創新系統中的成員間創新的程序，有助於新技術的發展。

國家創新系統是政府和民間機構所組成的網路（有些人用「網絡」）系統，由於創新系統能成功掌握科技創新的各種關鍵因素，所以受到各國普遍重視與肯定，許多開發中國家更以此作為釐訂創新政策的理論依據。

1994 年，OECD 在上述基礎上展開國家創新系統計畫（NIS project），並且對多個國家創新系統中知識的生產、分配和運用進行大規模研究，同時從更廣泛的觀點提出 OECD 的系統模式。

(二)國家創新系統對法國資訊服務業的貢獻

Nohara 和 Verdier（2001）以法國資訊業發展為例，具體說明技術和產業發展如何深植於國家創新制度內。影響競爭優勢的因素包括企業策略、執行以及社會制度，法國的優勢在於系統整合的資訊服務與其應用發展。為了跟美國抗衡，希望能在其獨特環境條件下累積特有的能力，例如，擅長於發展科學計算和生產軟體。法國資訊服務業優勢來源有二：高品質的人力資源和發展科學技術地區，尤其後者更是促進企業和研究機構的共同合作。因為缺乏資金或企業家精神等社會因素所造成的人才流動性過低，法國在 1999 年頒布相關法令來推動新企業家精神。

三、理論基礎

國家創新理論（national innovation theory）是指在政府和民間制度運作的網路相關理論，網路內的活動和互動有助於引進、修正和傳播新技術。企業藉由接近國家獨特的制度資源來建構其競爭優勢，並且增進全球市場的運作效率，增進創新系統成員間的互動，有助於提供公司更多學習過程。

技術體系（technology system, TS）是指開發該技術的機構、該技術的使用者（users）、技術的擴散管道，以及上述各要素間交互作用。

國家創新系統理論漸進演化，跟技術創新理論密切相關。國家創新系統大體可以歸納為二組不同的理論。

1.英國學者 C. Freeman（1987, 1988）和美國學者 Nelson（1993）認為，國家創新系統是一套系統，而系統架構決定創新系統的效率；

2.丹麥學者 B. A. Lundvall（1992）和 Aalborg 大學的研究人員強調，「生產者使用和使用者間的互動」是技術創新的激勵因素，也是國家創新系統的個體基礎。由於互動的形式包括知識交流和技術合作，所以，學習和創新是國家創新系統的核心。

歧路亡羊

有關於創新系統的圖形至少有下列三種，但是針對國家創新系統大都以一個方格表示，重點在於跟其他因素的互動。但是如此一來，「國家創新系統」無異是個黑盒子。

1.徐作聖（1998）；

2.OECE (2001), *Understansing the Digital Divide*, Paris；

3.ISR OECD Report (2002), p.23，政府政策和產學研互動機制。

四、大易分解法

H_2O（水）是二個氫再加上一個氧所組合成的，在國二化學實驗課中，很多人皆曾做過水分解實驗，知道很多物質是合成的。

同樣的道理，我們也可以把大部分企管專有名詞拆開來看，便很容易了解它的真意，這個「破解」觀念的方法，是做學問很重要的竅門。

(一)國家

由圖 5.6 國家創新系統中可見，國家在產業科技的演進過程中，扮演著全球科技系統和國內產業構面間的媒介角色。

既然有中央政府的出現，套用經濟學依行政層級區分為：總體、區域、產業和個體（企業和消費者）經濟；同樣地，在圖 5.6 中第 1 欄也可以看到四個層級，底下將詳細說明。

1.區域創新系統

區域創新系統（regional innovation system）對於區域內高科技產業、科技工業園區和創新網路的發展密切相關，已經成為創新系統主要領域之一。因此，各國均積極建立區域創新系統，並且跟區域經濟發展相結合。

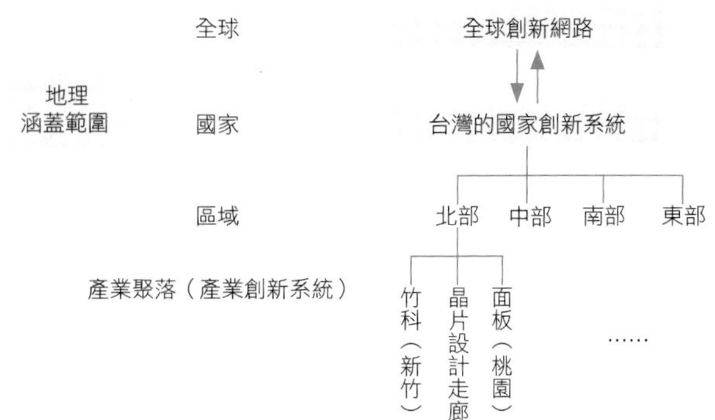

圖 5.6　國家創新系統

2.產業聚落

一個區域內常常會有很多產業聚在一起，有時是上中下游自然地物以類聚，但有時是中央或地方政府產業政策有意造成。團結力量大，產業聚落（industry cluster，或稱產業群聚）有利於提升區域的創新優勢，在全球競爭中的角色日趨重要。

(二)創新

創新（innovation）有嚴格的內容，在國家創新系統中一般皆是狹義的指技術創新，而這又跟國家科技政策視為同一件事，底下還會有詳細說明。

(三)系統

國家創新系統視國內創新活動為一個大的「系統」（system），美國人習慣把 system、theory 掛在嘴上，台灣把 system 翻譯成系統、體系。

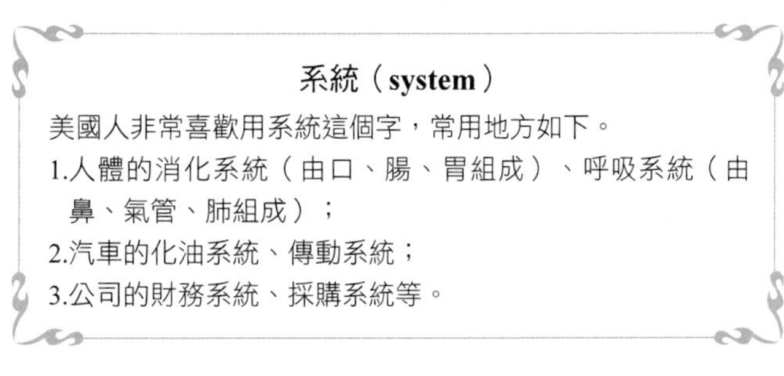

系統（system）

美國人非常喜歡用系統這個字，常用地方如下。

1.人體的消化系統（由口、腸、胃組成）、呼吸系統（由鼻、氣管、肺組成）；

2.汽車的化油系統、傳動系統；

3.公司的財務系統、採購系統等。

(四)創新系統

創新系統（innovation system）可視為彼此相互作用的參與者（企業、研究機構和政府）所構成的一個系統，知識基礎設施、制度建構、生產結構、消費者需求結構和政府政策都會影響學習與創新，而學習又會影響總體創新表現。

(五)研發 = 創新

由圖 5.7 可見，創新可說是結「果」，研發是原「因」，這是狹義（以製造業來說），那麼也就不會覺得奇怪為什麼下列名詞交叉使用。

1.科技系統 = 創新系統 = 研發系統，詳見表 2.2、圖 5.7；

2.政府科技政策 = 政府創新政策。

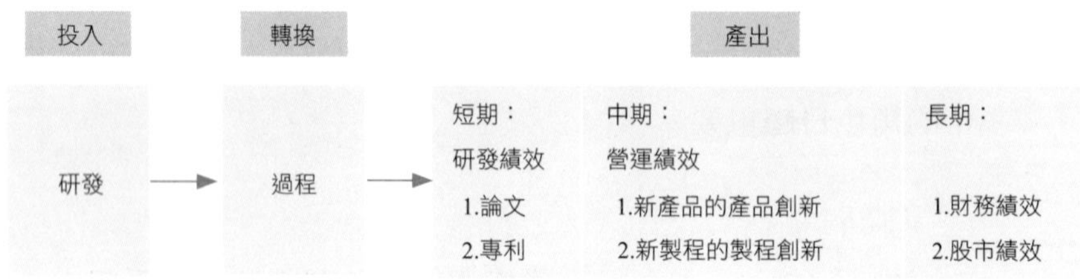

圖 5.7　從研發到創新的流程

五、就近取譬：國家「經濟」體系

套用 Nelson 和 Rosenberg（1993）對國家創新系統的定義：「國家的組織或制度，其功能在加速技術發展和擴散，其構面包括政策工具、科技系統和國家環境等三部分。」也就是圖 5.8 下半部中的一、二、三。

(一)就近取譬

知識經濟的基礎就是大一經濟學，所以，把知識經濟中的一大部分來跟國家的經濟體系相比較，可說理所當然，治學角度也是就近取譬。

由圖 5.8 可見，政策工具是「投入」，要有什麼「果」就得有什麼「因」（即投入）。

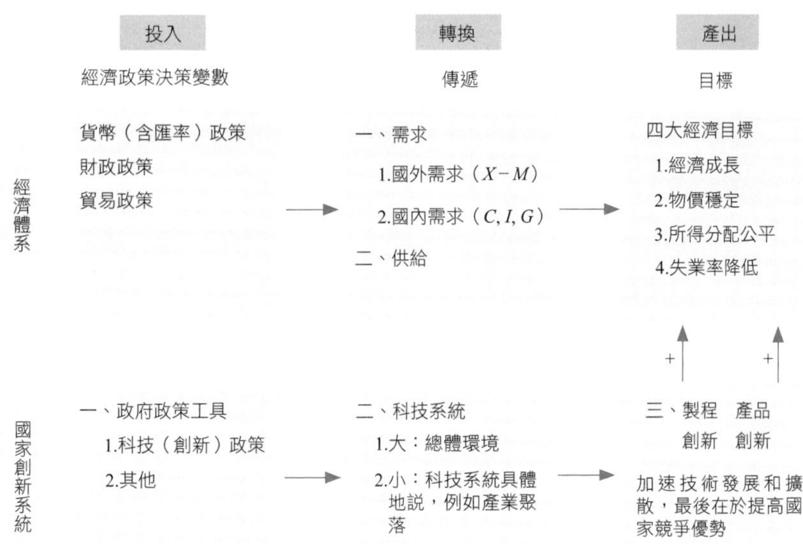

圖 5.8　國家創新系統跟國家經濟體系的類比

(二)創新系統對經濟成長的貢獻

學者如 M. Pianta（1999）畫圖說明國家創新系統對經濟成長的影響，但是其圖不容易記，還不如套用像圖 5.8 這樣熟悉的基模。在下半部，政府的政策工具中，科技政策的最終目標是「科技發展」，但是對經濟四大目標這最終目標來說，科技發展全是短期、中介目標罷了。

六、國家創新政策

產官學研界合力建立國家創新系統，其中科技政策主要措施依序有下列三項。

(一)推動國家創新的合作研發

政府以合作為軸心，建構產學研合作創新網路，開創、建立社群和組織間知識流管道，以創新知識，分別結合研究機構和企業的力量，共同研發出基礎技術。

政府、企業和社會建立**跨部門的夥伴關係（inter-sectoral partnership）**，以研究機構為主導，帶領企業、大學的交流活動，形成國家創新系統，協助企業增強知識創新能量，激發知識創造、流通。例如，美國推動「先進科技方案」（advanced technology program, ATP），建立**研發聯盟網路**（**Network for R & D Alliances**），作為企業和大學、研究機構間的橋樑機制，促進研究機構跟企業合作研發，帶領國家、產業邁向知識化。此階段應有的特色如下。

1.以研究機構為主導，催生技術和產品研發。透過社會網路整合知識，以提供新技術和產品。合作重心在於共同開發產品，研發成果透過技術移轉給企業去商品化；

2.研發重心在於產學研合作，打造聯盟規模經濟。重點在重視合作創新機制，以策略導引社會研究資源的運用，克服企業在技術創新過程所面臨的資源缺乏和規模不足問題；

3.在合作研發的過程中，除了重視聯盟知識流通外，並且強調市場資訊分享，培養企業互信，奠定合作規範，累積社會資本（social capital），以建立企業網路合作機制。

(二)強化社會資本

建立社會規範與網路，整合生產資源，並且以社會資本促進企業研發。

(三)促進知識流通

政府帶動技術移轉，發揮具有核心研發的企業網路，帶動研發資源整合互補。

5.4　台灣生技業的國家創新系統

英美生技園區以學術卓越的大學或研究機構作為創新系統運作核心，再配合產學密切的互動，衍生許多新興的生技公司。台灣情形跟英美不同，生技業創新系統基本上是由政府主導，政策鼓勵產學互動，並且決定生技園區的設立，因此，政府在研發資源配置將影響未來產業創新發展。

一、生技業的國家創新系統

生技業的國家創新系統如圖 5.9 所示，分成上、中、下游來說明。

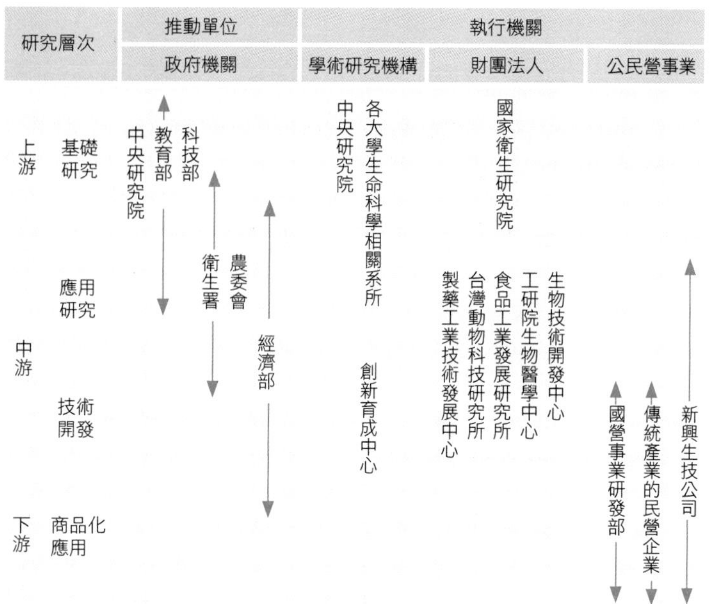

圖 5.9　台灣生技產業創新系統上、中、下游關聯

資料來源：孫智麗，「台灣生技產業發展現況與產業創新策略」，經濟情勢暨評論，2003 年 9 月，第 117 頁，圖一。

(一)上游

上游基礎研究由中央研究院和各大學進行，國科會負責策劃整體研究方向和發展目標。衛生署成立國家衛生研究院，針對國人重要疾病與健康問題、醫藥科技發展和臨床研究等重點進行基礎、臨床醫學的研究。

(二)中游

在中游的應用研究和技術開發是由經濟部（技術處和工業局）、農委會、衛生署和環保署等相關部會，支持工研院生物醫學中心、生物技術開發中心、食品工業發展研究所、台灣動物科技研究所、製藥工業技術發展中心等財團法人和國營事業在生物技術發展專案的開發研究。

(三)下游

下游的商品化應用主要為傳統產業（製藥、醫療器材、特用化學品、食品、農業、環保）公司；至於新興生技公司的研發定位則介於中游和下游之間。

二、研究經費

2001 年全台有關生命科學研究經費為 106.9 億元，成長率 29.3%，但是遠低於一家全球藥廠一年的研發經費。例如，2000 年默克（Merck）製藥公司研發支出高達 703 億元，顯示在生技產業發展上的資源困窘情形。

三、專利成果

專利數目作為衡量創新績效指標，雖然不完美，卻是公認可接受而且相對容易取得的資料。美國在全球生技發展居於領導地位，各國有關生技相關領域（製藥、醫療器材、生物科技）的創新，如果是以全球為市場導向的產品技術開發，大都必須申請美國的專利，因此可以從各國在美國所獲得的專利，來進行創新能力的國際比較。

四、台灣生技產業創新系統所面臨的問題

生技業的國家創新系統上、中、下游互動情形受政策影響很深，近年來在政府政策鼓勵下開始活絡，但是部會之間橫向的聯繫和資源整合、法規的配合仍嫌不足，詳細說明如下。

(一)人才不足

由於台灣缺少大型製藥公司，新創的生技公司規模又太小，因此大部分的生技人才都散落在大學和研究機構，例如：中央研究院、國家衛生研究院、工研院生物醫學工程中心、生物技術開發中心，以及台灣、陽明、成功、長庚、中興大學等。大學已達 160 所，其中已有不少開設生技醫療相關系所，每年培育許多大學畢業生。因此，研究機構和大學在生技業發展扮演重要角色。

2002 年台灣生技業發展相關的人數為 6,061 人，如果再加上大學生技核心和周邊科技助理教授以上師資有 3,682 人，共計 9,743 人。

2002 年默克製藥公司研發人員為 5,000 人，2001 年哈佛大學醫學院（含牙醫系）及其附屬教學醫院的全職助理教授以上師資有 2,529 人。

可見台灣人才數目嚴重落後於先進國家，充其量跟一家研究型大學差不多，而人才不足可能成為台灣發展生物技術的最大隱憂。國際重要研究單位的

華人生技專家或研究員，台灣幾乎已被大陸取代。如何在短期內吸引海外人才回國服務，並且整合台灣有限的生技人才，促進各研究單位的合作，實為創造台灣生技業競爭優勢的當務之急。長期來說，必須把大學、研究機構研發能量釋放至企業，鼓勵大學教授或研究人員從事產業活動，以培養具實務經驗的研發人才。

(二)研發資源少且沒有整合

跟其他國家相比，台灣在生技發展的資源相當有限。2001 年全台有關生命科學研究經費為 106.9 億元，遠比不上前二十大任何一家跨國製藥公司的研發費用。因此，台灣要發展生技業，必須進行資源整合，把有限的資源全力投入到利基項目上，生技業才有希望。

(三)智慧財產權資訊不足

無論政府或企業界，相當缺乏熟悉智慧財產權和專利制度的專家，導致生技業專利和智慧財產權相關資訊極為不足，不易引進先進國家技術，企業的研發意願不高。因此，政府宜繼續運用培訓計畫，使技術人員了解智慧財產權、專利策略和技術鑑價，並且調整大學課程內容，以培養兼具科技與法律的人才。

(四)相關法令無法配合

臨床試驗是新藥開發不可缺少的一環，而整體產業環境的健全程度、醫院和醫師的配合度、保險制度和民眾的接受度，都是新藥開發可能遭受的瓶頸。尤其在中草藥臨床試驗方面，不論是政府或企業都正在摸索學習當中，但是如果無法解決專利、品質保證、確定藥效和產地來源的先期問題，根本無法進入後面的臨床試驗。相關法規的制定必須盡量符合大多數先進國家潮流，產品技術才有可能為國外認可。

(五)經濟規模不足

台灣市場規模小，不易開拓國外市場。台灣生技公司大都是中小企業，對市場反應迅速、經營彈性大、適應性強，但受限於人力和物力，以致對整體國際市場動態和發展趨勢無法掌握。生技業是全球性的產業，台灣必須放眼國

際，與國外公司建立良好的合作關係，以掌握市場、技術和法令方面的國際趨勢。

(六)資金募集困難

由於生技產業具有高風險、高技術密集、投入研發金額大和研發時間長的產業特性。但是生技專業知識還不夠普及，市場未臻成熟，民間一般對生技業投資意願趨於保守。行政院開發基金作為政府基金，有率先帶頭投資的指標性作用，應成為類似先進國家種子基金的角色，加碼投資產品技術具潛力的初創（早期階段）公司，以協助生技業發展。

(七)技術獨特性和承接能力不足

台灣生技業缺乏大型藥廠帶動、起步晚和沒有重大創新技術，而且大部分的公司普遍無法體認大幅投資長期研究計畫的重要性，通常僅專注於利潤較高的銷售或所擅長的製造上。雖然上游研發工作已經粗具規模，但是由於企業本身多不具研發能力，以致企業技術移轉接受能力薄弱，技術移轉進度緩慢。因此，發展生技業宜從既有的精密製造優勢切入，發揮整合應用和工程能力，並且逐步跟基礎研究相互拉抬。

(八)生技聚落 2016 年成形

2010 年 3 月，行政院決定讓「國家生技發展園區」設在台北市南港區（即國防部 202 兵工廠原址），開發經費 160 億元，區內有下列單位。

單位	設施
中央研究院	轉譯醫學中心、育成中心
科技部（原國科會）	實驗動物中心
經濟部	生技中心臨床前的研發服務中心
衛生署	食品藥物管理局法規諮詢中心

中研院院長翁啟惠表示，「國家生技發展園區」唯有留在南港並且接近中研院才有機會形成產業聚落，以利用中研院、台北市的大學的研發能量（人才、研究設施）。

註 釋

①今周刊，2010 年 2 月 1 日，第 52～54 頁，孫蓉萍。

②工商時報，2009 年 8 月 13 日，A14 版，林淑惠、何英煒。

③經濟日報，2009 年 10 月 22 日，A9 版，新華社港台部。

④經濟日報，2010 年 1 月 1 日，A11 版，林則宏。

⑤工商時報，2009 年 7 月 22 日，A8 版，李紳君。

⑥經濟日報，2009 年 12 月 28 日，A9 版，劉煥彥。

⑦經濟日報，2009 年 9 月 23 日，A9 版，林茂仁。

⑧工商日報，2009 年 11 月 5 日，A8 版，馮復華。

本章習題

1. 以表 5.1 為主，在各組織層級各舉一個科技前瞻的實例。
2. 舉一個情境分析的例子來了解其執行步驟。
3. 科技前瞻還會有哪些時代考驗？
4. 分析其他專家、學者對科技政策的定義。
5. 科技政策還有哪些分類方式？
6. 你覺得圖 5.6 或是別的圖比較易懂？
7. 還有哪些國家創新理論？
8. 再舉一個產業來實際說明國家創新系統。
9. 詳細分析大陸「國家產業技術政策」，理想跟實際的差距有多大？
10. 台灣生技業 SWOT 分析。

6

技術預測
——SWOT 分析的 OT 分析

放大器無所不在，很多線路內部都有放大器，如果我們不會設計有特別性能的放大器，我們也就很難設計出有特殊性能的線路。放大器技術是基本技術，歐美大型公司之所以能生產各種非常有價值的產品，就因為他們有深厚的基本功夫，有了深厚的基本功夫，這些大型公司才能生產精彩的產品。

我們多半不太喜歡研究舊而基本的技術，總認為這些基本技術是很容易可以做出來的，只肯研究新的尖端技術。

科技業者一定要知道，基本技術的重要性；如果我們成天注意非常高深的學問，而不注意是否有很好的基本技術，我們的研究都是紙上談兵而已。大家都知道核心技術的重要性，但任何核心技術都是建築在基本技術之上。以製造汽車為例，必須懂得引擎、傳動、底盤、點火系統等等。這些技術都不是新尖端科技，在我們國家，也不是政府十分重視的技術。可是，如果不能擁有優良的基本技術，我們不可能設計出性能優良的汽車。

我們都應該隨時隨地告訴自己：核心技術建築在基本技術之上，沒有基本技術，休想有核心技術；而基本技術絕非容易的技術，優良的基本技術往往難如登天，發展出高級的基本技術，不僅重要，也是十分值得驕傲的事。

——李家同　暨南、清華、靜宜大學榮譽教授
聯合報，2009 年 5 月 29 日，A4 版

學習目標

技術預測是科技管理中非常重要的一個課題，否則「一步錯便步步錯」，本章有系統並運用案例說明技術預測的各種方法。

直接效益

有許多書專門討論技術預測，坊間有很多課程花一天討論技術地圖、專利地圖，本書以二章（第六～七章）抵一書，讓你透過實例可以清楚抓得住各種方法的精髓。

本章重點

1.關鍵技術的相關文獻。表 6.1

2.品質屋示意圖。圖 6.1

3.各種技術預測方法的主要用途。圖 6.2

4.技術預測的各種方法。圖 6.3

5.技術預測方法。表 6.2

6.晶片業者製程新趨向。表 6.4

7.專家預測法的二大方式。表 6.5

前言　人要算命，技術也得預測

看探索頻道（Discovery）也可以做技術預測，該頻道曾播出 Beyond 2000 及科技新疆界，都是淺顯易懂的普羅科技的預測。例如 2003 年 11 月 25 日，報導美國 E. INK 公司〔後來被永豐餘集團元太科技（8069）收購〕，推出類似電漿電視原理的電子墨水、電子紙，只要通電便可以寫出字，大至可以取代目前的發光二極體（LED）所組成的戶外大螢幕（例如路況螢幕或室內跑馬燈），甚至可以取代報紙，成為名副其實的電子書。

當然，光看探索頻道來做技術預測為時已晚，因為技術早已發展出來才能呈現在你我眼前。可是，企業經營關心的是明年甚至三年後，如果要擬定贏的策略，就必須押對寶、站對邊，否則就會「捉龜走鱉」，那可是兩頭落空。

在第六～七章中，我們採取例外管理方式來說明技術預測，也就是只介紹專屬於技術預測的方法：專利地圖、技術地圖和摩爾定律。其他方法可以參考大一管理學、大三行銷管理等，本書不擬贅敘。

一、精準地說

技術預測有二個重點必須先釐清。

(一)對象

如同第五章所談科技管理國際、國家、區域、產業、公司的五個層級，本書主要指的是公司層級關鍵技術（critical technologies of the firm level）管理。

(二)技術種類

如同第二章第一節所談技術的種類，技術地圖皆可針對這些項目去進行，本處以關鍵技術為討論主題。

二、小心不要太早有先見之明

2003 年 8 月，《商業周刊》主編孫秀惠越洋採訪英特爾總裁貝瑞特下列問題：「你預測未來十年或二十年，人們對於科技利用的方式會發生什麼重大改變？」他的回答如下：

> 你知道嗎？問我這個問題其實並不公平。如果你在十年前問人家：會不會有網際網路，很多人根本不知道你在說什麼，因為科技發展是如此迅速，所以預測十年以後的科技發展其實是相當危險的。
>
> 你可以確定的只是，現在的資訊技術產品會變得更普遍，數位影像、網路等數年前還是新鮮的技術，絕對會成為稀鬆平常的事情；而整合性的技術應用一定會更多。但是，我們很難預測未來的重大改變，因為人們利用技術的方式如果有重大的改變，一定是由技術創新

帶動的。有人有個嶄新的想法，然後這個嶄新的想法帶動了全球的改變。我沒辦法事先預測這個創新是什麼，所以大家就拭目以待吧！①

6.1 技術預測的重要性：成功和失敗的例子

孫子兵法中「多算勝，少算不勝，何況不算」，最常用來形容預測的重要性。唯有押對寶，才不致血本無歸，否則以「不變」來應萬變，那可得「備多力分」，資源很可能閒置；尤其沒在第一時間介入新產品，恐將「時不我予」。

在本節中，我們以 2003～2005 年液晶電視為例，看對眼、看走眼的公司結局有天壤之別，來具體說明技術預測的重要性。終究，華麗的言詞還不如生動的故事令人記憶深刻！

一、技術預測的用途

技術預測的用途可以分成四個層次來說明。

(一)大眾

站在民眾的觀點，技術預測的重點在於探討技術對人們生存環境的影響，甚至於健康和安全方面的衝擊分析。

(二)政府

在政府層次，技術預測可以用來制定產業政策、科技政策，決定重點培植產業和想發展的技術領域，甚至於研究技術變動對經濟、社會體系的衝擊和影響。

(三)公司

技術預測對公司的重點有三。

1.在市場涵義，著重科技產品生命週期，以分析投資風險、評估應予廢棄的業務項目；

2.透過市場可行性分析，衡量其效益成本性和潛在市場機會。這在企業科技管理層次上，更有其明顯的策略重要性；

3.技術預測結果可以提供設定行銷上的重點產品項目用途，即藉由各產品和技術的績效分析和技術的具體應用時程預測，來分析新產品的市場潛力，以及其所可能帶來的社會衝擊。

不論是在政府或企業層次，皆可以運用技術預測結果，作為訂定研發及行銷策略上的重要投入資訊。

(四)大學、研究機構

技術預測結果可供決定應予新開發的研究主題領域，或者在已設定好的研究主題中，決定哪些研究主題應予繼續研究，哪些主題應予終止研究。

二、預見趨勢才能競爭未來

管理大師漢默在《競爭大未來》（*Competing for the Future*）一書中指出：大多數的企業董事長只花了 2.4% 的時間思考未來，也就是一天花不到 15 分鐘；相反地，領先市場的企業家大多數的時間在思考未來，讓企業能持續領先。

誠然預見趨勢才能押對寶，但是該怎樣才能「你得抓住它」，而不是像「早起的蟲兒被鳥吃」所形容的「它（指環境）抓得住你」呢？

三、蓋茲縱虎歸山

2003 年 12 月 3 日，美國《新聞週刊》專訪中，微軟公司董事長比爾・蓋茲表示，微軟沒有用心開發網路搜尋引擎是一大錯誤，他們在 2002 年了解到這點，並且著手補救。他認為，網路搜尋領域仍然有許多值得改進之處，而微軟也將加以創新。不過，一直到 2004 年 5 月 22 日才有比較具體的行動。

四、2000 年索尼、湯姆笙看走眼平面電視

2000 年時，當平面技術從電腦螢幕起跑後，很少電子公司看好此一技術可以拓展到電視，因為要應用於大尺寸的電視螢幕，成本相當昂貴，況且還有設計和製程等技術面的障礙有待克服。

由於突破設計和製程技術障礙，平面螢幕技術迅速從電腦拓展至電視領域，使整個產業生態也隨之丕變。

2003 年來，許多消費電子公司為此付出極大的代價。美國電視機市場前二大品牌日本索尼和 RCA 已感受到此市場趨勢，由於索尼和 RCA 母公司（Thomson，湯姆笙）都沒有投資於平面電視的技術，讓出長期耕耘的全球市場領先優勢。

隨著平面電視的崛起，整個電子業生態將因此重組，而包括：夏普、松下、三星、樂金、台灣的友達和奇美電是這產業趨勢的最大贏家。

平面電視

平面電視主要來自下列二項技術。

1.電漿電視（Plasma TV, PDP）這種技術用在 42 吋以上的大螢幕最有效率，松下為首的 7 家公司生產電漿螢幕；

2.液晶螢幕（LCD），在獲得技術突破後，這項原本僅侷限於小螢幕的技術終於可用在電視螢幕上。除了價格因素外，由於消費者觀看的電視大都是 20～30 吋，使得液晶電視比電漿電視更受歡迎。約有 20 家公司生產液晶螢幕，其中夏普、三星、樂金、飛利浦等 4 家公司為業界翹楚。

(一)市場潛量

全球的電視市場接近 2 億台，平面電視的銷售在 2008 年超越映像管電視，2009 年液晶電視銷售 1.27 億台，預估 2010 年銷售 1.88 億台。

價格快速下滑（2004 年下滑三成）是平面電視突然大受歡迎的主因之一，但是對製造公司和零售公司來說，營收是同尺寸映像管電視的二、三倍。在毛益率（一般人用毛利率一詞）的比較，平面電視製造公司超過 30%，映像管電視卻不到 10%。

(二)索尼借力使力

為了奪回戰場，索尼和三星共組一家合資企業，建造面板廠。

(三)湯姆笙挾外援以自重

湯姆笙公司把所有視訊產品的製造移至一家由該公司跟大陸第二大電視製

造公司 TCL 公司成立的合資企業。

6.2 技術預測第一步：確認關鍵技術

「擒賊先擒王」、「80：20 原則」……，這些傳統智慧簡單指出，在進行技術預測、診斷、評估時，主要對象是關鍵技術。

一、什麼是關鍵技術？

一項產品（例如手機）往往涉及千項專利、技術，Granstrand 和 Sjolander（1990）對擁有多種技術（multi-technologies）的企業來說，技術依重要性可以分為：關鍵技術（critical technology）、基礎技術（base technology）、醞釀技術（pacing technology）和新興科技（emerging technology）等四類，再分別施以適當的管理方式。

二、關鍵技術的重要性

選出關鍵技術群對下列後續決策具有重要意義。

1.管理者可以針對新選取的關鍵技術發展方案和進行中的技術方案，定期進行技術組合（technology portfolio）分析，以期能動態地決定出對市場需求、企業發展最為有利的技術組合。

2.一旦找出技術組合、開始進行技術專案後，管理者就可以衡量各個專案進行技術發展過程的總生產力，以了解公司在技術發展效能，以用來衡量各個專案經理的績效，也可以供管理者在從事專案間、部門間資源配置決策時參考。

三、關鍵技術的例子

融程（3416）聚焦的工業用觸控液晶電腦，重要的競爭優勢是掌握觸控液晶顯示器的關鍵技術，其中包括：透明式觸控輸入裝置及液晶面板的整合技術、自行研發嵌入式機板的軟韌體技術與遠端多媒體軟體管理平台核心技術能力；工業及航海級應用所需的系統防震、防水、防塵、抗鹽、防爆等技術。使得融程得以在工業電腦同業族群中，為少數具有能力提供完整解決方案之工業用電腦周邊及相關應用產品的研發設計公司。

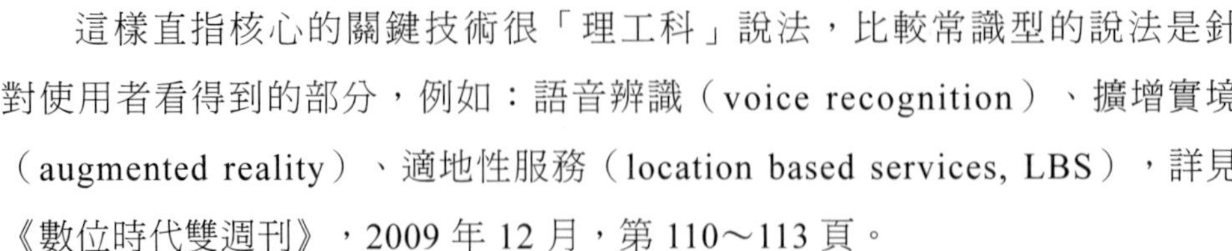

這樣直指核心的關鍵技術很「理工科」說法，比較常識型的說法是針對使用者看得到的部分，例如：語音辨識（voice recognition）、擴增實境（augmented reality）、適地性服務（location based services, LBS），詳見《數位時代雙週刊》，2009 年 12 月，第 110～113 頁。

四、確認關鍵技術

贏球有「竅門」，同樣地，「價量質時」是競爭優勢的主要決勝點，每一行都有一項（或以上）的**關鍵成功因素（key successful factor, KSF）**，關鍵代表「主要」的。

同樣地，塑造競爭優勢的技術稱為關鍵技術，拚輸贏、論勝負便靠這些，由表 6.1 可見文獻對確認關鍵技術的準則。

表 6.1　關鍵技術的相關文獻

年	學者	摘要
1978	赤尾洋二、水野滋	提出品質機能展開，期盼能經由系統式逐段展開活動，以協助管理者及早確認滿足顧客需求所需的技術。
1983	近藤修司	運用技術矩陣（縱軸為產品別、橫軸為技術別）來協助管理者確認生產產品所需的技術，跟公司現有技術在產業中的相對優勢。對於重要產品但現有的技術程度落後者，則視為關鍵技術。
1985	Majer	採用品質機能的角度來衡量技術的進步程度。這觀點有助於在確認與選取關鍵技術時，兼顧技術發展和市場需求。
1985	麥克・波特	從企業價值鏈的角度來確認公司所擁有的技術，而這些技術中能為企業帶來競爭優勢的技術即稱為關鍵技術。
1990	Granstrand 和 Sjolander	從產品功能和品質參數的角度來定義關鍵技術，以製程為例，能獲致重大成本降低者可視為關鍵技術。
1994	Betz	提出技術對產業矩陣，針對整個產業上、中、下游的價值鏈活動，來協助管理者確認企業現有技術和潛在相關技術。

資料來源：邱文志等（1997），第 7 頁。

五、品質屋

在相關理論和方法中，最能充分實現關鍵技術的就屬**品質機能展開**

（**quality function deployment, QFD**）。Sullivan（1986）歸納出構成品質機能展開的幾項要素：(1) 顧客的聲音（包括顧客的消極和積極需求）；(2) 品質要素（把顧客的聲音轉換成最終產品控制特性的一連串矩陣）；(3) 特性的轉換（由市場領域轉換到技術領域、顧客的聲音轉成「技術」的一連串有系統展開過程）。經由這些要素的運作，管理者可以充分了解產品、消費者需求和內部製造狀況，並且界定與設計產品、開發和製造等有關事項。

在此一轉換、展開過程中，**品質屋（quality house）**扮演著相當重要的角色。一般來說，品質機能展開小組會針對品質屋中，由顧客需求項和技術要求項所構成的關係矩陣（relationship matrix），以及各技術要求項間的相關矩陣，賦予適當關係符號（relationship symbols），如圖 6.1 所示。

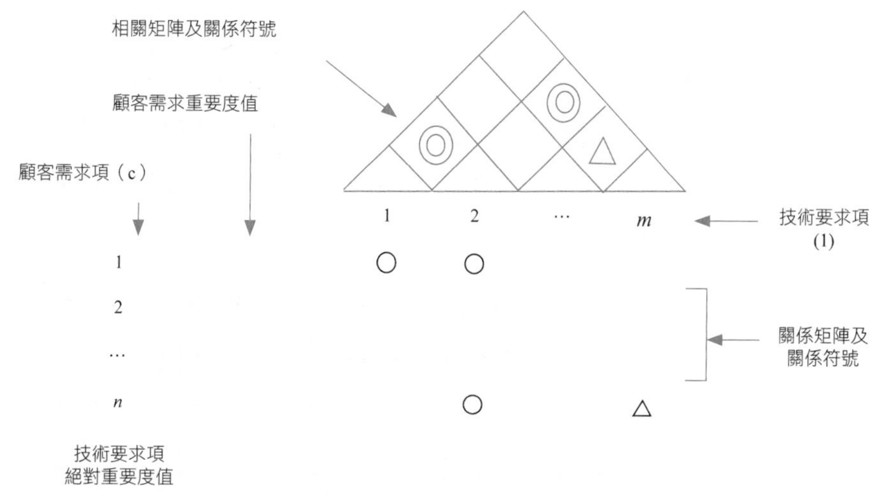

圖 6.1　品質屋示意圖

品質屋的量化即是把圖中的關係符號予以數量化，傳統量化作法是直接賦予各關係符號對應數值。例如，關係矩陣中 △：1、○：3、⊙：9；相關矩陣中 △：0.1、○：0.3、⊙：0.9。Lyman（1990）則擴大此一作法，並提出正規化（normalization）作法來計算各技術要求項的絕對重要度值。Wasserman（1993）修正 Lyman 的正規化作法，建議把技術要求項間的相關矩陣也納入正規化作法中，使得此一量化工作更完備。

品質屋除了觀念可行外，Maddux 等（1991）進一步指出，公司可以應用此一工具來從事確認顧客需求、技術發展方向和產品關鍵品目（critical items）等策略規劃事務。Roberts（1995）在對企業進行調查時發現，大多數高科技領導公司均認同，並且嘗試應用品質機能展開來儲存市場資訊、減少工程設計變更次數、累積工程技術知識和縮短產品開發時間，以便及時推出新產品，顯見此一工具對高科技公司商業價值很高。

限於篇幅，在張保隆、伍忠賢著《生產管理》中第五章，以台北市伴手禮鳳梨酥為例，具體說明研發、製造部如何透過品質屋去分析顧客要求與產品研發製造技術等。

6.3 技術預測方法快易通

技術預測方法論是 1960 年代美國蘭德公司運用德爾菲法（Delphi，德菲是希臘古都，以阿波羅神神諭士名，神諭由祭司說出）進行預測，才廣為各國政府和企業重視。台灣到了 1990 年代才由經濟部進行技術預測研究。

一、技術預測的重點

技術預測是可控制的經濟現象預測，明顯受人類行為的社會科學原則所影響，所以，不同的預測應用背後皆有不同的運作機制。

在技術預測方面，首先須明瞭此技術是如何被發展出來的，以及如何邁向成熟的，其間的因素實錯綜複雜，包括：在基礎研究上的不確定性、在應用研究上的技術發展不確定性、在產品上市的效益成本不確定性，以及在廣泛應用的社會反映不確定性。某項技術的成長受到下列因素影響：技術能力和研發資源、社會接受程度、涉及高層政治上的決策敏感程度、其他平行研究或其他產品替代上的可能性、向其他相關技術引進借用的機會和途徑、該技術被實際應用的成熟程度、技術發展比率上的實質限制、技術散布過程中的其他相關因素等。以上各項因素皆足以左右技術的創新路徑，在做技術預測時，必須對技術背景環境做廣泛且深入的了解。

技術預測領域中有一句名言：「沒有人能真正告訴我們未來。」因為任何未來現象的發生取決於特定事前條件的運作，也就是說，任何新增加的條件勢將影響未來的內涵，而這正是決定未來現象是否發生的重要關鍵所在。預測時的事前條件取決於預測者的觀點和預測的目的，而跟決策的性質息息相關。以科學觀點的預測，預測者想發現趨勢和法則，並且據此預測，期使所預測的未來能更接近客觀、真實。以政治觀點的預測，預測者常使用樂觀性或悲觀性的預測結果，來控制真實情況發生的情形。至於規範觀點的預測，預測者先行創定某一目標，推演出達成目標的一些途徑，有計畫地引導真實情況朝向目標發展的情形。

綜合上面所述，可以歸結出技術預測具有下列獨特性質，而在選擇預測方法時必須加以考量。

1.技術預測涉及廣泛的不確定性

在技術發展過程中，科學發展、技術發展、經濟效益、社會反應都存在高度的不確定性，不確定因素的影響層面十分廣泛。

2.技術預測本質上是背景環境取向

在技術發展過程中，跟背景環境中的技術因素、技術以外因素彼此有高度的互動關係。

3.技術預測必須是決策導向的

不同的決策觀點會導致不同的預測結果，而且，如果技術預測跟決策缺乏聯繫，則預測結果將成為無舵孤船，任由飄流。

4.技術預測有賴人類理性判斷來完成

技術發展水平是人類決策的產物，而人類的決策活動和控制行為，一如日常生活，皆有賴理性判斷。所以技術預測過程中，理性合乎系統邏輯的判斷程序扮演重要角色。

二、經營環境預測快易通——SWOT 分析中的 OT 分析

預測是個大題目，光是經濟預測、甚至產業預測就可以寫一本書、一學期三學分的課，想看懂一個月一期的《*Business Forecasting*》期刊也得花一天。但是「讀書不誌其大，雖多而何為？」。在圖 6.2 中，經營環境分成總體環境（即行銷學中所指的四大項經營環境）、個體環境（比較偏重個別行業），相對應的預測方法皆不同。簡單地說，「科技預測」在於預測科技進程、在產品上的運用；一如「行銷研究」在了解消費者的偏好趨勢一樣。

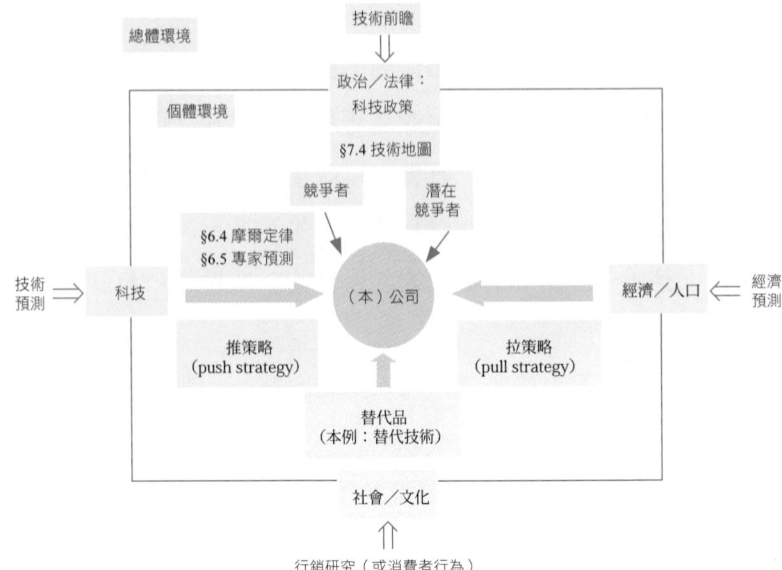

圖 6.2　各種技術預測方法的主要用途

三、技術發展預測方法

技術發展預測的方法可由圖 6.3 及表 6.2 所示，包括數量化（即模型分析法）和非數量化（即專家判斷法）；至於綜合法則是二者綜合運用的結果。

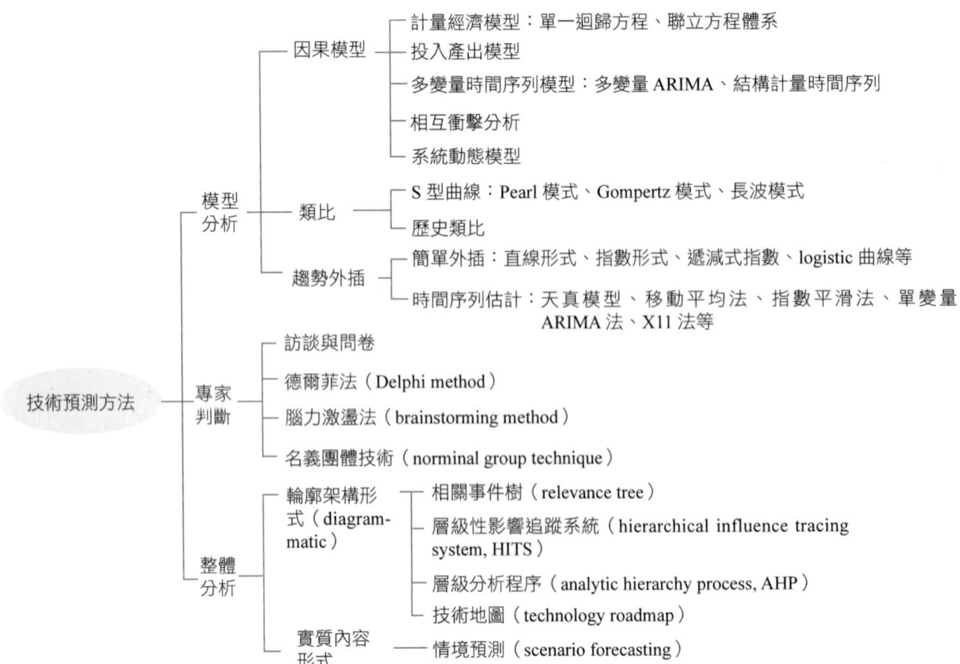

圖 6.3　技術預測的各種方法

表 6.2　技術預測方法

	數量方法	專家法
一、適用情況	當技術呈現連續變化時	當技術呈現跳躍變化時
二、問題屬性	高度結構化問題（well-structured problems）	低度結構化問題（ill-structured problems）
三、預測方法	1.跟碳 14 半衰期類似的定律，例如摩爾定律； 2.最簡單的數量方法：外插法； 3.專利預測法； 4.先進的數量方法。 (1)灰色理論； (2)類神經網路； (3)科學計量法（scientometrics）運用，例如影響評估（impact assessment）。	專家預測法或專家判斷法結果。 1.技術前瞻（technology foresight）； 2.技術地圖（technology roadmap）。

(一)模型分析法

模型分析法是著眼於由過去的歷史來預測技術未來的發展水平，主要在於「未來是過去的連續」、「存在著可預測的未來」，以及「人類行為是遵循一可數量化的自然法則」的三大基本假設，進而建立一數量化模型來預測未來。模型分析法包括下列三個中類。

1.趨勢外插；

2.類比方法；

3.因果模型法。

在技術預測領域中，模型分析法是企業最常用的預測方法。因為模型提供了一套省時、省錢的工具，並且可以迅速獲得一個比直接猜測更精確的預測結果。

由於模型分析法是計量經濟學的運用，本書不擬贅述。

(二)專家判斷法

專家判斷法（expert judgement method）是借重相關領域專業人士的判斷力，基於事實證據或個人對未來的期望，以個人或集體思考方式，來預測技術發展的未來方向。這在大一《管理學》書中，有詳細說明，本章不擬贅述。

(三)綜合法

綜合法強調以比較廣泛的思考架構，針對技術發展單一事件，就其政治、經濟、社會文化各個層面，有系統地考慮整體的背景環境因素，甚至於時間空間軸面上的不連續性因素，進行全面性整體的思考和預測。

四、技術預測「非夢事」

對外行人（包括學生）來說，技術專有名詞令人生畏，更不要說去預測技術趨勢了。但是，技術恐懼症沒有必要，要抓住大趨勢並不難，這可以分二個層次。

(一)技術層次

以摩爾定律為例，詳見第四節。摩爾定律的另一個涵義是突破性技術創新（technology breakthrough）或不連續創新（discontinuous innovation）並不常見；縱使技術突破了，卻不見得能夠商品化，1999 年，英國公司發展出複製羊（桃莉）的技術，但是迄今仍沒有商業運用價值。

(二)產品發展層次

技術成熟以後，商品也會逐漸成熟，主因來自生產成本大幅降低，消費者接受程度逐漸變高，以新代舊的速度甚至「指日可待」、「後會有期」。手機可說是大家最熟悉的商品，2000 年第 2 代手機取代第 1 代手機，但是可上網、傳影像的第 3 代（3G）手機，由於在 2003 年電信執照才開放，售價下跌，直到 2008 年 3G 手機才成為主流。

再來看一些生活中產品的例子，由表 2.11 可見，並沒有英特爾公司董事長葛洛夫所稱的「十倍速時代」（比較偏向跳躍式變化），而且轉折點也不難抓，大概可用「雖不中亦不遠矣」來形容。

五、技術預測的挑戰

近年來，由於全球化造成的競爭、創新、技術和社會相關的因素，使得過去的技術預測方法面臨許多挑戰。技術預測未來面臨的挑戰如下。

1.預測的焦點集中在新技術的應用，而不是新技術的發明；

2.技術的發展往往直接從科學領域衍生而出；

3.社會和政治因素使得技術預測和評估再度興起；

4.技術預測的工具不斷增加；

5.技術預測的舞台轉變到跟企業功能和政策結合；

6.預測過程參與的人越來越多元化。

技術預測方法和工具的發展將持續從其他領域，例如：政治科學、電腦科學、科學計量法（scientometrics）、創新管理、複雜科學及危機管理，發展出不同的方法。

六、牽一髮而動全身的蝴蝶效應

對「未來不可預測」的最戲劇性說法可說是蝴蝶效應，一隻太平洋上的蝴蝶揮動翅膀，連帶其他蝴蝶跟著作，可能引發一場熱帶氣旋（即颱風）。

德國知名的經濟議題觀察家弗理德黑姆・施瓦茨（Friedhelm Schwarz）在他的暢銷著作《氣候經濟學：影響全球 4/5 經濟活動的決定性因素》中提到：專家學者主張天氣在全球八成的經濟活動中扮演著決定性的角色。

以 2010 年 2 月為例，智利發生 7.8 級地震，全球銅出口大國的銅出口停擺三天，造成全球 3C 產品的大缺料（例如電線中成分六成是銅），很多品牌公司只好接受代工公司延後出貨。

七、客製化技術預測

經濟部技術處產業技術資訊服務推廣計畫（ITIS 計畫）是整合工研院、資策會、生技中心、金屬中心、紡織中心、食品所、台經院等單位，共同推動的產業技術資訊服務，期望透過政府的資源和力量提供市場、技術資訊，讓企業藉由這些分析資訊做出更正確的決策。網址：www.itis.org.tw。

(一)工研院經資中心

工研院積極發展知識服務，以工研院產業經濟與資訊中心（經資中心，IEK）提供即時產業分析、技術資訊和經濟研究等服務，迅速回應產業、政府和研究機構的資訊需求。經資中心為最大產業研究機構，推出更精緻細膩的產業情資服務。②

(二)海外機構

日本 MPI 和 NRI 等都是技術預測的專業顧問公司。

6.4 由古觀今的時間數列預測方法——以摩爾定律為例

物理、化學都有其特性存在，因此不論技術演化的方式是線性或是非線性的，只要有跡可循，便可以採取計量模型（常見的包括：統計學中的迴歸分析、計量經濟學中的時間數列）來預測技術軌跡。

然而「術業有專攻」，在本書中介紹計量模型可說越俎代庖；變通之道則是透過具體案例來說明如何由古觀今。而在 2025 年以前，摩爾定律是高科技產業（電子業只是其中一部分）的宿命，因此本節將詳細說明摩爾定律及其影響。

歧路亡羊，反之，如果把空照圖拍出來，就不會迷路了。同樣的道理，把前面有關摩爾定律的歷史發展作表（如表 6.3），便可以不致因木失林了。

表 6.3　摩爾定律的演進

時間	1965	2002	2002.2	2003.2
專家	摩爾	張忠謀	摩爾	季辛吉（英特爾技術長）
主張	摩爾定律（Moore's Law）	後摩爾定律（post-Moore's Law）	延伸的摩爾定律（expanding Moore's Law）	同意張忠謀的看法之一
內容	18～24 個月，晶片價格下跌一半，2010 年以前適用此定律。	2011～2025 年是後摩爾定律時代，以既有的製程技術，發展出更多的應用產品。	摩爾定律適用對象從晶片延伸到含有晶片的微機電、光通訊、電波傳輸、生物科技、感應器和無線通訊等。	18 個月的頻率會減緩。

一、IC 的發明

在 1958 年**積體電路（IC）**發明之前，電腦指的是笨重龐大的機器和房間的編碼打孔卡。1958 年 9 月 12 日，美國德州儀器的工程和技術處長基爾比（Jack Kilby，1924 年出生），因為假期太短，只好窩在實驗室。他使用一小片具傳導性的鍺（germanium），來連接電晶體（transistors）和其他部分，再組裝起來，他稱為**「整合電路」（integrated cirsuit, IC）**，中譯為「積體電路」，又稱為微晶片（microchip）。竟成功研究出全世界第一個 IC。同時期，美國快捷半導體工程師諾宜斯，也有同樣發明，但直到 6 個月後才發表，後來他在 1968 年創立了美國晶片巨擘——英特爾公司。

研究矽谷歷史的學者博琳在書中寫道，基爾比是成功發明 IC 的第一人，諾宜斯則是讓其量產的人。歷史讓諾宜斯跟基爾比共享榮耀，也讓世界進入數位電子時代。

基爾比在 2000 年獲得諾貝爾物理獎，打破了諾貝爾物理獎得主慣例，因為基爾比既不是大學教授，也非博士，獲得諾貝爾獎時已是七十七歲高齡，被業界稱為遲來的正義。人們相信諾宜斯也有此資格，只是他在 1992 年即以 62 歲之齡去世；基爾比於 2005 年逝世，享壽 81 歲。

二、IC 奠定高科技基礎

2005 年年底，美國《商業週刊》審視百年來最具革命性的科學發明，結果 IC 勝出。IC 對世界經濟的影響，遠遠超出人們的預期。IC 發明以來，成為所有現代科技基礎。從早期太空、軍事、大型電腦應用，到 1980 年代第一台個人電腦與類比式手機的出現，半導體科技跨入我們的日常生活，一直到 2000 年進入網際網路與個人消費電子時代。除了電子產品，IC 應用範圍更擴大至汽車、精密機械、汽車業最重要的雙 A 安全配備——ABS 防鎖死煞車系統跟安全氣囊，運作的核心都是 IC。短短幾十年間，積體電路的出現，不僅重塑了整個科技產業，更徹底改變我們的生活方式。

三、隨口預測的摩爾定律準了四十年

摩爾在 1990 年代的《電子學雜誌》（*Eletronics Magazine*）雜誌上發表文章，他還從早先幾年注意到的進步發展「盲目地推斷」，矽晶片上的「零件」（指的是電晶體和電阻器）數目，將可能維持大約每年倍增的速度。

事後來看，他靈光乍現的推測成真，而且在 1970 年代被他的朋友米德（Garver Mead）封為**「摩爾定律」（Moore's Law）**。四十年光陰經過，今天摩爾竊笑說道：「結果這遠比任何推論要更正確得多」。③

人們常用 1964 年諾貝爾物理學獎得主湯斯的話，讚頌基爾比的成就。湯斯說，就好像一隻水獺告訴驚嘆於胡佛水壩之雄偉的兔子，「這不是我造的，但是出自我的構想」。德州儀器執行長譚普頓在基爾比紀念會上說，IC 的發明就像一場革命，改變我們的生活，現在我們根本不能想像沒有 IC 的世界。④

四、摩爾定律是啥玩意？

摩爾在 1965 年提出「摩爾定律」是半導體發展的聖經，指同一尺寸的晶片中可容納的電晶體數目每 18～24 個月會倍增，即性能會提升一倍；換另一角度說，藉由製程提升，成本會下跌一半，這個定律到 2014 年前還管用。

摩爾小檔案

摩爾（Gordon Moore）是半導體產業發展史上「西部拓荒」的先鋒，他跟出身於貝爾實驗室的物理學者蕭克利（William Shockley），在 1950 年代中期於北加州 Palo Alto 成立蕭克利電晶體公司。2 年後，摩爾跟其他 7 位創業團隊單飛，創立快捷半導體（Fairchild），被稱為「八人叛黨」（Traitorous Eight）。8 年間這 8 個人又先後離開，其中摩爾、諾宜斯和葛洛夫就創辦了英特爾公司（Intel）。這個故事已是 1950 年代末、1960 年代初美國矽谷開始成型的重要史話。

摩爾在 1987 年就交出英特爾的執行長之職，在 2001 年 72 歲之齡，從董事會退休。近幾年來，摩爾致力於拯救南美洲亞馬遜河流域，退休前後曾大手筆捐款 2 億多美元，用於進行美洲和非洲生物多樣性研究。⑤

(一)摩爾定律對電子產品售價的影響

摩爾定律代表著產品淘汰和創新的速度。以電晶體為例，在 1968 年來說，一個電晶體的價格為 1 美元；到了 1995 年，1 美元可以買到 3,000 個電

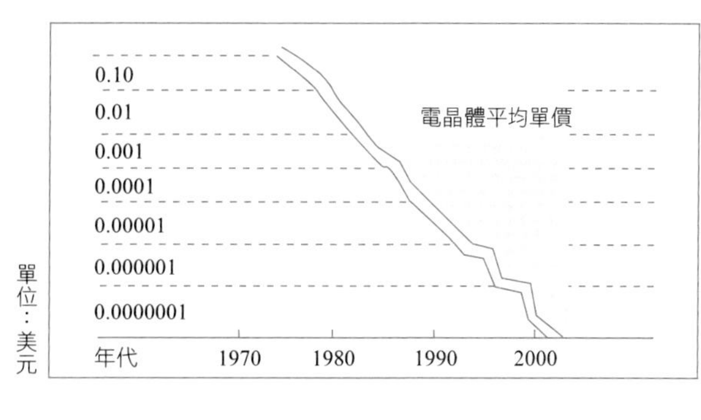

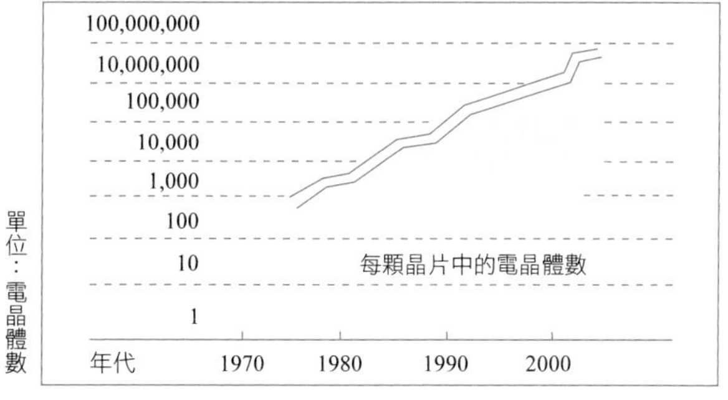

圖 6.4　1965～2000 年電晶體平均單價

晶體；2003 年可以買到 5,000 萬個，詳見圖 6.4。再以英特爾的微處理器晶片的效能為例，1971 年時微處理器每秒可處理約 10 萬個指令；到了 1989 年增至 2,500 萬個；2003 年則達每秒 20 億個，並持續增加中。

(二)摩爾定律對科技產業的影響

摩爾的推論並不是有形的定律，而是從半導體產業經濟所演繹出的推測，此一推論精準地預測出運算能力的加速成長以及運算成本的大幅下挫。在業者的具體推動下，每一次產業變革的時間一次比一次短，其規模則一次比一次強勁。

在產業高速運轉下，同時也造成企業的淘汰。美國的國家半導體公司董事長暨執行長海拉指出：「所有各種追趕摩爾定律的產品，其研發成本越來越昂貴。」與其不斷力抗而遭到淘汰，國家半導體決定出售其資訊應用事業部。

五、後摩爾定律：2011～2025 年

台積電董事長張忠謀觀察，半導體 0.18 微米製程提升至 0.13 微米製程量產轉換時間長達三、四年之久。

2002 年 2 月，他在一場演講中提及摩爾定律在物理和經濟上的限制。

1.物理極限

當人們以接近一個原子的大小製造東西時，未來肯定會達到極限。

一旦進入奈米的細微尺寸時，所產生的物理變化將使得元件無法滿足運用功能上的要求。（筆者註：物理極限有可能跨越。）

2.經濟上的限制

奈米 = 10 億分之一公尺

微米 = 10 奈米

所以，130 奈米 = 0.13 微米

經濟上的極限性來自機器成本，例如 0.1 微米，理論上在實驗室可以做出，但是在晶圓廠裡進行量產則要很貴的機器。

一座 1,000 億元的 12 吋晶圓廠，不會有多大市場，因此設備供貨公司在市場有限之下，將無力進行下一階段的研發，而摩爾定律也不會無限制地持續下去。

他認為摩爾定律的終極，應該是往後推十年，大約是 2010 年，之後就會進入後摩爾定律時代，以既有的製程技術發展出更多的應用產品。

(一)後摩爾時代

2003 年 2 月 13 日，張忠謀出席玉山科技協會主辦的「投資台灣優先」研討會中表示：「如果從電晶體微縮的技術層面來看，摩爾定律還可以維持十年，不過加入產品市場需求因素，則可能延緩摩爾定律走到極限的時間，之後則進入**『後摩爾定律時代』（post-Moore's Law）**，將在既有的技術範圍內，推出多元化的應用產品，屆時大陸市場可能引領趨勢。」

張忠謀指出，到 2010 年，大陸晶片（或 IC）市場規模會達到全球的 20～25%，不過生產製造的腳步還跟不上。因為大陸具備應用產品的開發能力和潛在市場，半導體市占率還將提升，到 2025 年規模會相當可觀。

(二)摩爾自己也修正

2003 年 2 月 10 日，摩爾在一場會議中強調，摩爾定律至少仍將持續到 2012 年，數十年來，半導體業重要的指導法則仍可適用。只是每二年電晶體數目即會增加一倍的現象，可能出現某種程度的減緩，這跟張忠謀預期新一代技術的量產時間將拉長的說法相符。

(三)2014 年會到頂了？

2009 年 7 月 10 日，研究機構 iSuppli 半導體製造首席分析師傑理奈克（Len Jelinek）在報告中指出，「由於半導體製造設備的高額成本，使得持續提升晶片效能的成本過高，意味著摩爾定律恐怕失效，且半導體產業的經濟基本面將有所改變。」

英特爾表示，只有年營收達 90 億美元的企業，才有實力興建 18 吋晶圓廠，意即有能力加入奈米製程競賽的企業，只有英特爾、三星電子、東芝、德儀和意法半導體、台積電、聯電等。⑥

此外，由於製程設備投資金額龐大，晶圓公司會努力撈本，摩爾定律會拉長（例如 1.5～2 年增加一倍，到 2～3 年增加一倍），如此又使摩爾定律延壽（例如 18 吋晶圓廠可用到 2020 年）。

六、延伸適用產業

2002 年 2 月 28 日，英特爾副總裁暨技術長季辛吉（Patrick P. Gelsinger）對延用超過 30 年的摩爾定律提出新定義。現有的摩爾定律起碼持續 10 年以上，未來的摩爾定律不只適用於晶片，還有光通訊、生物科技跟下列項目等技術，超過摩爾定律涵蓋的範圍，即多重技術運用。如此，摩爾定律至少延續 20 年以上，稱為**「延伸的摩爾定律」**（**expanding Moore's Law**，或 more than Moore）。

(一)無線通訊技術

無線廣域網路（WAN）技術將超越區域網路（LAN），邁向主流地位。

(二)電波傳輸

在「Radio Free Internet」觀念下，網際網路資料傳輸可以用電波作為媒介，而未來大部分晶片將內含通訊功能。

(三)微機電

微機電技術（MEMS）可減少晶片尺寸和成本，減少被動元件使用數量，滿足無線通訊的設計需求。

(四)感測器

感測器（sensor）也是新興技術，可以透過自建網路傳輸感測功能，並且具有資料運算功能，而光學處理器的技術也將不斷進步。

七、悲觀論者

2003 年 4 月 23 日，微處理器設計先驅——蘭巴斯公司（Rambus）創辦人史丹福大學教授霍洛維茲（Mark Horowitz），在台積電科技論壇上指出，晶片製造公司有朝一日將無法像過去 40 年一樣，每隔 1.5～2 年晶片上的電晶體數量就倍增，這種倍數成長即將結束；而且不幸的是，不是很久後才發生，但不至於明天就發生。摩爾提出定律時的利多即將消失，這包括晶片設計成本提高、電力浪費增加、決定如何處理所有的可用功能。

(一)山轉，路也轉？

高科技公司的核心在於技術，如果技術發展面臨瓶頸，公司成長也將受到壓抑。

摩爾定律是過去 50 年來半導體產業發展的金科玉律，如果摩爾定律在 2010 年後不適用，將直接影響公司的成長性，意味高科技公司面臨嚴酷的危機，因此高科技公司力尋出路。

(二)瓶頸再見？

2003 年 12 月，根據英特爾公司研發人員發表的報告，用以縮小晶片、提高性能和降低售價的主要方法縮小電晶體尺寸，終將面臨無法突破的困境。

保守估計到 2018 年，企業將有能力生產 16 奈米製程的晶片，也許以後再推出一、二種更精密的製程，但是至此為止。英特爾科技策略部主任賈吉尼表示，這似乎是根本的極限。

英特爾這份以「二進位邏輯開關縮小——吉丹肯模型」為題的報告，發表在 2003 年 11 月號的國際電機電子協會（IEEE）會報。雖然研發人員提出電晶體縮小極限的理論並不少見，但是出自英特爾的研發人員卻不尋常，突顯出晶片設計人員遭遇的難題。

電腦對體積、耗電和性能的要求，迫使半導體製造公司重新思考設計晶片的方法，刺激許多人投入研發領域。

賈吉尼說，研發人員正探究多類型的創意。例如，找尋更有效率利用電子的方法，或製造更大的晶片，以便超越迫近的障礙。他表示，我們不能被物理學打敗。

耗電是晶片設計人員的頭痛問題，不但因為供電給晶片越來越困難，伴隨供電產生的熱也會導致故障。

八、樂觀者的看法

2003 年 8 月 23 日，貝瑞特在接受台灣的《商業周刊》記者訪問時表示，過去 40 年，科技發展的腳步一直都是符合摩爾定律的描述，他認為摩爾定律依然適用，因為資訊技術依然快速的發展當中，雖然在某些領域的突破挑戰越來越高，某些領域則創新的代價越來越高。然而整體來說，從技術發展上來看，它的速度並沒有減緩，新的解決方案一直出現，所以他預期在未來很長一段時間，資訊產業前進的腳步還是會跟過去 40 年一樣快速。

貝瑞特（Craig Barrett）小檔案

出生：1939 年生於美國舊金山
學歷：美國史丹佛大學材料學博士（1964 年）
經歷：1974 年離開大學教職，加入英特爾
1993 年擔任英特爾營運長
1998 年接任安迪．葛洛夫成為英特爾執行長
2004 年 5 月出任英特爾董事長
2009 年 5 月退休
風格：行事穩健，沒有傳奇色彩，但是曾表示喜歡高難度挑戰，就像他喜歡在雪山上滑雪一樣

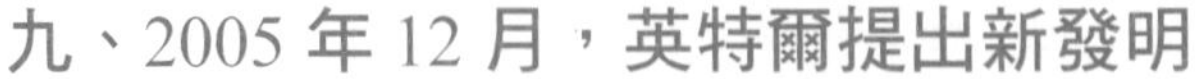

九、2005 年 12 月，英特爾提出新發明

電晶體是半導體主要零件，控制晶片內的電流流動。

2005 年 12 月，英特爾宣布跟英國 QinetiQ 公司共同研發的原型電晶體，以銻化銦（indium antimonide, InSb）製成，該材料被認為可以彌補矽的缺點，並協助使摩爾定律的適用延續到 2015 年後。

這種新電晶體可提高 50% 處理速度，耗電量僅為現有晶片上電晶體的十分之一。大量省電而且能降低所產生的熱度，有助於延長行動裝置（例如手機、筆記型電腦）電池的使用時間，並增加開發更小、性能更大產品的機會。

英特爾發言人凱西表示，這是一項重大突破。正常情況下，處理速度跟耗電成反比，但這項技術使魚與熊掌能夠兼得。英特爾預期，這種新材料將使矽半導體有更好的未來。銻化銦是一種稱作三五族（III-V）化合物半導體的材料，可用於射頻放大器、微波硬體，以及半導體雷射等裝置。

這種原型電晶體是歷來體積最小的電晶體，能以約 0.5 伏特的低電壓運作，使晶片遠比以往更省電。凱西說：「這不僅是跟一顆處理器上的電晶體數目有關，還與密度有關。現在英特爾可以大幅增加密度，並提高電子的流動性。」在新電晶體製成處理器前，研發人員仍需要解決矽跟銻化銦結合的相關問題，因為二者的原子結構截然不同，不易相容。凱西預測，使用這種技術的產品至少等到 2015 年才會上市。⑦

十、企業的努力

為了提升半導體的效能，全球主要的晶片公司莫不致力於從矽及其他材料中另闢蹊徑，尋求突破製造技術瓶頸的方法。2003 年 12 月 7 日開始的國際電子元件會議（IEDM）上發表最新成果，詳見表 6.4。

表 6.4 晶片業者製程新趨向

製程新趨向	提升半導體效能的技術
自行聚合	藉由有機分子排列成常態的形狀，作為電晶體微型電路的蝕板
應變矽	擴張或壓縮矽原子之間的間隙，以加快電流的流速
立體（3D）架構	電晶體擁有多個，不是僅有一個交換介質，而且其架構延伸至晶片的表面之上
量子點（Quantun Dots）	單電子電晶體，元件的體積縮小到增減一個電子就能發揮儲存資訊的功能
高介電材料（High-K）	藉由新的絕緣體來預防晶片的漏電現象，可以減少能源浪費和產生熱能

6.5 專家預測

「鐵口直斷」、「三個臭皮匠勝過一個諸葛亮」，這些俚語是常見的專家預測的貼切描述，算命仙就是預測人的命運中的那位專家。同樣地，公司在進行技術預測時，往往採取專家法以處理「前無古人」的情況。本節較特殊之處在於第四段中列出顧能公司的技術預測結果，讓你可以清楚看到專家法的結果。

一、專家法快易通

專家判斷預測、**專家預測法（expert-based approach）**或專家法都是同一件事，幾個關鍵內容如下。

(一)專家預測的定義

專家判斷預測是指由某一個人或某一群體，根據一些基本事實證據或對未來的期望，對未來技術發展方向所做的預言。

(二)誰是專家？

專家（expert）是指對該主題領域十分熟悉，而且手中握有第一手資訊的群體或個人，且符合下列三個屬性。

1.專家具有一般性廣博的知識背景；

2.專家在所討論的特定領域中，有相當深入的知識基礎；

3.專家的行動可以顯著影響未來該技術的發展方式。

(三)判斷

專家的「判斷」（judgement）是指一項基於知識背景的意見，根據他所擁有的資訊、邏輯推理結果跟個人獨有的洞察力來下結論，而不是訴諸超自然的靈感結果。

(四)用途

專家判斷預測法的常見應用領域可包括：未來技術環境、技術能力預測分析、產品銷售預測、新產品發展問題，以及企業關鍵性技術的認定等。

(五)專家有時比電腦準

Armstrong 和 Yohum（2001）研究專家預測法應用在技術預測的情形，他們把專家預測法、單元時間數列法跟情境分析法應用在預測的不同方面做一個調查，以了解專家預測法的普遍程度。他們採用問卷方式，調查 322 位由國際預測協會提供的專家名單，分成四個不同類別：研究人員、教授、企業人士（依是否具有決策權再進一步分類）、公司內研發人員進行調查。該研究使用下列七個創新因素進行調查：相對優勢、相容性、多元性、溝通能力、複雜性、產品風險，以及心理風險。

調查的結果顯示，專家法還是受訪者的最愛，而且，在相對優勢跟溝通效果上，專家法跟其他二種方法具有相同效果。企業對專家法的相容性、多元性跟溝通能力給予較高評價。

但是，對專家法的心理疑慮跟產品風險將是影響專家法採用的最主要因素，專家法在一些應用上有其吸引力，但是其複雜性卻阻礙其發展，使用本法在初期時要慎守簡化原則以提高採用情況。

(六)適用時機

採取專家法的基礎假設是：在面對高度不確定跟複雜性的未來環境時，單純的數量化工具不足以描繪事實，而必須透過某一個人或群體，以其直覺跟判斷力來預測未來，建立一更周延的預測方法。

是否採用專家法可根據下列四個因素加以考量。

1.資料上的因素

由於歷史資料不存在、沒有公開，或者雖有資料但是極不容易取得，或在取得跟處理上耗費不貲時，只能由專家判斷來預測未來。

2.理論面的因素

所要預測的主題存在著許多複雜且相互關聯的因果關係，而任何一項因素的改變皆足以顯著影響預測結果；或者是已證實在比過去各項影響因素來得重要的新外來因素。

3.社會政治的因素

即存在一種明顯的社會文化、政治上的因素，其影響力超過技術跟經濟面的影響力量。

4.專家個人因素

即專家本身的決策「行為」會影響技術預測的「結果」時，例如，該專家的決策跟意見會左右技術的發展或是消費者的意願時。

二、專家預測的方法

由表 6.5 可見專家預測法的二種分類方式。

(一)跑接力賽

學術是一棒接一棒，如此才能越跑越遠。由於大一管理學中已經對團體思考方式詳細介紹，所以在大四、碩一的本課程中，不再浪費篇幅去贅述。

(二)二分法

專家預測法主要的分類方式在表 6.5 中的第一項，也就是「人數」；至於第三項意見蒐集方式可說是技術層級問題，不太會影響預測結果。

表 6.5　專家預測法的二大方式

一、人數	一人，大師 常見的是請諾貝爾獎得主（大多數是大學、研究機構）來表達某一領域的真知灼見	團體思考，詳見伍忠賢著《管理學》（三民書局，2002 年 8 月，第 136～139 頁） 1.點子記錄（brainwriting），以取代腦力激盪（brainstorming） 2.匿名的點子記錄，即德爾菲法（Delphi technique） 3.名義團體技術（the nominal group technique）：只講自己的意見，不參酌別人意見，最後與會人員投票 4.逐步領袖法（step leader technique）：每次討論，增加一名成員，直到達到結論為止 5.魔鬼辯論法（devil-advocate approach），比較像紅、藍軍對抗賽
二、假設	菁英主義，即「辣椒會辣，一個就夠了」	「三人行，必有我師」、「三個臭皮匠勝過一個諸葛亮」
三、意見蒐集方式，稱為調查法（survey research）	深度訪問法（in-depth interview）	電話（含視訊會議）、當面討論、會議、郵寄問卷（mail-survey，含電子郵件）

資料來源：整理自黃俊英，行銷學的世界，天下遠見出版股份有限公司，2003 年 3 月，第 123 頁。

三、專家分析法專論：情境分析法

Mats Lindgren 與 Hans Bandhold 在《情境規劃》（*Scenario Planning-The Link Between Future and Strategy*）書中論及：情境規劃跟預測（forecast）或是遠景（vision）不同，情境規劃是中長程導向，不確定性極高，重點聚集於描述接近未來的真實形貌（plausible futures），主要是協助公司在高度不確定的環境下，把情境規劃帶入策略規劃過程中，並付諸執行以降低風險，創造可預見的成功，而不再只是「摸著石子過河」。

在 1970 年代，荷蘭皇家殼牌石油（Shell）就因為事先做了阿拉伯產油國實施石油禁運的情境分析，而降低了全球石油供給驟變所造成的營業衝擊。殼牌石油並沒有預知會發生禁運，畢竟，情境規劃是策略規劃的技巧，而不是占卜。但是，它預先設想，如果沙烏地阿拉伯發生意外，或阿拉伯產油國因為不滿美國支持以色列，都可能發生禁運或限制石油供給甚至減產囤貨。

情境分析法就是「沙盤推演」（what if analysis）方法中的一種，藉由改變一些現況的假設，參考可能的科技、環境發展的趨勢，建立一假想的未來情境，藉此來判斷趨勢。經由改變一些經營方式的假設，企業經營者也可以跳脫原有的經營盲點，發現未來的策略機會，運用此方法的先決條件是「情境的建立者必須是這領域的專家」。美國賓州大學華頓管理學院的休梅克（Paul Schoemaker）教授建議情境分析法的十個步驟。

(一)定義範圍（scope）

考慮「幾年」（時間範圍，time horizon）後的優勢？強調那時產品、市場、技術或觀念等可能的改變。

(二)界定利害關係人（stakeholders）

未來的優勢在企業內有哪些人的業務相關？對其他人（例如：顧客、供貨公司、競爭者、股東、政府等）是否有所影響？

(三)界定未來趨勢（trends）

未來經濟、技術、政治／法律、社會的趨勢（或驅力，drving force）為何？是否會影響未來的優勢？

(四)界定主要的不確定因素（uncertainties）

上述的未來趨勢是否存在著不確定因素？有哪些指標可供衡量？

(五)建置初步的不同情境主題（initial scenario schemes）

在這個步驟中，預測所有你未來發展的可能情境（What would your Web site look like in the future？）。藉由對未來的趨勢和不確定因素的預測，想想最壞的經營情境為何？最好的情境又會如何？或是以幾項最主要的不確定因素，做不同的預測組合後，未來的各個情境故事又會如何？可以幫不同的情境編號跟取名字，方便日後參考。也可以針對最可能發生的幾種不同情境，規劃未來的幾種初步計畫（a high-level system plan）。

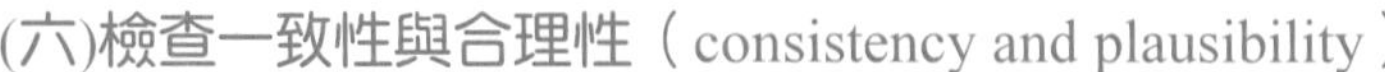

(六)檢查一致性與合理性（consistency and plausibility）

上一個步驟所產生的不同情境或計畫，是否存在著不一致與不合理的地方（尤其是趨勢的發展時間點的預測）？

(七)發展學習型情境（learning scenarios）

在第五與第六步驟的進行過程中，歸納出一些共有、合理且策略相關的主題（general themes）或是那些初步規劃中的共同項目；再以這些主題為基礎，界定可能的發展趨勢跟結果。

(八)指出進一步的研究需求（research needs）

前步驟的發展趨勢主題是否需要進一步蒐集資料？

(九)發展量化模式（quantitative model）

把不同主題之間的關聯性建立一量化模式，或是建立一決策流程圖，像是如果某項主題假設改變之後，可能結果（有多少機率）的情境為何？透過路徑圖（casual loop）的描繪，把各項趨勢之間的關係連結起來，找出最可能且最正確的趨勢。據以規劃未來情境分析趨勢的因果關係，並規劃未來可能發生情境。

(十)產生決策情境（decision scenarios）

藉由量化模式與決策流程圖，作反覆式的沙盤推演，最後建立一決策情境，成為未來的行動方針，並可以持續檢測未來不確定因素，甚至產生新點子。

限於篇幅，我們無法舉例說明情境分析，有興趣者可參考李宜映、楊玉婷，「生物經濟的情境模擬（2030 年）」，台灣經濟研究月刊，2010 年 3 月，第 60～66 頁。

四、專家預測案例：2010 年全球 3C 產品趨勢

市調公司顧能每年年底發表次年科技趨勢預期，其評選出的科技，通常被業界視為未來幾年資訊科技產業的重要走向，是科技業做年度決策參考指標之一。

2009 年 10 月 21 日，顧能發表 2010 年全球十大科技趨勢預測，詳見表 6.6，這些科技在 2010～2012 年對企業造成重大影響。[8]

表 6.6　顧能公司 2010 年技術預測

3C 產品	技術預測	簡單說明
一、個人電腦		
(一)桌上型電腦	進階分析（advanced analytics） *客端運算（client computing） 雲端運算（cloud computing）	雲端資源有助於公司節省資訊軟硬體支出，雲端服務從最陽春的亞馬遜 Web Services，到更精緻的 Google App Engine，都屬於雲端商機的範疇。
(二)筆記型電腦	*安全監視（security-activity monitoring） *重塑資料中心（reshaping the data center） *社交運算（social computing）	風靡全球的臉書（Facebook）也羅列在十大趨勢之中，臉書以及推特（Twitter）這類網路應用，即是社交運算，包括企業內部社交網路、顧客的互動等，企業需要了解社交網路的運作方式（例如社群經營），跟潛在的商業應用（例如社群行銷）。
	綠色 IT（IT for green）	2009 年 5 月，宏碁推出英特爾低電壓晶片（CULV）桌上型電腦便是一例。
二、手機	*行動應用軟體（mobile application）	蘋果公司創造出來的行動電話結合軟體的經營方式，2009 年引發一窩蜂跟風，詳見第四章第三節。
	*快閃記憶體（flash memory）	快閃記憶體價格下滑，可望驅動其在未來幾年以超過 100% 的複合年增率增長，會被消費者裝置、娛樂設備以及其他內嵌式資訊產品等產品大量採用。在第二章第二節中所介紹的「固態硬碟」便是一例。
三、消費電子	可用性虛擬化（virtualization for availability）	像電視遊戲機 PS3、Xbox 360 紛紛推出體感搖控器，透過相機鏡頭捕捉玩家的身體動作，以人體手、腳、頭取代遊戲機搖桿。

註：*為新上榜。

註　釋

①商業周刊，2003年8月23日，第58頁。

②經濟日報，2005年9月28日，B11版。

③商業周刊，2005年4月11日，第176頁。

④經濟日報，2008年9月15日，A8版，高國珍。

⑤工商時報，2003年2月12日，第2版，陳惠美。

⑥工商時報，2009年7月11日，A6版，顏嘉南。

⑦經濟日報，2005年12月11日，A4版，林聰毅。

⑧工商時報，2009年10月22日，A3版，楊玟欣。

本章習題

1. 找一個產品，說明其關鍵技術為何？
2. 找一個普遍的技術（例如晶圓代工的精細程度），用幾種預測方法運用一下。
3. 趨勢外插法是否就是計量經濟學中的時間數列方法呢？
4. 你認為以表6.2、圖6.3來說，有哪些方法專屬於技術預測呢？
5. 運用摩爾定律，預測迅馳晶片2010～2011年的售價。
6. 找一個單一專家預測的例子，他是誰，為何如此一言九鼎，他準嗎？
7. 找一個團體預測法的實例，仔細分析其執行步驟。
8. 再找個看對眼、看錯眼的技術預測例子。
9. 情境分析法如何運用？
10. 找一個產品，運用情境分析法預測未來五年的趨勢。

7

專利分析

——SWOT 分析中的 SW 分析

亞洲經濟型態基本上是仿照歐美發展模式，資本廣度很高，但是透過技術改革升級的資本深度不足，導致研發能力不足，長期發展會遇到瓶頸。

——保羅・克魯曼（Paul Krugman）
美國普林斯頓大學經濟學與國際事務教授
中國時報，2008 年 10 月 14 日，A3 版

學習目標

專利分析可說是書面作業，而其結果專利地圖可說是敵方的布兵圖，如此便可以擬定本公司的攻防策略，由此可見本章的重要性。

直接效益

專利分析是外界機構開課的重點之一，讀完本章就八九不離十可抓住其精髓了。

本章重點

1.專利分析的實施步驟與本章架構。圖 7.1

2.專利分析在 SWOT 分析中的用途。表 7.1

3.專利檢索的分類。§7.2
4.技術功能矩陣圖。圖 7.3
5.技術分布圖。圖 7.4
6.專利生命週期。圖 7.5
7.特定公司的特定技術進程。圖 7.6
8.技術地圖繪製步驟。圖 7.7
9.半導體技術的二大構面。表 7.11

前言　知己知彼，百戰百勝

「知己知彼，百戰百勝」，看似老生常談，但卻是戰勝的前提。在策略管理中，SWOT 分析的目的就是為了「知己知彼」，這個「彼」包括消費者（即**商機，opportunities, O**）、**威脅**（**threats, T**，指的是替代品）；至於知「己」，則是跟對手相比，自己公司的**優勢**（**strength, S**）、**劣勢**（**weakness, W**）在哪裡，如此才能「以強擊弱」、跟外界來截長補「短」（即自己的劣勢）。

在科技管理中，SWOT 分析的工具之一便是專利分析，由圖 7.1 可見，它的實施步驟有四，因為恰巧是本章架構，所以先擺在本章前言，讓你可以鳥瞰前因後果，不致因木失林。其中第一步驟「確認關鍵技術」，已於第六章第二節中說明，本章不再贅述。

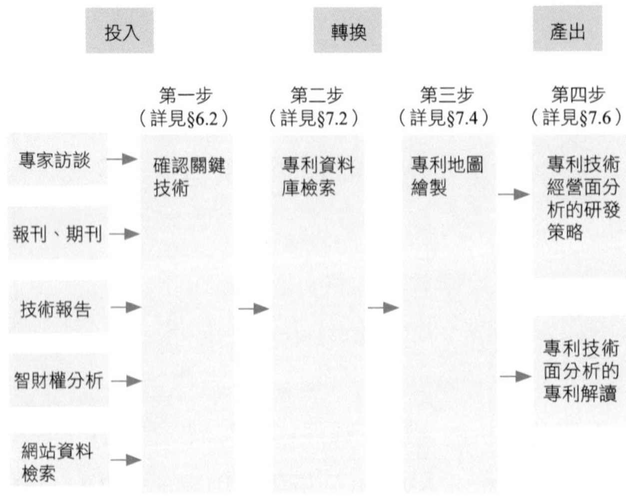

圖 7.1　專利分析的實施步驟與本章架構

7.1 專利分析

專利分析是科技管理中最直接、迅速的 SWOT 分析方法，因為這是實況，不像專家預測法看的是未來。如果類比的話，專利分析比較像財務管理、會計領域中的財務報表分析。

一、專利分析的定義

專利分析就是把專利資料轉換成更有價值的資訊，是科技研發規劃和智慧財產權管理的有效工具，可作為科技趨勢分析、科技競爭分析，以及權利範圍判斷。

產品研發工作中，如果先做好專利分析的工作，即可對目標技術或產品建立完整的資料庫，作為日後產品創新和迴避設計的依據。

「專利」資訊

專利資訊是研發人員的關鍵資訊來源，各大企業皆強調專利權的取得以及專利資訊的利用。以佳能公司為例，該公司便認為研發人員與其寫研究技術報告，不如撰寫專利發明提案書；與其唸學術文獻，不如研讀專利公報。這是因為專利公報中的專利說明書含有九成以上的研發成果，而其中有八成沒有記載在期刊、學術論文等技術文獻當中；而且，專利資訊包括各產業中最尖端、最具商業價值的技術，可用以了解產業的發展軌向，作為研發的參考。

二、專利分析的功能——專利分析是 SWOT 分析工具之一

科技管理只是一種功能管理，但是站在策略性科技管理的角度，科技管理具有支持策略管理的功能，而且其方法也可協助策略管理。如此看法，便可見專利分析只是 SWOT 分析的工具之一。在此，我們把美國著名專利分析學者 Mary E. Mogee 的專利分析四大功用，依序整理於表 7.1 中；當然，還有其他人提到專利分析的用途。

表 7.1　專利分析在 SWOT 分析中的用途

SWOT 分析	專利分析
一、機會	1.國際商機：國際專利策略分析（international strategic analysis） 利用專利資料庫，以得知特定公司在世界各國的專利申請情形，由此可以判斷該公司欲在這些申請專利的國家進行商業行為。
二、威脅	2.技術追蹤及預測（technology tracking and forecasting） 鎖定特定技術的專利可以判斷出哪些技術即將進入市場並逐漸成熟，哪些技術已經成熟但無法突破。 可了解技術現況和事實，避免浪費時間金錢，重複他人的研究或牴觸他人的專利權。可預測未來的發展，正確的運用專利技術，加速開發創造。
三、優勢	3.掌握重要的技術發展（identifying important developments） 特定研究單位或公司的專利數量僅能說明投入了多少的研究、申請了多少數量的專利，想了解哪一個專利是最重要、最關鍵的核心技術，可以從引用關係分析來得知，一個具有關鍵技術的專利將會成為後面相關發明專利的引用對象。
四、劣勢	4.對手分析（rival analysis） 專利文獻中有專利分類號，不同的專利資料庫有其分類的方式。相同種類的發明會分類在同一個群組之下，利用專利分類號的搜尋，可以立即掌握相同種類發明的專利申請情形，利用此資訊，可以掌握對手的專利申請情形。可有效迴避他人專利，並預測自己開發自主性技術取得專利權的可行性。

(一)Berkwitz 的二點用途

像 Leonard Berkwitz 認為專利分析具有十一個用途，不過有些點是撈過界，例如專利維護、聲明異議、強制執行，這些都屬於公司法務部的職責，此部分於本書第十四章保障智財權的戰術作為再作討論。

(二)這些也扯遠了

擁有相關技術的專利分析資訊，對於公司有下列重要意義，不過我們認為這些也扯遠了。

1.在摸索研發方向時，藉由閱讀探究先前專利的創新特徵和技術精髓，可以累積技術新知跟研發能量，以啟發創意靈感；

2.在研究開發階段可避免重複研發，並可參酌先前專利，適時修正研發藍圖，決定研發資源最佳分配方式，部署最有利的專利權策略網；

3.專利調查和分析結果，有助於選定適合的技術來源者或合作者，並且可針對合作對象進行完整的專利地毯式搜索，以為授權契約談判的有利籌碼；

4.從事申請專利階段時，可監視先前專利動態，以設定自己研發計畫，可以使整個研發過程的專利成果，完全在規劃跟掌握中產出，有助於專利申請取得及權利範圍的設定；

5.在產品上市後，積極面藉由專利權護駕可確保競爭優勢，獨享市場利潤，排除對手的仿冒跟進；消極面可保障產品的製造、銷售或技術移轉的彈性，有效降低侵害他人專利而遭致索賠的風險。

7.2 專利檢索——專利分析的第二步

專利地圖的規劃過程中，專利檢索往往占三分之二以上的時間，由國際專利分類碼（IPC）分類來進行檢索。然而，隨著技術發展的個案對專利內容的差異很大，必須釐清企業目標，才能構築一套符合需求的專利地圖。

專利語言的特殊性也造成檢索的困難，因為一些標點符號的不同，「光是『工研院』在美國專利局就有八個不同的譯名」，加上技術沒有統一的名稱，申請專利範圍（claim）模糊，而有些代理人刻意避開關鍵字的部分，造成資料檢索不易。而企業授權、併購等複雜的競合關係，導致專利權人名稱常有變動，更加深檢索盲點。

一、專利檢索的分類

(一)技術類號分析 = 技術現況檢索 = 技術趨勢

無論是國家、專利權人或發明人等資訊，均為專利申請之初便已確認、成立的既定事實，但專利技術類號卻須經審查委員判讀始能產生，所以其類號本身即有其特殊的意義與目的，即：為了把原本複雜的專利技術以簡單分類方式清楚呈現，並且讓撰寫方式各異但內容主題相近的相關專利得以類聚，因此在專利分析過程中，專利技術類號往往被視為掌握一個國家（或專利權人或發明人）技術發展的重要資訊來源。尤其是用以探究國家創新研發領域和趨勢，或

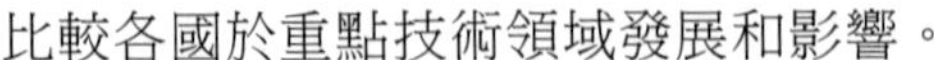
比較各國於重點技術領域發展和影響。

技術現況檢索（state-of-the-art searches）可以分析一項技術的最新研發情況，從每年專利權人數和專利件數推知技術生命週期，例如專利權人少於申請件數時，有一項專利為多人共同擁用，則該技術正處於萌芽期，具有投入研發的價值與空間。

從專利開發方向、關鍵競爭國家和競爭公司等具強大研發能力強的專利擁有者逐步分析，更能清楚掌握此一領域的發展趨勢。

(二)特定國家的專利族群檢索（patent family searches）

通常把第一個申請的專利稱為基本專利（basic patent），其後陸續在其他國申請的專利則稱為相等專利（equivalents）。

發明人為了保障其發明的權益，除了在本國申請專利外，也會同時在國外申請專利，把同一發明在不同國家申請的專利結集在一起，就稱為**「專利族群」（patent family）**。

由於各國專利法之不同，一個基本專利在其他國家申請時的相等專利可能不只一個。專利族群檢索可以用來判斷該專利的價值，也可以選擇自己熟悉語文的專利說明書閱讀，更可以清楚了解一項專利在各國所請求的專利範圍有什麼差異。

(三)專利權人檢索＝對手分析

專利發明人和權利人的檢索（inventor/assigness searches）是指分析該國家有哪個人或是哪家公司握有那項專利，透過專利地圖分析可以分析對手的研發方向。

(四)專利引用檢索（citation searches）

由最新專利引用了哪些過去的專利，可以追蹤一項技術或產品的研發情況。專利引用資訊可以充分顯示該專利的影響力，並可作為研發績效評估、技術移轉和授權的參考。

利用專利引用非專利文獻的情況，以探討技術跟學術之間的關係，包括：技術跟科學間互動的關係、二者間關係的強弱、科學跟技術的發展，以及知識流動的狀況和過程等。相關研究如下列三篇。

1.Meyer（2002）以關鍵字檢索 Science Citation Index（SCI）資料庫，並且以類似方法檢索專利資料庫，然後比較各國文獻出版量跟專利數的比率。

2.Tijssen、Buter 和 Van Leeuwen（2000）則分析 1987～1996 年荷蘭文獻被其他國家所申請核准的美國專利引用的情況。

3.Narin 和 Olivastro（1998）比較美國專利跟歐洲專利引用科學文獻的情況。

(五)可專利性檢索（patentability searches）

檢查一項發明是否已經在過去的專利中揭露。

二、國科會科資中心的公共資訊

為了便於索引，國科會科學技術資料中心對專利地圖的設計特別強調 3D、視覺效果。鑑於現有資料過於零碎，不同領域資料無法有效彙整，科資中心的專利地圖希望可以整合專利資訊、市場資訊跟技術趨勢在同一份專利地圖中，並且詳列各種不同專利在材料、技術跟功效三方面的保護狀態，希望讓企業一目了然。

三、分析工具

有許多軟體（例如 WIPS）可以進行專利分析，由於太技術性了，本書不予介紹。

四、專利檢索的代工服務

亞太智財公司在智慧財產管理服務方面涵蓋智慧財產檢索、趨勢分析、開發、布局跟策略分析、侵權分析，以及管理跟運用制度等服務。

該公司透過把全球主要專利資料整理成可進行檢索的資料庫，讓企業得以低成本、高檢索效率的方式購置。總經理林鴻六表示，該公司可以進一步根據企業特定技術領域，提供客製化的專業領域技術資料庫，甚至把企業執行智財管理所需的各項軟體系統整合在資料庫之中，使企業擁有完整的智財管理跟資訊平台。該公司同時整合所有企業智財平台可以公開的資訊，建立可落實執行的技術交易平台，活絡技術交易機制。

五、專利分析＝專利組合分析

一般來說，某一項關鍵技術的專利有數個，例如，基本專利再加上周邊專利，合稱專利組合；因此，在進行專利分析，有時又稱為**專利組合分析（patent portfolio analysis）**。

專利組合（patent portfolio）是指一特定主題或技術的所有相關專利的集合。

六、專利資料的蒐集

底下我們以磁阻性隨機存取記憶體的專利分析來舉例說明。

(一)以美國為研究地區

由於美國在全球經濟跟政治具有舉足輕重的地位，許多重要、關鍵的技術皆會在美國申請專利，因此，大部分專利檢索選擇美國專利暨商標局（United States Patent and Trademark Office, USPTO，簡稱美國專利局）所提供的線上專利資料庫，作為專利資料蒐集的來源。網址如下：http://www.uspto.gov/patft/index.html。

(二)關鍵技術作為檢索關鍵字

國際半導體技術藍圖（international technology roadmap for semiconductors, ITRS）把**磁阻性隨機存取記憶體（magnetic random access memory, MRAM）**列為最有可能量產的新一代記憶體，是由於其具有非揮發性的長期儲存能力、低成本跟能源消耗低等特性，集合了現有三類記憶體的優點。2009 年 7 月 23 日，經濟日報刊出工研院此類專利讓與公告。

以磁阻性隨機存取記憶體為檢索關鍵字，時間範圍為自 1976 年 1 月到 2005 年 12 月為止，以全文檢索的方式搜尋美國專利資料庫中，所有符合條件的專利。可以選擇 IC Insights 市場研究公司所公布的 2005 年全球前五十大半導體公司，並且擁有 MRAM 技術專利的公司為研究對象。台灣主要是由台積電跟工業技術研究院共同研發 MRAM 的相關技術，所以再加入專利權人為台灣的工業技術研究院，至少有 18 個研究對象。

(三)專利權人

在美國專利資料庫中會搜尋到數百件符合檢索條件的專利，其中有許多家公司登記的專利權人不盡相同，因此須先行過濾並加以合併，例如：專利權人為 International Business Machines Corporation、International Business Machines Co、International business Machines 及 IBM Corporation 皆是指國際商業機器公司。

7.3 專利組合分析

教書、寫書，實力（有料）是必要條件，表達技巧是充分條件，以表達觀念為例，如果能以一個具體例子來說明，可讓讀者具體捉得到觀念的精神，甚至能照表操課。

本節與下一節，以雲林科技大學企研所教授賴奎魁等（2008）的論文為基礎，以快閃記憶體（flash memory）為對象，從專利檢索做起，進而進行專利組合分析。在少數情況下，我們把該文的名詞修改，以便能更貼近英文原義。

一、專利分析範圍

5W1H（人、事、地、物、時）是新聞學中用來指導記者撰寫新聞時必備的內容，簡潔易懂。我們源引此架構來說明快閃記憶體專利分析（本節）、專利組合分析（下一節）的研究設計，依表 7.2 中第 1 欄順序於本段中說明。

表 7.2　快閃記憶體專利組合分析的研究設計

5W1H	內容說明
what	快閃記憶體（flash memory）
where	美國，因此即美國專利局的專利資料庫 網址：www.uspto.gov
when	台灣半導體業者最常使用的專利資料是美國專利資訊，約占八成以上。2003 年，約 4,035 筆專利
how	專利分析軟體（WIPS）
who	專利所有權人
which	技術類別

(一)研究對象（what?）

快閃記憶體（flash memory）是可由程式來抹除的快閃式非揮發性記憶體，具備有高速讀取、高密度、低價格的特性。主要用於可攜式電子裝置（筆記型電腦、數位相機、手機），最常見的是隨身碟、手機 SIM 卡、數位相機的照片記憶卡，用途廣泛，產值在記憶體產業中，僅次於 DRAM。

(二)研究國家（where?）

專利是屬地主義，在各國都必須單獨申請，獲得核准。美國是全球主要市場，因此全球各公司皆會在美國申請專利，如此才能保障自己的權益。

1.美國專利

美國專利局轄下的專利資料庫，把各專利予以分類，稱為美國專利分類碼（US patent classification, UPC）。專利局平均二年一次更新專利分類碼，這包括「修正」（針對不當的分類碼更新）、新增（針對新技術）。

2.國際專利分類碼

全球的專利分類方式稱為國際專利分類碼（international patent classification, IPC），此分類碼平均五年才更新一次。

分析對象

快閃記憶體技術的前五大國家分別是美國、日本、台灣、韓國與加拿大。前五大技術類別，以美國專利局專利分類號分別為 365、257、438、711 與 345。

(三)研究期間（when?）

1.技術生命週期

由表 7.3 的資料顯示，快閃記憶體相關專利件數於 1994 年、1995 年幾乎沒有專利核准，顯示該技術水準於 1993～1996 年正處於萌芽期。專利件數於 1997～1999 年開始漸增加溫，意味著技術已進入成長期。專利件數於 2001 年達到最高，表示此時該技術有顯著的成長與躍升。（靜態資料存取與硬體裝置類別）占最近十年專利件數之大宗，該技術領域在 2001 年幾乎達到該年專利件數的 67%，其中囊括了該技術領域的專利件數前三名，其技術類別分別為 365、257 與 438。

表 7.3　技術領域於最近 10 年專利核准數量

技術領域	1993	1994	1995	1996	1997	1998	1999	2000	2001	2002	總計
TF1	0	0	5	5	45	195	958	847	242	104	2401
TF2	0	0	0	0	49	175	585	630	407	119	1965
TF3	0	0	0	0	14	103	274	242	265	59	957
TF4	12	0	0	0	18	91	181	787	2260	1767	5116
TF5	0	0	1	8	20	116	328	187	125	43	828
TF6	0	0	0	0	0	11	52	140	214	68	485
總計	12	0	6	13	146	691	2378	2833	3513	2160	11752

(四)專利所有權人

市占率分析

快閃記憶體屬於記憶體的一種，市占率第二大的三星電子主要是 1996 年左右由東芝移轉技術，前十大中有五家是日本公司，這一點也不奇怪。1980 年代以前，美國公司做；1980 年代，日本公司接手做；1990 年代，南韓公司跟著做。

台積電市占率沒有位置，這也很自然，因為台積電的專長在 IC 晶片，而台灣的記憶體公司（即 IC 製造業中的記憶體五虎）主要是技術移入，因此在表 7.4 中專利數排名、引證率排名都榜上無名。

(五)技術類別（which?）

1.二階段

由表 7.5 可見，許多論文都採取二道程序，把技術分門別類。

(1)因素分析法

因素分析法適用於有 9 個以上變數，藉由因素分析，把相近的變數歸成一類，一般約分到 10 個因素，本例分為 6 個技術領域。

(2)專家判斷法

以確認技術歸類的正確性與否，及協助因素命名的適當性與否。

表 7.4　以排名平均數進行第二次篩選後的十五家公司

排名	公司名稱	(1)專利數排名	(2)引證率排名	(3)市場占有率	=(1)+(2)+(3)/(3)平均數
1	先進微裝置	4	42	3	16.33
2	東芝	7	46	5	19.33
3	英特爾	2	56	1	19.66
4	日立	6	44	10	20
5	三星電子	11	49	2	20.66
6	新帝	30	28	9	22.33
7	富士	10	52	7	23
8	三菱	12	54	8	24.66
9	意法半導體	14	*	6	40
10	夏普	31	*	4	45
11	微軟	1	55	*	52
12	美光	3	53	*	52
13	佳能	16	51	*	55.66
14	台積電	17	50	*	55.66
15	思科	26	41	*	55.66
16	IBM	5	*	*	68.33
17	惠普	8	*	*	69.33
18	索尼	9	*	*	69.66
19	Mactronix International Co., Ltd.	13	*	*	71
20	昇陽	15	*	*	71.66

註：專利引證率為 0 或市場占有率小於前十大，即以＊表示，並把該指標的數值代入 100。若專利數量、引證率與市場占有率三者的平均數越小者，即越能代表公司的專利價值越高。

資料來源：翁順裕等，「將專利組合鑲嵌至技術規劃中」，管理與系統，2008 年 4 月，第 330 頁，表 1。

表 7.5　篩選專利所有權人、技術類別的步驟

篩選對象	篩選步驟
一、篩選專利所有權人	1.全部 885 家公司 4,035 筆專利資料，由 885 家專利所有權人所擁有。 2.初選：61 家公司 要是專利所有權人的專利數太少，在分析上比較不具代表性，所以捨棄專利數量小於 10 筆的專利所有權人後，只剩 61 家。 3.80：20 原則，即取前 20%，共 15 家公司 由於 61 家公司所擁有的專利資訊過於複雜，在資料的處理上不易，同時也容易造成解讀與分析上的困難。因此，根據「80：20 法則」進行二次篩選，再從中選取約 20% 關鍵的專利所有權人作為主體。二次篩選的準則是擇取以專利數量排名、引證率排名、市占率排名三項指標的平均值的最小值，詳見表 7.4。
二、篩選技術類別	1.全部 70 種技術 首先針對專利分類號整理，共有 70 個技術類別。 2.初選 25 種技術 經過試談後，選取專利數大於 150 筆的技術類別作為主要分析的技術類別，讓資料規模控制在適當有效的量之下。再選取其中的前 25 項技術類別作為後續分析用。 3.複選 6 類技術領域（即技術歸類） 繼而針對此 25 項主要技術類別，進行探索性因素跟專家訪談，結果得到 6 個技術領域，並分別命名，詳見表 7.6。

資料來源：整理自翁順裕等（2008），第 329 頁。

2.專家判斷就夠了

論文為了追求學術內涵，必須運用多變量分析（本例為因素分析）或其他方法，實務上，光靠三、五個專家就八九不離十了。

由表 7.6 可見，在同一技術領域內的技術類別通常都「大同小異」，也就是執行同一功能，在硬體內，其零組件位置在附近。

表 7.6　磁阻性隨機存取記憶體的專利分類

技術領域（TF）	分類碼	技術類別（依結構係數排列）
1.影像處理與檔案管理	707	資料處理：資料庫和檔案管理或資料結構
	345	電腦繪圖處理、人員介面處理和選擇性視覺顯示系統
	709	電腦和數位處理系統：多部電腦或處理協調
	717	資料處理：軟體發展、設立和管理
	382	影像處理
	714	錯誤偵測／修正／復原
2.電腦數位處理系統	348	電視
	710	電腦和數位處理系統輸入／輸出
	702	資料處理：衡量、計算或測試
	711	電腦和數位處理系統：記憶
	713	電腦和數位處理系統：支援
3.資料暫存處理	235	記錄
	700	資料處理：generic control systems 或 specific applications
	340	通訊：電子
	358	十分位和靜態呈現處理
	705	資料處理：財務、商業實務、管理或成本價格決定
4.靜態資料存取與硬體裝置	257	主動式固態裝置（SSD）。例如電晶體、固態真空管
	365	靜態資訊儲存和存取
	438	半導體裝置製造：處理
	361	電子：電子系統和裝置
5.多工通訊技術	370	多種發訊的通訊
	379	語音通訊
	455	通訊
6.資料處理	701	資料處理：載具、導航和相關位置
	716	資料處理：電路或半導體光罩設計和分析

資料處理：電路或半導體光罩設計和分析。

資料來源：同表 7.4，第 350 頁表。

二、萬變不離其宗

科技管理比策略管理資淺甚多，因此，自然在分析方法有借鏡地方。

1.向方向政策矩陣學習

由表 7.7 可見本節〔尤其是 Ernst 等（2004）〕的專利組合觀念，兩軸的

表 7.7　技術組合分析方法

學程	策略管理	科技管理
一、分析方法	方向政策矩陣（directional policy matrix, DPM），1970 年代	K. Brockhoff（1992）提出的專利組合
二、x 軸	事業實力（business strength），依強弱勢十項指標加權平均計算，0～1 分	相對專利地位（relative patent position, RPP），此項採取 Ernst etc.（2004）的衡量方式
三、y 軸	產業吸引力（industry attractiveness），依 SWOT 分析中的 OT 分析八項指標加權平均而得	技術吸引力（technology attractiveness）
四、單一公司的實力		各公司的專利強弱勢，稱為相對專利優勢（relative patent advantage, RPA）

名稱幾乎是借用 1970 年代的方向政策矩陣（direction policy matrix, DPM）。但由於方向政策矩陣計算太複雜，因此沒紅起來，反倒是 BCG 模式簡單易用，以致大紅大紫。

2.向原始 BCG 模式學習

(一) x 軸：相對專利地位=技術重要性

由〈7.1〉式可見，透過**相對專利地位（relative patent position, RPP）**的值，我們可以得知某公司在該技術領域的表現，即該公司技術投入的規模大小。公司技術投入的規模越大所擁有的專利數越多，在相對地位上則越高。

$$\text{相對專利地位（RPP）} = \frac{\text{同一技術領域單一公司的核准專利數}}{\text{同一技術領域的專利霸主公司的核准專利數}} \cdots\cdots \langle 7.1 \rangle$$

分母：專利霸主是指該技術領域擁有最多專利數的公司，以其擁有的專利數作為標竿（benchmark），計算其他公司在專利表現上的相對位置。相對專利地位的最大值為 1。

舉例說明

$=\frac{120\text{ 件}}{100\text{ 件}}=1.2\times$（×代表 multiplier，倍數）

表 7.8　專利所有權人（公司）於技術領域的相對專利地位數值表

排名	專利所有權人（公司）	TF1	TF2	TF3	TF4	TF5	TF6	平均
1	英特爾	0.216	1	0.271	0.15	0.581	0.958	0.529
2	微軟	1	0.507	0.521	0.004	0.29	0.375	0.45
3	日立	0.019	0.154	0.292	0.522	0	1	0.331
4	美光	0.019	0.144	0.063	1	0.113	0.167	0.251
5	Advanced Micro Devices Inc.	0.042	0.117	0.188	0.734	0.032	0.208	0.22
6	佳能	0.033	0.094	1	0.017	0.097	0	0.207
7	思科	0.045	0.017	0.146	0	1	0	0.201
8	三菱	0.014	0.131	0.104	0.181	0	0.333	0.127
9	三星電子	0.013	0.077	0	0.293	0.194	0.167	0.124
10	東芝	0.007	0.034	0.104	0.38	0.129	0	0.109
11	富士通	0.019	0.111	0.042	0.332	0.081	0	0.098
12	夏普	0.006	0.013	0.146	0.088	0	0	0.042
13	意法半導體	0.006	0.047	0	0.154	0	0	0.035
14	台積電	0	0	0	0.208	0	0	0.035
15	新帝	0.004	0.013	0.021	0.13	0	0	0.028

資料來源：同表 7.4，第 335 頁，表 5。

(二) y 軸技術吸引力 = 專利申請案的成長率

Ernst（1998）以特定技術領域之專利申請數量的成長率作為技術吸引力的指標衡量，分別為相對成長率與技術領域期間成長率二種，本處以專利核准數作為衡量對象。

相對成長率（RGR）

$$= \frac{\text{單一技術領域專利核准數的平均成長率（於 10 年內）}}{\text{所有技術領域專利核准數的平均成長率（於 10 年內）}} \quad \cdots\cdots\cdots\cdots \langle 7.2 \rangle$$

期間成長率（RDGR）

$$= \frac{\text{單一技術領域專利核准數的平均成長率（於後 5 年內）}}{\text{單一技術領域專利核准數的平均成長率（於前 5 年內）}} \quad \cdots\cdots\cdots\cdots \langle 7.3 \rangle$$

$$\text{（舉例）} = \frac{200\%\text{（2001\sim2005 年）}}{100\%\text{（1996\sim2000 年）}} = 2\times$$

1.計算相對成長率（RGR）

各技術領域之相對成長率（relative growth rate, RGR）可看出某技術領域的成長趨勢，是屬於快速成長抑或是緩慢成長的技術領域。

相對成長率的計算，主要以各技術領域於 1993～2002 年間的專利平均成長率，相對於所有技術領域的專利平均成長率，並以每年為單位進行計算，計算式詳見〈7.2〉式。經計算於 6 個技術領域於過去 10 年專利的平均成長率，如表 7.9。

把表 7.9 代入〈7.2〉式，如圖 7.2 所示。

表 7.9　技術領域於過去 10 年專利的平均成長率

領域＼年	1993～1994	1994～1995	1995～1996	1996～1997	1997～1998	1998～1999	1999～2000	2000～2001	2001～2002	平均成長率（%）
TF1	*	*	0.000	8.000	3.333	3.913	−0.116	−0.714	−0.570	1.978
TF2	*	*	*	*	2.571	2.343	0.077	−0.354	−0.708	0.786
TF3	*	*	*	*	6.357	1.660	−0.117	0.095	−0.777	1.444
TF4	−1.000	*	*	*	4.056	0.989	3.348	1.872	−0.218	1.508
TF5	*	*	7.000	1.500	4.800	1.828	−0.430	−0.332	−0.656	1.959
TF6	*	*	*	*	*	3.727	1.692	0.529	−0.682	1.316
總計	−1.000	*	1.167	10.231	3.733	2.441	0.191	0.240	−0.385	2.077

註：Y_n 表示第 n 年之專利核准數且 $Y_{n-1}=0$，則 $\frac{Y_n - Y_{n-1}}{Y_{n-1}}$ 以＊表示。

資料來源：同表 7.4，第 333 頁，表 4。

2.計算期間成長率（RDGR）

各技術領域的期間成長率（relative development growth rate, RDGR）可用來判斷某技術領域的發展是否仍在主流的發展路徑上，要是為負值，表示某技術領域已經偏離了該產業在技術道路圖上的主流路徑，其技術的發展開始呈現衰退現象，或者已經是停頓的狀態中。

期間成長率的計算主要以 1997 年和 1998 年間為分野，並計算各技術領域在前後各五年間的相對成長率之潛力，並以每年為單位進行計算。把表 7.9

代入〈7.3〉式，可得技術領域期間成長率，如圖 7.2。

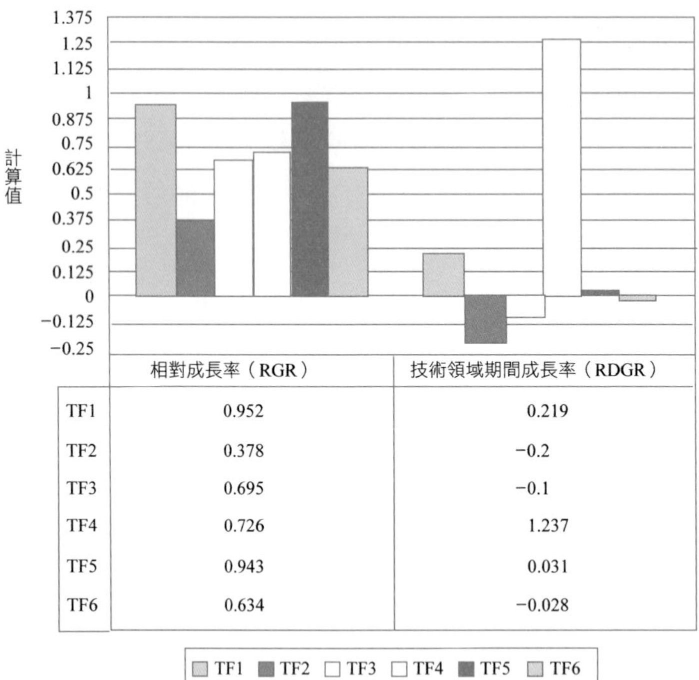

	相對成長率（RGR）	技術領域期間成長率（RDGR）
TF1	0.952	0.219
TF2	0.378	−0.2
TF3	0.695	−0.1
TF4	0.726	1.237
TF5	0.943	0.031
TF6	0.634	−0.028

圖 7.2　技術領域的技術吸引力圖（RGR 與 RDGR）

資料來源：同表 7.4，第 334 頁，圖 2。

(三)相對專利優勢

引用 Schmoch（1995）所提出的相對專利優勢觀念，作為技術重要性的衡量指標。相對專利優勢（為各公司技術領域的重要性大小，用以標注相對位置，即圖 7.9 中圓圈之大小）。對專利優勢為各公司技術重要性的衡量指標，公司技術的優勢越高，其技術的重要性越高（即專利組合圖中圓圈面積大小），圓圈面積越大，其重要性越高。

專利數轉換成可以衡量各公司在特定技術領域的技術能力的相對專利指標，以顯示公司技術的相對優勢。公司技術的相對優勢越高，其技術的重要性越高，越有可能成為該技術領域的研發焦點，成為其他公司的標竿。

1.取對數

RPA 可以描述特定公司其技術在特定專利分類（技術領域）中的重要性

程度，取對數可產生以 0 為中心的對稱值。

2.取正切值

取正切的目的則使其值能界於 −100 至 +100 之間，計算方法如〈7.4〉式所示。

$$RPA_{ij} = 100 \times \tanh(\ln\left(\frac{P_{ij}/\sum_{i} P_{ij}}{\sum_{j} P_{ij}/\sum_{ij} P_{ij}}\right)) \quad \langle 7.4 \rangle$$

其中：

RPA_{ij} 是指第 j 家公司在第 i 個技術領域的相對專利優勢指標；

$P_{ij}/\sum_{i} P_{ij}$ 是指第 j 家公司在第 i 個技術領域的專利數占所有技術領域的專利數總和的比率；

$\sum_{j} P_{ij}/\sum_{ij} P_{ij}$ 是指第 i 個技術領域的所有公司專利數總和占所有公司在所有技術領域的專利數總和的比率；

tanh 為雙曲正切函數。

當 RPA 為正值，代表相對技術重要性高，反之，則代表相對技術重要性低。要是二個 RPA 值相距在 15 以上，則表示這二種技術的重要性（不同類別或不同公司）有顯著上的差異。

〈7.4〉式所計算出的結果數值很小，為了方便比較，所以採取各加上 100，五個技術領域相對技術優勢榜首依序為微軟、英特爾、佳能、台積電、思科，表 7.10 跟表 7.8 有一致性。

技術領域的技術重要性高，在該技術領域的相對專利地位亦較高，技術領域 6 的技術重要性低。

表 7.10　專利所有權人（公司）對應技術領域的相對專利優勢

公司＼技術領域	1	2	3	4	5	6
夏普	12.45	22.03	182.67	129.21	0.00	0.00
新帝	4.24	13.39	22.18	140.02	0.00	0.00
思科	142.71	21.56	173.64	0.00	199.51	0.00
台積電	0.00	0.00	0.00	146.22	0.00	0.00
意法半導體	4.76	71.51	0.00	134.46	0.00	0.00
佳能	104.11	150.01	199.19	6.39	150.52	0.00
三菱	13.09	133.03	95.18	113.28	0.00	0.00
三星電子	5.94	54.31	0.00	129.89	138.28	0.00
富士	9.57	75.30	11.62	130.29	46.87	0.00
東芝	1.37	9.78	52.65	138.78	84.14	0.00
日立	3.78	62.00	107.29	127.75	0.00	0.00
超微	10.83	26.91	44.46	135.26	2.22	0.00
美光	1.35	24.30	3.68	139.15	14.97	0.00
英特爾	122.77	184.25	76.48	16.59	158.07	0.00
微軟	188.88	120.00	106.69	0.01	64.00	0.00

資料來源：同表 7.4，第 337 頁，表 6。

7.4　專利地圖——專利分析的第三步

專利地圖就是檢索跟研究主題相關的專利資料，分別從管理、技術、專利權、研發趨勢等面向加以分析，最後轉化為有用的決策資訊。專利地圖可以應用於企業各個發展階段，從專利撰寫、申請、迴避，到日後的授權、新創事業等，影響企業發展至為長遠。

專利地圖只是技術地圖的具體應用而已，簡單地說，在許多項關鍵技術方面，你可以做出全球、國家或產業的位置，再來分析自己公司某一項產品的技術所在位置，究竟是領先、同步或落後，並且了解造成落差的原因。

專利地圖快易通

地圖的功用在於提供我們分辨方向、距離，據以設定行進方向和速度。同樣地，我們也可以把各國智慧財產局中的專利，依照各項關鍵技術，依時間做成趨勢圖，或是在同一時間（以 2010 年作為今年）進行橫斷面的比較。

專利地圖所以稱為地圖，代表這份資料對研發人員、投資人有方向指引功能，可以找出有利可圖的發展跟投資方向。對智財管理者、技術交易者在面對申請專利、侵權官司、技術交易定價時，都有高度參考價值。

(一)技術地圖的定義

技術地圖廣義的定義（Kurokawa and Meyer, 2001）是指「廣泛的描繪技術發展跟運用的脈絡」。

在財務報表分析中有一項很重要的比較標準，即「產業平均」；在技術預測中有一種方式跟這很相似，即**專利地圖（patent roadmap）**。這跟技術地圖很雷同，只是專利地圖是現況的描述，而技術地圖則往往是採取專家法中技術前瞻的技術遠景的說明。

(二)專利地圖的分類

依組織層級來分，技術地圖可以分為：國家技術地圖、產業技術地圖、公司或產品技術地圖、產品／產品線管理地圖，詳見圖 7.2 至圖 7.5 的說明。

專利地圖觀念源於日本，是指把專利資訊加工解析結果「視覺效果化」的工具。也就是把專利資訊以件數、專利分類號、申請人、關鍵詞等各項數值或文字資料加以系統化整理、分析，並且把其解析成地圖。專利地圖是把專利資料轉為專利資訊的系統化分析結果。

1.專利管理圖

專利管理圖（patent management map）為針對競爭者的動向、產品開發趨勢、市場參與的情形、人才投入等情形，包括：歷年專利動向圖、各國專利占有比率、專利排行榜、公司專利平均年齡圖、公司發明陣容比較圖、公司定位綜合分析、重要專利使用族譜圖等。

圖 7.3　技術功能矩陣圖

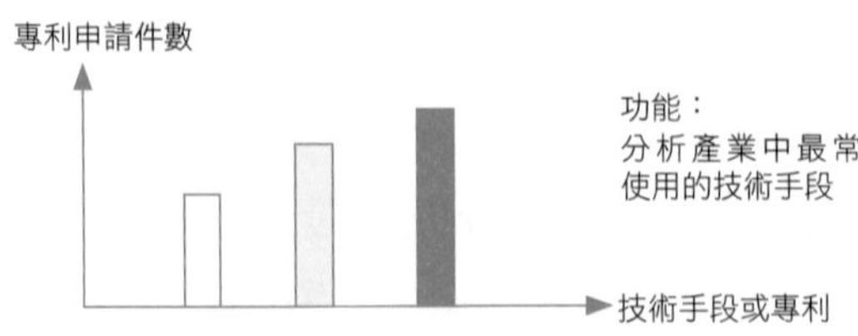

圖 7.4　技術分布圖

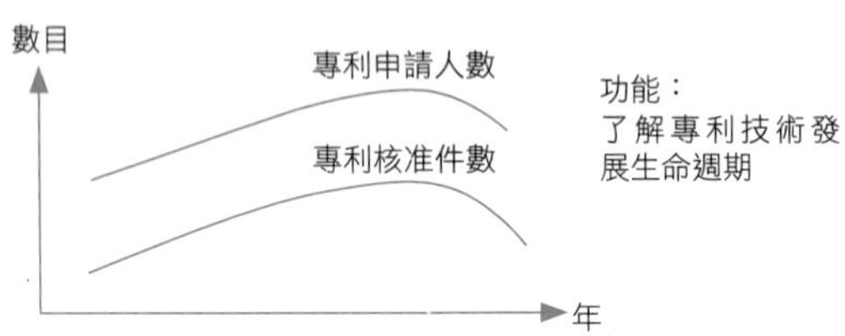

圖 7.5　專利生命週期

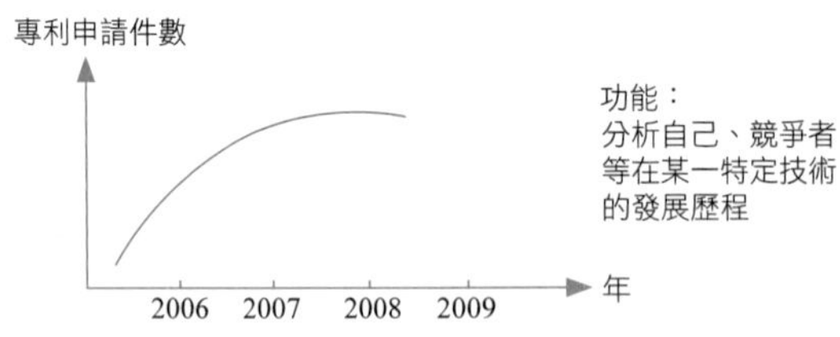

圖 7.6　特定公司的特定技術進程

2.專利技術圖

專利技術圖（patent technology map）是針對某個技術去分析技術的擴散狀況、技術開發的方向、研發主題的選定、挖洞技術的可行性，包括：專利技術分布鳥瞰圖、專利技術領域累計圖、專利技術功效矩陣圖、專利多重觀點解析圖、發現技術顯微圖。

(三)技術地圖的用途

Garcia 和 Bray（1998）認為，技術地圖的編製是由許多專家組成一個專案小組，來組織關鍵資訊，這是一個由需求驅動的技術規劃過程，以辨認足以滿足客戶需求的產品技術，有效率地協助企業做出正確決策，詳見圖 7.7。

Brent（2000）認為，技術地圖是結構化的分析技術課題，並且在解決方法發展過程中建立共識，提供策略性、結構化的企劃方法。由於科技環境越來越複雜，許多關鍵技術的發展已經不是一家公司單打獨鬥即可，需要整個產業

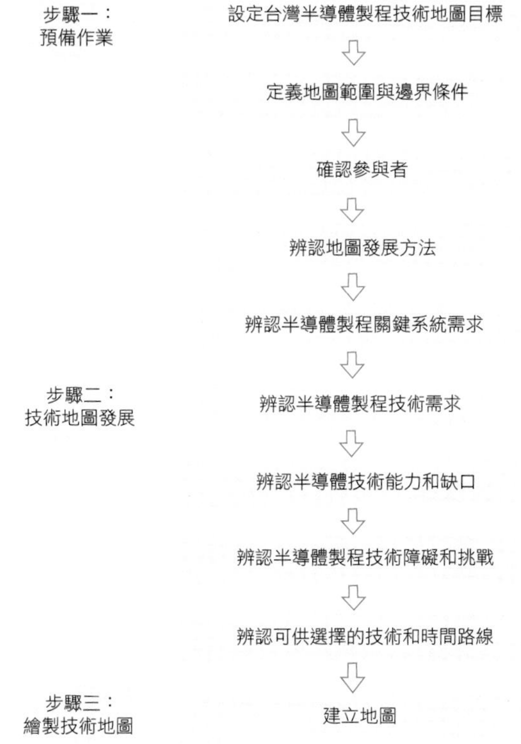

圖 7.7　技術地圖繪製步驟

資料來源：黃政平等，「台灣半導體製程趨勢之研究」，科技管理學刊，2003 年 9 月，第 150 頁，圖 2。

甚至國家的協助，此時技術地圖可以協調公司間合作，訂出技術發展里程碑，避免某些技術跑太快或太慢或被重複研發，導致資源浪費。

(四)技術地圖的關鍵成功因素

技術地圖的關鍵成功要素如下：一個好的技術地圖，在回顧面必須包括所有影響技術變動的重要因素；在現況面必須廣泛反映所有影響現在技術利益的重要因素；在未來面則不但需要包含所有重要的因素，而且必須具有遠景。

一個高品質技術地圖的關鍵成功因素包括：高階管理者的支持、地圖發展的優良管理者、地圖發展團隊的能力、利害關係人驅動的發展方式、標準化跟正規化的尺度、地圖的選定標準、可信度，以及未來行動相關、成本控制及可取得的全球資料。

表 7.11　半導體技術的二大構面

關鍵系統需求	成本	MPU/ASIC 1/2 間距、MPU 閘寬、微處理器電晶體數目／cm2、光罩數目（DRAM）、光罩數目（MPU）
	DRAM 集度	DRAM 1/2 間距、量產 DRAM 位元數／晶片
	耐久性	電壓（V）供給
半導體製程技術	前段製程	晶圓材料、表面處理、熱處理／薄膜和前段蝕刻
	連線製程	介電質、導體和平坦化
	微影技術	微影曝光工具

資料來源：同圖 7.7。

(1)關鍵系統需求方面

請 6 位專家預測，把預測結果以二階方程式跟指數方程式來作迴歸分析，選擇判定係數最高者作為技術預測方程式。

(2)製程技術方面

根據製程技術三大構面探討製程技術未來將遭遇到的關鍵問題，提出可解決這些問題的相關技術，並且建議這些技術何時需研究發展。所有專家預測年數以算術平均數處理。

2.縱向（時間序列）

縱向時間範圍 2002～2007 年，共六年。

(五)確認參與者

該研究採用專家法，訪問半導體製程技術方面的專家，訪問對象為大學教授、國家奈米元件實驗室跟上市公司博士級研發經理，共 6 名專家。

(六)技術製圖三種方法

Kostoff 和 Scballet（2001）把技術地圖編製方法彙總為三種。

1.專家法

聚集產業內專家以辨認地圖質方面的屬性，但是在量方面的預測比較弱。其中委員會預測法（workshop based approach）聚集較廣的團體，如產官學（含研究機構）跟其他利害關係人，利用其知識以進行預測。

2.電腦分析法（computer based approach）

運用高速電腦、智慧演算法（intelligent algorithrns）跟其他模型工具以幫助估計和量化，主要著重量方面的預測，但是在質方面的預測較弱。電腦不會主動、全自動預測，所以本法指的還是運用統計方法。

3.混合法（hybrid approach）

混合法是綜合專家法跟電腦預測的方法，結合質與量兩方面的預測，可說是能截長補短的方法。

7.5 專利分析在技術層面的應用

專利分析在技術層面的分析方法，常用 Brockhoff（1992）技術層面分析圖。不過，我們不打算介紹他的圖，而是萬變不離其「宗」地回復基本的，套用策略管理二大工具 BCG 模型（另一是 SWOT 分析），因為這樣更容易懂，因而取名為技術層面的技術分析的 BCG 模型。

一、研發重心

在軍事上，由兵力配置圖可以看出指揮官看重哪一個戰場；在公司行銷中的廣告預算分配，可以看出行銷主管著重哪種媒體（例如平面 vs. 電子媒體）。理想上，公司也想知道對手花多少經費在研發「祕密」武器，但既然是祕密，外人就很難窺其堂奧。但是祕密武器總會派上用場，在科技管理中，我們只好由公司研發的初步公開成果來合理推測其研發重心指標，由圖 7.8 可見。

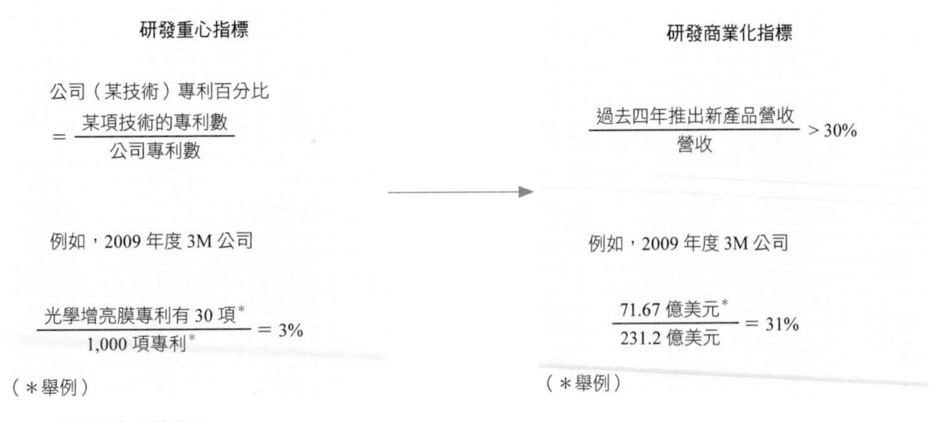

圖 7.8　研發重心指標

二、套用實用 BCG 模型

BCG 模型一般誤以為座標四個象限依序跟產品生命週期的「導入—成長—成熟—衰退」相對應，因此把 x 軸作了 180 度轉軸，即把「向右走」的箭頭，反成「向左走」。

(一)橫軸（x 軸）

橫軸為相對專利地位，主要以相對於對手的專利件數來衡量，跟對手打平在橫軸中間標為 1，箭頭往左走，1.2×在 1 的左邊，詳見〈7.1〉式。

(二)縱軸（y 軸）

縱軸為技術相對成長率，代表相對技術發展潛力（relative development growth rate, RDGR），用來衡量公司在每一技術領域的技術和研發能力，詳見〈7.2〉式及〈7.3〉式。

三、比大比小

圓圈代表每一公司在此技術領域的地位跟研發重心，圓圈的大小代表公司在此技術領域的技術能力。其能表現出對手在相關技術領域的相對地位，能幫助公司確認其技術步調、評估對手的技術能力，以及分配研發部的資源。

至於其他分析方法則跟 BCG 模型一樣，以圖 7.9 的舉例來說，本公司相對於某一對手，專利地位較佳（1.2 倍），但是技術成長率較低；相形之下，A、B 公司則來勢洶洶，雖然技術能力較差（小圈圈），但是在技術成長率方面屬於高成長，而且跟某一對手相比，專利地位有 1.4 倍，也比本公司厲害，必須小心提防這二家「明日之星」公司。

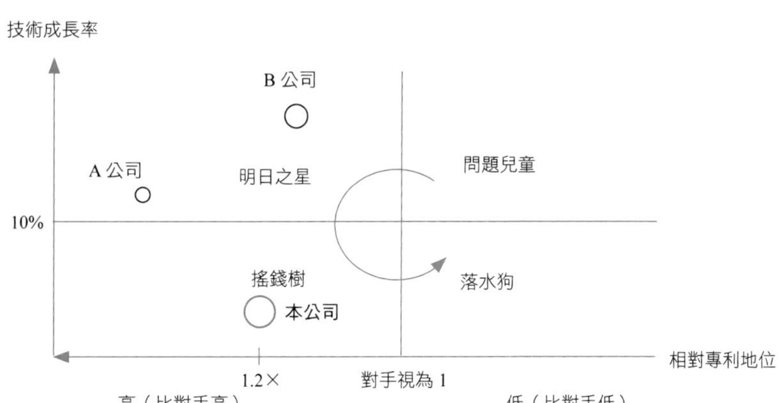

圖 7.9　專利分析的技術層面分析圖——技術 BCG 模型

資料來源：改編自 Brockhoff（1992）。

7.6　專利經營面分析

專利分析在經營面的運用，至少有下列幾個重點。

一、迴避設計

「山不轉路轉」這句俚語貼切地形容**迴避設計（design 或 invent around）**。

2004 年，美商卓然（Zoran）控訴聯發科侵犯其三項專利權，分別是編號 736、440 跟 527 的專利。2005 年 5 月，美國國際貿易委員會（ITC）公布初判結果，聯發科僅侵犯卓然編號 527 的專利，沒有侵犯另外二項。聯發科跟卓然對此判決均不滿意，各自提出上訴。

2005 年 9 月 29 日，判決結果出爐，維持初判。聯發科股價下跌 0.5 元，以 304.5 元收盤。

卓然主管強調，根據國際貿易委員會裁決，Artronix、華碩、EPO Science & Technology 公司、建興、微星等聯發科的客戶，只要採用聯發科侵權晶片產品，都不得出口到美國。

(一)山不轉，路轉：迴避設計

聯發科表示，美國國際貿易委員會初判發表後，即針對 6584527 號專利進行迴避設計。新的迴避設計已由美國多組專利律師判斷並無侵權的可能。①

(二)卓然不認為迴避設計有迴避

卓然指出，聯發科先前向國際貿易委員會提出要求，希望此官司排除新產品（即採迴避設計的晶片），但後者拒絕聯發科的請求，只要聯發科新產品侵犯卓然專利權，一樣不得出口到美國。根據卓然所掌握的證據，聯發科新產品也侵犯卓然的專利權。②

二、專利布局

專利分析最後規劃出公司未來的發展策略，主要指技術、專利布局，包括開採「授權金金礦」。

三、公司層面的專利分析圖

公司層面的技術分析在於，把公司的專利作為技術能力的主要衡量變數，據以得到本公司跟對手相比，究竟算是強或弱。而一般皆採用研發或技術策略的類型來分類，不過，看了很多學者獨創一格的分類後，大抵皆是殊途同歸，基於「天底下沒有新鮮事」、回復基本的治學理念。以經常引用的 Ernst（1998）公司層面的專利分析圖來說，幾乎跟修正版波特的事業競爭策略一模一樣；或者換個角度來看，二者的關係如下。

(一)波特看到的是事業部的競爭策略

在圖 7.10 中的內層座標是「修正版波特的事業策略——伍氏畫法」，比波特的三分法多一種，也就是更精細。我們的貢獻之二是跟各公司在市場（或產業中）的地位、角色一對一的放進去，例如產業龍頭、市場領導者贏者通吃（指 y 軸的市場範圍：全部）；而且因為市場大，大抵會採取規模經濟、範疇經濟所帶來的成本領導策略。

(二)Ernst 看到的是事業部在研發功能方面的作為

策略是想法，需要靠具體的作法予以實踐。以高科技公司來說，這主要是靠企業活動中的研發。

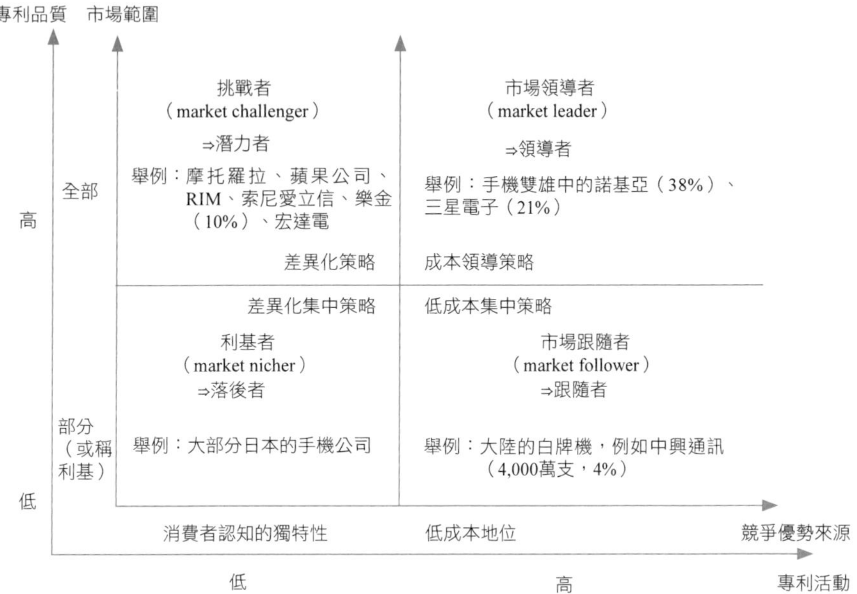

圖 7.10　公司層面的專利分析——以波特的事業策略為架構

資料來源：內環座標來自 Zimmer & Scarboragh, Enterpreneurship and the New Venture Formation, *Prentice Hall*, 1996, p.164, Fig 7.2；外環座標來自 Ernst（1998）, p.286。
幾家公司括弧內的百分比數字是 2009 年全球市占率。

1. x 軸：專利活動 = 研發活動

專利申請件數為主要衡量專利活動的指標。

2. y 軸：專利品質 = 專利活動的影響力

一般多以專利核准率、有效專利比率、主要國家的專利件數跟引用次數，作為主要衡量專利品質的指標，以衡量專利活動的影響力。

3.這樣畫很順

在座標圖上，一般把自變數放在 x 軸，因變數擺在 y 軸，來表示「有因必有果」；即專利活動（即專利申請數）是因，專利品質是果。

四、掂掂彼此的斤兩

接著，以手機（我們也想以 DRAM 來舉例，但怕大家比較不熟悉）來舉例說明。

(一)市場領導者：雙雄

在「高專利活動，高專利品質」的第一象限，這種公司是領導者、領先創

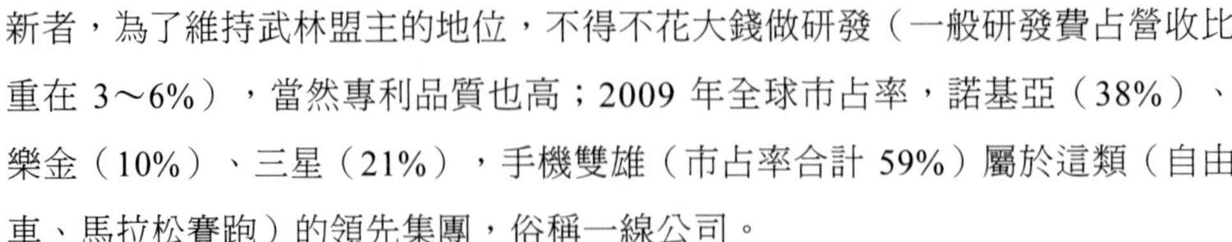

新者，為了維持武林盟主的地位，不得不花大錢做研發（一般研發費占營收比重在 3～6%），當然專利品質也高；2009 年全球市占率，諾基亞（38%）、樂金（10%）、三星（21%），手機雙雄（市占率合計 59%）屬於這類（自由車、馬拉松賽跑）的領先集團，俗稱一線公司。

(二)市場跟隨者

市場跟隨者大都是大陸的白牌公司（例如中興通訊），研發經費花得不少，但是研發品質低（或許可能是防禦性專利），偏重產品改變（例如外型）、拚市場（大陸、印度、非洲和南美）。

(三)潛力者（即挑戰者）

手機中的主集團（俗稱二線公司）至少有三家：樂金（市占率 10%）、摩托羅拉、索尼愛立信，市占率在 6% 左右，個個都想「坐六望五」。然而在力有未逮情況下，較無資金採取機海戰術（例如一年推出 30 款以上手機），只好採取局部兵優方式，集中資源，單點突破，像摩托羅拉比較偏重低價手機。也就是研發活動比較「少」一些，但是專利品質卻高，否則產品哪有資格向手機雙雄「嗆聲」！

(四)落後者（即利基者）

至於研發活動低、專利品質低的第三象限，可說是三線公司，市占率 2% 以下，市場涵蓋範圍小，只能偏居一隅，因此市場地位偏像利基者（即占有一席之地）。

7.7 專利指標運用於公司、技術層面分析

第五、六節，分別說明專利分析在技術、公司層面的分析，但是在實際運用時，它是同時考慮的。看似相同或不同的東西，唯有透過我們化繁為簡的治學口訣，才容易理解：「二個就可以作圖（作表），三個就可以分類。」

一、二個圖放在一起比較

專利分析的技術層面分析圖、專利分析的公司層面分析圖是分析的結果，

擺在一起看，就比較容易了解，畫龍點睛之處在於圖 7.11 內的圖 7.9 及圖 7.10 圖名的副標題。

(一)技術分析的技術層面分析圖

由圖 7.11 可看出技術層面分析圖得出的過程。

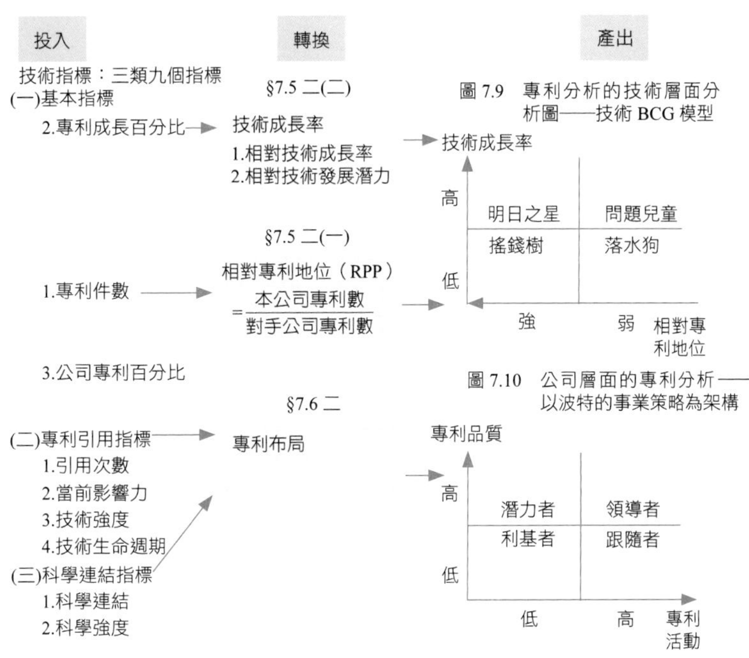

圖 7.11 專利分析的技術、公司層面分析過程

1.投入：技術指標

先從技術指標中找出基本指標，只須用第 1、2 項指標，適當計算（即加工），便可以依序得到圖 7.9 中 x 軸、y 軸上相對應的數值。

2.轉換

至於技術指標計算方式，我們已於〈7.1〉式、〈7.2〉式及〈7.3〉式加以說明，只是加減乘除的運用，可說是很容易懂。

(二)專利分析的公司層面分析圖

由圖 7.11 也可看出公司層面分析圖得出的過程。

1.投入

主要是運用技術指標第二或第三中類的一個指標，像專利引用指標的第三個指標「技術強度」，或是第三中類科學連結指標中的科學強度。

2.轉換

以「技術強度」來說，它是「引用次數」乘以當前影響力（詳見本節第三段），為了擴大避免重複計算，用「技術強度」來衡量圖 7.10 中的 *y* 軸專利品質的高低便可。

二、專利指標

如果我們在第三節就專節介紹**專利指標（patent indicator）**，你可能會感到非常無聊：「又是死背！」專利指標本身不是目的，如同人的健康可由心跳、血壓、血液檢查等方式來衡量一樣，專利指標可說是公司專利狀況的檢查值，經過適當運算，再據以分析。

CHI 研究公司（CHI Research）創立於 1968 年，是一家提供技術、科學跟財務指標方面的研究及顧問公司，其根據美國專利資料庫提出了三中類九項專利指標，詳細說明如下。

(一)基本指標（basic indicator）

1.專利件數（number of patents）

這是一家在某技術上所擁有的專利件數，由專利件數可得知一公司的研發狀況跟技術定位。

・國家層級的技術指標

在表 2.15 中，世界經濟論壇公布 2009～2010 年度全球競爭力報告，北歐跟東亞主要國家仍是全球最具競爭力的經濟體；瑞士封王，美國緊追在後，台灣排名由 17 名爬升至第 12 名。

台灣跟新加坡政府善於管理，使民眾擺脫貧窮，並且成為全球最繁榮與最具競爭力的經濟體。台灣跟新加坡在評比項目的優點上，並不雷同。台灣之所以有如此好的名次跟科技指標能夠排名第三有關，而這項指標中，台灣平均每年每百萬人在美國擁有約 240 件發明型專利（僅少於美、日）占有相當重要的原因。

專利指標是技術創新產出的最接近代理變數，也因此通常被用來衡量發明績效。技術跟創新在世界經濟論壇的國家發展階段論中，扮演著舉足輕重的角色，唯有發明成為經濟發展有核心動力，才能晉升至創新驅動的經濟體發展階段。

2.專利成長百分比（patent growth percent in area）

把今年所獲得的專利跟前一年獲得的專利相比較，計算出當年比前年專利件數增減的幅度百分比。主要用來評估一公司在技術活動上的變化。

3.公司專利百分比（percent of company patent in area）

這是一家公司在某項技術上的專利件數，占公司所有專利件數的百分比，可以得知該公司所從事的技術活動和市場定位。

(二)專利引用指標（patent citation indicator）

1.引用次數（cites per patent）

這是一家公司專利被往後專利引用的平均次數，數值越大，代表此專利所保護的技術範圍可能具有相當的重要性跟關鍵性。

2.當前影響力（current impact index）

當前影響力或當前衝擊指標是指在過去五年內，某國產業或公司的專利，被現行專利引用的平均次數，相對於整體專利被引用的平均次數，用以衡量一家公司在一技術領域裡的影響力；簡單地說，用以衡量專利的「品質」，以免數數時被濫竽充數所騙了。

在一期間中，被高度引用的所有專利的 10% 中，公司或國家的專利所占的百分比稱為**技術衝擊指標（technical impact index, TII）**。此指數的期望價已經被常態化到 1。當其值大於 1，代表該公司或國家在此項產業的專利被引用的情形不錯；相對地，小於 1 則代表其專利被引用的次數不高。此項指標跟引用績效比率值類似，只是計算方式的不同。

3.技術強度（technology strength）

是把專利件數乘上當前影響力，為評估公司在一技術領域裡的技術能力，計算方式詳見〈7.5〉式。

技術強度（technology strength, TS）

= 專利數量×當前影響力指標（current impact index, CII）……… 〈7.5〉

當前影響力指標（current impact index, CII）是測量專利多久被往後的專利所引用，即衡量此專利被其他專利引用的頻率有多高。從另一角度來說，它是計算專利被其他專利引用的平均次數。一般當前影響指標值均調整成期望值為 1。CHI 公司的算法是把計算時間往前推算五年，計算這五年中，某公司或某國家專利被引用的頻率。因此，對於超過五年以上的專利，縱使被許多人引用，也不曾影響到此值的計算。

4.技術生命週期

技術生命週期為一公司專利引用先前專利的平均年齡中位數，用以衡量一技術的創新和研發速度，數值越小，代表公司在一技術領域的技術跟研發活動越頻繁。

此指標代表創新的速度或為技術的周轉率，CHI 公司對於不同技術領域有建議性的技術生命週期表。技術週期短，表示此一技術領域的企業能力高，運用**先前技術（prior art）**提升為核心能力所需的時間；例如，半導體周轉時間（常指一個世代）為 3～4 年，造船業可能需要 10 年以上。

(三)科學連結指標（science linkage indictor）

1.科學連結（science linkage）

一家公司的專利引用科學研究文獻的平均次數是評估公司在一技術領域的專利跟基礎科學間的關係和產業依存性。

2.科學強度（science strength）

專利的科學強度是指專利件數上科學連結，數值越高，代表公司在此項技術專利跟基礎科學之間的關聯性越強。計算方式詳見〈7.6〉式。一般來說，生物科技專利的科技強度都比較高。

科學強度（science strength, SS）

= 專利數目×科學連結（science linkage, SL）…………………… 〈7.6〉

三、專利預測法舉例：台灣的例子

以專利預測法來預測產業前景，交通大學科技管理研究所袁建中教授以二個產品為例說明。

(一)台灣面板產業

交通大學科管所教授袁建中（2001）以專利數的多寡來判斷產業走向，以映像管為例，在全球專利數達到一千項時，此產業呈現競爭階段；而在專利數達到六千項左右時，產業會往勞力密集的國家移動，這跟台灣影像產業走勢十分吻合。

他認為面板產業會有十年的好光景，但是到了 2011 年時，台灣 5 代線（或廠）會有一波產業外移，就像映像管產業一樣。

(二)有機發光二極體

以專利數來判斷，有機發光顯示器（OLED）專利數只有三、四百項，距離產業發展的一千項還有些距離。下一代顯示器產業奈米碳管顯示器（CNT-FED）專利數更少，發展的時程更在 OLED 之後。這也是未來面板產業外移後，台灣會發展的新興顯示器產業。

(三)專家印證

OLED 何時才能占據面板市場的主流？在 2003 年 11 月 5 日一場研討會中，從面板跟 OLED 業者的角度來看，OLED 似乎未如預期的樂觀。雖有應用，但是量卻不大，到 2005 年時才看到比較大的市場應用。

2004 年 4 月，拓墣產業研究所認為因為 OLED 壽命瓶頸，所以在運用仍然侷限於次面板；至於小尺寸面板將是低溫多晶矽跟發光二極體二分天下，CSTN 只剩二年好光景。

註　釋

①工商時報，2005 年 9 月 30 日，A11 版，王玫文。

②經濟日報，2005 年 9 月 30 日，A11 版，曹正芬。

本章習題

1. 找一個專利分析的案例，看看圖 7.1 是否適用？
2. 找一個專利分析的案例，看看你是否能看得懂？
3. 專利分析的用途「人言言殊」，除了表 7.1 的分類方式外，你還有什麼分類方式？
4. 台灣有哪些公司提供專利檢索的代工服務，收費水準如何？
5. 舉一個例子說明專利組合這個觀念。
6. 找一家公司的一個技術的專利管理圖來分析，是否有具體案例可以更抓得住專有名詞的定義呢？
7. 以圖 7.2 為基礎，找一家公司的一項技術來說明。
8. 以圖 7.5 為基礎，找一家公司的一項技術來說明其技術進程。
9. 技術製圖跟技術預測方法有何不同？
10. 找一家公司來分析專利分析在公司、技術層面的運用。

研發部、智財部組織設計

我們一直認為台灣和南韓是平起平坐的，大家都屬於亞洲的四小龍。可是南韓恐怕已經不是小龍了。外電報導，南韓最近跟迦納簽約，替這個國家建造房屋，這個合約價值 100 億美元。幾天以後，南韓跟阿拉伯聯合大公國又簽訂一個合約，替他們建造核能電廠，總額 400 億美元。這紙合約，來之不易，因為競標者還有日本、美國和法國。南韓是第六個輸出核能電廠的國家。我們落後如此之多，能不羞愧嗎？

南韓能夠輸出這種技術，絕對震驚全世界，也使南韓躍升工業大國了。可以想見的是，南韓國會有接二連三的驚人表演。

我把南韓輸出核能電廠的消息告訴我在清華大學上課的學生，全體鴉雀無聲，從他們的嚴肅表情看來，可以想見內心的沉痛。他們全部是工學院的學生，我相信，他們並不是只想到工作時能否拿到高價股票。他們一定都希望有機會能參與一些計畫，這些計畫有遠大的目標，完成以後，國家的工業水準會大幅度地提高，全世界都會注意到，我們國人走到哪裡，都可以以台灣為榮。

——李家同　暨南、清華、靜宜大學榮譽教授
中國時報，2010 年 1 月 14 日，A4 版

學習目標

從研發部的組織設計可以進一步了解研發部、法務部相關單位的職責、分類。組織設計是管理中很關鍵的一章，本章重要性不言可喻。

直接效益

表 8.3 把技術相關部門職掌列出，表 8.7、表 8.8 把技術長宜具備的條件列出，讓你能夠按表操課。

本章重點

1.創意、研發、科技與知識管理。圖 8.1

2.跟公司技術相關部門。表 8.3

3.華碩電腦的組織架構——以價值鏈為架構。表 8.6

4.技術長的學經歷。表 8.7

5.技術長的人格特質。表 8.8

6.宏碁公司智慧財產權室組織設計。圖 8.2

前言　管理就是整合

有組織可以打敗烏合之眾，例如有組織的斯巴達軍隊可以重擊烏合之眾的波斯軍隊。由此可見，公司技術管理要想發揮整合功能，不致變成一盤散沙，那就得靠組織設計。

在本章中，我們用許多公司的例子來說明技術部、研發部的組織設計，而鮮少談到研發部組織設計理論，由此可見本書的實用導向特色。更何況，組織設計在大一管理學、大三組織管理中，至少有一章介紹，本章可以避而不談，以節省篇幅。

8.1　研發、科技和知識管理

在台灣師範大學語文中心，有位國語老師在黑板上寫了「己已巳」三個大字，並且請外籍學生說出三個字各是什麼意思。

性好科學的德國學生拿根尺在量「己已巳」比「己」中間多凸出多少公

分；浪漫成性（不拘小節）的法國學生當場昏倒，因為不相信這是三個不同的字；「余豈好辯」的美國學生當場跟老師爭論起來，他認為這是老師硬ㄠ，想誑騙學生，其實這是同一個字。

由這個「己已巳」的例子，稍後可以用在研發、科技跟知識管理之上，或者再套用貨幣總數（一般用詞為貨幣總計數）的定義，研發管理類比為 M1B、科技管理為 M2，而知識管理則是貨幣政策工具，是過程而不是結果。

一、創新、研發、科技和知識管理

企業經營是連續的，為了編制財務類表起見，只好活生生的以會計年度切一刀，以顯示公司某一期間的財務狀況（例如資產負債表）、經營績效（例如損益表）。

同樣地，大一許多課程是同一件事，只是為了深入討論起見，大一時先來個總論，大二到大四再仔細說明，像表 8.1 就是顯而易見的。

表 8.1　核心學科的課程設計

	大一	大二	大三	大四
經濟	經濟學	總經、個經、貨幣銀行學	產業經濟	計量經濟
會計	初會	中（等）會（計）	高（等）會（計）	國際金融
統計	初統		高（等）統（計）	

(一)橫軸：新產品開發過程

由圖 8.1 橫軸說明新產品的開發過程，大抵可以看出這四者間的關係，每一項管理負責過程中一段活動。

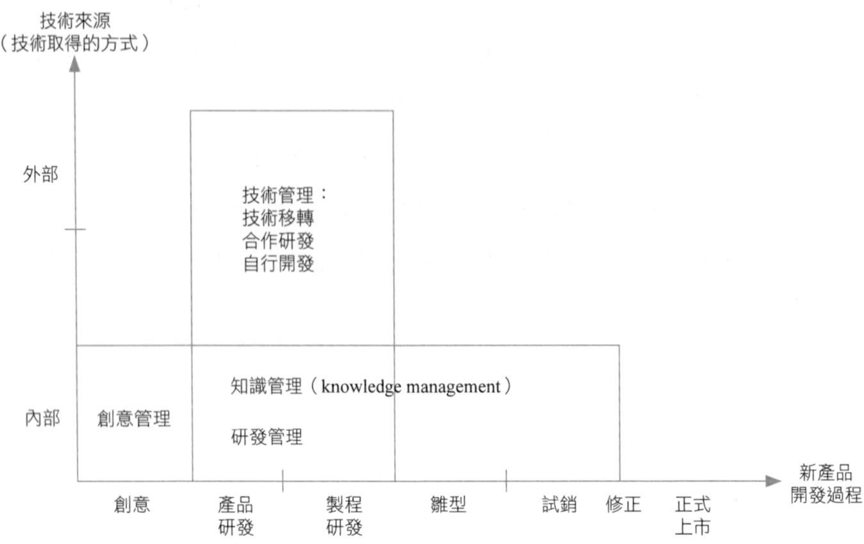

圖 8.1　創意、研發、科技與知識管理

1.創意管理

科管所、廣告系，甚至視覺設計系等，都有開授**創意管理（creativity management）**課程；簡化地說，它源自大一管理學中尋找替代方案的思考方式，尤其是腦力激盪、點子記錄；反映在公司溝通系統的則為提案制度。

2.研發管理

研發管理可以細分為產品、製程二種研發，有些公司因此在組織設計時，還細分為產品設計中心、技術處；至於稱為研發設計中心那大可不必，就像有人用「管控」一詞一樣，管理包括「規劃—執行—控制」三項活動，說「管理」就夠了，不必用「管控」一詞了！

3.科技管理

在第二章第一節中已說明 99.9% 的公司偏重應用研究，也就是技術層次。因此，很少有公司設立「科技部」，大部分都設立研發部，由技術長領軍。在下一段中，我們會更清楚地區分科技跟研發管理間的關係。

4.知識管理

研發、科技管理都是核心活動，但是知識管理則偏重於過程，尤其科技、研發過程中，如何快速取得（自行研發的稱為技術創造）、分享、溝通、整

合。用職棒球隊來舉例，研發、技術部是球員（甚至是當家投手），但是知識管理卻是教練、指導員（像三壘的跑壘指導員），其任務在於協助場上球員得分、贏球。

套用一個雷同的比喻，由表 8.2 可見，科技管理等四種相關學程有點像由小到大的貨幣總數呢！

表 8.2　以貨幣總數來類比四個相關學科

貨幣總數	M1A	M1B	M2	M'2
科技管理相關課程	創意管理	研發管理	科技管理	知識管理

(二)縱軸：公司內外部

很多人都聽過批評醫院分科太細所造成的山頭主義，外科醫生是把背部中箭病人在體外的箭身鋸掉，大功告成地說：「留在病人體內的箭頭和部分箭身就交給內科醫生來處理吧！」

這樣一刀兩斷的分類方式也常用在企管之中，大筆一揮地把公司分成內部、外部，像大部分國家有內政部、外交部一樣。如同吃飯可分在家裡吃（eat in）和在外面吃（eat out，俗稱外食、上館子）。以公司技術取得來說，自己動手，不假外人的稱為研發管理，可說是 DIY 方式；藉助他人的則屬於技術長轄區，可說是技術「**外包**」（**innovation outsourcing**）部分。當然你從圖 8.1 可以看出，我們認為技術管理課程比較偏重技術外包。

二、部門設計

大學課程關係圖（圖 0.2）具體落實在公司的組織架構中，公司技術管理並不只是技術部可以一手包辦的，至少針對專利申請、維護，法務事項是由法務室處理（有很多公司稱為法務部，不過可能讓你誤以為是行政院下的法務部）。

所以，在表 8.3 中，我們把圖 8.1 的學科關係圖轉換成公司的部門組織架構，由這個角度可以更清楚抓住各課程間的關係。

表 8.3　跟公司技術相關部門

管理活動	技術長（CTO）	研發副總	知識長（CKO）	法務長（CLO）
一、規劃	1.技術前瞻等技術預測 2.技術稽核等診斷（例如技術地圖） 3.技術政策：自製 vs. 外購等	研發政策	1.根據技術稽核結果以發展知識策略 2.提案制度	專利策略
二、執行	1.協調研發部取得外部技術 2.每年 1～6 次的技術論壇	技術內製	1.知識管理 2.知識移轉 3.知識分享 (1)鼓勵實務社群 (2)知識入口網站	1.專利申請 2.專利維護：包括專利的攻防 3.技術移轉、合作研發等法務 4.對員工的營業祕密、競業禁止的法務
三、控制	技術績效評估	研發績效評估	知識績效評估	法務績效評估

8.2　研發部的組織設計

研發部的組織設計跟業務部很類似，業務部常見的是產品、客戶、地區來進一步細分，研發部常以下列二種方式來細分。

1.以技術來區分

很多公司的研發部以技術專業跟學門（discipline）來細分研發單位。

2.以產品來區分

華碩研發處以產品別劃分組織的方式，最主要的好處在於，因為本身以產品為導向，所以運作上會考慮到顧客的需求，同時在因應市場的變化比較有彈性；其缺點為太重視短期利潤而忽略了長期的技術專業培養。

一、依組織層級來分

全球企業為了兼顧各國的資源、市場，因此在許多國家會設立研究所，至於母國母公司的則稱為中央研究院，國外各子公司的研究單位則以「所」來稱呼。

美國 IBM 是常見的標竿，底下我們以台灣專利數第一、研究費用 70 億元、研發人員 1 萬人的鴻海集團來舉例說明。

(一)集團總部跟子公司研發得均衡一下

2008 年，美國企業經營者聯合會常務董事歐爾森（Matthew Olsen）、研發長范畢佛（Derek Van Bever），在《反轉直下點》（*Stall Points*）一書中，挑選出 50 個業務反轉直下的案例，四大原因之一是「創新管理故障」。這包括二個問題。

1.企業砍斷生命線

一旦研發支出縮水，首當其衝的是創新，接著營收也會遭池魚之殃。

1980 年代後期、1990 年代初期，Heinz 執行長歐瑞里一心追求獲得表現，大砍行銷跟研發費用，未料到了 1990 年代中期，營收一路下滑。近年來，從福特汽車到可口可樂紛紛刪減支出，進而斲傷品牌。

2.研發分權化

企業把研發分散到各個事業單位，固然立意良善，成效卻不如預期。企業經營者認為，這可以讓研發部更接近事業部的市場跟策略，結果推出一大堆只在市場激起小漣漪的產品，不見重大的突破。

以 1980 年代初期的 3M 公司為例，經營者縮編研發單位，並分散到 42 個事業部，於是這家以產品大躍進知名的企業，突然之間只能靠產品線擴增壯大產品陣容，成長動力因而大幅萎縮。

(二)中央研究所：研發總部

鴻海有二個屬於區域總部層級的研發單位，即鴻海土城總部的全球研發總部，另一個是日本研發總部，主要是為了配合最大客戶索尼電腦娛樂公司的電視遊戲機的開發；詳見表 8.4。

鴻海的全球研發總部比較像日本大公司（像索尼）的中央研究所，偏重未來 3～5 年的前瞻技術的研究，即偏重「研究發展」一詞中的基礎技術的研究。

表 8.4　鴻海集團研發的全球布局

	前瞻技術	1C：個人電腦	2C：手機	3C：消費電子	4C：車用電子
一、總部層級	台灣土城的全球研發總部，以十大核心技術為主 1.奈米研發中心偏重零組件 2.平面顯示器研究所偏重電腦螢幕			日本研發總部，1994 年設立於日本，主要是配合索尼電腦娛樂公司研發 PS 系列的電視遊戲機。	
二、子公司		1985 年，成立賽普雷斯廠，負責連接器的研發，2004 年併入富樂頓。 1999 年，加州橘郡的富樂頓（Fullerton），以機殼設計為主。	1994 年，北加州佛裡蒙的光實驗室。 2002 年 4 月，捷克的帕爾杜比采，偏重蘋果公司的個人電腦。 2003 年，收購芬蘭的藝模公司，偏重手機機構件的塑膠模具。 2002 年 2 月，聯能科技進駐北京的星網工業區。 2007 年 1 月，富士康在大陸南京市設軟體研發中心。		

資料來源：伍忠賢，億到兆的管理——鴻海 7M 鐵則，五南圖書出版公司，2008 年 1 月，第 67 頁，表 2-4。

(三)子公司的研發部＝研發中心

海外子公司的研發部比較偏重單一行業（即 4C 中的任一行業），也比較偏重產品設計，即「研發」一詞中的發展。

已在大陸、日本、歐洲、芬蘭、丹麥、北美等地都設有研發實驗室，都負有不同的研發任務：像日本是精密機械為主，歐洲是以無線通訊為主，矽谷則是光學薄膜、光機電整合和 e-Paper 等。在台灣設立全球研發總部，以整合海外各地的研發資源。在全球各地研發中心的支援下，鴻海將達成「日不落研

發」的目標。

各子公司決定在哪裡成立服務研發中心，租稅是重要因素，但並不是最重要因素，主要是地利（以求本土化）、人和（即各國的研發人才）。

二、台積電的研發單位

全球晶圓代工龍頭台積電的研發費用高達 270 億元，是台灣公司中金額最高的，研發人員逾 1,000 人，其中博士學歷者逾 300 人。由表 8.5 可見，台積電依「研究」、「發展」一分為二，把研發單位分為二部分。

仿英特爾採取**雙首長制（two in a box）**，但一般認為是由 2009 年 10 月回鍋的研發資深副總蔣尚義權力較大。

表 8.5　研究、發展的組織設計——以台積電、華碩為例

時間 公司	短期（1 年以內）	中期（1～3 年）	長期（3 年以上）
一、研究與發展		發展（development）	基礎研究（research）
二、台積電*			
1.著眼		2～3 年內運用	未來 10 年以上的技術
2.技術（作者舉例）		以 2010 年來說，指的是 28 奈米製程，偏重 12 吋晶圓廠	22 奈米製程，甚至是 15 奈米製程，偏重 18 吋晶圓廠
3.占研發經費比重		91%	9%
4.主管	設計暨技術平台副總許夫傑	副總蔣尚義，跟孫元成共同負責，即採雙首長制（two in a box）	研究暨發展副總許夫傑
三、華碩電腦**	1.工業設計部，主管階級為經理 2.機殼暨工業設計部，主管為協理	研發處，依產品創設有 13 個研發部（主管階級為協理），配屬各事業群、獨立事業處	核心技術研究中心（簡稱技研中心），2004 年成立

資料來源：*部分整理自天下雜誌，2002 年 5 月 2 日，第 15 頁。

**伍忠賢，華碩馬步心法，五南圖書，2007 年 1 月。

三、華碩的研發單位

華碩電腦公司負責研發的單位包括研發處、核心技術研究中心。

(一)研發處

研發處負責一些新產品、新技術的研發、設計、軟硬體技術支援，以及提供上下游技術指導和產品改良等任務，主要是處理較為戰術或戰技、短期性的產品開發。

研發處以下的單位劃分主要是以產品為依據，詳見表 8.6。表 8.6 還有一個重點，便是依策略大師波特的價值鏈（核心與支援活動）來統一表示各公司的組織圖。

表 8.6　華碩電腦的組織架構——以價值鏈為架構

價值鏈活動	下轄單位
董事長	
總經理	1.總經理室 2.稽核室 3.資料中心
一、核心活動	
(一)研發	
1.研發處	研發一部：負責主機板產品研發 研發二部：1994 年成立，負責主機板設計代工 研發三部：負責筆記型電腦研發 研發四部：負責多媒體產品研發 研發五部：1997 年來，負責 CD-R、DVD 產品研發 研究六～十三部 品質保證部 Layout
2.技研中心	
(二)製造處	
1.台北廠 2.龜山廠	同下五個部，再加上機構部、維修部
3.蘆竹廠 4.南崁廠	製造部、工程部、生管部、品管部、廠務行政部
(三)業務處	
(四)大陸事業發展處	
二、支援活動	
(一)總管理處	
(二)財務	
(三)人資	
(四)資訊管理	

(二)核心技術研究中心

華碩設立了一個跟研發處平行的核心技術研究中心，專門負責大方向的掌握，包括。

1.未來產品技術跟市場的趨勢；

2.高等產品技術的研究、設計、開發；

3.整合性的產品技術。

華碩的研發組織沒有因為著重短期的獲利而犧牲了長期技術的培養。

(三)設立技術長

資訊公司日益重視技術研發，包括華碩、大眾等公司都設立「技術長」職務，掌握日新月異的先趨科技。

2003 年 6 月，宏電集團副總經理林紹章被華碩董事長施崇棠延攬，出任華碩技術長職務。他曾任宏碁電腦（宏碁分家前）軟體事業部副總，之後並出任宏碁轉投資的連碁公司總經理職務。2004 年，延聘台灣大學電機系教授龐台銘、前揚智總經理吳欽智擔任技術長，形成「技術長鐵三角」。①

8.3 技術長

技術管理的實施有個似是而非的觀念，也就是僅須在初期設立時，採取任務編組；設立後，無須設立固定組織，比較像全面品管（TQM）觀念。但是全面品管真是這樣實施的嗎？尤其是製造業，製造部往往都設立品質管理部，專司製程品管；至於服務業或許稱為客訴部，但都有專司。

沒有指揮的交響樂團看似吸引人，但依成本來看，省掉的頂多只是一位指揮的薪水，卻可能付出更大的交易成本（即演奏者之間的彼此協調）。我們認為，科技管理在公司內的角色比較像生產管理、資訊管理，有些公司或許沒有獨立部門，卻不能沒有專人負責。

一、技術長的職掌

1990 年以來，許多美國企業出現新職稱**技術長（chief technology officer, CTO）**，而有些企業可能使用其他不同的職稱，例如技術副總經理、研發副總經理或是技術經理。從這些副總經理階級或是其他高階管理者的技術管理者的地位，反映出技術在企業競爭地位上扮演重要的角色。技術長主要任務是把技術預測帶入所有跟策略有關的議題，因此技術長的地位必須是高階管理者，是企業技術策略的聚集者，並且能專注於協調公司策略跟執行。他的角色跟研發副總經理或是研究實驗室主管不同，而必須監督從研發範圍延伸出來的全面技術方案。此外，技術長的職掌如下。

- 預測技術和分析預期的目標。
- 建立企業的技術能力。
- 設計針對企業技術資源和維持健全技術組合的計畫。
- 發展非正式和正式聯絡網、技術策略聯盟，並且保證企業文化、人員和技術可以完全跟聯合研發機構配合。
- 技術稽核。
- 配置和架構企業技術資源。
- 擬定技術訓練計畫以增加員工的技術水準。
- 確定技術可以在公司內部移轉和散布。
- 守住所有技術。
- 保護企業的智慧和技術權利。
- 在不損害企業獨特競爭優勢之下開發其他公司的技術。

技術長跟資訊長不同，資訊長主要是負責公司的資訊技術，而技術長則是負責各種技術，以加強企業的競爭優勢，因此必須得到董事會的充分支持，他應該向他們直接報告，並且參與核心決策的制定。

二、技術長是一級主管

技術長、研發長一定是科技公司的一級主管，職級常是資深副總。

三、技術長的資格

挑選技術長的方式，跟一般挑選部門主管相同，也就是由學經歷來看觀念和技術能力，由人格特質來判斷溝通能力，也就是看他的管理能力高低。

(一)學經歷

科技管理跟資訊管理一樣已自成專業科目，所以技術長來源強調科班畢業，表 8.7 是常見的技術長人選來源。

表 8.7　技術長的學經歷

公司性質	業務導向	研發生產導向	綜合導向
適任人員	業務主管	研發、生產主管	人資或組織發展人員

許多公司的技術長由內部主管擔任，而不是向外徵求，就是因為他們對整個產業和公司有很深的了解。

(二)技術掛帥的一個例子

技術掛帥的取才方式是符合常識邏輯的，也就是「科技管理」中的技術一邊傾斜，比較強調「內行看門道」中的「內行」！一篇英國研究報告即支持此主張。

Romijn 和 Albaladejo（2002）研究英國小型的電子跟軟體公司創新能力的因素，以 33 家平均員工數 34 人的公司進行研究。以產品創新作為衡量焦點，採用以下三種衡量方式。

1.公司是否在過去三年之內至少完成一項產品創新？

2.公司持有的專利有多少？

3.採用創新指標（innovation index）。

在過去相關的研究中，被認為可能影響創新能力的因素分為二部分。

1.外部因素

網路密集度（intensity of network，指的是產業群聚等觀念）、靠近網路的地理優勢、接受相關機構的支援。

2.內部因素

創辦人／經營者的專業背景、員工的技術跟公司對技術改良所做的努力。

研究結果發現，一個主要的創新跟獲得專利是極為不同的二件事，對於一個想要獲得新優勢的高科技小公司來說，公司擁有特定領域知識（specialized knowledge）和員工擁有科學、工程方面的經驗，比員工具有實用的中階技術或一般的管理能力更重要。

(三)人格特質

英國倫敦商學院教授 Earl 和 Scott（2000）以 20 位傑出的知識長得到表 8.8 的結論，其中每個人格特質項目為 0～5 分，我們把這結果延伸到技術長。技術長推動許多技術管理的方案，他們在這些領域中學到很多知識，可能會覺得自己比公司其他人懂得更多，這種傲慢的心態有害無益。

表 8.8　技術長的人格物質

人格物質	一般人（平均數）	受測技術長	說明
情緒商數	3	2.3	脾氣平穩、溫和、樂觀，能處理壓力
外向	3	3.6	喜歡跟人接觸、笑臉迎人、尋求刺激、精力充沛、願意傾聽
開放	3	4.2	樂意嘗試新的和不同的事物、喜歡抽象或想像思考
因地制宜	3	2.9	不致古板、能變通，即具有顧問特質
自發性	3	3.3	願意在必要時不照章行事，即具有企業家精神

資料來源：整理自 Earl & Scott (1999)， p.35， Table 1，第 4 欄為本書所加。

8.4　研發組織設計的例子：日本富士通的運作

透過逆向工程，一步一步的把機器拆解，然而許多三千年前的機械，仍無法透過此方式了解其如何運作。同樣地，研發部的組織設計的原理很基本（依技術或依產品分類），但是如果同時依技術與產品的研發該如何運作呢？幸運的是日本富士通集團提供我們一窺堂奧的機會。

一、富士通集團快易通

日本富士通（Fujitsu）成立於 1935 年，以生產電信設備起家，之後跨足資訊產業，經過不斷的創新研發，至今發展成橫跨資訊、通訊、微電子等三大領域的綜合性科技巨人，2007 年的營業額達 454 億美元（成長率 5%），成為全球第四大資訊技術服務公司，詳見表 8.9。富士通在台報刊報導較少，偶爾可見其筆記型電腦 LifeBook 等強調高品質（尤其是耐用性）的新產品推出。

表 8.9　日本富士通集團的電腦事業範圍

國家 公司	產品					資訊技術服務	
	晶片		模組	系統產品		資料倉儲	資訊 系統開發
	設計	生產		伺服器	電腦		
一、美國							
IBM	√	√		√全球市占率的 5%	大電腦，例如深藍（deep blue）	√ 資訊技術服務 2008 年營收約 540 億美元。	√
惠普				√	個人電腦，另外列表機全球市占率第一。		√2008 年 8 月，收購電子資訊系統公司（EDS），年營收共 370 億美元。
二、日本							
富士通集團	√ 由「富士通微電子公司」負責，往 IC 設計公司傾斜	√	√ 1.以外接硬碟機為例，僅次於日立，2008 年 10 月，把該事業部賣給東芝。 2.富士通顯示技術公司（FDR）生產電腦面板、電漿電視，2005	√	√ 在歐洲由富士通公司負責，2009 年 4 月收回西門子持股，為日本唯一的超級電腦公司。	√ 在台客戶有台塑，大同、全家便利商等。	√

表8.9 （續）

國家公司	產品					資訊技術服務	
	晶片		模組	系統產品		資料倉儲	資訊系統開發
	設計	生產		伺服器	電腦		
			年，把電腦螢幕事業部賣給夏普、電漿電視事業部賣給日立。				
三、台灣					√	√	√
1.宏碁	2000 年 6 月 30 日，宏碁旗下的德碁半導體公司賣給台積電。				專攻個人電腦中的筆記型電腦		

以大型伺服器、大電腦為主體的公司，客戶都是法人（公司與政府機構），為了避免硬體（產品）削價競爭，終究會走上資訊部門代管（即資訊業務外包）的服務，此即資訊技術服務。二者合稱完全解決方案。2005 年起，逐漸跟 IBM 一樣，出售電腦螢幕、電漿電視、硬碟機等事業部，詳見表 8.9，聚焦於衝刺海外資訊技術服務。

富士通小檔案

成立：1935 年

董事長（會長）：間塚道義

總裁（社長）：間塚道義

2007 年營收：454 億美元（5 兆日圓）

地位：全球第四大資訊技術服務業者，次於 IBM、惠普、戴爾，是日本最大

二、富士通的科技管理

追求高度技術及優良產品，是富士通成功的基石，富士通如何做到呢？

(一)市場導向的研發

以顧客的觀點來思考、製造產品，使得富士通市場布局、產品組合及研究創新不至於失焦，進而能夠獲得顧客高度青睞。

富士通研究所執行長村野和雄表示，二十世紀的企業經營方式，工程跟科技是最重要的因素，二者結合能提供最佳效益，半導體就是鮮明例子。邁入二十一世紀，情況不同了，必須在研發階段就導入經營方式，還要從工廠、銷售現場、醫療等各行各業現場，從中尋找創新的點子，進而提出解決方案。

過去研究人員鑽研尖端技術，如今首先發問的是，技術如何驅動服務加值，提供消費者更順暢的全方位服務平台。

「我們是科技公司，也是一位烹飪師」，他巧妙比喻，取得昂貴的食材不一定能做出豐盛菜色，唯有廚師擔任整合者，才能把食材組合成一盤盤的美味佳餚，富士通稱此為「現場創新」（field innovation）。於是，富士通決定戴上主廚帽子，親自為顧客烹煮創意菜餚。②

(二)匯集 200 頁的技術發展藍圖

為了確保研發成果能夠順利的產品化及事業化，富士通採用技術發展藍圖來連結研發跟經營方針（即市場、產品的策略），讓整個公司依據理想中的發展藍圖，同心協力達到目標。

村野和雄表示：「想做的事情很多，然而公司的資源有限，所以必須透過技術發展藍圖的整合，把研究成果跟事業部連結起來，為了決定技術發方向以及研發預算，經常會為不同的意見而產生爭論，除了靠高階管理者的居中協調，聰明、果斷的決定更是關鍵。」

富士通技術發展藍圖的決定採取由下往上方式，詳細說明於下。

1.由下

富士通有 200 多個研發小組，每個小組每年必須提出 1 頁的技術發展藍圖，交由評議委員會進行審查，審查重點如下：是否符合公司遠景？面對競爭是否能勝出？研究主題是否太多？主題方向是否需要調整？

2.往上

研發小組緊接著根據評議委員會的意見，重新提出修正後的**技術發展藍圖**，整個互動過程爭論必然存在，而公司管理者的責任就在於傾聽各小組的主張，並且藉由整合會議來整合大家的想法。

3.海外子公司的研發

海外子公司研發的主題原則上是獨立的，以追求產品能夠「本土化」。為了避免主題重複，富士通每年舉辦會議進行討論，希望透過互補性的共同研究來加速研發速度。

(三)研發經費

研發費用代表研發組合的企圖，由大到小（詳見表 8.10）詳細說明於下。

表 8.10　富士通集團的研究經費配置

期間	短期	中期（2～3 年）		長期（5～10 年）
		特定產品	共通	
1. 富士通的用詞	事業化研究	先行研究	共通基礎研究	新領域研究
2. 占研發費用比重	15%	35%	30%	20%
3. 負責單位	事業部的研究所		公司（一般俗稱中央研究所）	
4. 著眼點	技術完成度高、事業化明確更高，以開發出將上市的產品	技術完成度低，可於 2～3 年事業化	主要在發展企業的基本實力，偏重製造、軟體和環保技術	探索具有未來性的主題

1.研發密度

富士通的研發密度約 6%，跟 IBM 等差不多，同時研發預算還會因為盈餘的變化而改變，通常研發費用於景氣好的時候比較好爭取。

2.研發經費的分配，即研發組合管理

由表 8.10 可見，富士通對研發經費的分配，大抵依產品上市期間而呈常態分配，其中新領域研究（工研院稱為前瞻研究）的主題決定幾乎完全尊重研發人員的個人意志，只要不脫離經營方針太遠，公司通常不會干涉，好讓研究所的個人才能得以充分發揮，村野和雄說出個人體驗：「要借重年輕人的長才，年紀大的人如果意見太多，反而會把未來消滅掉。」這部分可說是研發人員、公司對夢想的追求，1980 年代，新領域研究占 40%，當時他們比較有餘力探索未來。其他 60% 則依上市時間，嚴格檢查是否符合策略方針，以符合快速變動的市場需求。

(四)事業部占 55%

研發費用 55% 由事業部委託、45% 由公司委託，並分頭從技術完成度及事業化明確度這二個層面，來思考研發組合管理。

村野和雄認為：研究所跟事業部的關係應該保持均衡，彼此間的關係太好也不行，研究所不能完全聽命於事業部，但是也不能完全對衡，要跟事業部建立起均衡而良好的緊張關係。研究所要對遠景有意志及信念，而且不能隨意妥協，唯有超越才能產生新的事業。如果事業部委託占 100%，公司就不可能看到未來。

(五)控制：績效評估

村野和雄跟手下的 7 個研究所的所長，會針對研究工作及成果進行整體的協調與修正。

1. **事業化研究**：事業化開發工作，則看其生產線設計及外觀設計，能否跟其他公司產生差異化、是否具有市場性是最清楚的指標；
2. 先行研究則看其是否走在前端；
3. 共通基礎研究以其他公司同類型的技術水準來做比較；
4. 新領域研究績效的評估最困難，以 10 年期的研發案來說，不可能 1 年就看到成績，所以其成果評估通常是相當主觀的。

對於研發人員個人的評估，富士通並不採取打分數的方式，而是把員工區分為：很好、普通、沒有成績這三大類，表現好的員工則委以重任，表現不好的員工則轉任其他類似的工作。

(六)研究所所長的資格

想要洞悉科技價值鏈長達 10 年的變化，研究所所長扮演著關鍵的角色，

他要能掌握未來，敏感的去做聯想，閱讀很多資訊，充分了解商業前景及全球脈動，對於周邊事物要有敏感度，對於無法判斷的新事物，能夠以未來志向的角度來考量，思考技術有趣又好玩的應用。研究所所長最好還要懂研究、做過研究，同時要接受過管理的訓練，研究與管理二種特質缺一不可。

三、研究所：依產品來區分

由表 8.11 第一列可見，富士通有 7 個研究所，分布在日本、美國、歐洲、大陸的員工人數約 1,650 人。底下說明其中 3 個研究所的運作方式，讓我們可以明確了解。

表 8.11　富士通研究所的組織架構

產業鏈	元件			平台（即產品）		軟體服務	
研究所 研究中心	事業育成	基礎技術	矽晶科技開發	LSI 系統開發	智慧型儲存系統	網路系統	IT 核心
產品*	其他 9%	科技解決方案 56.6%		手機、筆記型電腦占 20.6%	伺服器	13.8%	中介軟體
千兆級計算推動室							
影像、生體認識							
ITS							
個人系統							
知識研究				NGW 專案部			
奈米科技							
服務平台							

資料來源：修改自富士通研究所。

*為本書所加，2007 年度的營收比重。

(一)事業育成研究所

對於馬上推入市場會有風險的產品，富士通運用創投基金來加快研發速度，提高由事業部商品化的成功機率，把新技術獨立分割成立公司。手心靜脈辨識就是富士通事業育成研究所的成功案例，剛開始公司內部反對的聲浪相當大，大家質疑是用指紋辨識就好，為什麼要發展新的技術，但是由於研究所的堅持才得以成功，村野和雄認為新的東西大家不容易理解，此時研發人員要有堅強意志，才能把技術推向市場。

該技術主要運用富士通於 1980 年起培養的影像辨識技術，先由研究所進行自主研發，並於產品獲得客戶認同後，才進行事業化的動作。

2003 年，富士通率先推出的掌靜脈辨識技術 Palm Secure，就是針對指紋辨識的不足，結合新科技跟生活應用的創新提案。系統透過感應器發出近紅外線，感應到手掌的靜脈資訊後，會自動透過血管的交叉、粗細，來辨識使用者的身分，比指紋辨識更簡便，使用者不需要實體接觸，使用時不會感染到病菌，消費者使用上安心許多。也能避開指紋磨損、辨識不易的缺點。2008 年 2 月跟傳統的感測器比較起來，其體積小而且性能高，攝影及比對的時間只要 1.5 秒，是指紋辨識的一半以下。此技術還有一項指紋辨識比不上的好處，因為指紋會遺留在手把上，有遭到盜用的可能，靜脈在人體內，不可能盜用。

手心靜脈辨識的應用領域包括：ATM、IT 安全系統、門禁系統等，至今全球銷售 2.8 萬套，主要客戶包括日本最大的商業銀行東京三菱銀行、西班牙的 Banc Bradesc。東京三菱銀行有 90 多萬位顧客提款卡，更換為記錄靜脈資料的晶片提款卡。推展身分辨識系統，難免會引發隱私權的爭議，以該銀行為例，掌靜脈辨識技術僅用於核對身分，也就是比對持卡人與提款卡，客戶的私人資料，仍然留在個人晶片提款卡，避開資料外洩的潛在風險。

在國際標準及安規方面，掌靜脈辨識率先通過國際資訊安全標準「Common Criteria」（ISO 15408）的Evaluation Assurance Level 2（EAL2），此標準已獲 25 個國家認可，並被一些政府及金融機構作為採購時的審核標準。掌靜脈辨識系統是市場上三款通過該項認證的生物辨識設備之一，更是全球第一款取得該認證的靜脈辨識產品，適用於要求高安全性的金融機構及政府機關。

(二)大型積體電路（LSI）系統開始

富士通集團旗下的富士通微電子株式會社（Fujitio Microetertionics

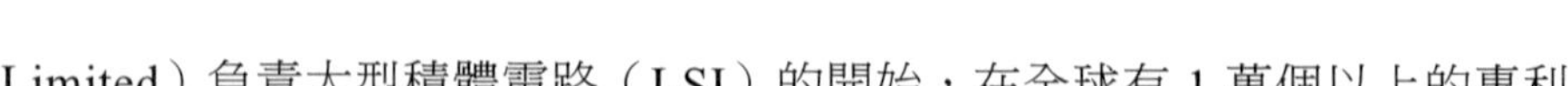

Limited）負責大型積體電路（LSI）的開始，在全球有 1 萬個以上的專利。

2006～2007 年，該公司在台的新聞，主要是控告南亞科技（2408）侵權。2008 年 9 月 2 日，雙方宣布和解，南亞科付錢取得富士通微電子的技轉授權。③

富士通微電子專精的 H.264 影像編碼關鍵技術可以運用於數位家電、影像傳輸網路、軟體系統及行動電話等多項應用領域，例如某影像畫面由於背景有水紋的流動，因為其資訊量相當大，會導致人物的臉部畫面模糊，透過 H.264 的演算法，就能夠轉模糊為清晰。

富士通微電子往 IC 設計公司經營方式傾斜，從 2009 年起，就跟台積電進行 40 奈米製程合作。2010 年 1 月，該公司派 10～15 名研發人員到台積電，共同開發以台積電先進的技術平台為基礎，針對富士通微電子的 28 奈米邏輯 IC 產品進行生產、共同開發並強化 28 奈米高效能製程，首批 28 奈米工程樣品於 2010 年年底出貨。④

(三)IT 核心、網路系統

這二者是資訊技術服務的二大核心技術，合稱**資訊通訊技術**（**information communication technology**，有時稱為資通訊技術），從小至資訊委外服務（即印度的軟體公司的主要業務，包括客戶服務），到流程改造，甚至落實經營方式（business model）。

四、研究中心：依技術來區分

除了研究所的常態組織之外，富士通還設有 6 個研究中心（詳見表 8.11 第 1 欄，不含千兆級計算推動室）來促進跨事業部合作，研究中心由數個研究所共同形成專案小組，其時間是有限制的，專案結束後專案小組立即解散。

8.5 智財部組織設計

智財部是公司技術管理的另外一個大單位，只是沒有技術處、研發部那麼大罷了！在本節中，我們以宏碁的智財室來具體說明智財組織設計。

一、智財部的組織設計

喻幸園在《智慧財產權之策略與管理》一書（元照，2004 年，第 65 頁）中表示，智慧財產權部內的組織，可以分成下列單位及其工作執掌。

(一)資訊組

負責蒐集專利商標著作權各種報刊雜誌智慧財產權、專利商標法律事務所同業相關智慧財產權等資訊。

(二)訓練組

負責員工智慧財產權訓練、公司智慧財產權資料庫建立和補充、培養研發人員具備專利概念。

(三)專利組

負責專件（委外）申請、專利資訊技術分析與建議、公司新產品研發前中後的專利迴避和檢核建議、研發工作記錄簿推廣檢核與簽證、公司所取得專利權資產價值評估、專利資訊文件分析造冊歸檔管理、研發部新產品專利技術開發及新技術開發、已付專利授權金專利技術是否具有價值評估、已授權專利技術已充分利用產品上、專利資產價值評估。

(四)著作權組

著作權（委外）申請管理、公司關於著作權各項文件檢視、著作權資產價值評估。

(五)商標組

商標（委外）申請案件管理、商標資訊分析、商標資產價值評估、商標行銷推廣策略建議、網路域名註冊登記取得和管理。

(六)授權技術分析組

工作執掌項目包括：智慧財產權授權暨侵權處理、智慧財產權授權技術權利金評估、智慧財產權各項辦法制度、公司新產品智慧財產權檢核評估、搜尋適合公司產品技術的可授權或轉讓專利權、尋找可配合公司新技術研究發展的大學或研究機構或專家學者。

二、宏碁的智財室組織設計

(一)宏碁智財管理的歷史沿革

早期，宏碁先成立法務室，而當時有關智慧財產權工作都委託法律事務所辦理。後來因為委外處理成本和效率考量，再加上委外處理根本無法有效累積公司內部智慧財產權管理能力，因此，把原來委外處理的智慧財產權工作轉回公司內部自行處理。首先在法務室成立智慧財產權組，繼而把智慧財產權組獨立出來，成立智慧財產權室，直屬於董事長。如果遇到智財室無法處理的事務或基於其他因素的考量（例如，不符合經濟效益），則由智財室主導委託法律事務所處理國外專利申請、各商標查詢等事務。

(二)智財室的組織設計

因為直屬於董事長，智慧財產權執行時效比較容易掌握。主要業務範圍涵蓋專利查詢、專利申請、專利維護、專利損害分析、專利授權和專利文件彙編等重點工作。

宏碁智財室分成六個小組，如圖 8.2 所示。

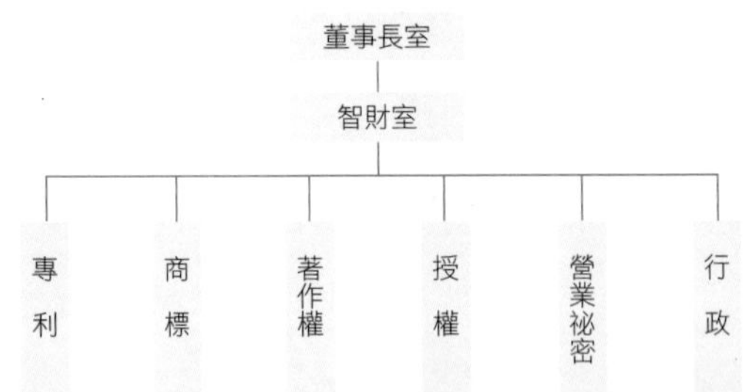

圖 8.2　宏碁公司智慧財產權室組織設計

智財室共有 20 位員工，彈性配置於六個小組內。智財室平時分工原則是有工程背景人員負責專利事宜，也負責部分的著作權、營業祕密、技術授權等事項；而擁有法律背景者則負責宏碁集團全球商標、著作權和技術授權契約等事宜；企業管理人員負責智財資料整理等行政工作。智財室因應跨部門需要而作臨時編組，例如，組成公司內部智慧財產權觀念的智財宣導小組，跟業務及研發部主管共同組成專利獎勵評核小組等。

在早期，宏碁集團智慧財產權管理採用中央集權式，因智慧財產權所產生的費用一概由總部支付。而目前宏碁則改採分權式管理，各子公司有高度的自主權，以達到因地制宜的效果。在這種運作下，總部智財室對各獨立子公司提供的各種服務和商標使用權則酌收服務費。

註　釋

①今周刊，2005 年 1 月 27 日，第 69～71 頁。

②經濟日報，2008 年 5 月 14 日，D7 版，張義宮。

③工商時報，2008 年 9 月 1 日，C1 版，涂志豪等。

④經濟日報，2010 年 1 月 13 日，A4 版，陳碧珠。

本章習題

1. 以圖 8.1 為基礎，比較其他書的分類方式。
2. 以表 8.3 為基礎，以台積電等二家公司為例來比較說明。
3. 以表 8.6 為基礎，說明舉例技術長的位階、轄區。
4. 有些公司有技術長或研發長，有些則二者兼具，為什麼？
5. 以表 8.7 為基礎，以同一行業三家公司為例說明，其對技術長取才的考量。
6. 以表 8.8 為例，請找出「技術長」人格特質的研究結果。
7. 以一家公司的技術長為例，詳細說明其工作職掌。

技術策略決策

我覺得霧社事件的價值太高了，是史詩的格局。這麼壯烈的事，怎麼能不被知道？這是我拍這部片的動機。

觀眾的眼睛是雪亮的，看得出來整個團隊用心程度的，用幾百萬大錢、拍幾秒鐘的好畫面，我相信，是能夠存在觀眾心底 10 年、20 年的。

我會一關一關來，不會太好高騖遠。我不想當暴起暴落的賭徒！我覺得電影人要贏，是贏一種價值，不是贏一堆錢回來而已。

——**魏德聖**　電影《海角七號》導演

遠見雜誌，2008 年 11 月 1 日，第 91 頁

學習目標

技術策略是公司科技管理的關鍵，即「正確的開始，成功的一半」、「一步錯，全盤皆輸」，本章以 5W2H 架構來探討技術策略四個重要主題。

直接效益

實體（一般稱為「實質」）選擇權定價模型是專案鑑價的當紅炸子雞，道理不難，只是選擇權定價模型的運用，所以請你參考《財務管理》，如此才不會有不知所云的感覺。如此就夠了，外面企管顧問公司的課程可自行選擇參加與否。

本章重點（*是碩士班程度）

1.技術策略決策四大問題。表 9.1

2.取得技術的相關成本。表 9.5

3.研發密度對經營績效的影響。圖 9.1

4.台積電研發費用的決定因素。表 9.6

5.速配技術舉例。圖 9.3

6.研發案投資組合管理模式。圖 9.4

7.技術取得方式跟本書相關章節——以公司成長方式為例。表 9.8

8.公司研發外包決策流程。圖 9.7

*9.技術生命階段的策略聯盟、公司併購作為。表 9.10

前言　5W2H

5W2H 策略簡單地說是「重大決策的結果」，策略是為了解決問題、達成公司目標；背後的本質是問題解決程序，而最方便記憶的方式便是 5W2H，以取代人言言殊的策略內容，如此一來，連沒唸過管理的人都能懂。

由表 9.1 可見，在本章中，第二節先討論「花多少錢」（how much）來作技術管理；第三節以台積電 2010 年資本支出為例來詮釋第一、二節，如此一來，原則就不再那麼虛無飄渺了。

表 9.1　技術策略決策四大問題

本章章節	5W2H 架構	罕見情況	常見情況
§9.2	how much（研發經費）	競爭者策略	消費者策略
§9.4	when（何時介入）	提前 2 年以上	提前 6 個月完工，因為產能轉換時需要學習，甚至產能會下降
	which（哪一種技術）	跳蛙策略（或隔島躍進） 瀚宇彩晶：5 代廠→7 代廠	循序漸進： 採取實體選擇權定價模式以計算研發案的價值
§9.5	how（技術取得方式）	中小公司採取外部發展尤其是策略聯盟	大公司採取自行發展

第四節討論何時（when）取得技術，重點在於「來得早不如來得巧」，第五節討論技術來源或是技術取得方式。

9.1 研發績效極大化的妙方——管理大師哈默爾的研發管理五招

研發有點像創投業做投資，往往是十個投資，有九個槓龜，但只要有一個大賺，那就可以吃香喝辣。然而，創投業也有其篩選投資案的機制，才能確保在煤炭堆中可以找到鑽石。

研發管理既然有管理二字，那就不是「放任無為」，必須有一套有效的管理方式，以追求研發績效極大化。本文以哈默爾與葛茲的文章為架構，再加上我們的補充（例如禮來製藥的守門員機制）。

＊聽君一席話，勝讀十本書

美國著名的企管專家哈默爾（Gary Hamel）跟他成立公司策士公司（Strategos）董事葛茲（Gary Getz），在 2004 年 7/8 月號的《哈佛商業評論》上發表一篇文章「花小錢賺大錢」。2007 年 6 月，美國次級房貸風暴，公司撙節支出，連研發支出也砍，該刊體會到「公司什麼都可以省，就是不能省研發」，因此 2008 年 3 月把 2004 年這篇〈花小錢大創新〉的文章重刊；簡單地說，他們不認為「營收（或盈餘）跟研發支出呈高度正相關」。

他們不願輕率把表 9.2 的五項創新比率，進一步轉化為詳細的評量指標，因為如果公司在研發初步階段追求太高的精確性，不利於找出有效新方式來改善這些比率。在這階段是針對每一個比率，為公司建立廣泛的基準線（baseline）。

表 9.2　研發績效效果極大化的五項決策

管理活動	5W2H	哈默爾和葛茲指標*	本書相關章節
一、規劃			
(一)備選方案	who	創新者占員工人數比重≥10%	§3.1 全員創新
(二)決策 1： 研發組合	how much	突破性研發案子／研發案子比重	§9.4
(三)決策 2： 資源分配		突破性研發經費與研發經費比重 關鍵研發案經費 關鍵研發案數目 例如：10 億元／3=3.33 億元	
二、執行	how	外部研發占研發費用比重	§3.2 外部點子來源
三、控制			
(一)守門員機制	when	提高研發案的學習成果／投資的比率	
(二)研發一貫性	which		

*資料來源：整理自哈默爾與葛茲（2008），第 108 頁。

一、全員創新

大部分的高階主管是把創新歸為特定部門（例如研發與產品開發）的專屬領域，或是少數夢想家靈光乍現的成果，以致沒有好好運用員工的想像力。想讓更多點子進入公司的創新點子庫，最省錢的辦法就是開口徵求。

不論員工的工作職掌如何，越多員工認為自己是創新者，創新收益就會越高。

因此，第一項指標用的是「創新者占員工人數比重大於 10%」，並不是狹意的指「研發人員」，可見對於「全員」創新中全員的注重。

二、研發組合

就跟拍電影一樣，縱使演員全部是大卡司，但限於 1.5 小時的播出時間，每位露臉時間有限，有可能變成大家都像跑龍套；觀眾不會留下深刻印象。因此，不管卡司大小，電影中往往有男女主角，而且一般來說，大卡司往往是票房的保證。

同樣道理，公司的研發也是如此，有主角、配角、路人甲等，唯有研發案適當組合，尤其是主角要很鮮明，研發績效才會很顯著。

(一)破壞或創新才賺得多

漸進式創新的作法沒什麼不對，只不過，唯有激進的構想，才足以產生最大的研發報酬，並帶動超水準的成長。

(二)創新三大標準

至於構想要稱得上激進，必須符合以下三項檢驗標準中的一項。

1. 改變客戶的預期與行為：例如，美國電子商務之王電子灣（eBay）旗下便利的網路付款服務 PayPal，改變了一般人匯錢給別人的方式；
2. 改變競爭優勢的基礎：例如數位相機普及，改變了照相底片業的競爭基礎；
3. 改變產業經濟：例如美國西南航空（Southwest Airlines）以簡化的航線結構、平實的服務與彈性的工作安排，徹底改變航空公司傳統的成本結構。

針對「新穎」程度可用 1～5 分方式來評分，1 分代表該案僅能維持現狀，而 5 分則代表這是對手與客戶意料不到的產品。如果你不確定什麼狀況該給 5 分，可以用你所屬產業近幾年最重大、足以改變業界遊戲規則的三、四個革命性產品（俗稱殺手級應用）作為參考的標竿。

(三)研發經費的分配

把資源集中於數量相對較少、但範圍廣泛的研發目標，同時長期堅持不懈，創新的成效就會加倍。

1.不景氣時，先拿研發費用開刀

2007～2009 年，在經濟不振下，美國許多大公司為維持營收成長與提高獲利率，研發費用變成撙節成本下的開刀對象。由表 9.3 可見，美國部分大型科技公司，特別是硬體與半導體業者的研發費用都出現持平或減少，而 2008 年時成長率 11.6%，以惠普與 IBM 為例，2007 年度研發費用成長不到 1%，微軟與思科減少 1%。到了 2009 年下半年，景氣觸底，研發費用開始增加，詳見表 9.3 第 4 欄。

表 9.3　2007、2009 年度美國高科技公司研發費用

（單位：億美元）

公司	2007 年度研發費用*	年成長率（%）	2009 年度（F）**
微軟	71	8.2	91
IBM	62	0.8	63
英特爾	58	–2	41
思科	45	10.6	52
摩托羅拉	44	7.9	–
惠普	37	0.6	–
甲骨文	22	17.3	28
德州儀器	22	–1.8	11
谷歌	21	73.3	28
昇陽	20	–1.9	–
整體科技業	401	10.3	–

資料來源：*金融時報，2008 年 3 月 18 日，A8 版，蕭麗君。

**經濟日報，2009 年 8 月 11 日，A13 版，曾仁凱。

在研發費用縮水情況下，對研發部主管來說，代表錢更應該算緊一點。

據顧問公司布茲（Booz & Co.）的調查，全球前 1,000 大最重視研發的企業，2009 年度更聚焦於可快速創造營收的產品。近半受訪公司表示，新計畫審核標準比以往更嚴格。

公司研發轉向，從基礎研究轉向科技的應用。布茲公司合夥人賈魯宰斯基說，這是企業研發長期以來的趨勢，而衰退更加速了這項轉變。

以農用大型機械公司開拓（Caterapillear）為例，鎖定投資可幫助客戶省錢的產品。使用電力傳動系統的牽引機開始出貨，可節省二成油料。另一款無人駕駛卡車可以幫助客戶省下人力成本。①

2.IBM 的集中作法

IBM 研發部主管凱利的作法是力圖把研發資源重新聚焦在一項最具長期潛力的科技市場，包括：雲端運算、集合運算資源、提升公司法規遵循的新系統，以及資料安全。

IBM 重新分配研發預算，凡是投資報酬率不高或無助提升競爭優勢的領域，研發費用予以縮減。

3.惠普的聚焦作法

惠普基礎研究部惠普實驗室（HP Labs）表示，要把研發預算從原先分配給 150 個小型計畫，集中到只分配給 20～30 個大型計畫。跟 IBM 一樣，惠普計畫只專注於少數研究主題，包括雲端運算和永續發展。目標是把惠普實驗室完成的尖端研究成果，跟惠普的事業群更密切結合。

惠普實驗室經理班涅吉說：「如果資源有限，『讓百花齊放』的方法就不可行，因為每個點子分配到的資源都不夠。」②

瑞士蘇黎士聯邦理工學院克羅與雷奇（2009）二位教授，在 10 月《哈佛商業評論》上的短文也以實證支持此點。③

4.注重新興市場

就算真的大幅削減研發經費，企業也不敢輕忽亞洲市場。德州儀器削減研發經費 26% 至 11 億美元，跟營收減少的幅度相當，但德州儀器仍繼續投資「太陽能燈籠」，這種使用屋頂太陽能板發電的燈具可使數百萬名仍使用煤油燈的印度居民受惠，而這些太陽能燈籠都使用德州儀器晶片。

3M 公司在新加坡設立一間實驗室，在印度成立另一間。兩間實驗室都著重在 3M 現有產品的應用，以配合當地市場的特殊需求。至 2009 年 9 月底止，2009 年度的研發經費比去年少 8.6%，約為 9.67 億美元，但由於營收下滑的幅度更大，因此研發占營收的比重反而從 5.4% 上升至 5.7%。董事長兼執行長巴克利（George Buckley）強調，越是不景氣，研發越重要，詳見張保隆、伍忠賢著《科技管理實務個案分析》（五南圖書），第八章美國 3M 的創新管理。

英特爾從 1970 年代學到教訓，當時英特爾削減研發費用以控制成本，但等到經濟走出衰退，需求回升時，英特爾既沒有新產品也沒有足夠產能。因此，英特爾 2009 年度只小幅削減研發經費 8.1% 至 41 億美元，占營收比重反而從 15% 增加到 16.5%。研發項目押注健康照護市場，尤其是健康照護產業的資訊科技，例如推出專為閱讀障礙人士設計的有聲閱讀器。

三、外部創新的比率

公司越善用外界的構想與資源，創新投資的報酬就會越好。新的招式是運用網際網路，擷取全球日益豐沛的創意資源。以前，要找到有熱誠為你解決問題的人才是件難事，有了網際網路之後，情況就不一樣了，而且更棒的是，這種熱心人往往不太計較報酬。

哈默爾比較強調「外部來源」在備選方案階段的貢獻，我們另外把這項移到執行面，即聯合研發的研發方式。

四、研發驗證

美國大文豪馬克吐溫出道時常遭退稿，他寫信向出版公司編輯抱怨：「你沒有看完全文，不知本書的奧妙」，編輯回函表示：「臭雞蛋只要吃一口就知道，不用吃完整個才知道」。

同樣地，研發案往往設有多道里程碑績效，在初步驗證時又稱守門員機制。

(一)階段一閘門理論

美國學者古柏（Robert Cooper）所提出的**「階段一閘門」理論**（stage-gate theory），已成為許多公司新產品開發制度的共同守則。不同的產業或企業更不能用同一套制度，流程制度是不能標準化的。制度流程應隨著時空環境的改變進行改造，不同的產品開發狀況，要用不同的流程。流程具有「彈性」，每一階段皆可被合併成取消，而且流程也具「流動性」，後段的工作並不一定得等前一段完成才開始，可以運用平行作業，縮短開發時間，閘門也可「模糊」（fuzzy），可以有條件或部分放行。

(二)初步驗證：假設是否存在——發現導向的規劃方法

麥奎斯（Rita Gunther McGrath）與麥克米蘭（Ian MacMillan）提出「發現導向型規劃法」（discovery-driven planning），可作為初步驗證的指導原則。

盡量以最快速度與最低成本，來測試那些關鍵假設是否確實成立。如果證明某一項關鍵假設不成立，研究小組就必須修正策略，直到這些核心的假設全部都合理可行。如果大部分重大假設都不存在，那麼這個研案可能必須放棄。套句俗語「及時一針勝過事後幾針」，初步驗證的貢獻在於撿出「壞蛋」，不用再孵下去，否則白忙一場。

1.關鍵性假設

最優先設計的試驗，應該針對最能促進創新產品成功、不確定性又比較高的假設，盡量了解那些假設是否符合事實。

找出最關鍵假設（例如：購買便利性與市場接受度、技術可行性、定價與成本結構），然後根據以下二項準則，排定各項假設的先後順序。

(1)如果要促成創新成功，這項假設的重要性如何；

(2)這項假設的不確定程度如何。

2.先導實驗＝研發階段試銷

在新產品開發的「商業分析」階段可以進行研發階段的試銷（市場測試）稱為「先導實驗」。

先導實驗程序分為五個步驟，為了方便記憶，湊成「CLEAR」，再來找字。

(1)市場評估（**C**onsumer & Market positioning）；

(2)實驗設計（**L**ayout Experiment）包括測試成本、測試對象與測試需花費的時間；

(3)執行規劃（**E**xecutive Planning）；

(4)實驗執行（**A**pply）；

(5)評估修正（**R**ating），提出報告。

(三)研發案守門員機制

公司的財務部開立支票，必須經過會計部的覆核，最後董事長才會蓋章，這筆支出才算能出門，會計部扮演內部控制的預防功能。

同樣地，研發部在研發過程中，也不宜「一條鞭」的做到底，否則容易犯了「放棄太晚」、「放棄太早」二種錯誤，詳見表 9.4。這對於曠日耗錢失敗率高的行業（例如製藥公司）尤其重要。美國禮來公司（Eli Lilly）為了避免這問題，在研發部的重大研發案的早期階段，從 2001 年起插入一個名為「科樂斯」（Chorus）的獨立單位擔任守門員，由表 9.4 可見，它具有起死回生的生殺大權。美國麻州劍橋的艾科系統公司艾瑞克‧波納彪（2008）等的文章詳細說明此點。

表 9.4　早期研發的守門員機制

	組織行為的原因	禮來	禮來「科樂斯」的決策
型 2 錯（type II error）：犯了「放棄太早的錯誤」（abandon too early error）	某項研發案因為缺乏可能會成功的證據，而過早喊停。這類錯誤會發生，常因部門或個人對某項研發案抱持偏見，或因缺乏資源而未能執行適當的試驗，以致產品的潛力無法充分展露。簡稱 4AB 的新藥開發叫停，就屬於這一類。一些製藥業非常成功的暢銷藥品，例如抗憂鬱劑百憂解（Prozac），都差一點因為這類問題而胎死腹中。	簡稱 4AB 的新藥，這種新藥對治療神經疾病極具潛能，但因類似分子在施用治療所需劑量時會影響視覺，決定放棄臨床實驗。	禮來的管理者找科樂斯重新評估此案，科樂斯借重內部研發人員和外界學者之力，找到一種少見的生物標靶（biomarker），協助測試這種化合物的效力。接著執行幾個小型實驗，發現 4AB 不會造成視力問題，而且在臨床應用時極具效果。科樂斯的發現，使 4AB 研發案起死回生，促使公司大力投資，展開進一步的臨床實驗。這種新藥正在進行第二階段後期的實驗，根據初步資料顯示，它既安全又有效。
型 1 錯（type I error）：犯了「不願放棄的錯誤」（go error）	管理者常忽略研發案可能會失敗的訊息，尤其是對他們極度看好的研發案。造成這類錯誤的原因很多，有時是因主管以其權位激起整個部門（甚至公司）對計畫的信心，有時則因人總是只相信支持本身信念的證據。於是，X32 之類的研發案雖已出現許多警訊，卻依然存活下來；其中一些甚至發展到進入市場的階段，只是產品上市後以慘敗收場。	2001 年，禮來開始研發一種稱為 X32 精神病藥物分子。2004 年時，經由人腦造影研究發現，這種藥物真正到達中樞神經系統的劑量少之又少，無法收到治療效果。然而研發小組卻不肯放棄這項研發案，認為只要有微量分子，就能得到必要的效果。 時間跳到 2006 年，歷經五年的傳統開發方式後，X32 仍無法證明具有臨床治療的效用。	禮來的管理者對缺乏具體明確的資訊備感挫折，把這種藥物分子移交給科樂斯評估。科樂斯隨即進行新的小規模臨床實驗，在七個月內斷定 X32 不具療效，延宕多年、所費不貲的研發計畫因而叫停。這個決定既快速、又果斷，效益成本顯然也很高。

資料來源：整理自艾瑞克・波納彪等（2008），第 132～134 頁。

五、創新一貫性堅持到底

研發案的優先順序大幅更動或投資計畫重新啟動或喊停，都會削弱研發的生產力。維持一貫性，對創新很重要。經過一段時間，小點子可以逐步充實，從試驗學到的經驗得以累積，公司能力也會增強。同時，研發部可以建立集體的記憶，避免再犯同樣的錯誤。因此，公司應該集中力量，投入為數不多的中期創新目標。同樣重要的是，公司對這些目標的投入程度有多高，不該以投資金額的多寡來衡量，要看的是對追求成功的堅持程度如何。

一貫性指的不是投資發展某個新構想達十年以上，不求什麼營收或利潤，一貫性是要找出一條按部就班的前進路徑，並設定清楚的檢驗標準，讓公司可以整合步伐，調整行進方向。通用汽車記取 EV1 的慘痛教訓，在燃料電池車開發上採取較為漸進的方式，分階段增加投資金額，並基於績效要求與初期財務風險的考量，先由風險較汽車小的其他用途（筆者註：一般是指手工具，進而是電動摩托車或高爾夫球車）方面，開始測試燃料電池的技術。大膽設定目標，穩紮穩打進行，是提升創新效果的不二法門。

創新的目標必須遠大，足以撼動人心，可是又要務實，不致遙不可及；目標必須開闊，能吸引整個公司乃至外界參與，可是又要夠明確，得以集中聚焦，這樣的目標才具有集思廣益的力量。

9.2 技術經費水準的決策

俗語說：「錢不是萬能，但是沒有錢，卻是萬萬不能。」這句現實的順口溜道盡錢的「好」用（注意不是「萬用」）。同樣地，企業推動科技管理，已經無法採取「十年寒窗沒人問」的小氣作法，研發部買機器設備得花錢、聘請人才更得高薪厚祿。

剩下的問題是「該花多少錢在技術管理上？」我們以研發費用為對象來談，又具體而且有公務統計數字可供參考。

一、技術支出項目

技術支出（technology expenditure）指的是技術取得和維護二項，前者由

技術處（或研發部）負責，後者由法務室負責。

本節只討論技術取得相關支出，由表 9.5 可見，在多種技術來源的公司，比較不會呆板地在自行研發或外部取得中去作資金分配，而是以最能夠達成公司長期技術目標的方式為依歸。

表 9.5　取得技術的相關成本

取得方式	自行發展	外部發展
一、硬體		
1.機台設備		
2.資訊		
(1)硬體		
(2)軟體		
二、人員		
1.薪資		
2.訓練費用		

二、影響技術支出因素

公司研發金額、研發密度受到哪些因素影響？過去研究至少可以分成二大類因素。

(一)產業特性

1.技術水準

詳見第三段第一項。

2.產業集中度（即產業結構）

鮑模（1950）認為，較高的市場集中度有助於公司從事研究發展和創新的活動；Levin、Cohen 和 Mowery（1985）認為，產業集中度跟研發支出呈倒 U 型關係。

3.市場占有率

熊彼得（Joseph A. Schumpeter, 1883～1950）認為市占率比較高的公司，創新活動比較多，Lunn、Martin（1986）和薛琦（1987）皆同意這項說法。但是，Rosenberg（1976）、Hansen 和 Hill（1991）則認為市占率比較高的公

司，因為著眼於現有地位的鞏固，反而比較不重視研發工作。

4.進入障礙

熊彼得認為在進入障礙程度高的產業中，雖然不易有新的競爭者出現，但是公司仍會積極從事研發活動，以雙重確保在產業中的優勢。

(二)公司特性

1.公司規模

公司的規模跟研發費用是正向、負向、倒 U 型或沒有顯著關係，都有學者提出論點。Mafatridger（1975）認為，公司規模跟研發費用呈現倒 U 型（非線性）關係，即研發費用會隨著公司規模擴大而增加，但是，增大到一定規模後則呈現遞減狀態；相關後續研究，大都支持此項論點。

2.公司歷史

Lunn 和 Martin（1986）、薛琦（1987）、鄭嘉珮和劉錦添（1994）認為公司設立年數和研發費用呈正相關；而 Wallin 和 Gilman（1986）、梁玲菁（1988）、丁明勇（1997）、馬維揚（1997）認為，越年輕的公司越重視研發，所以公司設立年數跟研發費用呈負相關。

三、研發密度對經營績效的影響

資源不在多寡，而在於妥善利用，本段說明 2005 年一篇另類的調查結果。

(一)傳統智慧

傳統智慧對研發費用的看法是「多多益善」，也就是研發費用跟營收、盈餘呈正相關。其中一篇很有名的研究是美國喬治城大學教授 Alien C. Eberhart 所做的，他們以 800 家公司為研究對象，期間長達 50 年，結論是：一年研發費用成長 5%，純益率成長 1～2%。

(二)另類看法

2005 年 10 月，美國著名企管顧問公司布茲・艾倫・漢彌爾頓（Booz Allen Hamilton），以 1,000 家全球上市公司（分成 10 個行業）為研究對象，從 6 年的經營績效來分析，傳統智慧有待修正，詳見圖 9.1，詳細說明於下。

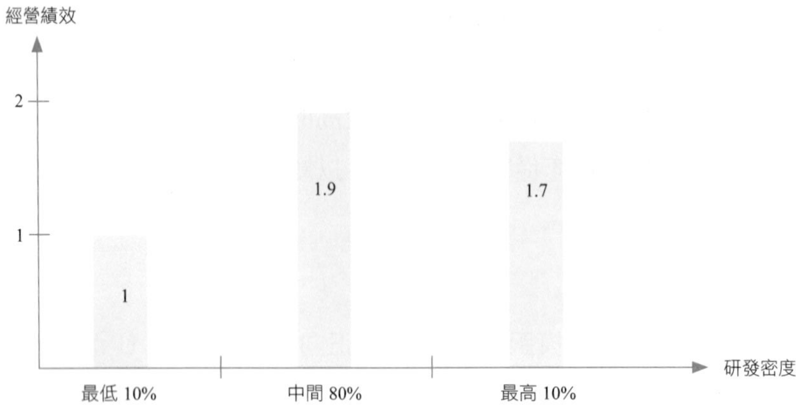

圖 9.1　研發密度對經營績效的影響

資料來源：修改自工商時報，2005 年 10 月 17 日，W3 版。

1.縱軸：績效的衡量

該公司以集合計算方式來得到績效指數，至少包括 5 個指標：營收成長率、毛益率、純益率、公司股票市值和全體股東結果。由圖 9.1 可見，這家顧問公司把研發密度吊車尾的 10%（100 家公司）的經營績效當成 1（或 100%），高度研發密度的公司，經營績效 1.7，可說前段班比後段班高出 70%。

2.1.7 跟 1.9 沒有顯著差異

該公司全球技術實務部主管、副總裁 Barry Jaruzeleh 表示，不論是分行業或全部 1,000 家公司來看，高度研發密度公司的經營指數 1.7 比中度研發密度公司經營指數 1.9 略低，不過並沒有顯著差異。也就是中度研發金額便可發揮最佳營運結果，重點不在花了多少錢，而是怎麼花錢。

(三)門檻值

公司研發費用必須超越一個「新陳代謝」的門檻值，才能登堂入室，否則連下場玩的資格都談不上。由圖 9.1 可看出，研發密度吊車尾的 10% 公司，經營績效也比較差。

(四)眼光才重要

一旦超越研發金額門檻，剩下決勝負的是研發長的洞察力和企業（至少是研發部）文化。

Barry Jaruzeleh 以汽車業為例，目標是研發油電混合動力汽車（gasoline-electric cars），研發密度 4.1% 的豐田汽車優於研發密度 4.3% 的福特汽車。

四、我們的建議

「馬跟兔子，誰比較大？」餓死的迷你馬都有 40 公斤，撐脹的兔子頂多只有 12 公斤。同樣地，如果硬要把所有資料（包括參考文獻）混在一起談，那可能因加總誤差（aggregation error）而無法得到一個結論。反而，依據實驗設計的原理或權變理論「因時因地因人」制宜，就會得到某一類產業的緒論，比較不會出現「公說公有理，婆說婆有理」的莫衷一是現象。公司研發金額高低受下列三大因素影響。

(一)產業技術水準

回到最基本定義來看，在第二章第一節對科技產業的定義，由圖 9.1 可見，如果以研發密度來區分，舉例來說，3% 以上算高科技產業；1～3% 算中科技產業；1% 以下算低科技產業。

把高科技公司比喻成馬，把低科技公司比喻成兔子，「瘦」馬、「肥」兔，哪一個比較重？光看字面無法判斷，但是依科技產業的定義都立刻可知。

(二)產品生命週期

在產品成長期，研發金額最大；到成熟期，有些公司甚至採取吸脂策略（milking strategy），少花點錢（尤其是研發支出），因為產品收入已經固定、毛益率低於 10%，少花錢就多賺，更不要說產品進入衰退期了。

(三)技術能力

在圖 9.1 中，依產品、製程把企業分成四類，這個圖我們搬到圖 9.2 中，以高科技產業成熟產品（例如數位相機）為例，技術先進者（日本佳能、索尼）研發密度 4%；挑戰者（例如三星）3.8%；老二主義 2%，因為不會把戰線拉太廣去多方嘗試，只針對已存在技術去破解（反剝法或稱逆向工程等）、複製（技術移轉）便可以，研發費用比較省。

產品專家型公司比較像波特競爭策略中「部分市場、不同產品」的差異化策略，因為只生產部分產品，所以不用處處設防，研發費用也比較少一些。

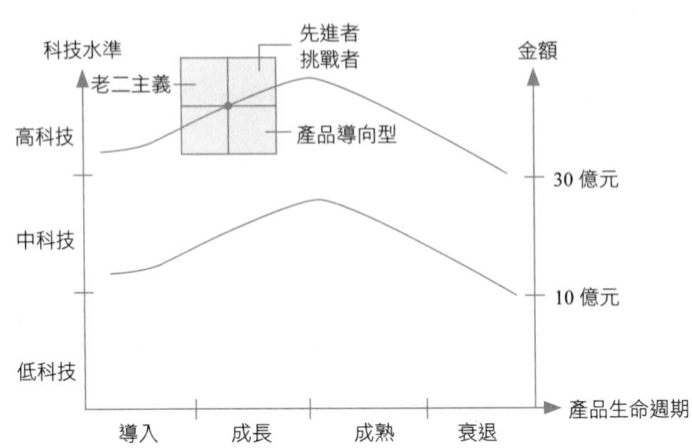

圖 9.2　公司依科技水準分類

五、為何不用研發密度一詞？

或許你會覺得奇怪，為什麼圖 9.2 右邊縱軸我們採用（上市公司）產業平均所研發金額，而不採取研發密度（即比率）。否則如此一來會呈現一條 L 型的線，尤其在公司剛成立時，研發投入 1 億元，二、三年都沒營收，研發密度可說無限大。以美國製藥業為例，研發基因藥的千禧年製藥公司（Millenium），研發密度 1.623 倍，營收 1,000 萬美元，卻投入 1,623 萬美元作研發。

一般公司也很少呆板地用研發密度來決定研發金額，相反地，筆者認為研發密度是個巧妙的結果，它只是恰巧長得那個水準而已！

9.3　二個角度來評論台積電研發費用決策

各行各業的研發費用受景氣、產品生命週期和產業結構三大外在因素影響，前二者偏向需求面，後者偏重供給面，因此，研發支出的金額占營收並沒有一個放諸四海皆準的黃金比率。

然而，這並不是說研發費用決策就沒譜。從策略管理的角度，研發費用的目的有二，底下詳細說明。

1.消費者策略

以產能利用率（或 110%）來衡量是否能滿足訂單。

2.競爭者策略

研發費用還得能打敗對手，嚇阻潛在進入者。

一、消費者策略

晶圓代工公司跟餐廳（例如鼎泰豐）並沒有多大不同，一旦客戶看到餐廳菜色有限，至少可知廚師手藝有限。

二、競爭者策略

(一)超過對手

研發費用以滿足客戶要求，這是最基本的功能，但是更積極的功能在於「嚇得競爭者屁滾尿流」，這就是競爭者策略。以戰爭來說，平時，研發費用如同軍備競賽，想達到「不戰而屈人之兵」的嚇阻功能；在戰時，透過火力壓制，讓對手士氣低落，以致棄甲兵而逃。以這標準來看，台積電的研發費用很強勢。

(二)跟標竿比

晶圓代工屬於晶圓製造業的外包商，希望有機會取得自行生產的整合元件公司的外包訂單，但是整合元件公司標竿的英特爾（詳見表 9.3，2009 年度 41 億美元）、三星研發手筆之大，台積電只能用「瞠乎其後」來形容。

三、台積電緊追英特爾，甩開對手

由表 9.6 大抵可看出台積電研發費用的決定因素。

表 9.6　台積電研發費用的決定因素

（單位：億元）

年	2007	2008	2009	2010（F）	2011（F）
(1)研發費用	160	215	216	270	－
(2)營收×營收成長率	3136	3218	2957 －8%	3910 ＋32%	4243 ＋8.5%
(3)研發密度 = $\frac{(1)}{(2)}$	5.1%	6.68%	7.3%	5.52%	－
(4)股東權益報酬率（%）	21.84%	20.58%	19.27%	20%	25%

(一)研發費用跟營收同步

2010 年 1 月 19 日，張忠謀表示，今年研發費用達 270 億元，持續投注研發資金將是從金融海嘯谷底，加速復甦的關鍵。在景氣蕭條時，企業經營的重點不是省一分錢，而是保持企業的元氣、核心能力，不僅要保持，甚至還要加強核心能力。

研發費用成長率 25%，跟營收成長率 32% 相當，要是連同 2009 年、2010 年一起考量，研發經費成長率 25.6%、營收成長率 21.5%，研發經費成長率還大於營收成長率呢！④

(二)靠技術取勝

台積電握有晶圓代工一半市場，靠的就是最先進製程的領先。以 65 奈米為例，就領先聯電、特許至少一年量產，也因此在 2009 年第三季 65 奈米仍有單季 200 億元以上的營收規模。

65 奈米製程普及後，台積就要藉由 40/45 奈米維持至少一年的領先，如同 65 奈米維持一年的領先，台積電 40 奈米 2009 年第二季營收比重 1%，到年底前，台積電有 60 家客戶，進行 100 多個設計案。⑤

(三)2009 年「守中帶攻」

由表 9.6 可見，台積電 2009 年營收衰退 8%，但研發費用持平，如此一來，研發密度上升至 7.3%。但真正重要的是，研發費用金額不縮水，生產線員工放「無薪價」、裁員，但是研發部不受影響。換另一個角度來說，研發部也吸收一部分生產線員工，即「不景氣時勤練兵」。

(四)2010 年，由「守中帶攻」轉為「攻擊」

2008 年 9 月 15 日金融海嘯引發 2009 年全球經濟衰退（約 −1.7%），2010 年逐漸恢復景氣，成長率 3.9%；2011 年 4.3%。國際貨幣基金 2010 年 1 月 26 日預估。

1.商機

底下由大到小說明半導體的商機。

(1)半導體產業旺到 2014 年

國際研究暨顧問機構顧能（Gartner）發布產業展望報告，2010 年全球半導體營收達 2,760 億美元，成長率 19.9%，其中 DRAM 拜價格上漲、個人電腦需求強勁所賜，營收可望大幅成長 55%，而整個半導體產業直到 2014 年都將呈現產值成長的盛況，產值 3,040 億美元。⑥

(2)台積電商機

台積電 2010～2012 年一片看好，以 2010 年 1 月 18 日，摩根大通證券的預估值來說，詳見表 9.6 中 2010 年、2011 年這二欄。⑦

2.小心新加坡特許半導體公司

代表阿拉伯政府的阿布達比創投（ATIC），2009 年以 18 億美元（562.5 億元）收購新加坡政府擁有的特許半導體 62%股權，並把旗下的 GLOBALFOUNDRIES（GF）跟特許合併，合併後存續公司為特許半導體，成為近五年晶圓代工第一樁合併案例。

阿布達比持有的 GLOBALFOUNDRIES 成立以來，擺明對手是台積電，而不是聯電，隨著併入特許半導體打算取得全球第二大的晶圓代工地位。⑧

3.爭取拉大技術差距

2010 年，台積電預估研發費用 270 億元，成長率 25%，跟營收成長率 32% 差不多。

台積電 2010 年 48 億美元（1,500 億元）的資本支出中，有 94% 用於先進製程、2% 用於新事業、3% 用於主流製程。

台積電在「先進製程」擁有高市占率，讓張忠謀相信，2010～2011 年在 40/45 奈米與 28 奈米，台積電將是市場唯一有效的產能擁有者。⑨

4.2010 年靠 40 奈米吃市場

台積電積極衝刺 40 奈米製程以甩開對手，2010 年 2 月 23 日，蔣尚義表示，年底 40 奈米製程將擴充到每季 16 萬片的規模，比年初增加一倍，40 奈米營收比年底上看 20%，比去年底提升 11 個百分點。

法人估計，台積電 40 奈米占營收比重的 20%，應該可以擁有七成以上市占率，繼續保有業界領先地位，也有助台積電提升整體平均接單價格（ASP），維持毛益率（48%）在高峰。⑩

表 9.7　2009 年晶圓代工市占率

排名	市占率（%）	公司
1	53	台積電
2	16.6	聯電
3	9.08	特許
4	6.34	中芯國際

資料來源：2010 年 3 月 23 日，IC Insights 資料計算。

5. 2011 年靠 28 奈米取勝

2010 年 1 月，28 奈米研發進度良好，獲 24 個客戶採用，年中可以試產，2011 年可望靠此領先對手。

賽靈思（Xilinx）是全球最大可程式邏輯晶片（FPGA）晶片公司，也是聯電前五大客戶及 12 吋晶圓投片量最大的 IC 設計公司之一，2010 年 2 月 23 日，宣布新版可編程的 FPGA 平台採用台積電、三星電子的 28 奈米高介電層／金屬閘製程技術，第四季推出。

賽靈思主要對手是美商阿爾特拉（Altera），因為阿爾特拉在網通市場來勢洶洶，面臨競爭要不斷尋求先進製程提升使產品升級、使成本下降，台積電 28 奈米服務領先全球晶圓代工公司，吸引賽靈思轉與台積電合作。台積電股價上漲 0.8 元，以 59.8 元作收；聯電股價下跌 0.3 元，以 16.3 元作收。

台積電 28 奈米已取得日本富士通微電子代工服務訂單，跟英特爾就凌動處理器核心產品也可能從 28 奈米合作。台積電跟手機晶片公司高通宣布 28 奈米繼續合作，但高通也同步跟特許（超微的關係企業）簽約，顯示先進製程戰火猛烈。

聯電則於 2010 年年底推出 28 奈米服務，企圖拿回賽靈思訂單。⑪

6. 2013 年拚 20 奈米製程

2010 年 4 月 14 日，蔣尚義在美國加州舉辦的台積電技術論壇中說明台積電未來技術藍圖。

20 奈米製程進程：2010 年第三季風險生產，2013 年第一季量產。各比 28 奈米製程領先三年。

張忠謀表示，接下來的 14、10 奈米製程，台積電不會缺席。

9.4 速配的技術——介入時機的決策

高科技往往代表高成本，因為高科技設備造價昂貴、操作人員素質也高。先用生活中的例子來說，要診斷出心律不整，只消門診時醫生用聽診器便可八九不離十的判斷，不須每個人都照心電圖，因為既費時又花錢；只有心電圖、超音波無法診斷的，才要進一步用核磁共振掃瞄機來檢驗，一次下來也要花個 5,000 元的檢驗費。

一、速配技術舉例

由圖 9.3 可見，技術的運用貴在「適技適所」（right technology right place，套用 right person right place，適才適用），以生產消費電子中的光碟機的驅動晶片，過猶不及都不好，太過（即 12 吋晶圓廠）則如大才小用，造成資源浪費；「不及」（即 6 吋晶圓廠）（心有餘而力不足、小孩耍大刀）則做不好，不良率高。

在圖 9.3 上，我們巧妙地把對角線上安排成「適技適所」的速配技術（appropriate technology）；在此之外，則為不適當技術（inapproiate technology）。

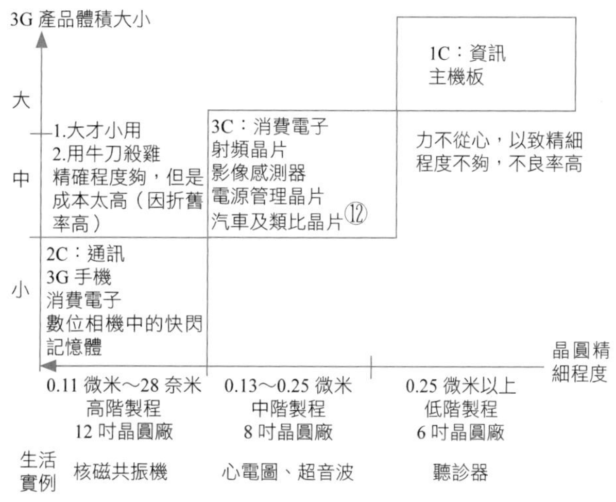

圖 9.3　速配技術舉例

二、研發專案組合管理模式

Mikkola（2001）根據波士頓顧問公司所提出的投資組合模式的邏輯，提出研發專案組合管理模式，詳見圖 9.4。從公司長期永續經營觀點出發，強調研發案必須有助於競爭優勢的提升以及為顧客創造更多利益。因此，以競爭優勢和顧客利益為二個構面，區分為四種可能情況。

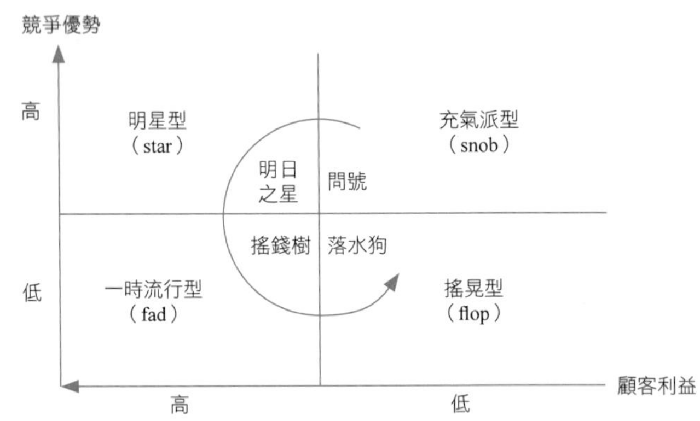

圖 9.4　研發案投資組合管理模式

(一)充氣派型（snob）

此型雖然可以穩固和累積公司的競爭優勢，但是一時半載間無助於滿足顧客利益，此類型專案應加強顧客導向的設計。

(二)明星型（star）

指該研發專案可以同時提升公司競爭優勢，並且創造顧客利益，通常可以替公司帶來產品創新上的突破，所以是最佳的研發專案。

(三)一時流行型（fad）

雖然可以帶給顧客龐大的利益，然而對於公司競爭優勢的提升非常有限。

(四)搖晃型（flop）

這種是最不值得進行的研發專案，既無法提升競爭優勢，對於顧客利益也少有提升。

我們用這模式，特別想突顯有些好大喜功的企業家想充氣派，為了向顧客、媒體、對手炫耀自己有能力購買先進設備或生產概念產品（例如花瓶型的未來概念車）。

接著，我們將以半導體製程中高階測試封裝製程為例，說明「來得早，不如來得巧」這句俚語的意義，當然這是事後聰明。不過，時光倒退回去當初，搞不好也會得到台灣的封測公司「太躁進」的結論呢！

三、進步太慢，就是落伍

1980 年代以來，由於產能過剩情況越來越嚴重，以致公司產品推出速度加快，以取悅喜新厭舊的顧客，使得產品壽命週期也變短。二十一世紀，手機每 3 至 6 個月就一代（注意：不是一款），產品壽命比個人電腦還短。

大型公司爭先恐後進行研發，希望推出殺手級產品（killer application）引領風潮。結果卻使技術壽命週期縮短，根據 Agarwal & Gort（2001）在《法律與經濟期刊》（*Journal of Law and Economics*）中所提出的調查報告指出，在二十世紀這一百年歷史當中，創新科技所造成競爭優勢的領先年數由 32.8 年大幅減少至 3.4 年。

四、創新者的兩難

克里斯汀生在《創新者的兩難》（*The Innovator's Dilemma*）書中強調產業。

1.效益

破壞性創新的先行者，具有明確的優勢。「在破壞性科技興起的頭兩年就進入新價值網絡的企業，其成功機會是稍後進入者的六倍，」明確指出開創新市場比起進入既有市場，風險較低、報酬較高。

2.風險

然而，由於革命性創新商品根本沒有歷史銷售資料來證明其對營收的貢獻，前景不明，高階管理者不願冒自毀前途的風險來賭一把，卻也因此扼殺了企業轉往科技創新的契機。

許多大型公司寧可觀望，公司等到市場規模大到夠吸引人時，再行進入。以 2008 年 5 月，宏碁才推出小筆電便可見一斑，憑藉品牌等優勢，後發先至。

克里斯汀生把突破性科技尋求新興市場的方法稱為「不可知行銷」（agnostic marketing），背後假設沒有人知道破壞性科技產品是否會被使用、如何使用及銷售數量——除非他們親身體驗過。因此，高階管理者必須走出實驗室、擺脫焦點團體，直接深入市場觀察，以創造新顧客與新應用的相關知識。

五、來得早，不如來得巧

A 君身高 175 公分、彈跳高度 59 公分；B 君身高 171 公分、彈跳高度 57 公分，可是每次搶籃板球都被 A 君搶到。原因在於 A 君太急，太早起身，而做等球下墜到適當高度時才起跳，每次都抄到球。由這個例子可見時機（timing）很重要；同樣地，公司研發也是如此。

公司該在技術生命週期中的哪一段介入，才比較賺錢呢？美國科羅拉多州礦業與黃金研究所的教授 Heeley & Jacobson（2008）的實證結果，得到「來得早，不如來得巧」的結論

研究對象：美國紐約證交所上市的 288 家公司，限於製造業、以日曆制為曆年制；在美國智財局共有 20.4 萬個專利（占專利 13.1%）。研究期間：1975～1994 年，共 20 年。

整個關係如圖 9.5 所示，還滿容易了解的。也就是在技術中期（medial-aged technology）介入，此時雖不像早期進入者擁有「先進者優勢」（first-

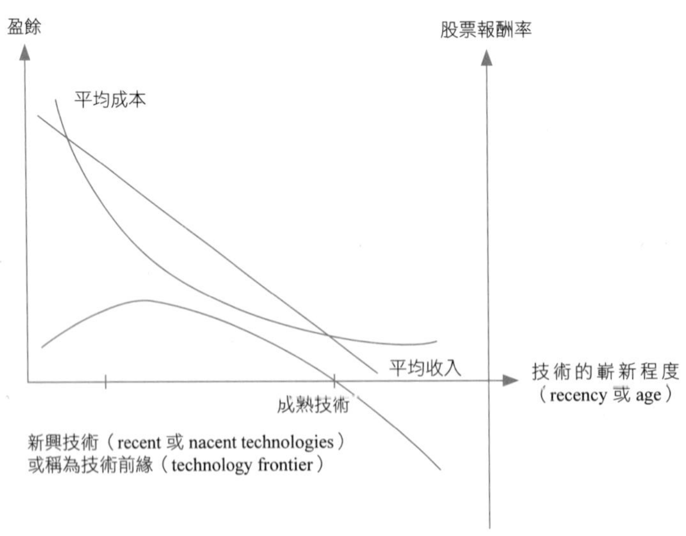

圖 9.5　技術生命週期跟股市績效的關係

資料來源：改編自 Heeley, Michael B. and Robert Jacobson, "The Recency of Technological Inputs and Financial Performance," Strategic Management Journal, vol. 29, 2008，p.727 Figure，把 x 軸轉軸 180 度。

mover advantage），但是也不用為了「爭先恐後」而付出高額研發費用。

此外，此時技術運用範圍較廣，產品多元發展，而且市場處於成長期。

六、各研發專案的資源配置

至於研發部各研發案的資源配置，可由圖 9.6 作為架構，是倒著來進行，即參考圖中最下面的產品開發流程，先知道市場、產品，再進而推演出需要什麼技術，再去發展技術。

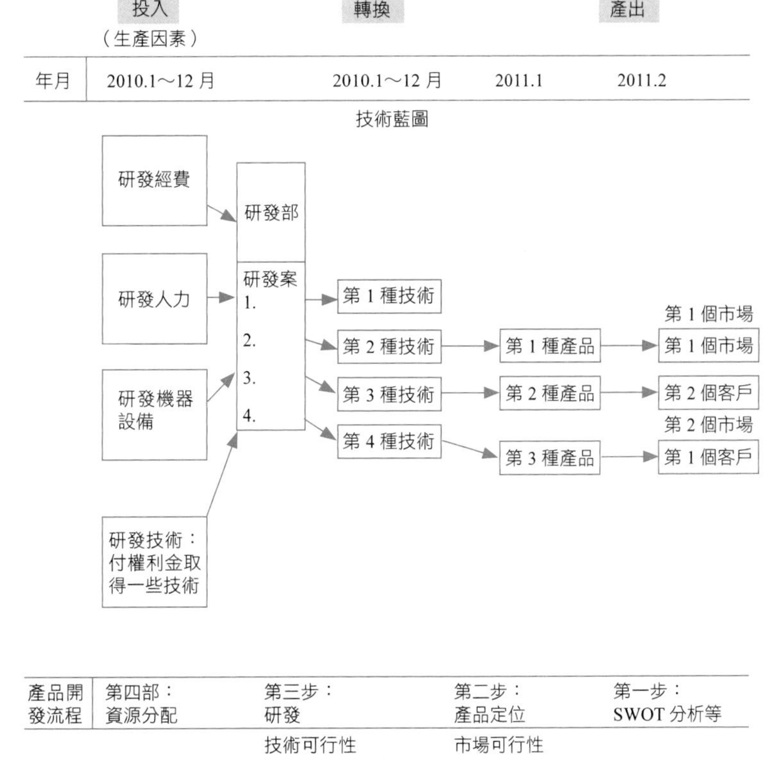

圖 9.6 公司策略導向的研發資源配置

9.5 技術取得方式決策

站在公司經營來考慮技術策略中的技術取得（最常見的是產品或生產技術），反而中文文章比較少討論；本節焦點在回答此一主題。

一、技術取得方式

技術取得（acquisition of technology）方式一如企業成長方式，也跟家庭吃飯方式一樣，分為自己煮、買現成的（含外食）。自行發展技術稱為技術創造，藉助外力稱為技術槓桿（technology leveraging），詳見表 9.8。其中，你可以把第 1 欄視為座標中的縱軸（y 軸），越往上走，取得成本越高、速度越快。

表 9.8　技術取得方式跟本書相關章節——以公司成長方式為例

發展方向	公司成長方式	技術取得方式
一、外部發展，在生產的抉擇時，稱為「外包」	1.收購和合併	一、技術槓桿（technology leveraging） 1.收購（買斷）或合併 (1)企業收購和合併，§9.5 (2)技術移轉，§12.1～3
	2.策略聯盟 (1)股權式 (2)非股權式（例如技術開發）	2.策略聯盟合資，§11.5
	3.長期契約協議	3.契約研究 (1)外包 (2)創新育成中心，§11.2 可說是技術的「OEM」
二、內部發展，在生產時，稱為「自製」	1.內部創業 2.內部創業以外	二、技術創造（technology creation 或 building） 1.挖角 2.向顧客學習 3.標竿學習 4.經驗學習，實驗學習 5.從過去學習 6.技術稟賦

其中，策略聯盟（例如共同開發技術）的著眼點在於，對彼此的「技術基礎」截長補短、互通有無。

二、內部發展方式

表 9.8 中內部發展方式，我們主要參考美國學者 Huber（1991）的觀念，但是用詞則採本土化作法。

(一)技術稟賦

稟賦（在個人稱為天賦異稟很容易了解，在會計上稱為前期或期初）資產，在技術取得來說，制度化技術、公司創始人擁有的技術都屬於繼承得來的**技術稟賦（technology endowment）**。

(二)從過去學習

有些學者認為從外界或公司內部已經發生的事情，可以歸納出經營管理知識，常見的方式如下。

1.環境掃瞄

廣泛地觀察外界環境。

2.集中搜索

針對特定範圍的內外環境加以了解。

3.事後評估或績效監視

由公司過去行動的結果去提煉經驗。

(三)經驗學習

經驗學習（experiential learning）依價值鏈可以分為五種。

1.實驗

對公司行動（最常見的是新產品研發）的結果加以分析，因而得到的知識。

2.無意或非系統學習

俗語說「無心插柳柳成蔭」，就是這個道理，例如法國居里夫人發現 X 光。

3.經驗基礎的學習曲線

經驗對於公司績效有正面的影響，例如生產新產品時，隨著經驗的增加，每單位產品的生產成本和時間也因而降低。

4.自變公司

也稱為「自我設計的公司」，公司本身維持在一個時常改變的狀態，不斷變動其結構、程序、領域、目標等，以獲得較好的調適能力，而在快速變遷的環境中生存下來。

5.自我評估

公司員工的參與互動、學習新的參考團體，以改善心智和人際關係。

(四)標竿學習

主要藉著向其他公司學習其策略、管理方法和技術，而取得第二手的經驗，可說是技術複製。

(五)向顧客學習

這並不是新觀念，1980 年代流行從客訴去重新檢討藥品等產品，今天則強調在產品概念時即需有顧客參與，真正落實「行銷導向」，而不是把產品推給顧客的生產導向。此外，許多服務都是互動式行銷，連生產人員（像企管顧問）都可以透過顧客而增長見聞，並不只是增加一個 trade record 罷了！

(六)挖角

公司可以藉由招募具有新知識的員工，達到增長公司知識的目的。

三、外部技術來源

外部「技術來源」（source of technology），常見有下列三種方式。

・產學，詳見第十一章第一節。

・產研合作，研是指研發機構，常指工研院，尤指工研院的研發聯盟（consortia），詳見第十一章第二節。

・公司間（interfirms），詳見第十一章第三節。

外部技術的取得，主要為技術移轉，三十年來的研究結果幾乎大同小異：技術移入者吸收能力、溝通品質、技術越相同，成功機率越高。

科技管理在此處宜偏重下列二者。

1.學習機制如何強化；

2.移轉機制怎樣提升。

四、技術取得方式的決策

七個優點的成長方式不見得優於四個優點的另一種成長方式；反之，缺點少的也不見得具有「少輸就是贏」的優勢。這並非作文比賽，四個優點很容易隨時膨脹到八個、十個。

本節擬透過線性規劃、資本預算的觀念，說明企業如何挑出最佳成長方式，而每個投資案的結果可能都不一樣。

公司成長以追求公司價值極大化為目標，這跟線性規劃求解一樣，只能在可行區域內找最佳解，其限制、求解方式如下。

(一)限制條件

成長方式受限於下列三項限制，詳見圖 9.7，詳細說明於下。

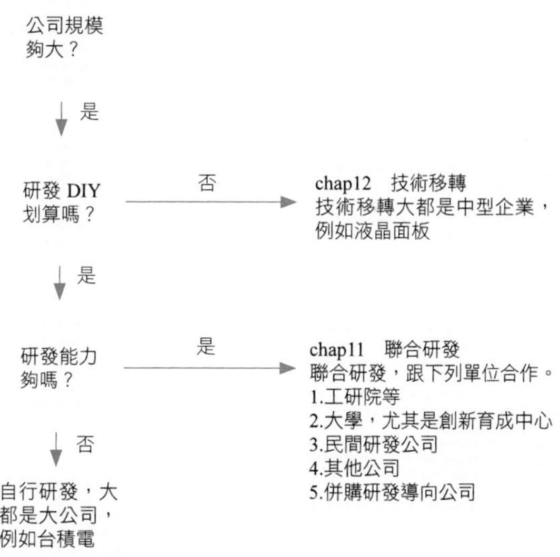

圖 9.7　公司研發外包決策流程

1.經費限制

沒錢難辦事，資金是常見的限制，因此財務可行性（financial feasibility）要做得踏實。

2.吸收能力限制

成長方式和吃東西很像，都得考量人的**吸收能力（absorptive**

capacity），尤其在技術移轉或策略聯盟〔特別是技術共同開發等學習型聯盟（learning alliance）〕時。雖然有些論文討論此主題，但是不論個人吸收能力、公司學習能力，皆跟一般常識認知沒有差別，例如吸收能力具有累加性，即技術基礎越廣越深，吸收速度越快。

3.建構策略性資源的考慮因素

至於企業是否願意付出高額代價來建構資源（例如科技管理），還需要考量資源所具有的「競爭成果特性」，也就是下列三項特性。

(1)專享的：有些公司不願花錢併購以人才為主的公司，便是擔心人力資源往往不是公司獨享的，因為人會用腳投票。

(2)公司的。

(3)耐久的：然而高科技產業內資產的折舊速度最快，一般來說，「能力」比「資產」耐久。

(二)效益成本分析

成長方式的成本很容易計算，但是效益則不容易量化。在強調價值經營（value base management, VBM）的今日，大都採取淨現值法（NPV method）計算出各成長方式的結果，並且在財務可行範圍內，依序挑淨現值報酬率的成長方式。

(三)為什麼沒談時效考量？

企業採取併購其他公司方式成長，成長代價比較高（如同上館子比在家吃一樣貴），著眼點在於搶時效。那麼，為何不單獨把時效作為成長方式的目標之一呢？時效可以採取二種方式處理，無須單獨列為目標。

1.限制條件

例如，自行發展緩不濟急，那麼只好外購，這是時間限制。

2.放到公司價值極大化目標中

自行發展可能會反映在成本居高不下、收入無法達到預期，也就是時效會反映在獲利上。

五、成長方式的掌控

各種成長方式的效益比較難評估的主因在於「操之在己」的控制程度，

換成以貨幣方式表示，控制程度可說是獲利落袋的機率，由圖 9.8 縱軸可見，我們把內部發展視為控制程度九成以上；併購其次，約七成，至少是指併購後半年內此一過渡期；至於策略聯盟的控制程度最低，縱使是「50：50」的合資，也可能出現雙頭馬車的失控情況。

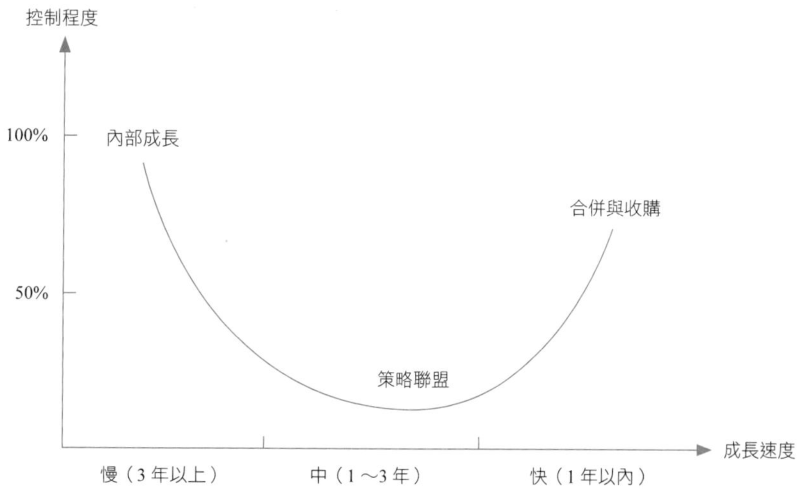

圖 9.8　內部、外部成長方式的成長速度和控制程度

另一方面，如果把成長速度標示於 x 軸，我們可以依照經濟學中消費者的等效用曲線，畫出經營者對控制程度、成長速度的等效用曲線，很可惜這條曲線無法作到精確。

最後，如果已知預算線，預算線跟等效用曲線切點便是最佳方案。

(一)就近取譬說明控制程度

陌生、複雜的觀念，如果能用生活中的例子來比喻，常使人容易快速了解、方便記憶。在介紹企業間合併和收購之前，我們想用表 9.9 中的男女關係來說明企業併購，奧妙之處在於表中有一條虛擬的縱軸，用以衡量可控制程度。不用說，「男女朋友」時彼此沒名沒分，所以彼此（或一方對另一方）控制程度最低；再看到最上面，「花錢娶」（無異「買」）越南新娘情況，丈夫對太太的「控制」（至少按婚姻關係）程度最高；至於其他的男女間關係則介於這二極之間。由這個例子來看併購、策略聯盟是不是比較容易了解呢？

表 9.9　以男女關係來比喻企業間的併購控制程度

男女關係	企業外部成長方式
一、男女結婚	一、合併與收購
1.「買」老婆，如越南、印尼新娘	1.收購（acquisition） (1)資產收購 (2)股權收購
2.男女結婚，採共同財產	2.合併（merger）
3.男人「養」小老婆、女人「養」小白臉	3.委託經營
二、男女婚前	二、策略聯盟
1.同居	1.合資（含少數股權）式
2.男女朋友	2.非股權（如聯合研發）

(二)策略聯盟跟併購間的抉擇

美國麻州理工大學史隆學院技術管理教授 Roberts 和所羅門美邦證券的 Liu（2001）研究結果指出，策略聯盟跟公司併購孰優孰劣取決於技術生命週期，他們以個人電腦、微軟為例，得到表 9.10 的結論。其結論也適用於傳統產業，結論也符合常識。在技術（連帶也是產品）成熟期，邊際公司不支倒地；技術不連續期（指的是舊的不去、新的不來），可說是產品衰退期，很多公司撤資。所以，這二階段當然是策略聯盟比公司併購優先採用。反之，在技術導入期（fluid phase）、技術過渡期（transitional phase），市場供不應求，公司併購比策略聯盟優先採用。不過，這不是零與一的抉擇，也得看對象而定。

(三)截長補短的研發合作

美國喬治亞理工大學管理學院教授 Rothaermel & Booker（2008）以製藥和生技業為研究對象，實驗設計如下。

- 研究公司：548 家新公司（偏重生技）、59 家老公司（偏重製藥公司）。從 Biosscan 資料庫中取得資料，涵蓋全球生技產業。
- 研究期間：1998～2001 年，此期間策略聯盟活動熱絡。
- 研究結論：詳見圖 9.9。

表 9.10　技術生命階段的策略聯盟、公司併購作為

企業作為＼技術階段	導入（fluid）	成長（transitional）	成熟（mature）	不連續（discontinuity）
一、階段特性 1.技術特性 2.市場成長率	技術未定型 165%	產品定型 69%	產品升級 45%	舊技術漸過時 32%
二、策略聯盟	多家公司聯盟建構產業規格	聯合研發、行銷面策略聯盟	製造聯盟、聯合研發、行銷面策略聯盟	行銷面策略聯盟
三、公司併購	成熟技術（產業）公司收購初成立但技術佳的新公司	擁有主流技術的公司收購對手	產品互補的公司間（水平）合併	進軍新技術領域，收購技術利基公司

資料來源：部分整理自 Roberts Edward B. and Wenyun Kathy Liu, "Aly or Acquire?", Strategic Management Review, Dec, 2001, p.29.

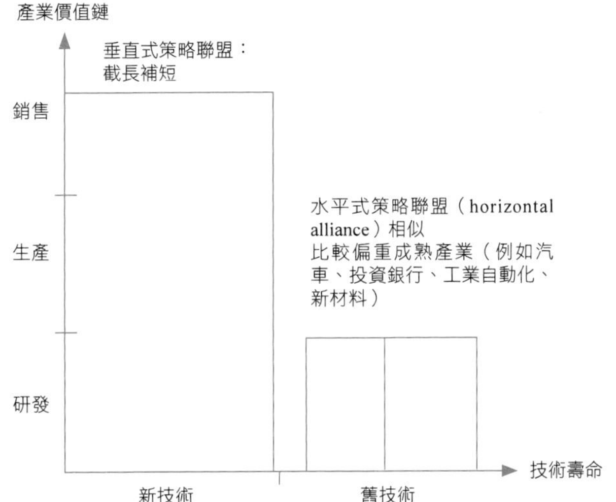

圖 9.9　不同技術壽命階段時的公司間策略聯盟方向

其中技術互補、技術相似性的衡量方式，是採取 Mowery 等（1998）的方法。技術互補性（technological complementarities）可從各專利的交叉引用率，技術相似性（technological similarities）可從各專利的共同引用率（例如系出同源）來衡量。

註　釋

①經濟日報，2009 年 12 月 1 日，A7 版，謝璦竹。

②工商時報，2008 年 3 月 23 日，B2 版，于倩若。

③克羅與雷奇，「創新的精準度」，哈佛商業評論，2009 年 10 月，第 19～20 頁。

④工商時報，2010 年 1 月 20 日，A4 版，李淑惠。

⑤經濟日報，2009 年 10 月 26 日，A3 版，陳碧珠。

⑥工商時報，2010 年 2 月 26 日，A17 版，李淑惠。

⑦經濟日報，2010 年 1 月 19 日，A2 版，張志榮。

⑧經濟日報，2010 年 1 月 7 日，A2 版，溫建勳、陳碧珠。

⑨經濟日報，2010 年 1 月 29 日，A4 版，陳碧珠。

⑩經濟日報，2010 年 2 月 25 日，C3 版，陳碧珠。

⑪經濟日報，2010 年 2 月 24 日，C1 版，陳碧珠、曹正榮。

⑫經濟日報，2010 年 2 月 1 日，A3 版，涂志豪。

本章習題

1. 參考別的書，「技術策略」指的是什麼？
2. 以表 9.5 為基礎，各舉一個自行發展、外部發展的實體例子說明。
3. 找一篇以研發金額、研發密度為自變數的論文，以分析其對營收、盈餘的影響。
4. 影響研發費用的因素有哪些？
5. 分析研發費用對台積電、聯電營收、盈餘的貢獻。
6. 台積電的 2010 年研發費用世紀豪賭勝算如何？
7. 以圖 9.3 為基礎，詳細說明 12 吋晶圓廠比 8 吋晶圓廠好在哪裡？
8. 舉一家公司為例，為何捨策略聯盟而採取併購方式成長？

10 研發管理

要攻下消費者心占率，就要先能激發人們心中感動的火花；只強調品質、創新顯得有些不足，少了令人驚喜的元素。

創新要能激勵人心，華碩以精彩創新、完美品質作為品牌新定位。品牌是一種認知，包括實體與無形的感覺。

實體的產品已獲得消費者的肯定，品牌想抓住的就是「無形的感覺」，這種無形的力量，需要能激發人類的六感：視覺、嗅覺、聽覺、味覺、觸覺及美感。華碩近期推出的觸控式旋轉螢幕易PC T91、Eee Keyboard，以及透過無線網域，就能連接家裡的液晶電視，變成電腦螢幕等 Eee 系列產品，都是希望帶給消費者驚喜的感覺。

——*施崇棠*　華碩董事長

經濟日報，2009 年 1 月 22 日，B2 版

學習目標

「自己作一遍」是檢驗你是否確實了解的最直接方式，本章以華碩筆記型電腦如何研發出來為例，讓你體會學習「科技管理」的最主要目標。

直接效益

公司的研發管理是本書的主軸，本章以華碩的筆記型電腦為對象，一步一步地說明研發部各單位如何接棒式的做好其研發工作。我們已盡量降低本章涉及物理、化學等理工的專有程度，請你去體會背後的涵意吧！

本章重點（＊是碩士班程度）

- 研發部如何符合研發目標。表 10.1
- 透過研發以降低成本。表 10.2
- 一個研發過程與可靠度作業流程。表 10.3
- 加速產品研發速度的管理活動。表 10.4
- 加速產品研發過程的研發活動。表 10.5
- 公司對企業社會責任的發展階段。表 10.6
- 國際組織對產品生命週期的環保規定。表 10.7
- 壽限試驗的二類方式。表 10.10

前言　眼見為憑

有許多人會問我們：「科技管理是什麼？」我們的回答：「科技管理就是公司裡的研發管理。」這樣的回答「雖不中，亦不遠矣」！科技管理的範圍比研發管理廣一些，例如本書第十三章、第十四章，討論公司專利申請、智財權維護，這屬於公司智財處、法務處的事。

因此，本書必須有一章說明如何做研發管理，尤其是站在研發專案主持人角度，從頭到尾怎樣把一項**新產品開發（new product development, NPD）**出來。鑑於資料取得性，每節我們以不同產品為對象說明。

本章是本書的核心，因此篇幅較大。

華碩電腦（2357）小檔案

成立：1989 年 4 月
董事長：施崇棠
總經理：沈振來
公司：台北市北投區立德路 15 號
營收：（2009 年）2,325.8 億元
盈餘：（2009 年）125 億元
營收比重：筆電、主機板占 70%、其他 3C 占 23%、其他 7%
員工數：10 萬人

10.1 研發管理快易通

研發管理一如其他功能管理，透過管理活動來達成公司交代的目標。

一、研發目標

由董事會、總經理或事業部交代的研發目標，由圖 10.1 可見，依時間順序可分為二大部分。

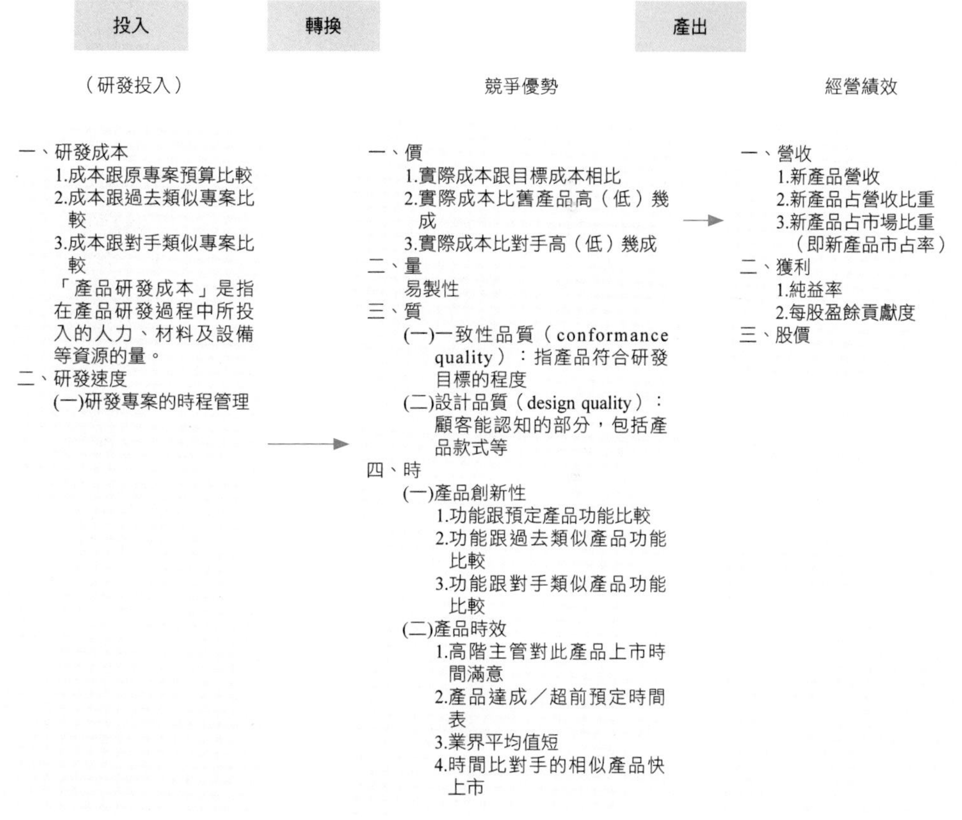

圖 10.1　產品研發績效指標

(一)競爭優勢

公司透過行銷策略（4P：產品、定價、促銷與實體配置）以塑造「價量質時」等四項競爭優勢，以在市場中占有一席之地。

研發部負責的是行銷 4P 中的產品一項，進而替「競爭優勢」打下基礎。

由圖 10.1 競爭優勢中的細項說明，這是研發部直接負責的「新產品研發績效指標」，也是大部分學術論文的基礎。

產品功能 = 品質機能展開

品質機能展開（quality function deployment, QFD）的本意是產品功能清單與製程技術的表。

以產品功能清單的功能來說，依序把產品功能條列於表第一列，例如小筆電的**功能性規格（functional specification）**如下（以易 PC 2GB 機型為例）。

- 面板尺寸：7 吋（即 8 公分×4 公分）；
- 重量：1.2 公斤；
- 中央處理器：此涉及運算速度，採英特爾賽揚 M（Celeron）；
- 上網速度：採用 3G 手機的火狐（Firefox）等上網軟體；
- 開機速度：28 秒；第 2 代縮短到 20 秒內；
- 電池續航力：2.8 小時；
- 觸控螢幕：無。

限於篇幅，再考量性質，我們把品質機能展開留待張保隆、伍忠賢著《生產管理》（五南圖書）第五章再來說明，以親民產品鳳梨酥來說明。

(二)經營績效

藉由競爭優勢，公司進而想收成，此即「經營績效」，依序包括「營收→獲利→股價」三項。

不過，這地方該負責的部門主要是業務部或該產品的事業部，研發部只負責「師父領進門」的部分，業務部負責「修行在個人」那一段。

二、研發投入

「錢與人」是常見的研發投入，也就是研發資源換算成錢，便是研發成本。這在公司資本預算案中，可以計算投資報酬率。

三、研發績效

研發績效可分為下列二部分。

1.投入績效（偏重效率）

單純從投入面來看研發部的貢獻，這是常見的俚語「沒有功勞也有苦勞」的「苦勞」，在圖 10.1 中，「研發投入」共有二項投入績效：成本績效、時效績效。

2.產出績效（偏重效果）

研發專案的**產出績效（output performance）**指的是研發目標的達成度。

四、研發部的方法論

研發人員依據研發管理的流程，發揮研發功力，一步一步達成研發目標，在表 10.1 中，我們先綱舉目張，以免你「因木失林」，再詳細說明。

表 10.1　研發部如何符合研發目標

競爭優勢	方法	說明
一、價 即成本優勢	詳見表 10.2	
二、量		
三、質	1.品質機能展開（quality function deployment, QFD）	是在產品研發流程中，研發人員用來釐清使用者的要求，決定相關技術並評估產品性能的一種結構化、系統性的方法。針對使用者需求及研發技術等層面進行評估與分析，使產品從研發初期一直到成品都能夠兼顧到使用者的需求及研發技術的配合。
	2.設計失效模式及效應分析（design failure mode and effects analysis, DFMEA）或	強調研發階段所需要對產品設計可能的潛在失效及其影響作對策及嚴重性地分析。
	3.初步危害分析（preliminary hazard analysis, PHA），其他如。 (1)以 DFMEA 預見預防重要的潛在失效模式； (2)以必要 design preview 在研發之前預見預防設計缺失； (3)以必要的 DR 在設計之後預見預防設計缺失。	這是一種可以用於早期研發過程的技術，屬於歸納分析法，其目的是對危害、危害狀況和可能對給定的行為、設備和系統造成傷害的事件進行判定，通常運用在幾乎沒有設計細節或操作程式的任何資訊的專案研發的早期，並經常作為進一步研發的先驅。當環境不允許採用更詳盡的技術時，這種方法有助於對現有產品進行分析或對危害優先順序進行排序。

表 10.1 （續）

競爭優勢	方法	說明
	4.萃思（TRIZ） 萃思（TRIZ）為俄文 Teoriya Reshniya Izobretatelskikh Zadatch 的縮寫，其對應英譯為 theory of inventive problem solving，為蘇聯學者阿舒勒（Genrich Saulovich Alwshuller）於 1946 年提出。	(1)分析產品的問題或需求； (2)建立元件功能分析表，確認產品欲改善的工程參數； (3)設法找出可行的習用方法，並分析該方法可能造成的副作用； (4)把其對應到工程參數的矛盾對應表中，找出一組或多組矛盾，並找出建議的創新法則； (5)評估上述創新法則； (6)查詢市面上是否有相似產品或相關專利，要是有則放棄設計構想，重新回到習用方法分析。
(一)環保	詳見表 10.3	
四、時	詳見表 10.2 以最少的試驗次數尋求最適條件組合及完成參數、公差設計的功力。	應用 DOE 或田口品質工程等手法輔助完成。

其中「價」目標篇幅較少，在下段說明，至於產品環保品質在第三節中專節說明，如何加速研發時效則在第二節中專節介紹。

五、目標成本法

公司做生意是「將本求利」因此，在研發專案 C1 規劃階段，上級會決定研發中新產品的成本結構（即營業成本中的原料成本、直接人工成本與製造費用）。

研發小組就在這**目標成本（target costing）**的限制下，決定產品規格、該用那些零件（例如以固態硬碟取代傳統硬碟）。

表 10.2 是研發小組達成目標成本的常見作法。

表 10.2 透過研發以降低成本

部門	說明
一、研發部	
(一)價值工程（value engineering）	價值工程的目的在於「維持產品價值不變情況下，以更低成本零組件取代」。 1.以晶片為例：以系統單晶片取代組裝成的晶片。 2.以材質為例：以塑膠取代金屬或玻璃。 3.模組化設計（modular design）：以各種現成模組去排列組合，像樂高（logo）式發明，快又省。
(二)共用零組件	1.可享受採購的數量優勢，因為零組件種類少，比較容易累積到一定量，讓採購部有談判基礎去殺價。 2.因零組件可互通，各產品的安全存量可降低，減少存貨所造成的資金積壓。
二、採購部	1.同上 1.。 2.策略採購人員協調零組件供貨公司符合本公司的目標成本。
三、製造部	研發要考慮易製性（manufacturability），即「為製造而設計」（design for manufactory, DFM）或「為組裝而設計」（design for assembly, DFA），或稱「為經濟製造而設計」。
(一)以機器取代人工	盡量設計可用機器取代勞工的生產過程。
(二)勞工容易施作	包括減少工序、零件的順序（例如下面裝錯，中間、上面只好重拔再重裝），以按扣方式取代扣件（螺絲、螺帽）等。

(一)研發部定生死

當新產品初上市時，產品成本大都由研發部決定，研發部對產品成本的影響稱為「設計在內成本」（designed-in costs）。要到產品上市一段期間後，透過研發部把產品**重新設計（redesign）**、採購、製造部的努力，產品還有一波波降低成本（cost reduction, cost down 是台式英文）空間。

(二)目標成本法的緣起

目標成本法是日本豐田汽車公司 1950 年代副總裁大野耐一所發明，由顧客的目標價格再考量公司的目標利潤，去反推產品的成本。

(三)華碩易 PC 是好例子

本段以華碩 2007 年 10 月 16 日推出小筆電易 PC（Eee PC）為例說明，

董事長施崇棠認為 Eee 中的二個小 e 還有二層涵意：足夠的（enough）、經濟的（economical），唯其不過多才不會因無謂功能（註：99% 的智慧型手機功能是顧客不使用的）多支出一些成本。易 PC 的初始定位是成為「已開發國家消費者的第二台電腦，以及開發中國家消費者的第一台電腦」，並且把售價壓在 250 美元。

總經理沈振來表示：「我不在乎你要用多快的 CPU、多大的儲存容量……你們要定二種規格，一種是硬體的規格，一種是使用者經驗的規格。」

易 PC 的定價是從消費者出發，先抓出市場定位，反推出 249、300 美元二款機型的目標價格後，由「消費者需求」開始回推，考量 10% 毛益率。以 300 美元機型為例，原料成本設定七成，即 210 美元，因此，許先越做的第一件事，就是降低成本。他把幾個重要的零組件（例如面板、變壓器、 CPU、軟體等）拆解出來，一個一個詢價。「每次談價格前，我都會問沈振來：『目標價是多少』他都說：『沒有目標價。我只要產業的極致！』」

聽到沈振來的回答，許先越只得硬著頭皮去找出「極致」。例如，一顆 IC 要花多少錢買，才算是最低價？他得先計算裸晶片有多大？用的是什麼製程？生產者是台積電、聯電還是中芯國際？成本大約多少？加上封裝測試要多少錢？一點一滴拆解出零組件的成本結構，才好去跟供貨公司談判，幾位研發主管花了 4 個月詢價，好不容易逐一確定供貨公司的合作意願。

許先越小檔案

出生：1965 年
現職：三大事業群之一系統事業群中 NB 事業處總經理（2009 年 2 月起）
經歷：總經理沈振來的特別助理
學歷：台灣科技大學

(四)緯創更是好樣的！

緯創（3231）是筆記型電腦設計代工的三哥，其中筆記型電腦事業一部部長謝群英運用**「六標準差」（six segama）**觀念，把研發、製造結合，他依照客戶的經營規模和成長速度，打造客製化的生產流程，把過去長達 6 個月的研發生產流程，一舉縮短四成，僅需 3.5 個月。縮短流程最大的關鍵在於六標準差的「design for *x*」（指「為某種目的而設計」），例如：**「為組裝而設計」（design for assembly）**、**「為測試而設計」（design for testing）**的概念，導入流程最前端的研發。

謝群英要求研發部站在工廠的角度，思考什麼樣的研發才能「第一次就做對」，而提高組裝效率。例如，印刷電路板上原本要打上數千個插零件的小孔，經雙方討論後，從研發端就設法做到把零件數量降低 30～40%，這個小改變，就讓工廠打板的效率提升八成以上。

原本關係緊張的二個部門，發現新流程竟帶來如此大的好處後，合作意願大幅提高。幾年來，雙方討論出的設計規範，已集結成一本「聖經」。每每有新專案或新人加入，只要參考這本「聖經」，即可找出最佳化設計，大幅降低摸索試誤的成本。透過導入六標準差，在生產過程中的每個環節，都運用「零件標準化，設計模組化」的標準仔細爬梳後，昆山廠的生產效率提高了 25%，也被客戶稱讚是能精益求精的「學習型公司」。①

謝群英小檔案

出生：1961 年
現職：緯創筆電事業一部部長
經歷：緯創資通業務處處長
學歷：台灣科技大學工業管理技術系
得獎原因：5 年來，透過各種管理工具及團隊合作，使出貨量成長 10 倍、營收成長 6 倍，並連續 4 年獲得顧客、供貨公司評比第一名的榮譽

緯創資通（3231）小檔案

成立：2001 年 5 月
董事長：林憲銘
總經理：黃柏漙
地址：新竹市竹科新安路 7 號
泛宏碁集團成員之一，專攻筆電設計代工
營收：（2009 年）5,224 億元
盈餘：（2009 年）91.35 億元
員工數：2 萬人

六、研發執行過程

有關於華碩的研發流程，我們蒐集到華碩設計處的設計師柯連田，在 2005 年 5 月的一篇文章，以得過德國紅點的三款（W3、W5、V6）筆記型電腦為對象，來說明華碩如何辦到的。

我們依據這個發展過程，把他的文章重排、修改，「嘩啦！」就成為本段！

＊設計過程

華碩的設計部在每項產品設計案進行的流程，分為下列五個階段，每一階段都會有設計師簡短的介紹，並且有其他設計師加入討論。

1.創意

透過腦力激盪，目的是找到合適的研發主題和目標。

2.手繪圖

手繪圖以快速勾勒出大型設計。

3.2D 電腦繪圖

2D 電腦繪圖使用的主要工具為 Auto CAD、Corcldraw、Illustrator 等，目的是細修大型的良好比例和六視圖的各項細節表現。

4.3D 電腦繪圖

3D 電腦繪圖，使用工具為 Pro/ENGINEER Wildfire，以建構可開模的完整圖面，並藉由 3D MAX 及 Photoshop 表現精緻外觀的模擬效果，目的是討論色彩和質感的選用得宜。

5.模型製作

透過 1 比 1 的外觀實體模型，以呈現 2D 圖面無法呈現的效果，例如光源顯示、材質觸感和各種情境模擬。

6.以手機為例

因應數位時代來臨，2004 年 11 月華碩推出 30 萬畫素照相手機 ASUS J102，在上市前即獲得日本 G-mark 獎的肯定，象徵華碩追求產品功能的創新，也在工業設計上力臻完美，已達到世界級標準。

施崇棠表示，J102 採用髮絲紋鋁合金霧面外殼，展現時尚風格的經典造型，極簡奢華的呈現時尚人士風格，並結合照相功能。J102 以方圓交錯的精簡造型和金屬髮絲營造出的科技感，採鋁合金面板打造其外殼，不僅提升整體外型質感，更不易沾黏指紋，讓使用者免除因長時間使用而產生掉漆的困擾。

J102 還特別為消費者貼心設計，在功能面提供「窈窕天使」的功能，可依個人資料，自動計算出使用者的卡路里狀況，精心打造迷人身材，不論男女，都可藉由「守護天使」守護另一半與自己的健康。

七、研發程序與可靠度設計

限於我們並無法取得華碩易 PC 可靠度設計的資料，因此以財團法人車輛研究測試中心褚政怡等（2009）的文章為基礎，詳見表 10.3，其在 2008 年研發電子駐煞車系統（electronic parking brake, EPB）。簡單地說，便是汽車的手煞車，一般在停時，為了防止汽車滑動會拉手煞車，這是採取機械方式，車輛中心（有些報紙稱為車測中心）研發出電控式，產品雛型性能優異，已對台灣的汽車公司技術移轉，開發系統要確保符合市場需求，就有賴可靠度設計技術的導入，本案為經濟部技術處科專計畫項目，專案目標是開發一機電整合系統。

表 10.3　一個研發過程與可靠度作業流程

新產品開發程序——C 系統	可靠度作業流程	說明	車輛中心的「電子駐煞車系統」可靠度作業流程
C0 構想階段（proposal phase） C1 規劃階段（planning phase）	規劃（Plan） ・市場需求 ・設計規格 ・時程規劃 ・機能展開	(一)設計審查 「設計審查」是用於評定研發專案可行性、確立產品設計符合專案需求與發掘產品研發與製造潛在問題。設計審查集合各專業人員智慧，貢獻各自工程考量，使研發更加完美，同時擴大研發人員視野與累積經驗，掌握相關界面問題，提升產品可靠度，連帶也降低研發成本與時程。	車輛中心的設計審查會議分為：概念審查、期中審查、期末審查與特殊審查四類。 一、概念審查 (一)設計審查 研發專案在計畫立案後應送「設計與開發審查委員會」進行概念審查，車輛中心的委員會由研發單位主管擔任主任委員，委員由各專業領域部門代表擔任，品保單位擔任執行秘書，負責綜理委員會相關事宜。在概念審查會議著重研發系統有關的輸入確認，要求項目包括下列。 1.設計與開發時程； 2.產品功能、性能或顧客的要求； 3.適用的法令、法規或委託單位要求； 4.源自以往類似產品的適用資訊； 5.產品允收標準及驗證規範； 6.產品外觀、規格或材質； 7.可行性評估方法； 8.設計與開發過程中，不可或缺其他要求。 上述第 2 項針對市售相關產品進行標竿研究，以了解歐、美、日產品的智慧化功能，提供研擬產品規格的依據。 上述第 3 項，設計審查需用檢核表，以車電系統為例，可參考美國 SAE J1938（1998），此標準為車輛電子系統的研發與製程檢核表，用以確保車電系統研發的各個

表 10.3 （續）

新產品開發程序——C 系統	可靠度作業流程	說明	車輛中心的「電子駐煞車系統」可靠度作業流程
			構面符合最初設計要求，此標準分為設計與製程二大部分，車電系統差異頗大，可以此標準為基礎，參酌各公司與產品特性建立專屬檢核表，以有效實施設計審查，確保研發產品品質可靠。
		(二)品質機能展開 運用品質機能展開方法，把顧客需求轉換成產品品質特性，並就各機能組件的品質，甚至個別零件品質或工程要素予以系統化、定量化展開，由企劃源頭確立初步可靠度規格，作為後續產品研發的工作依循的基礎。	(二)品質機能展開 本專案的系統品質機能展開作業，是把市場需求轉為特性參數，包括：功能需求、對手分析／客戶需求、規格要求與測試條件，以提供研發人員明確的研發目標，並就測試不合格項目，研擬對策，從而落實產品改善。
C2 設計階段（R&D design phase）	可靠度設計的執行階段 執行（Do） ・失效分析 ・可靠度預估 ・試驗規劃 ・設計準則	(一)失效分析 當產品規格確立，設計逐漸成熟，可靠度設計由使用條件分析轉為產品失效分析工作，失效分析是考慮失效發生可能原因與其對產品可靠	二、期中審查 (一)失效分析 研發專案進行 FMEA，依產品功能分項填寫故障模式及影響分析記錄表，詳述潛在的故障模式、原因分析與影響分析三部分，並就嚴重性（C1）與發生頻率（C2）予以評價。每一項按照車輛中心自定標準分成十級，此二項乘積開根號可得故障等級（CS），分成四級，可供矯正改善的優先順序選擇，針對各功能失效建議矯正

表 10.3 （續）

新產品開發程序——C 系統	可靠度作業流程	說明	車輛中心的「電子駐煞車系統」可靠度作業流程
		度的影響，失效模式與效應分析（failure mode and effects analysis, FMEA）為常用的失效分析方法，ISO/TS 16949 列為必要技術項目。	措施，並敘明項目負責人與狀態，建議矯正措施應求明確，以利研發改善。
		(二)可靠度預估 可靠度預估提供產品研發的可靠度定量指引，以判斷各種可行研發方案的差異，在實施設計審查時，利用預估值作為實施零件選用、潛在問題確定、後勤支援規劃、成本分析、數據需求判定、撑擾決策、資源與需求分配等作業的依據，也可作為規劃與執行設計精進成長計畫及驗證與評估計畫的準則。	(二)可靠度預估 車輛中心為執行可靠度預估作業，特別建置 Reliasoft 技術能量，包括下列二個模組。 1.MIL-HDBK-217，這是最具代表性的電子設備的可靠度預估標準； 2.Telcordia SR-332，這是電信產業通行標準。 在研發產品材料清單（bill of material, BOM）產出後，使用零件計數法進行預估，提供產品可靠度指標，例如系統失效率（ppm）與專案可靠度（mean time between failure, MTBF）。另外，也分析失效率分布與建議零件選用，可有效提升研發專案的可靠度績效。
		(三)試驗規劃 可靠度試驗為驗證產品	(三)試驗規劃 車輛中心的可靠度設計追求在研發中植入可靠度，為了

表 10.3 （續）

新產品開發程序——C 系統	可靠度作業流程	說明	車輛中心的「電子駐煞車系統」可靠度作業流程
		可靠度是否滿足需求最客觀、有效的方法，因為由可靠度定義知道其包括四個要素（性能、條件、時間與機率）。但是，要同時模擬全部要素非常費時、費力，所以有必要配合實際狀況加以裁適。依照產品本身的特色與顧客要求，選擇所要強調的要素規劃以加速試驗，以探討其影響，可靠度試驗又分為：性能試驗、環境試驗與壽命試驗三類。	確認不可靠的失效已被有效預防，即必須執行可靠度試驗，產品驗證尚有其他試驗項目，例如商品性試驗等，所以制定「設計與開發試驗規劃作業要點」，提供研發專案規劃產品的試驗作業，以求有事先充分的試驗規劃，從而確保產品驗證結果的有效性，促使產品符合研發規格，研發專案所訂試驗規劃書的內容重點包含。 1.產品主要特性描述； 2.使用條件分析（環境條件分析、環境應力量測與分析）； 3.顧客要求條件； 4.性能試驗； 5.商品性試驗； 6.試驗方法描述（法規試驗、環境試驗、壽命試驗）； 7.研發試驗規劃檢核； 8.資源／支援需求； 9.報告格式與數據分析； 10.注意事項與安全考量。
		(四)設計準則研訂 研發過程中，不論是根據理論推演，或是應用過去累積的經驗，為使產品具有高可靠度水準與符合顧客需求，在研發之前和研發進行中有	(四)設計準則研定 本專案為開發一機電整合系統，採用電子控制方式的駐煞車系統，而且具有智慧型功能，主要次系統有駐車致動機構與微處理控制單元（MCU），由其 FMEA 資料可以發現，潛在的失效模式之建議矯正措施只就問題現象進行處理，並未系統化防制，解決真正原因，以提供設計參考，因此特別成立技術顧問（例如王宗華）專

表 10.3 （續）

新產品開發程序——C 系統	可靠度作業流程	說明	車輛中心的「電子駐煞車系統」可靠度作業流程
		許多必須注意的規定或必須考慮的原則，這些統稱為可靠度設計準則。每個專案可靠度需求不同，引用設計準則時應視產品特性加以選擇，使得產品能符合需求，並且可減少因過度倚賴驗證所耗費的成本。	案，透過設計準則小組運作，檢討電子駐煞車系統須符合下列設計準則。 1.系統設計準則； 2.機械應力準則； 3.應力分析及強度設計準則； 4.材料／零件選用準則； 5.熱應力分析準則； 6.齒輪（致動器）設計準則； 7.機電整合理論設計準則； 8.可靠度驗證準則； 9.減額定準則； 10.預估準則； 11.電磁干擾設計準則； 12.錫焊準則； 13.Layout 準則； 14.可測性準則。 第 6、7 項為電子駐煞車系統專屬的設計議題，其餘則是研發的通用性準則。
		進入查核階段，可靠度作業由設計準則驗證的概念檢核、系統雛型測試的實體驗證、確認產品是否需要設計變更與產品改善後的可靠度指標進行評定，進而完成可靠度驗證報告。	＊可靠度設計的查核階段 本專案屬於雛型產品，其試驗包括可靠度試驗的性能試驗與環境試驗二類，依據系統需求，規劃進行法規、性能、環境與電磁相容（EMC）等試驗，以驗證致動器的駐車與智慧化性能與微處理控制單元模組符合規格要求，其中性能試驗計有七項，如附表所示。

表 10.3 （續）

<table>
<tr><th>新產品開發程序
——C 系統</th><th>可靠度作業流程</th><th>說明</th><th>車輛中心的「電子駐煞車系統」可靠度作業流程</th></tr>
<tr><td></td><td>查核（Check）</td><td>設計驗證
1.機械應力
2.熱應力
3.零件選用……</td><td>電子駐煞車器性能試驗一覽表
<table>
<tr><th>試驗項目</th><th>功能需求</th></tr>
<tr><td>駐車致動器出力</td><td>用於車重 2,000 公斤以下級距車輛</td></tr>
<tr><td>駐車致動時間</td><td>啟動駐車命令至駐車完成時間</td></tr>
<tr><td>駐車釋放時間</td><td>釋放駐車命令至駐車完成時間</td></tr>
<tr><td>可手動駐車</td><td>透過控制按鈕上緊或釋入駐車動作</td></tr>
<tr><td>熄火自動駐車</td><td>系統偵測啟動訊號自動啟動駐車</td></tr>
<tr><td>起步自動釋放</td><td>系統偵測油門訊號自動釋放駐車</td></tr>
<tr><td>斜坡起步輔助</td><td>駐車解離，使車輛平穩起步，防止下滑</td></tr>
</table>
(一)概念檢核
為驗證本產品的可靠度設計概念，進行下列檢核。
1.機械應力
依據「機電整合理論設計準則」推導驅動機構所需的馬達規格。
2.熱應力
當進行控制器的電路研發時，參考「熱應力分析準則」先定義環境輪廓，並進行應力分析。車電系統的溫度變化來源包括：天候環境、車輛行駛所產生的熱源、產品本身散熱性及車輛操作模式與實際安裝位置。
接著分析熱應力，可參考環境嚴苛度標準（MIL-STD-210、IEC 721），或是以熱影像分析儀量測，</td></tr>
</table>

表 10.3 （續）

新產品開發程序——C 系統	可靠度作業流程	說明	車輛中心的「電子駐煞車系統」可靠度作業流程
C3 樣品試作階段（sample pilot run phase）	產品驗證 （可靠度試驗） 1.功能測試 2.環境測試 3.壽命測試		本產品熱應力主要來自溫度環境，一般又分為外在環境或車輛本身產生的高溫、低溫及溫度變化，這些熱應力對本產品會產生相當程度影響，針對這三種熱應力所引發的失效模式進行對策與防制，即是熱防制設計。 3.零件選用 參照「材料／零件選用準則」選取適合零件，選用準則還包括機械材料與電子零件二類，在電路研發產出物料單後，依「可靠度預估作業準則」進行預估，研發專案取得預估報告，除確認可靠度符合外，對於高失效率零件的分析與建議也可採行對策。 (二)實體驗證 本雛型產品包括駐車致動器與微處理控制組，依據試驗規劃進行性能、環境與客戶試驗，前者驗證致動器的駐車與智慧化功能，後二者則驗證微處理控制的模組符合 ISO 16750 與 ECE R10 標準，經過實體驗證本產品可搭載於全載重量 2,165 公斤以下級距車輛，各項試驗結果均符合規格。 (三)期中審查 期中審查會議查證研發專案的輸出，輸出項目共有下列十項。 1.研發時程規劃； 2.產品預定機能、功能、性能定義； 3.產品允收及驗收規範；

表 10.3 （續）

新產品開發程序——C 系統	可靠度作業流程	說明	車輛中心的「電子駐煞車系統」可靠度作業流程
			4.研發過程中設計圖； 5.產品規格及材質要求； 6.產品的採購及供貨公司資訊； 7.可靠度或失效模式驗證； 8.產品研發過程中不符合的矯正及預防改善措施； 9.設計原圖的設計變更； 10.軟體。
C4 工程試作階段（engineering sample pilot run phase） C5 試產階段（product pilot run phase） C6 量產階段（mass production phase）	行動（Action） ・測試報告 FRACAS ・矯正措施 ・設計變更 ・原件定型	＊矯正與預防 當驗證結果跟設計目標要求有所偏差時，研發專案應填寫專案研發失效評估報告，針對問題記錄相關資訊，例如：失效發生位置、累積操作時間與失效模式等，再分析失效原因與其影響，並就如何矯正問題研擬對策。要是有更換零件，則需加註圖號與變更規格，完整失效報告有助於研發問題的矯正與預防，也是失效報告、分析與改正系統（failure report, analysis and correct action system, FRACAS）的基礎。	三、期末審查 期末審查會議是研發專案結束的重要關卡，由執行秘書先行初審，確保符合設計與開發作業要求，並彙集問題點提報委員會。期末審查會議再檢討研發專案成果，由系統設計資料到雛型產品，針對專案產出與目標要求是否符合加以評價，並檢核研發作業所要求的十項輸出，要是皆符合，此研發專案即可結束研發管理作業，相關可靠度設計資料留存在知識管理系統，提供後續各式研發的參考與應用。

資料來源：第 2～4 欄整理自褚政怡等，「車用 ERB 系統之可靠度設計」，品質月刊，2009 年 8 月，第 34～41 頁。

車輛產業跟電子產業的結合，擦出嶄新的火花，2005 年來車輛電子系統（簡稱車電系統，俗稱車用電子）正當紅，根據 IC Insights 統計車輛搭載電子產品占整體成本的百分比，由 1974 年的 2% 成長為 2003 年的 26%，至 2010 年提升到 40%。所以全球各大汽車公司使出渾身解數，引進電控、感測、影音、光電與通訊等技術，以追求駕駛安全、環保節能與舒適便利等性能，促使產品朝向先進安全車輛、先進乾淨車輛與先進智慧車輛等前瞻目標邁進。

為了協助車輛產業實現先進車輛的遠景，車輛中心投入車電系統的開發工作，已完成多項先進車電系統，包括車道偏離警示系統（lane keeping system, LKS）、停車輔助系統（parking assistant system, PAS）與本案電子駐煞車系統（2008 年）等。車輛中心導入可靠度設計技術，並跟 ISO 9001 品質系統融合，同時參考車輛產業的品質管理標準 ISO/TS 16949 相關技術，建立研發管理機制。成功研發出自主研發的電子駐煞車系統，且具有智慧化性能，可以按鈕駐車、熄火自動駐車、起步自動釋放與斜坡起步輔助等，且結合多智慧化性能為產品創造新價值，系統主要包括操作界面、控制器與致動機構三個部分。能耐受車輛使用環境，符合可靠度目標，也期進一步建立可靠度設計技術平台，單位內可分享研發的核心知識，單位外可支援可靠度技術需求，促使國產車電系統更經久耐用。

10.2 加快研發速度

產品（尤其是電子產品）壽命週期越來越短，因此公司使出渾身解術，以搶先推出新產品，美國網路通訊龍頭思科（Cisco）董事長錢伯斯（John Chambers）稱此為「快魚吃慢魚，而不是大魚吃小魚」的時代，即塑造「價量質時」競爭優勢的「時效」優勢，以創造「先行者優勢」採取「以快取勝」方式又稱**「時基策略」（time-base strategy）**。

推出新品的關鍵在於加速研發速度，但這不像美國喜劇明星亞當・山德勒主演電影《命運好好玩》中，只要擁有一支電視遙控器，按下快轉鍵便可心想事成。加快產品研發速度涉及全公司的組織管理能力與研發部的專案管理能力，底下詳細說明。

一、加速產品研發速度的管理活動

產品研發涉及產品概念（大部分來自董事會或總經理、業務部）、商業分析（即市場可行性）、零組件採購、製造，因此不是研發部閉門造車可一手搞定的，也因此，組織管理的功力便很重要。在表 10.4 中，我們把常見的加速產品研發速度的管理活動整理出來，綱舉目張，偶有小節出入則無傷大雅。

表 10.4　加速產品研發速度的管理活動

管理活動	說明
一、規劃	
(〇)目標	在達成產品功能、品質等目標前提下，追求研發週期的極短。
(一)策略	顧客涉入程度通常被描述為整合顧客的聲音、一種很強的市場導向，包括：確保顧客能在產品研發流程早期參與研發的活動（例如概念產生階段）、詳細的市場研究、增加對顧客的了解、顧客參與整個開發階段、有完整規劃的顧客產品測試、執行上市流程等。有項調查指出顧客涉入研發過程的比重如下。 ・概念產生（17%）； ・概念產生／技術與商業化可行性測試（27%）； ・技術與商業化可行性測試（33%）； ・產品研發（6%）； ・可行性測試／原型發展（11%）。
(二)組織設計	1.使用二組專案小組，經由競爭刺激創意、速度。 2.跨功能小組（cross-functional team）通常在產品研發流程中發揮整合功能，由於小組成員來自各個領域，多樣化的背景可以增加專業技能與分享觀點、加速資訊流動，以及促進各功能部門間合作。提升資訊流動也能幫助小組及時找出產品研發後期潛在的問題，像是製造的困難點、產品不能滿足市場需求小組，因此能夠縮減整個研發時程。 3.完全投入的研發小組 需要小組成員能自始至終為專案的成敗負責、成員皆能完全投入、有積極的倡導者領導，以及有高階主管的承諾等。完全投入的小組指的是小組成員能專職於某一研發專案，要是一位研發人員同時負責 2 個以上的專案，當工作由一個專案換到另一個專案時，會忘記原有的工作，失去原本的動能，其生產力就開始快速遞減，而減緩研發速度，即矩陣組織不足為訓。
(三)獎勵制度	・由上至下的研發預算發展 縮短研發時間最大的促成因素是高階主管的支持，尤其在財務與人員上的資源是最重要的支持之一，這使專案有足夠的經費做市場研究等前置作業，以及專業地完成專案計畫。 高階主管給予研發專案第一優先權，能降低公司在分配資源時各研發專案間所產生的毀滅性衝突，也能順利推展研發專案。

表 10.4　（續）

管理活動	說明
(四)企業文化	・整合舊有專案知識，即知識管理 「整合舊有專案知識」是指詳細記錄過去研發專案的資訊，且能快速、精確的擷取資訊，減少重複同樣錯誤的頻率，快速且完全學習的小組能在研發上做得更快、更好。創造一個學習公司很重要，所有成員都能不斷地分享經驗，並把在某個專案所學到的經驗轉移到下個專案，是降低產品研發風險最有效的方法之一。 在豐富經驗的基礎上，透過一個平台持續且頻繁地改善，能夠降低技術上的困難及減少產品研發時間的延宕。 專案後期的檢討活動最主要目的是，透過開啟並促進公司（尤其是研發部）各個階層持續不斷的學習，有些日本公司仔細地把其產品成功或失敗的經驗建檔，並能敞開心胸去討論，同時他們會調派已完成專案的成員到另個新專案去支援，以免重蹈覆轍。
二、執行	
(一)用人	人員輪調等；
(二)領導型態	研發小組的主持人扮演倡導者（champion）角色，倡導者是一個有高度意志力、堅持不懈的個體。其透過克服阻礙、取得資源、整合協調活動、與激勵關鍵成員來加快產品研發速度，並且可能為了克服阻礙，把阻力化為助力，以建立聯盟的方式，在反抗的聲浪中保持研發專案的推行。倡導者在推動產品上市的整個任務過程中，可以藉由指導成員、給予適時的指點及決策來降低此時間的延宕，因而加速新產品研發時程。
(三)領導技巧	麥迪奇效應（the Medici effect）：透過辦公室的空間設計，創造相關人員的交會點，希望不預期的見面、討論，能迸發出創意火花。
三、控制	同儕考核。

資料來源：大部分整理自林明杰等，「新產品開發加速機制與新產品開發績效指標對專案成功之影響」，科技管理學刊，2007 年 12 月，第 101～144 頁。

二、加速產品研發速度的研發活動

把鏡頭拉進、聚焦在研發部，研發小組在研發各階段，也有許多方式可以加速產品研發速度，詳見表 10.5。

(一)電腦輔助工程分析

金屬門窗及防火門業者，幾乎都有 20、30 年的歷史，普遍缺乏科學化研發能力。例如，門窗加上密封條可隔音，但要用什麼材質、效果如何，均無量化數據，通常都是做完測試，無法得知預期效果。建構電腦輔助工程模擬分析（computer-aid engineering, CAE）可以解決此問題，可在最短的時間做對的事，減少設計的錯誤、工時的費用，並降低研發成本。但這不是買個軟體即

表 10.5　加速產品研發過程的研發活動

新產品開發流程——C 系統	說明
C0 構想階段（proposal phase）	產品研發模糊的早期階段（FFE）包括下列五個階段：產品線的規劃、專案策略的發展、概念的產生、概念的審核及商業分析，各階段約花 1～2 個月，僅占研發時間的二成（或 8.2 個月）。俗語說：「正確的開始，成功的一半。」只要產品研發方向多花一些時間，就可避免研發執行（主要是 C2～C3）走錯路。
C1 規劃階段（planning phase）	由於直接接觸顧客，也可預防顧客在設計外型以及其偏好或要求不一致所產生的延遲。直接納入重要顧客的意見通常會產生較佳的最初設計，且減少隨後可能需要的重新設計，所以能縮短研發週期時間。市場導向活動做得越徹底，越能抓住顧客對產品規格的要求，減少產品研發後期更改規格的機會，因而能加快研發速度。促使顧客涉入的方式如下。 ・由研發人員與行銷人員拜訪重要客戶，特別是領先使用者； ・定期邀請重要客戶拜訪研發部； ・更激烈的作法是僱用先前為客戶工作的研發人員； ・對顧客進行調查； ・透過顧客焦點團體（focused group）方式。
C2 設計階段（R&D design phase）	功能部門的早期涉入，有點「同步工程」、「協同設計」（主要指零組件供貨公司的同步研發）的味道。像 Millson 等（1992）提出加速產品研發的五個方式，介紹其中二個方法。 1.步驟精簡（eliminate steps） 其目的在「縮短或完全刪除不必要新產品研發作業」，意即這個動作被視為刪減「做了也很好」（nice to do）的活動，而維持「必需要做」（must do）的活動，判斷的標準在於該活動是否能為顧客創造價值。 IBM 與全錄（Xerox）採取減少產品零件數目的方式，減少元件製圖的量、製圖的審核、降低存貨的處理、跟供貨公司的接觸及使製造流程的維護更容易；其他例如使用前端使用者（lead user）的意見取代冗長的市場的分析活動。Cordero（1991）認為有一種加速新產品開發的方法叫做「抄捷徑技術」（corner-cutting techniques），雖然可以節省時間，卻存有潛在弊端。像是市場分析的不確實，或是難以修正的技術問題而導致新產品失敗。Crawford（1992）也認為通常加速新產品研發而省略的步驟是資訊取得部分（通常是市調），為了節省時間，省略部分新產品研發步驟，導致資訊的不正確，將

表 10.5　（續）

新產品開發流程——C 系統	說明
	造成產品錯誤或必須改善。 2.加速作業（speed-up operations），例如同步工程 Rosenau（1988）提出流程活動的壓縮（activity compression）觀念，加速作業活動包括：使用小群體來產生產品概念、促進流程自動化、縮短市場測試時間等。各階段都要有特定的少數目標，只有跟完成這個階段目標有關的活動才應納入考量。 在使用此方法時必需先做簡化作業的動作，而引進新流程技術或工具時，也應搭配人員訓練及資源配置。不過有三個缺點該提防：首先，員工在超出其能力負荷的情況下工作可能會有排斥、反抗的表現；其次，使用小群體來產生產品概念可能會有思慮不周的情況；最後，使用自動化產品測試可能會有潛在的問題難以發現。 3.電腦輔助工具
C3 樣品試作階段（sample pilot run phase） C4 工程試作階段（engineering sample pilot run phase） C5 試產階段（product pilot run phase） C6 量產階段（mass production phase）	

資料來源：同表 10.4。

可，業者必須建構正確模型及輸入相關材料的物理與機械性能數據，才能快速模擬達到想要的成效，或許不一定 100% 準確，但是科學化的數據，可取代老師傅的口傳經驗，極具參考價值。

常見的軟體為「CAE 虛擬實驗室」，透過電腦輔助軟體建立一套模擬程序與標準流程，各項產品在研發初期可以透過這套模擬程序，模擬廣度可以大至一整個噴射引擎的模擬，精密準確度可小至單一螺絲斷裂與否，「虛擬實驗室」運用電腦模擬分析系統，為產品做出更佳的設計組合，而不再透過反覆的檢驗及修改，浪費過多的材料及人力成本。主要功能就是透過電腦模擬分析軟體，直接在產品開發前找出成功設計組合，並為失敗找出下次成功的原因。

(二)電腦輔助工程分析在高爾夫球桿設計的運用

電腦輔助設計系統的重點在於透過資料庫（過去產品的參數值或軟體內建），建議研發人員採取該如何組合。

一個典型例子是屏東科技大學科技管理研究所教授張添盛與黃友俞（2009），首先利用力學及力矩原理，把高爾夫球桿中各零組件重量及重心位置對於揮桿重量影響程度的數學模式進行推導；之後以伺服端動態網頁程式（active server pages）設計環境，並結合 Access 資料庫，建立一套高爾夫球桿揮桿重量的電腦輔助設計系統。研發人員把相關規格資料輸入資訊系統，經過資訊系統的模擬計算，即可計算出各零配件組合下的揮桿重量，並提供改善建議，研發人員即可依此得到適當的建議改善方案，提供給客戶確認，研發過程由 140 天，縮短了 30 天。

(三)皮托 COMSOL 軟體

2010 年初，COMSOL Multiphysics 軟體發行 4.0 最新版本，提供十種不同的語言介面，能整合市面**電腦輔助設計（computer-aid design, CAD）**軟體 LIVE 即時線上轉檔，也是一套無限制或單一操作流程視窗的多重工程問題耦合模擬軟體，用於教育、研究與工業界研發。

COMSOL 軟體容易上手，而且在其平台上可以做低階語言的撰寫及擴充，也可利用現有的資料庫做一些現成的模擬，很快達到設計的目標。

中鋼公司研究員陳正信博士表示，當初進入電磁與熱流的研究領域，才開始使用 COMSOL 軟體。以前電池和熱流要分別用不同的軟體，困難在電磁力與流力問題的耦合。因為中鋼公司其他單位使用 COMSOL 軟體處理電磁問題，他再買熱流 CFD 模組，就沒有介面問題，使用方便。中鋼 COMSOL 軟體主要用於煉鋼的研究，協助研發單位進行製程的研究，使用領域包括：電磁、馬達、熱流、化工及結構。

東元奈米公司經理郭志徹表示，COMSOL 軟體為該公司「場發射元件」節省半年的開發時間，提供各專業工程模組與材料資料庫，很容易建立各別專業的模擬架構。②

你知道影史最賣作強片《阿凡達》幕後採用的設計軟體是來自哪家公司？

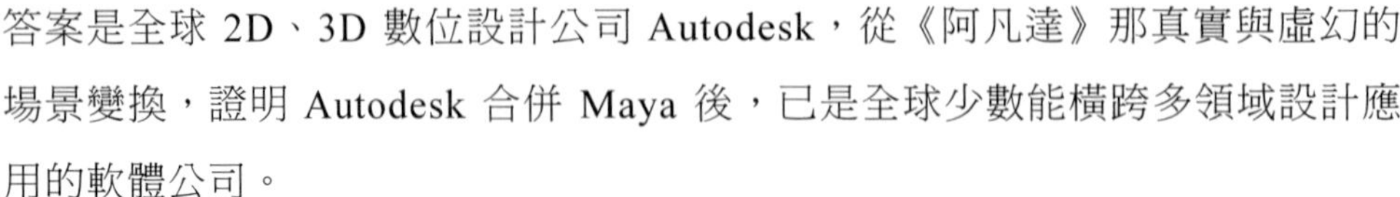

答案是全球 2D、3D 數位設計公司 Autodesk，從《阿凡達》那真實與虛幻的場景變換，證明 Autodesk 合併 Maya 後，已是全球少數能橫跨多領域設計應用的軟體公司。

(四)同步工程

同步工程（concurrent engineering）是所有循序漸進的活動改成同步展開。最簡單的例子為打棒球時，當教練要求打者打犧牲打，在投手投球時，壘上跑者已趁機離壘想盜壘，做得好，同時多人上壘；弄巧成拙的話，會被雙殺甚至三殺。

同樣地，公司在研發時，為了搶時效，逼不得已只好同時動起來。

1.對外

要求零組件供貨公司同步研發零組件，一旦我方產品規格更改，零組件供貨公司又得變更，會一再的犯錯，對供貨公司來說，研發成本大增。

2.對內

製造部、行銷部都同時動起來，能搶多少時間便算多少時間。然而一旦研發部改弦更張，後手的部門可能前置作業白忙一場，又得另起爐灶。

10.3 符合環保的產品研發

2009 年 12 月，電影《2012》在全球造成熱賣，劇情運用了馬雅文化的神祕預言，描述 2009 年，科學小組向美國總統證實地球將在 2012 年毀滅。世界各國領袖緊急研議各種計畫，希望挽救大多數人類的生命。當地殼崩裂、火山爆發、海嘯等所有可怕的自然災難在全球爆發，而人類能否度過史上最大生存危機呢？

以電影起頭，就近取譬，說明「**生態設計**」（**eco-design**）對搶救地球大作戰的重要性。生態設計、綠色生產只是企業對社會責任（包括環保、公司治理、承諾）的一大部分。因此，接著我們拉個全景，先說明企業社會責任，再說明達到企業社會責任的程度。

一、企業社會責任的定義

企業社會責任（corporate social responsibility, CSR）看似舶來名詞，但是「急公好義」、「樂善好施」等名詞，早就是相似觀念。

企業社會責任
（corporate social responsibility, CSR）
企業社會責任指的是企業在從事商業活動時，必須符合讓社會與自然環境達到永續發展的考量。因此，企業在創造利潤的同時，還得做好「企業公民」的角色，為民眾創造社會價值。其中包括：維護勞工權益（不僱用童工、不超時工作、不讓員工在惡劣的環境下工作）、產品生產流程符合環保規範、愛護地球資源、熱心參與慈善公益活動，並且依法納稅等社會責任。

二、企業社會責任的水準

「樂知好行」的境界比「困知勉行」還要高，同樣地，公司對企業社會責任的落實，大抵可分為五個階段，英國倫敦責任協會執行長賽門・查達克（Simon Zadek）在 2004 年 12 月《哈佛企業評論》上的一篇文章〈企業責任之路〉，把公司對企業社會責任的實踐，依「困知勉行」到「樂知好行」分成表 10.6 中的五個階段。

1.綠色溢價

有些專家主張有部分消費者願意多花一些錢購買綠色產品，這溢價部分稱為**「綠色溢價」（green premium）**。

2.價格不重要

2008 年，美國波士頓公司德國分公司杜塞爾道夫市的執行事凱薩琳・羅氏進行了一項市調，得悉不買綠色產品（green products，本質是環保產品）的消費者，價格太貴此一因素只占 11%，最大因素是消費者不知有這些綠色產品（占 34%）。

表 10.6　公司對企業社會責任的發展階段

階段 得分	比喻	Zadek（2004）的五階段 （由 1 至 5 陸續演進）*	台達的作為
100 分			
90	樂知好行階段	五、公民化階段 1.原因：克服任何「先改先輸」的不利因素，透過集體行動來實現其利益，促進長期的經濟價值。 2.作為：推動整體產業承擔企業責任。	1990 年成立台達文教基金會
80		四、策略階段 1.原因：增進企業長期的價值，因應社會議題進行策略調整和流程創新，增加競爭優勢。 對競爭優勢的塑造，除了「價量質時」外，多增加一項「綠色資本優勢」（green capital advantage）。 對產品定價、股價的貢獻，有綠色溢價（green premium）之稱。 2.作為：把社會議題整合到企業的核心策略當中。	2005 年，成立企業社會責任管理委員會
70		三、管理階段 1.原因：就中期來説，企圖消弭經濟價值（即盈餘）上的減損，並希望把承擔社會責任的作法整合到日常營運之中，達到更長期的利益。 2.作為：把社會性議題融入企業的核心管理流程	
60	困知勉行階段	二、法令遵循階段 1.原因：就中期來説，企圖消弭因持續的聲譽受損、或訴訟風險所造成的經濟價值減損。 2.作為：採取以遵循的方式來因應，以保護公司的聲譽，視為公司經營的必要成本。	2004 年，台達的客戶幾乎全面要求台達符合企業社會責任標準

表 10.6 （續）

階段 / 得分	比喻	Zadek（2004）的五階段（由 1 至 5 陸續演進）*	台達的作為
0		一、防禦性階段 1.原因：企業面臨社會人士、媒體，或是企業的利害關係人，企業的回應通常由公關或法務單位否認事實、結果或責任。 2.作為：為了對抗外界對其生產的攻擊（可能因此在短期內影響其銷售量、人員招募、生產力或是品牌）。	

資料來源：整理自賽門・查達克，「企業責任之路」，哈佛商業評論，2004 年 12 月，第 145 頁。

3.永續經營

永續經營（sustainable business practice）或永續發展（sustainable development）是指公司的經營能兼顧環境的永續（substainability）。

三、國際組織對產品的環保規定

國際組織中以歐盟對產品的環保規定時間最早、最嚴格、最全面〔**從搖籃到墳墓（cradle to grave）**，甚至**從搖籃到搖籃（from cradle to cradle）**〕，詳見表 10.7。

公司可依序採 4R（詳見表 10.7 中第 1 欄）措施來因應，標準流程可參考「ISO TR 14062 環境考量面整合於產品設計及發展」。

表 10.7　國際組織對產品生命週期的環保規定

4R 中的	法令規定	說明
一、研發部：負責減少（reduce）包括。	即綠色設計（green design） 1.ISO 14001：2004 環境管理系統 — 使用要求指引。	
	2.ISO 14031：環境績效評估（environmental performance evaluation）。	提供研發與環境績效評估的使用以及環境績效指標的選擇。
	3.環境管理系統：環境考量面整合於產品設計及發展（ISO/TR 14062: 2002）。 不同設計的環保化比較。	此標準是推動歐盟環保指令 WEEE 及 RoHS 與由 ISO 14001: 2004 切入歐盟指令時的有效工具。
(一)產品重量減輕、使用壽命延長	以再生材料取代不可再生材料等。	
(二)產品少用能源	1.歐洲（EC 代表歐盟） 能源使用產品設施生態設計架構指令（EuP）（2005/32/EC），2007 年 8 月 11 日實施，主要是 3C 產品還包括照明（街燈、辦公照明等）。	針對使用能源產品以生命週期為基礎，採用生態設計方式（ecodesign）。以及能源使用產品的環境化設計要求事項跟綱要架構，跟修訂第 92/42/EEC 號理事會指令、第 96/57/EC 號、第 2000/55/EC 號歐盟議會與理事會指令。
	2.美國的政府採購適用「能源之星」（energy star）。	例如電源供應器轉換效率 2008 年為 87% 以上。
二、生產	即綠色製造	產品對環境的殺傷力，遠比我們想像得嚴重。舉例來說，一台廢棄的映像管電視，至少含有四磅的鉛，隨意丟入廢棄場，未處理的鉛流入地下水，長久下來會造成人體神經系統的問題。再看看電腦零件中不可或缺的印刷電路板，其中塗裝的溴化阻燃劑（BFR），燃燒之後會產生劇毒。
(一)減少（reduce）	避免毒性物質、國際列管物質、有害物質等的使用。	
1.全球	有害物質管理系統標準（QC 080000/IECQ HSPM）	這是由「國際電工技術委員會」（IEC）下「國際電工技術委員會電子零件品質評估制度」（IECQ），在 2005 年 10 月公布的「有害物質流程管理系統（hazardous substance

表 10.7 （續）

4R 中的	法令規定	說明
		process management, HSPM）技術標準」，此標準是以 ISO 9001：2000 為基礎的一項國際認可綠色管理標準，用來管理製程、產品及零件中有害物質，使其具有符合 RoHS 及 WEEE 的能力。
2.歐盟	(1)鎘指令（91/338/EEC）	為保護環境而限制鎘的使用。
	(2)電子電器產品有害物質禁用指令（RoHS）（2002/95/EEC），2006 年 7 月實施。	禁用物質名稱與 RoHS 規範濃度（ppm）：鎘（Cd）、鉛（Pb）、汞（Hg）、六價鉻（Cr6+）、多溴聯苯類（PBB）、多溴聯苯醚類（PBDE）。
	(3)「化學品註冊、評估、授權法案」（REACH），2008 年 4 月實施。	
	(4)歐體電池及蓄電池含有某些危險物質指令（2006/66/EEC）。	
3.大陸	大陸「電子信息產品汙染防治管理辦法」（MII#39）	由大陸的電子信息產業部主導，它以 RoHS 指令的要求，包括十類、100 多種產品能夠管制其有害物質的使用，也配合歐盟 RoHS 指令，使所有的含鉛、汞、鎘及國家公告的化學物質等七種有危害元素的電子產品受到限用。
(二)使用再生能源（renewable 或 renewing）		
三、銷售後	即綠色行銷與服務	
(一)廢棄物資源回收（recycle）	包裝和包裝廢棄物指令（PPW）（2004/12/EC）。	主要規範包裝材中不得含有重金屬有害物質，及明定包裝材廢棄物的回收與再利用目標。此稱為「回收設計」（design for recycling），在研發時須考慮到「拆解設計」（design for disassembly, DFD）

表 10.7 （續）

4R 中的	法令規定	說明
(二)資源回收與再用（reuse）	廢棄電子電器產品指令（WEEE）（2002/96/EEC），2003 年 2 月 13 日公告。	主要規範十類電子電器產品品牌公司，對其製造與銷售的電子電器產品，須負起全面性回收與特定比例的回收循環使用率。

(一)台灣版的「耗能產品生態設計架構指令」（EuP）

2009 年 7 月立法院審議修正通過的「能源管理法」，其中第 14 條規定「公司製造或進口中央主管機關（經濟部能源局）指定使用能源設備或器具供國內使用者，其能源設備或器具之能源效率，應符合中央主管機關容許耗用能源規定，並應標示能源耗用量及其效率。不符合前項容許耗用能源規定之能源設備或器具，不准進口或在國內銷售」。

這只是針對公司的機器設備所訂的法令，針對消費品，政府推動耗能器具強制性能源效率分級標示，以法令規範產品須符合最低能源效率基準，並強制產品於販售時需標示能源效率分級資訊，藉此引導消費者選購高效率產品，逐步淘汰低能源效率產品，落實節能減碳政策。其中首當其衝的是占家庭用電器具耗能 37% 及 12% 的冷氣機和電冰箱。

(二)綠色產品分類

為了推廣綠色商品的概念，經政府（主要是環保署）公告環保類型的標章主要有四種：環保標章、節能標章、省水標章與綠建材標章。「環保標章」才是全方位且審核最為嚴苛的標章，相較其他標章，環保標章的取得最為困難，因為光是規格標準就有十四大類 111 項，僅次於加拿大的 200 項以及韓國的 19 項，世界排名第三。

產品規格標準中所要求規定涉及檢測部分，必須出具第三者驗證以確認符合規格標準後才可核發標章。

(三)高標：環保標章

環保署為推動綠色消費，從 1992 年起實行環保標章制度，環保標章圖示是「一片綠色樹葉包裹著純淨、不受汙染的地球」，象徵「可回收、低汙染、省資源」的環保理念。

(四)低標：碳標籤制度

環保署推動碳足跡標示以落實節能減碳，對企業來說，可據以檢討溫室氣體減量的對策；對民眾來說，可以了解並優先選購碳排放量較低的產品，間接減少溫室氣體排放量。

環保標章跟碳足跡標示目的均在於促使產品提升對環境的友善性，二者是相輔相成的，由表 10.8 可見，環保標章是高標準，碳標籤是低標準。

環保署正進行工廠溫室氣體排放的盤查工作，已蒐集超過 3 萬家工廠的溫室氣體排放數據，對於計算各種產品碳足跡有相當大的助益。同時，輔導公司核算產品碳足跡與驗證工作。

表 10.8　台灣的環保標章與碳足跡標籤

環保水準	對企業	對消費者
一、環保標章「可回收、低汙染、省資源」的環保理念。	促使零售公司及品牌公司，能隨著市場的供需，自動研發有利於環境的產品。	環保標章產品的功能在於讓消費者能清楚有利環境的產品，環保標章產品是在該類產品項目中，環保表現相對較優良的產品。
二、碳足跡	企業界分析產品碳足跡可以了解該產品在各生命週期階段產生溫室氣體的比率，可進一步檢討溫室氣體減量的對策。例如，採用對環境有益的原料、產品包裝減量或透過生命週期評估，以量化方式協助環保標章產品品牌公司進一步提出減碳措施，朝向低碳產品發展。	使民眾可了解並優先選購碳排放量較低的產品，第一階段的是宣導期，只會先揭露該產品碳排放量，有標示碳足跡的產品，在該類產品項目中，環保表現不一定最優良，但有促使產品提升對環境友善程度的效果。 環保署研擬公私部門參與機制，例如碳足跡揭露列為環保標章規格要求之一，並標示在產品上，販售業者要求品牌提供標籤產品、低碳產品，並納入政府機關綠色採購優先採購範圍。

產品碳足跡標示的功能在於，使企業檢討溫室氣體減量的對策，例如：要求零組件供貨公司共同努力降低產品碳足跡，形成綠色供應鏈，提升產品出廠的運輸效率、提高廢棄物的資源回收比率。

環保署持續推動台灣碳標籤制度，藉由「建構台灣產品碳足跡核算系統」、「輔導業者查核產品碳足跡及申請碳標籤」、「建立產品碳標籤驗證制度」及「推廣宣導碳標籤產品」等工作，進行產品碳標籤審查、核發與使用，俾供民眾選購低碳產品，引導台灣邁向低碳社會之路。

台灣碳標籤上的數值表示該產品生命週期各階段產生的溫室氣體排放量，經換算為二氧化碳當量的總和。碳標籤由綠色心形及綠葉組成腳印，並搭配「CO_2」化學符號及愛心中的數字揭露產品「碳足跡」，整體圖示意涵用愛大自然的心，減碳愛於地球及落實綠色消費，以邁向低碳社會。

環保署推動的「台灣碳標籤」意涵說明

數字，代表「碳足跡」，係產品生命週期所消耗物質及能源，換算為二氧化碳排放當量。

135g

CO_2

愛大自然的心，減碳「酷」地球。及落實綠色消費，與邁向低碳社會。

綠葉，代表健康、環保。

資料來源：環保署。

(五)國際標準的碳足跡認證

國際上很多國家、自發性的團體，甚至採購聯盟，相繼要求產品在出貨前都要貼上**「碳足跡」的標籤（即碳標籤）**，讓消費者在選購產品的同時，能清楚了解產品的二氧化碳排放量，並供為選購低碳產品的參考。

國際間「碳揭露專案」（CDP）的碳揭露資訊已開始整合，未公開碳排放資料或是碳揭露狀況不良的公司，國際金融市場投資人會對其施加壓力，要求改善；碳揭露專案跟「供應鏈領導聯盟」合作後，包括惠普、特易購超市等百餘家國際知名企業，也開始對供貨公司進行相關要求。這逼得供貨公司必須具備生命週期的思維（life cycle thinking），促使產品進行綠色設計以降低碳的排放。

減碳的第一步就是計算出這個活動或產品排出多少二氧化碳，同樣的一個活動或產品，排放的碳越低越好。

碳足跡小辭典

碳足跡（carbon footprint）是指產品從搖籃到墳墓的溫室氣體排放量，也就是計算產品從原物料開採、生產製造、配送、使用到最終廢棄處理，平均每個產品整個生命週期中所排放的溫室氣體總量。

簡單地說，就是「碳密集度」。以一支手機的成品為例，從原料取得、產品製造、包裝、運輸、販售、使用，到廢棄後處理、處置過程的整個排碳量。也可視為人類活動所產生二氧化碳的多寡，用以衡量人類活動對環境的影響。

各大電子公司（例如台積電、聯華電子及華碩等）相繼遵循國際產品**碳足跡（carbon footprint）**標準「PAS 2050」，進行產品碳足跡盤查，並經由挪威商立恩威驗證公司（DNV）查證後，核發第三者（third-party）獨立查證聲明書。

華碩的「15.6 吋筆記型電腦」產品碳足跡是以「從搖籃到墳墓」完整生命週期為範圍。

藉由產品碳足跡生命週期盤查（life cycle assessment，或生命週期分析）企業了解在產品供應鏈及產品使用各階段的二氧化碳排放量分布，從而對主要排放階段的排放源進行管理，以達到溫室氣體減量的目的。

通過產品碳足跡的查證，企業可建立可靠的量化基礎資訊，以進一步推展綠色設計、綠色供應鏈、綠色製程及綠色產品。[3]

四、產品減重——以塑膠複合材料造飛機

產品減重對飛機、汽車甚至筆記型電腦、手機都很重要，竅門之一是使用輕材質。

國際航空運輸協會（IATA）統計，航空業的燃油成本 2007 年增加 80 億美元至 1,190 億美元，約占營業成本的 26%。飛機燃油效能在 2003 至 2007 年，每年平均提高 2.5% 或 20 億美元。

環保意識抬頭，加上高漲的油價侵蝕航空業者獲利，各大航空公司急於尋找更輕、更省油的飛機，迫使飛機製造商開始用塑膠複合材料替代鋁合金，以提高飛機的燃料效能，並降低二氧化碳排放量。

空中巴士公司執行長賈洛（Louis Gallois）說，空中巴士的飛機設計與技術研發支出將增加 25%，目標是在 2020 年以前，使飛機更省油，並減少一半的二氧化碳排放量。

波音公司投下重金開發綠色科技，跟航空公司及引擎製造公司密切合作，投資項目以開發新材料為主。

波音 787 是全球首架採用碳纖合成材料的商用飛機，機身與機翼全都使用複合材料，耗油量比現有相同的大小飛機減少 20%。波音 787 可載客 250 人，2010 年服役。

空中巴士的 A350 比 787 略大一些，預計 2013 年服役，將使用 52% 複合材料，燃油效能跟波音 787 接近，詳見圖 10.2。

機身變輕不但減少用油，還可減少機場降落費用，因為這筆費用是按照飛機的重量計價收費，航空公司與乘客每年所付的機場降落費加上其他稅賦，至少有 435 億美元，相當於全球航空業營收 11%。

「複合材料」是由二種以上的工業原料合成，除了展現各材料的最佳特性，還可增加材料原本沒有的特性。

以航空業來說，複合材料多半使用非金屬纖維，包括：碳纖維、玻璃纖維與醯胺纖維等。像碳纖維比鋁、鈦或鋼鐵都堅固，但相同體積的重量只有鋁的一半、鋼鐵的五分之一；但是缺點也不少，其一便是成本很高。④

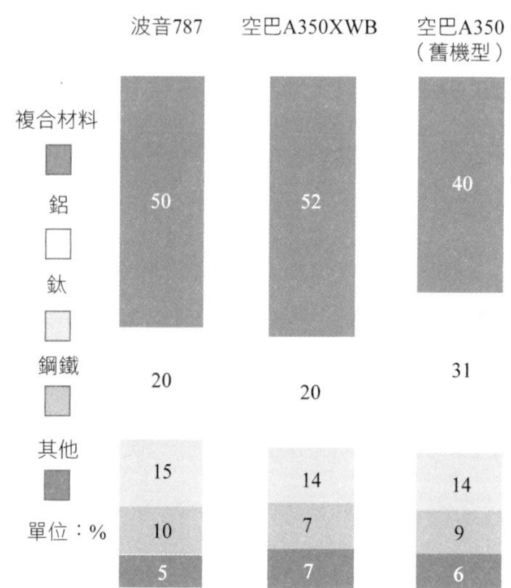

圖 10.2　波音空中巴士新舊機型材料比較

五、手機霸主諾基亞的環保設計

本段以手機霸主諾基亞的一款環保手機為對象，來說明如何落實生態設計。

選擇諾基亞的原因之一在於其環保名列前茅，例如綠色和平組織 2009 年 3 月綠色電子產品指南（Guide to Greener Electronics），諾基亞獲評為全球最環保的電子公司，使用的能源有四分之一是再生能源，詳見表 10.9。⑤

表 10.9　2009 年 3 月電子公司環保排行榜

排名	公司	排名	公司
1	諾基亞	10	蘋果
2	三星電子	11	宏碁
3	索尼愛立信	12	Panasonic（松下）
4	飛利浦	13	戴爾
5	索尼	14	聯想
6	樂金電子	15	惠普
7	東芝	16	微軟
8	摩托羅拉	17	任天堂
9	夏普	18	富士通

資料來源：綠色和平組織。

環保手機源自 2004 年，英國華維克大學（University of Warwick）、荷蘭 Pvaxx 材料研發公司和手機公司摩托羅拉的研發人員合作研發出多聚塑料可分解手機外殼。使用者可以自行選擇要置入的花卉種子，只要把報廢的外殼埋進土壤，機殼能自動分解，還會長出如向日葵、玫瑰等美麗花朵。日本的手機系統業者 NTT DoCoMo，在 2006 年也推出以植物材質取代塑料的環保手機，試圖大幅降低石油使用及二氧化碳排放量。

2007 年，諾基亞推出一款環保手機 Nokia 3110 Evolve，機殼有五成以上使用生物再生材質，並簡化包裝、減少機身用電量，盡可能降低能源浪費比率。

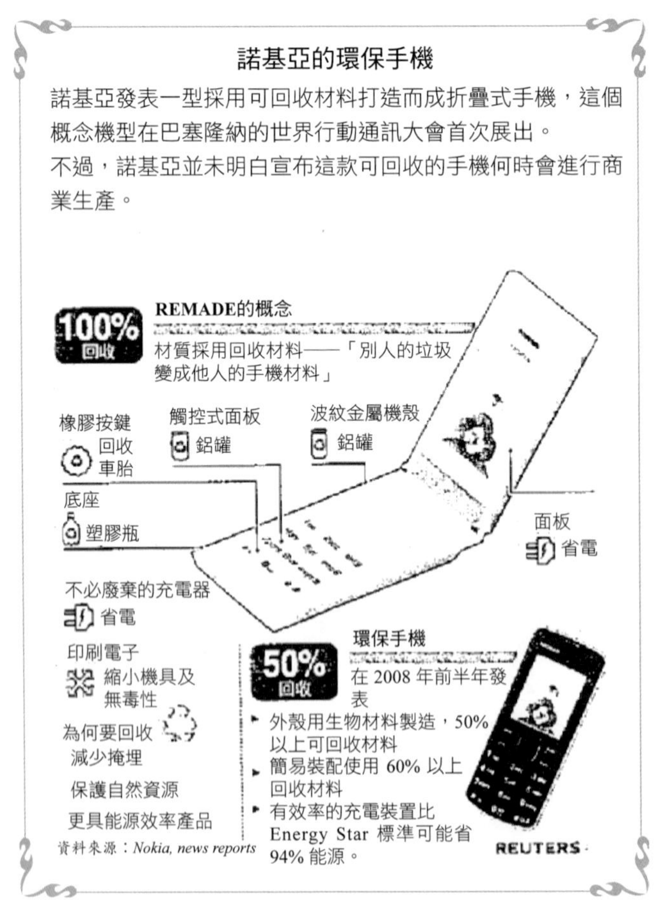

諾基亞的環保手機

諾基亞發表一型採用可回收材料打造而成折疊式手機，這個概念機型在巴塞隆納的世界行動通訊大會首次展出。
不過，諾基亞並未明白宣布這款可回收的手機何時會進行商業生產。

資料來源：*Nokia, news reports*

諾基亞在 2008 年全球行動通訊大會（Mobile World Congress 2008）推出綠色環保概念手機 Remade。「Remade」意涵「回收、重製」，採用的材質都是由回收原料製所，還採用諾基亞並不擅長的折疊式設計，開啟後呈完全平面的超平造型更是相當炫目。

10.4 工業設計部

產品外觀要夠炫才會吸睛，消費者才會「**注意→興趣→需求→行動**」（**attention-interest-desire-action, AIDA**），因此 2006 年起，台灣興起設計美學。一些公司大力宣傳自己的產品獲得德國工業設計論壇（iF）、紅點（Reddot）工業設計獎，或是美國 IDEA、日本 E-mark 這二個消費品獎。

在研發過程中，研發部負責產品功能（基本價值），工業設計部負責產品外觀（雖然工業設計系的人覺得沒這麼窄化）與操作介面，這種說法一刀兩斷，看似失之簡化，但是離事實不遠。

一、設計力＝品牌力

2003 年，當蘋果公司推出的音樂播放機 iPod 創下空前市占率，管理大師湯姆・畢德士（Tom Peters）的名言：「設計是商品的靈魂，設計是企業的重要策略。」可說獲得印證。他認為想到設計師時，一般人覺得設計師應該被關在辦公隔間內，離制定策略的策略室遠遠的。然而恰恰相反，他建議經營者必須邀請設計師參加董事會，坐在執行長右邊，德國百靈公司（Braun）就是這樣。

二、設計力成為競爭優勢來源

擔任德國紅點獎評審的設計師鄭志浩以 LV 皮包為例，皮革的染色技術、滾邊方式，「都要綁在設計上」，他認為「當技術還能成為競爭障礙，才叫做設計力」。

未來，在數位家庭的戰場，設計力跟產品力一樣，成為致勝關鍵。⑥

在《紫牛》一書中，提到如何讓產品從研發開始就能結合研發人員的能量，導入一項新產品就要產生「病毒」一樣，要擴大「帶原者」才能創造流行。

美國麻州理工大學史隆管理學院的管理與創新教授 James Utterback（2009）提出「**用設計力創新**」（**design-inspired innovation**）觀念，至少需具備以下三要件：能增加顧客喜愛度（customer delight）、優雅度（elegance）及永恆價值感（enduring value）。

三、工業設計的定義

海思凱特（John Heskett）在《工業設計》（*Industrial Design*）一書中，對於「**工業設計**」（**industrial design**）的定義，是指「把原本不屬於人類日常生活的種種技術，轉化為人人可用的生活產品」。也就是說，把人類心靈創意的設計智慧，透過大量生產的工業製造技術，轉變成人人可以使用的消費品，這就是工業設計。

湯姆・畢德士在新書《重新想像》（*Reimagine*）中主張，「設計不是表象，不是修飾美化，設計是人工創造物的靈魂核心」。

四、華碩透過設計力創造競爭優勢

上焉者，樂知好行；中焉者，困知勉行；下焉者，不知怠行。以加強產品外觀設計這件事來說，華碩大抵是「困知勉行」，由於 1997 年推出自有品牌筆記型電腦出師不利，1998 年華碩只好在研發處下設立工業設計部，從注意內在美（品質、功能），也開始注重外在美的包裝。

(一)施崇棠對創意的看法

除了品質以外，華碩董事長施崇棠認為華碩對創意相當重視，有創意的人往往像位藝術家，過去我們都認為藝術家無法管理，沒有流程及紀律。藝術也要有一定的生產流程，稍事管理，可以提高不少生產力，就像音樂家也要有樂譜一樣，讓所有的人朝同一方向走。

(二)成立設計部的必要性

1997 年，由於推出自有品牌電腦「敗市」，華碩檢討原因之一可能是外型不夠討喜，因此在研發處下成立工業設計部。一開始，雖然稱為「部」，可是人員少得可憐。隨著時間經過，做出成績，人員規模才逐漸擴大。

2003 年以來，因應 3C 整合的形勢，許多電腦公司加重設計方面的投資。個人電腦從純粹的生財工具，經過 10 年的演變，整合了無線通訊、影像、音效，可以作為數位相機或是音樂播放機，促使華碩在設計上必須做更大幅投資。因為產品的多樣化，跟十年前都有很大不同，品牌不能沒有設計，這就是華碩要走的路，這也是為什麼華碩需要擴充工業設計部，培植設計人才的原因。工業設計部下設三個課級單位，詳見下列說明。

(三)設計研究中心

華碩在產品開發初期，當產品經理把產品方向規劃出來，設計部人員就開始參與。設計研究中心（DRC）提出未來 2～3 年的市場趨勢（例如可能會流行的顏色和功能、消費者使用產品的習慣心態），都是研究的內容之一，連植村秀的化妝品為何會賣得好都會研究！

(四)工業設計課

華碩產品開發一步步走向國際化，品牌經營涉及人文素養，華碩 1997 年以前的設計，一看就知道台灣味很重。

1999 年，華碩成立工業設計部時，只有一位黃華郁小姐來報到。2002 年時，也還只有 5、6 人。2005 年 3 月在已經升為經理的黃華郁底下，2006 年 6 月時有 75 位設計師，當中一半是海外碩士及 5 位外籍設計師（法、義、英、美、日、德）。讓華碩的產品開發也步入全球公司的水準。

色香味俱全

工業設計課主任李政宜（註：2008 年轉職到和碩）形容，就像一碗拉麵，大骨湯已經熬好，麵也拉好了，設計就像那一點蔥花，讓產品有對了的感覺。⑦

(五)視覺傳達課

視覺傳達課（VC Team）在產品研發之時就直接參與，隨時掌握變化，以確定最後呈現出來的廣告，可以精確地把產品意念傳達出去。

李政宜表示，工業設計必須包含上述環節，才能呈現好的工業設計，華碩的目標是「讓消費者覺得用我們的產品，會覺得是寵愛自己」。每年華碩設計

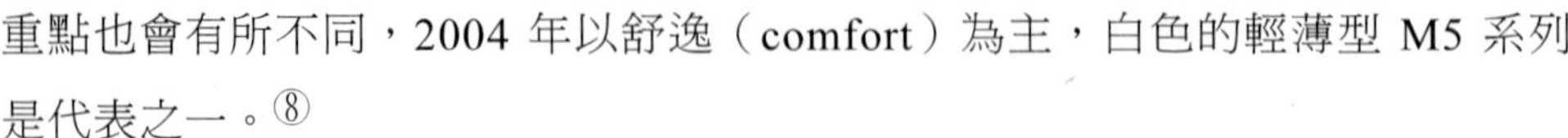

重點也會有所不同，2004 年以舒逸（comfort）為主，白色的輕薄型 M5 系列是代表之一。⑧

五、華碩工業設計的作業

(一)創新，以消費者為中心

華碩筆記型電腦的成功來自於以使用者為中心，筆電事業部總經理陳志雄表示，華碩研發處所進行的每一項產品研發都是以使用的情境、使用者的角度為思考出發點，所以不但要把產品的效能做到最佳化，更要不斷追求外觀設計、使用介面等各個層面的革新。如果說品質是內功，華碩已經有了很好的武功底子。現在，華碩更進一步把研發焦點放在以使用者為中心的設計。

(二)站在使用者的角度

設計師的訓練要用專業、有條理、很細膩地處理客戶所在意的細節，即使客戶沒發現，也要去領先、誘導，甚至要去克服他們舊有的習慣。研發工程師隨時隨地都站在使用者的角度為使用者貼心思考每一個使用上的細節，把顧客購買的產品當成是自己會珍藏的物品般。這必須符合下列二個條件，以 2005 年強調舒逸風的筆記型電腦為例說明。

1.人體工學的考量

人體工學的考量和應用是顧客們使用經驗的濃縮，華碩的設計師虛心地接受各方意見，因為他們代表的便是使用經驗的回饋。所以觀照到使用者全方位的經驗，包括觸感、視覺、聽覺等更多人體工學的考量，都是華碩設計理念主軸舒逸（comfort for all）的具體作為。

(1)視覺方面

簡約崇實的外型蘊含非凡的優雅姿態，營造舒適安定的使用環境。

(2)觸覺方面

在冰硬的金屬材質中，加入髮絲細紋的溫潤手工觸感，並且搭配嚴選的漆面質感，讓使用者在視覺和觸覺的體驗下有了更自然的親切感。

(3)聽覺方面

華碩加強揚聲器的效能和品質，並且反方向的減低各種可能擾人的聲音，讓使用者縱使處在極安靜的圖書館中使用，都不會影響他人閱讀。

如何讓使用者能愜意欣賞音樂，輕鬆自在地享受產品傳達的美聲與效能，設計師走訪音響店，聆聽最好的揚聲器品質，參考能展現極佳效能音響的結構與材質，並且跟同仁討論各種可行性。也因此華碩選用了如同高級音響原理的音箱式設計，並以獨特的聲道設計配合外型優美細緻的金屬網片，讓使用者能愉悅地徜徉在動人樂章裡。

2.操作方便

W3 機身左右兩側的快捷功能鍵和 Audio DJ 操作鍵，金屬色澤輝映著科技感，隨手一按便可調整系統最佳效能、啟動無線網路或者播放音樂。從視覺、觸覺等感官，以及華碩品質帶來的美好使用經驗，提供全面性的舒適感受，這就是華碩的舒逸設計的精髓。

在後置電池外觀加上止滑設計，加強握持安全性、把按鍵置於兩側，增大手置操作空間、選用與產品設計適合的鍵盤字型和圖案、無栓式開闔設計等，都是為了營造一個舒適專注的使用環境所做的貼心設計。

結合了人體工程巧思的 W5，以時尚提包為產品創作概念，modern chic 風尚造型設計和永恆經典的黑、白二色，希望會讓時尚人士愛不釋手。精品的重點在於細節和材質，而這個部分，你只要看到、碰觸到，就能全然體會。內建百萬畫素的數位攝影機，巧妙設計為時尚提包的亮眼扣環。

W5 還兼具了 1.6 公斤的輕盈體態，以及鏡面寬螢幕的高雅質感與亮麗畫面，為了讓行動生活更加簡潔俐落，甚至內建無線滑鼠接收器，少了連接線的干擾、動靜更顯優雅。

(三)以商用筆電為例

在研發以商務人士為目標客層的筆記型電腦 W1 時，華碩研發工程師為了提升商務人士最在意的電池續航力，除了開發出多種可單鍵操控的省電功能，還更進一步地顧及設計的美感，把快速鍵以隱藏式的設計，排放在鍵盤邊線上。強調寬螢幕 16 比 10 比例、絕佳影音享受的 W1 則配有超薄遙控器，揭示了全新的家庭影音中心。這款時尚感與實用性兼具的精品，也在 2004 年獲得了德國 iF 設計獎的肯定。

在 W2 的髮絲紋頂蓋、17 吋鏡面寬螢幕裡，內建完全人性化思維的播放、燒錄、數位電視等功能的介面軟體，實現了科技個人化的數位未來。

W5 的可調式相機，因應常常需跟客戶會晤的商務人上而誕生，可進行視訊會議。

10.5 機構及工業設計部

電腦在設計初期，仍停留在電腦上的 3D 形象，縱使是可靠性試驗，也可以各零組件分別試驗。當產品功能、外觀都大致底定時，「機光電」中的「機」便進場了，最簡單的說法便是機械部分，尤其是模具開模，把機殼做起來，讓產品有了外觀。底下仍以華碩的機構及工業設計為例說明。

這五個階段完成後便會進入研發處下機構及工業設計部，機構建圖開模的量產階段，在輕、簡、樂、新、風、尚的設計理念中，輕、樂、新的設計呈現都有機構上的困難度。

1.V6 的輕薄外型

鋁鎂合金材質、輕巧的極簡外型的 V6，沉穩洗鍊的造型在 2004 年贏得德國 iF 和日本 G-mark 等二項國際設計大獎肯定，2005 年又再度獲得德國紅點獎的青睞！擁有傲人薄度和重量的 V6，比多數的 14 吋筆記型電腦更為輕薄，V6 的靈感來自引領設計界的極簡奢華風格，用俐落大方的線條和細膩的質材細節，例如鋁鎂合金的冷冽金屬感，加入髮絲紋設計的溫潤手工觸感，營造大器中的不凡品味。

輕薄外型的塑造，華碩使用了鋁鎂合金等金屬材質達到輕薄，而機構上也努力的把金屬跟其他材質做更堅韌的結合，加上選用最新、最輕薄的零組件才能呈現輕薄的極緻享受。

2.360 旋轉相機

循著 A3 機型內建相機的成功案例，再度研發可旋轉相機的操作方式，加強其高效能和使用性。

3.W3 的竹隱式後置電池

在創新的思維中，華碩在既有的設計中找尋可以突破的「關鍵點」，W3 的設計巧思兼美感和實用，最獨特的部分就是其「竹隱式」電池設計。設計靈感來自雲門舞集的「竹夢」，因此有了改變轉軸意象的想法。這 outside in 的設計方式對機構和其他零組件的衝擊很大，必須重新討論產品內部結構和配置方式，才能有機會置入新穎的轉軸設計。機構研發工程師把電池後置，且讓連接埠配置於使用者方便使用的兩側，才能完美呈現工業設計師想表達的隱藏式下沉轉軸以及竹隱式轉軸設計，不但有著獨特的轉軸設計也呈現了非凡的風格品味。電池跟轉軸一氣呵成的優雅線條，跟機身完美嵌合，又能方便單手取拿。

10.6　品質確認部

品質確認部是「研發部內的品保部」，扮演著研發中產品的品質量測事宜。

品質項目很多，本節以可靠度為對象；可靠度試驗分為：性能試驗、環境試驗與壽命試驗，本節以壽命試驗為主。

基於篇幅平衡的考量，我們把研發部負責的可靠度設計延至本節才討論，研發部進行可靠度設計，品質確認部負責可靠度試驗。

一、品質的重要性

任何產品幾乎都以品質為最重要的，以滷肉飯來說，通常一碗 20 元，要是有小吃店賣 10 元，你可能會懷疑是病死豬肉做的，反而擔心「便宜沒好貨」。由此可見，連吃的都不是越便宜越好，其他產品也就更不用說了。

(一)品質的主要項目：可靠度

產品品質最無可爭議的部分便是「粗勇」（台語），　也就是「俗又好用、耐操」中的耐操，這是一般人對於產品的基本期望，也就是不要動不動產品就「當機」、「掛了」。

研發部在研發產品時，透過**可靠度設計（reliability design）**以滿足顧客對產品耐用的需求。

可靠度設計的目的在於提高產品品質水準，期使研發的產品符合可靠度四大要素：在規定條件下、規定使用時間內、完成規定功能任務時，其失效機率最小、維修容易、有效度高、效益成本高與經濟壽命長。

(二)可靠度的定義

產品可靠度（reliability）是指一產品在其壽命歷程期間中、承受各種環境考驗下，仍能正常發揮某特定功能給產品使用者享用的機率。

(三)筆電的可靠度評比

2009 年 11 月 18 日，電腦產品保固公司 SquareTrade 發布筆記型電腦可靠度報告，消費者購買後 3 年內，平均有 31% 筆記型電腦會完全故障。惠普平均故障率 25.6% 在業界居冠、華碩 15.6% 為業界最低，小筆電故障率高於一般筆記型電腦。

SquareTrade 是美國最大獨立維修公司，跟超過 1 萬家零售商店合作，包括電子灣、百思買等。

消費者購買筆記型電腦後 3 年內平均故障率 31%，包括軟硬體問題引起，以及因消費者使用意外所導致的問題，軟硬體本身出問題以致功能失靈的比率達 20%。總體故障率偏高主因整合複雜且脆弱的零件，加上使用者長期使用跟濫用所造成。

該份報告是根據 SquareTrade 所處理的故障筆記型電腦所做出的統計，並不包含零售公司直接處理的軟體問題或產品召回等。

惟小筆電問世時間不長，迄今僅一年多的統計數據，SquareTrade 預估，小筆電在消費者購買 3 年內，故障率 25%，高於筆記型電腦入門機種的 21% 與高單價筆記型電腦的 18%，顯示品質跟價格具有一定程度的相關性。[9]

二、可靠度工程管理

產品可靠度工程（product reliability engineering）為企業運用管理、設計、驗證與分析等手法，把市場需求轉換為產品參數，再借助設計審查、零件選用與驗證試驗等作業，以事先預防產品生命週期中可能發生的失效現象，驗證與確認產品達到可靠度目標水準。因此有效提升品質、增加利潤、縮短開發時程與降低不良率，彙集相關訊息建立可靠度資料庫，提供未來產品研發與精進基礎。

跟所有管理活動一樣，可用下列管理活動依序來形容。

- 目標：可靠度目標訂定與配當與預估驗證；
- 策略：可靠度規劃／設計；
- 組織設計：可靠度小組；
- 獎勵制度：可靠度試驗與評估；
- 企業文化：失效模式與效應分析、減額定準則；
- 用人：可靠度訓練；
- 領導型態：零組件採購選用；
- 領導技巧：保修件預估。

(一)可靠度設計的規劃階段

1.產品可靠度工程管理手冊（目錄）

一般實施可靠度工程的公司均會編訂可靠度工程作業管理手冊，以使可靠度工程各項活動在有系統地管理下，預期產出高可靠度的產品（效果性），並符合研發專案時程、預算等經濟性的要求（效率性）。

2.產品可靠度成長試驗設計

「可靠度成長」是在一定時間內、利用設計或製造程序的修改，以使產品可靠度指標的改進。「可靠度成長過程」是產品研發過程中一系列的測試、分析及改善（test, analysis, and fix, TAAF）活動，其中涉及產品研發與製程開發變更。完整的可靠度成長試驗設計（或規劃）包括下列活動：可靠度目標需求、成長曲線規劃、各種測試與實驗、數據統計分析與成長追蹤等活動。

(二)可靠度設計的行動階段

行動階段應就查核階段的問題加以矯正，對於設計予以變更，以使研發產品定型，結束整個開發流程。

1.失效報告、分析與改正系統

失效報告、分析與改正系統（failure roport, analysis and correct action system, FRACAS）是當產品的失效模式相當多，在有限時間與成本限制條件，所採取重點式與分段式決策以消除失效的手法。為了順利完成決策，必須從各種觀點來衡量失效，找出適當的評價準則，把各種失效模式按優先次序排

列，再決定所須採取改正措施或因應對策。

2.矯正措施（或矯正與預防）

不論是設計驗證的檢核或產品驗證的測試，產品的研發可能有不符合規格要求的問題，例如，零件失效率偏高致預估的可靠度不足，或是無法通過試驗標準等。此時就必須對因下藥，採取矯正措施。

3.設計變更

當問題發生，應該檢視原有設計，包括硬體圖面與軟體程式等，針對缺失部分進行設計變更，以落實矯正對策。

研發專案對問題與原因說明，應強調設計變更的依據、改善對策與影響層面預估等，以確保可靠度設計資料的完整性，當變更的設計圖編號或是程式版次應予載明，並依循文件管制程序作業，以掌握研發的最新狀況，確保連接與勾稽。

4.原件定型（產品定型）

三、壽限試驗方式

在電視上，汽車公司的廣告會播出其汽車上山、下海、越過泥濘道路、風吹、雪打、雨淋的狀況，這便是常見壽限試驗中的環境試驗。此外，還把車門放在實驗室，用機械手臂日以繼夜去拉門把，測試幾個車門把手，算出平均故障時間，也可據以計算保固期間及其免費維修費用。

不過，上述電視廣告戲劇化了一些，許多電子產品無法這麼擬真測試，只好採取實驗室試驗方式，詳見表 10.10。

四、加速壽限試驗

加速壽限試驗是運用比正常嚴苛的條件，例如提高應力、提高頻率或增加試驗樣本，期待在時間上加速產品的劣化程度或累積損傷，進而推定產品在正常使用狀態下的壽限分布狀況及其失效率。其管理流程詳見表 10.11。

表 10.10 壽限試驗的二類方式

試驗方式	說明
一、環境試驗：實地、實品測試，最常見的為汽車在鹽水、泥濘、砂石、賽車道測試。	壽限試驗可利用現場實際儲運獲得，此方法最符合實際環境，但卻費時，且無法於事前即提供顧客參考，僅能作為後續產品研發的資訊。
二、實驗室	
(一)截止壽限試驗	有鑑於此，所以發展出實驗室的「截止壽限試驗」方法，在試驗之初，即先訂定規定失效時間（I型）或失效個數（II型），試驗即依據該準則進行，把試驗結果的失效時間和失效個數加統計分析，以獲得產品的壽限，此一方法可大幅降低試驗時間。 模擬壽限試驗是在實驗室以模擬實際使用環境的方式測驗其壽限，在控制的環境下執行，雖然不是實際使用環境，然而試驗執行較易控制且變異小。上述二種方式進行試驗，最接近真實環境，可利用試驗所得的完成數據，準確地推估產品壽限，但相當耗時。
(二)加速壽限試驗，案例詳見本節第五段。	隨著科學技術的發展，高可靠長壽限的產品越來越多，不少電子元件的壽限已達數百萬小時以上，即使截止壽限試驗也不能符合這種需求。所以為驗證此類產品壽限，必須以提高試驗應力或增加操作頻率，以縮短試驗時程，即「加速壽限試驗」。加速壽限試驗配合截止技術，再縮短試驗時間，推演出不同的加速模型與數據分析技術，提供更具效益的試驗方法，例如提出步進應力加速衰變模型（SSADT）。

表 10.11 加速壽限試驗管理流程

管理流程	說明
一、規劃	
(一)目標	試驗對象的環境分析
1.確定試驗對象與試驗目的	了解試驗目的是相當重要的，例如要測驗產品的儲運壽限或操作使用壽限，所考慮的環境即不同。 依據經驗，測試件層次越高（例如成品），採用加速壽限試驗所獲得壽限誤差越大；層次越低（例如主機板），推估所得的壽限變異較小。
2.限制 評估外在客觀條件（成本、期程、……）	外在客觀條件會左右試驗規模，其考慮因素包括：成本、試件數量、期程、價值、設備、技術能力等因素，例如期程緊迫且試件數量少，選擇加速壽限試驗可符合其需求，但其必須具有較強的數據分析技術能力，而分析結果可能有較大的誤差。

表 10.11 （續）

管理流程	說明
(二)尋找替代方案	試驗規格擬訂
1.縮小範圍 分析產品失效模式（QFD、FMEA）	在進行設計分析與評估時，可藉由品質機能展開（QFD）及失效模式與效應分析（FMEA），了解產品各種失效模式。執行壽限試驗時，並無法考慮所有失效模式，所以可運用柏拉圖法則（即 80：20），選取最重要的三種失效模式作為試驗標的。
2.探索分析影響壽限的失效機制	此一步驟需要對產品失效機理相當了解，例如，同樣為受力，可能為靜力作用直接拉斷，也可能為長時間反覆應力而致金屬疲勞損壞，另可能為瞬間的衝擊力而致崩解，所以需針對主要失效模式探索其破壞機制及應力施加情形。
＊參考加速模型與壽限分布資料庫	可先參考相關文獻資料建基相關假設，例如產品失效屬於疲勞所致的失效，其為具記憶性的失效，宜假設為韋伯（Weibull）分布，而加速模型則應運用反冪數模型（inverse power）。
3.萃取影響壽限的主要應力（加速因子）	依據產品失效的破壞機制，進行損傷（damage）分析，以了解何種應力，如何作用才會造成此一產品損傷。由分析結果，選用在試驗中能激發其失效的最有效的施加應力與方式，作為壽限試驗的環境應力，而作用方式也需符合實務，不能走偏峰。
4.評選適當的試驗裝備與監驗裝備	
(三)決策	試驗方案擬定 加速壽限試驗方法與評估隨產品對象、失效機制、驗證目的不同而有不同方案，一般可分為下列三種方式。 1.頻率加速 「頻率加速」的模型最為簡單，主要是把產品壽限週期的預估使用次數加以統計分析，而後進行試驗獲得實際壽限分布，如此即可推估使用年限，此法加速誤差小，比較適用於計數使用的物件。 2.試件數加速 試件數加速是指利用試驗應力、樣本數及試驗時間三者間之試驗關係，規劃加速研判試驗結果的方法，其加速效能與壽限分布的形狀參數有關；例如形狀參數為 1（即指數分布），則增加 2 倍試件數，可縮短試驗時間為一半；形狀參數為 4（近似對數常態分布），則需增加 16 倍試件數，才可縮短試驗時間為一半，所以試件數加速對隨機失效模式者（電子件或汽車頭燈）較為有效。

表 10.11 （續）

管理流程	說明
	3.應力加速法 應力加速法主要在提高產品模擬環境應力，例如採取雙應力（或複合）應力加速壽限試驗，以加速其劣化，進而推估其壽限分布。此法可大幅縮短試驗時程，需要對產品特性了解並精熟於加速劣化理論及數據分析技術。
二、執行	
(一)試作	試驗前，最好先能以小樣本進行測試，可先了解假設的適宜性。例如各步進應力間的失效數據顯示不連續現象，則顯示加速模型的假設並不適宜。
(二)試作結果不佳：無失效發生的處理建議	執行壽限試驗一段時間後，發現皆未產生失效，這是執行壽限試驗最常發生的，其可能原因如下。 1.造成主要失效的可能應力因子選用不當； 2.加速應力設定過低； 3.產品強度強，壽限長。 面臨此問題建議採用下列二種方式處理，為立即調整試驗應力，以步進應力手段了解產品的強度，再調整適當強度繼續試驗，例如電容的耐受電壓有其設計極限，一旦以電壓作為加速應力，其加速效果不顯著，此時可考慮採用複合應力執行加速壽限試驗，其對加速性有相乘效果。一為採用無失效數據的分析方法推估產品壽限，惟其可能低估產品壽限。
(三)全樣本數試驗	
三、控制	
(一)評估	1.產品壽限分析； 2.壽限分析報告。
(二)修正 充實加速壽限試驗資料庫	數據分析結果應詳實記錄，可配合實際使用的顧客回饋數據作檢討與模式修正，以作為後續研發驗證的參考。

資料來源：沈盈志（2006），第 64～66 頁。

加速壽限試驗是常見的人生情況，例如：「屋漏偏逢連夜雨」、「福無雙至，禍不單行」。然而這種類似《幸運之吻》中的男主角、女主角衰運連連，終究只是戲劇。同樣地，加速壽限試驗也可能有一些弄巧成拙之處，例如產品的失效模式常因承受之嚴苛應力不適當，而導致失效模式跟正常使用條件不同；且常因產品的失效條件複雜，要是同時考慮所有失效因素，會因失效模式

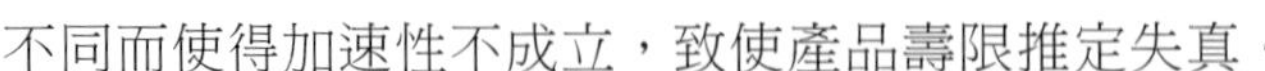
不同而使得加速性不成立，致使產品壽限推定失真。

五、壽限試驗的例子：晶片

電子產品（例如汽車內的車用電腦）的壽命大都取決於晶片，因此我們以郝中蓬（2009）的文章為基礎，來說明晶片壽命如何經由試驗而計算出來。

(一)什麼是 IC？

晶片是二十世紀中期最重要的發明之一，它的出現使得微電子工業在近四十餘年內快速地發展，徹底地改變了人類的生活型態，你我每天所用電子產品（例如電腦、手機、液晶電視等）的內部，都看得到晶片的蹤影。

晶片是把許多的電晶體、二極體、電阻、電容（有時加上電感）全部製造在同一塊半導體材料內（例如矽），構成 IC 晶片。這些電子零件組成可以執行特定功能的電子電路，例如電腦裡面的微處理器晶片，負責邏輯和算術運算、資料處理；記憶體晶片則可以儲存資料，提供微處理器的讀寫。製造完成的晶片，經封裝過程用絕緣材質的外殼包裝起來，就變成我們常見的晶片成品。

(二)壽命是個期望值

晶片從開始使用，到損壞並失去原有的功能，稱作「故障」或「失效」（failure）。這段使用時間就是晶片壽命，可用統計學觀念來解釋。

考慮同時使用 N 個相同的晶片，每一個晶片到達故障的時間記為 t_1、t_2、$t_3 \cdots t_N$，這些數值整體呈現一種統計分布，且有個平均值稱為**「平均故障時間」（mean time to failure, MTTF）**，如〈10.1〉式。

$$\text{MTTF} = \frac{(t_1 + t_2 + \cdots + t_N)}{N} \quad \langle 10.1 \rangle$$

另一個涵義是**「期望壽命」（expected life）**，表示機率上對這些晶片壽命的期望值。

(三)故障的原因

晶片為什麼會故障呢？原因可分成下列三類。

1.早夭

不良的電路設計或製造過程的缺陷（defects），例如微塵、微粒、雜質等因子，會造成晶片在還未老化磨損前就提早故障。這情形像是先天體質異常或抵抗力弱的嬰兒較容易夭折死亡一樣，稱為**早夭（infant mortality）**。

2.可用期中的隨機故障

如果沒有發生早夭，並且也未到達磨損階段，則晶片的故障率較低，隨時間遞減或接近定值，屬於**「隨機故障」（random failure）**形式，這時晶片處於成熟的「可用期」。

3.磨損或疲勞

如同人類器官老化而走向死亡，晶片也有同樣的情形。在長時間使用後，晶片內部零件或材料逼近使用極限而逐漸**磨損（wear out）**或**疲勞（fatigue）**，最後無法再執行原有的功能。這就是晶片固有壽命，而一般品牌公司依據晶片的功能與操作環境，通常把這段時間設定為數年至 10 年左右。

習慣上稱為「浴缸曲線」（bathtub curve）的關係圖（圖 10.2），描述以上三種故障方式發生的時期與晶片故障率的關係。

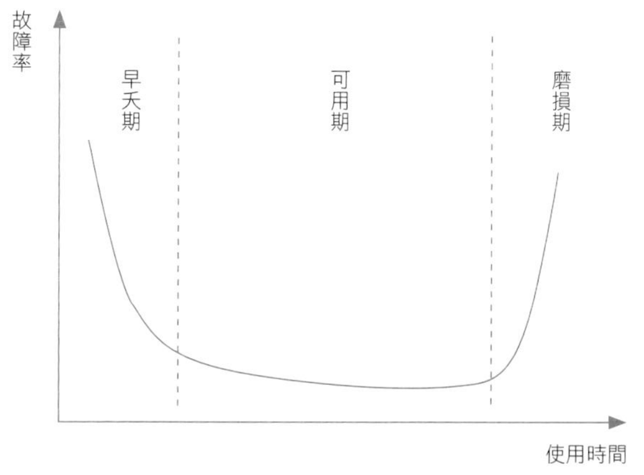

圖 10.2　晶片生命的三個時期與故障率的關係

(四)加速故障的概念

在進入磨損期之前的這一段總使用時間，正是我們想要知道的晶片壽命。

想要知道晶片的平均壽命最直接的方法當然就是在「正常操作條件」下使用，看看它多久後會壞掉。但問題是，你不可能在晶片面前等上數年甚至 10 年以上吧？

我們會採用「加速」的方法，用更嚴苛的操作條件來加快晶片的故障，以縮短試驗時間至數百到一千小時，再推算出正常操作條件的平均故障時間。

「操作條件」是指晶片使用時的環境溫度、電源供應電壓、環境溼度等。通常工程上採提高環境溫度、增加電源供應電壓，作為更嚴苛的操作條件，分成三種加速方式，詳見表 10.12。

表 10.12　三種壽限試驗常用的加速因子

加速因子	說明
一、溫度加速因子（temperature accelerated factor, AFT）	故障的發生跟溫度有關，一般提高溫度可以增加反應速率，縮短 MTTF。瑞典化學學者阿瑞尼士（S. Arrhenius）提出，反應速率常數 R 跟絕對溫度 T 的倒數呈指數函數關係如下。 $R=\alpha\exp\left(-\frac{Ea}{kT}\right)$ ……〈10.2〉 符號意義如下。 α 為比例常數； exp 指以自然對數底數 e 為底的指數函數； Ea 表示反應的活化能（單位為電子伏特，eV）；k 為波茲曼常數（8.62×10^{-5}，單位為電子伏特／絕對溫度，eV/K） 假設。 在正常溫度 T_1 時，反應速率為 R_1，平均壽命 $MTTF_1$；提高溫度到 T_2 時，反應速率增為 R_2，平均壽命減為 $MTTF_2$。 已知反應速率常數 R 增加多少倍，MTTF 也減少多少倍。溫度加速因子即定義此現象在 MTTF 受溫度影響時會出現下列情況。 $AFT=\frac{R_2}{R_1}=\frac{MTTF_1}{MTTF_2}=\exp\left[\frac{Ea}{kT}\left(\frac{1}{T_1}-\frac{1}{T_2}\right)\right]$ …〈10.3〉
二、電壓加速因子（voltage accelerated factor, AFV）	根據美國化學學者愛林（H. Eyring）的公式，反應速率常數 R 跟外加電壓 V 有指數函數關係。 $R=\gamma\exp(\beta V)$ ……〈10.4〉 有時會是乘冪關係。 $R=CV^n$ ……〈10.5〉

表 10.12 （續）

加速因子	說明
	其中 γ、β、C、n 都是比例常數；V 為外加電壓（單位為伏特）。 假設。 在正常電壓 V_1 時，反應速率為 R_1，平均壽命 $MTTF_1$；提高電壓到 V_2 時，反應速率增為 R_2，平均壽命減為 $MTTF_2$。 同上面 AFT 的定義，我們可得到電壓加速因子為。 指數關係 $AFV = \frac{R_2}{R_1} = \frac{MTTF_1}{MTTF_2}$ $= \exp[\beta(V_2 - V_1)]$ ……〈10.6〉 或乘冪關係 $AFV = \frac{R_2}{R_1} = \frac{MTTF_1}{MTTF_2}$ $= \left(\frac{V}{V_1}\right)^n$ ……〈10.7〉
三、溫度與電壓複合總加速因子（AF）	如果同時運用溫度加速與電壓加速，則總加速因子是個別加速因子的乘積。 $AF = AFT \times AFV$ ……〈10.8〉 在試驗求取晶片壽命時，大多數會選用此種複合加速的實驗方式，稱為「高溫操作壽命試驗」（high temperature operating life test，簡稱 HTOL 試驗）。

資料來源：整理自郝中蓬（2009）。

(五)平均壽命的估計

得到總加速因子後，即可以計算出晶片在正常操作條件時的壽命。

$$MTTF_1 = MTTF_2 \times AF \quad \cdots\cdots〈10.9〉$$

符號意義如下。

$MTTF_1$ 為正常環境溫度與電源供應電壓時的平均壽命；

$MTTF_2$ 為環境溫度與電源供應電壓加速後的平均壽命；

AF 為 AFT 與 AFV 相乘，即總加速因子。

(六)高溫操作壽命試驗與壽命計算實例

現在來計算一個實例，有一天你在台北市光華電子商場買了一個晶片，已知其正常操作條件如下。

環境溫度 $T_1 = 55°C$，電源供應電壓 $V_1 = 3.3$ 伏特

在實驗室裡，高溫操作壽命試驗步驟是先把待測晶片安裝在預先設計的電路板上，然後放入可以加溫與加電壓的爐子內，選擇好加速的操作條件讓晶片進入工作狀態，經過一段時間後從爐子取出來，測量晶片功能是否已經失效來決定加速後的故障時間 $MTTF_2$。

假設我們選擇的加速操作條件為如下。

環境溫度 $T_2 = 125°C$，電源供應電壓 $V_2 = 3.8$ 伏特

放置於爐內，經過 250 小時後發現晶片故障了，即知 $MTTF_2 = 250$ 小時。利用加速因子公式，我們採用〈10.3〉式、〈10.6〉式與〈10.8〉式。

假定活化能 Ea = 0.7 電子伏特、比例常數 $\beta = 3.2$ 伏特。

$$AFT = \exp\left[\frac{Ea}{k}\left(\frac{1}{T_1} - \frac{1}{T_2}\right)\right]$$

$$= \exp\left[\frac{0.7}{8.62 \times 10^{-5}}\left(\frac{1}{(55+273)} - \frac{1}{(125+273)}\right)\right] = 77.8$$

$AFV = \exp[\beta(V_2 - V_1)] = \exp[3.2 \times (3.8 - 3.3)] = 5.0$

$AF = AFT \times AFV = 77.8 \times 5.0 = 389.0$

從〈10.9〉式，晶片在正常操作條件下的平均壽命如下。

$MTTF_1 = MTTF_2 \times AF = 250$ 小時 $\times 389.0 = 97{,}250$ 小時或 11.1 年。

實務上，因晶片工作時會耗電發熱，須考慮晶片的消耗電功率與熱阻抗（thermal resistance），把環境溫度先換算成晶片內部晶片的溫度，再計算溫度加速因子。

晶片會消耗電功率並釋出熱，內部晶片的溫度一般都比環境溫度高，因此阿瑞尼士公式裡的溫度，應該使用晶片溫度（此例為 273 度）較能代表晶片的故障反應情況。

我們必須先選取幾個不同環境溫度與電源供應電壓，以求得活化能 Ea 值，還有適合的電壓加速公式與比例常數，才能準確用來預測晶片的平均壽命。

10.7 產品符合國際組織標準——以USB 3.0為例

研發部應根據國際標準（大部分是國際組織所設定）、國家或客戶標準去研究產品，本節以**通用序列匯流排（universal serial bus, USB）**3.0 為例，來說明研發人員為了取得認證必須照表操課。

USB 屬於資訊通訊領域，專業水準很高，本書為了具象化，只好採取此個案，藉以了解國際標準機構的標準和認識程序。本節以工研院資通所網際網路平台架構部副工程師汪逸倫（2009）的文章為基礎。⑩

一、什麼是 USB 3.0？

USB 普遍出現在個人電腦的各項儲存設備，包括：電腦內的主機板、硬式磁碟機（與相關的固態硬碟、薄式記憶卡）與隨身碟。主要功能比較像水管，讓資料在二個晶片或記憶體間流通。

普遍應用的 USB 2.0 介面，傳輸頻寬最高僅 480 Mbps，無法因應越來越快的晶片或記憶卡的讀寫速度，因此，包括：三星、海力士、東芝及新帝、英特爾及美光等，於 2010 年 1 月在拉斯維加斯市舉行的消費電子展（CES）中宣示進入 USB 3.0 世代。由於 USB 3.0 的傳輸速度比 USB 2.0 快十倍（詳見表 10.13），一部容量 25GB 的高畫質藍光電影（例如《阿凡達》），大約僅需要 70 秒（詳見表 10.14）就可傳輸完畢，跟 USB 2.0 的 13.9 分鐘傳輸速度相比，看來就是高鐵跟普通列車的對照。

英特爾在 2009 年 9 月 22 日於舊金山舉行英特爾論壇（Intel Development Forum），USB 3.0 為會議中的焦點之一。

英特爾跟超微把 USB 3.0 規格列為南橋晶片的標準規格，微軟的作業系統 Windows 7 支援 USB 3.0 的規格，在 WINTEL 再次合作推動的情況下，市場上都知道，USB 3.0 約在 2011 年會成為主流規格。南橋晶片可說是個人電腦中相當重要的元件，包括：硬碟機、光碟機、音效、USB 介面等控制晶片，都會彙整進南橋晶片中。

USB 3.0 主要特性在於高速傳輸，並可以向下相容 USB 2.0 與 USB 1.1 的介面。

表 10.13　USB 規格比較表

規格名稱	USB 1.1	USB 2.0	USB 3.0
發表時間	1998 年 9 月	2000 年 4 月	2008 年 11 月
最大速度	12 Mbps	480 Mbps	4.8 Gbps
最大傳輸距離	5 公尺	5 公尺	2 公尺
通訊模式	半雙工通訊	半雙工通訊	全雙工通訊
纜線內訊號線數	4 條	4 條	9 條
供電能力	低電力 100 毫安培 高電力 500 毫安培	低電力 100 毫安培 高電力 500 毫安培	低電力 150 毫安培 高電力 900 毫安培
可支援周邊設備	PC 周邊	PC 周邊、HDD、ODD、印表機、隨身碟、手機與手持式裝置	PC 周邊、固態硬碟、HDD、ODD、印表機、隨身碟、手機與手持式裝置

資料來源：Digitimes Research。

表 10.14　USB 速度比較表

存取內容	USB 1.1	USB 2.0	USB 3.0
單一歌曲、照片（約 4 MB）	5.3 秒	0.1 秒	0.01 秒
VCD 影片（約 700 MB）	15.6 分鐘	23 秒	2 秒
DVD 影片（約 4.7 GB）	1.7 小時	2.6 分鐘	15.6 秒
高畫質藍光影片（約 25 GB）	9.3 小時	13.9 分鐘	70 秒

資料來源：工研院。

二、商機

由表 10.15 可見 USB 各式晶片的出貨量。

2010 年 2 月 3 日，華碩搶先發表首款 USB 3.0 筆記型電腦，加上已推出 USB 3.0 主機板，宣告主機端（Host）產品應用就定位，USB 3.0 時代來臨，詳見表 10.16。

表 10.15　USB 3.0 出貨預估量　單位：億顆

年	2009	2010（F）	2011（F）	2012（F）
USB 3.0 主機端（**host**）晶片	0.001	0.318	1.1	1.664
USB 3.0 元件端（**device**）晶片	0.005	0.861	10.144	19.014
所有 **USB 3.0** 晶片	0.006	1.179	11.244	19.678

資料來源：離能、元大投顧研究中心研究報告，2010.1.7。

表 10.16　USB 3.0 相關公司

類別	說明	晶片公司	系統公司
主機端（host）	電腦、手機等終端產品	NEC、德儀、富士通微電子、睿思科技（Fresco Logic）等	華碩、宏碁、惠普等
裝置端（device）	隨身碟、外接硬碟、外接藍光DVD光碟機等周邊產品	智原、創惟、安國、旺玖等	威剛、勁永等

資料來源：法人。

三、認證測試概述與流程

為了確保各式各樣的 USB 裝置（USB interface）在連結到標準 USB 埠後可以正確無誤的工作，通用序列匯流排建置者論壇（Universal Serial Bus-Implementers Forum; USB-IF 或 USB 設計論壇）組織規範了 USB 裝置的機構規格，同時也對各 USB 產品功能的相容性認證測試進行了一系列的規範，稱為「USB 遵循測試程序」（USB compliance test procedure）。產品只有在通過（acceptability）各規定的細項測試後，才能在該產品上註記 USB-IF 認證標印（logo）。

2008 年 10 月，USB 設計論壇制定 USB 3.0 標準，所訂定的測試細目可以在該組織的網頁（http://www.usb.org/home）取得。公司在 USB 產品的研發階段，就應該把 USB 設計論壇所明定的各項規範（例如介面機構規格、電氣特性）等因素列入設計的規範當中。之後，公司再把該產品的樣本送至 USB 設計論壇認可的實驗室進行完整地測試，檢測出來的量化數據，可以作為公司

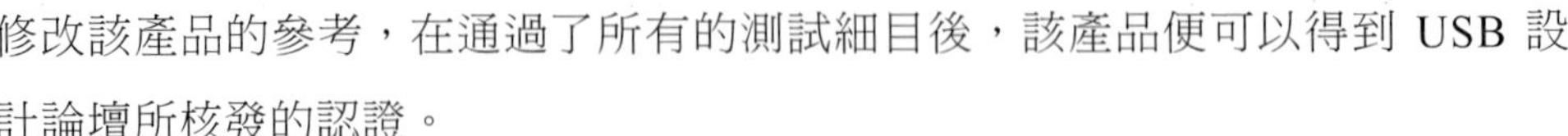

修改該產品的參考，在通過了所有的測試細目後，該產品便可以得到 USB 設計論壇所核發的認證。

四、第一步：共通項目測試

所有的 USB 裝置會先進行共通項目的檢測程序，包括：存取該 USB 裝置的名稱、建立測試日期的記錄檔，以及判別 USB 裝置所屬的類別，此類別共包括系統、集線器與周邊三類，詳見表 10.17。

表 10.17　USB 裝置的成分

成分（分類）	一、功能測試細目	二、速度測試項目
一、系統 （system）	此部分沒有詳細規範	第一類：介面卡、主機板與系統 1.主機端（host）或是集線器電壓浮動與電壓降（droop/drop）測試； 2.主機端下傳（downstream）信號品質測試； 3.一個或是多個主機端互連性測試，該主機端可以允許在不同的作業系統環境工作。
二、集線器 （hub）	集線器的測試項目有下列五項。 1.裝置設計：可以區分成無使用微控制器（microcontroller）、在同個晶片上並存 USB 驅動程序（USB driver）與微控制器，以及 USB 驅動程序與微控制器分別存在於不同的晶片上，共三種設計方式； 2.電源：該裝置使用 USB 提供的電源、該裝置使用自身的電源，或是二者兼具； 3.USB 連線方式：使用固定式纜線或是具備標準 A/B 插頭（plug）之纜線； 4.驅動程序：測試作業系統本身提供的驅動程序； 5.速度：高速（high speed）或是全速（full speed）測試。	第二類：低速（low speed）的集線器裝置 1.浪湧電流（inrush current）測試； 2.上傳（upstream）信號品質測試； 3.裝置結構（device framework）測試； 4.復歸電壓（back-Voltage）測試； 5.一個或是多個主機端互連性測試，該主機端可以允許在不同的作業系統環境工作。 第三類：全速的集線器裝置 1.低速集線器裝置的所有測試； 2.主機端或是集線器電壓浮動與電壓降測試； 3.集線器下傳之訊號品質測試，含眼狀圖（eye diagram）測試。 第四類：高速集線器裝置 1.所有全速集線器測試項目； 2.高速電氣規範測試。
三、周邊	包含裝置設計的上述第 1～4 項，另在驅動程序的測試上，需要測	第五類：高速周邊裝置 1.浪湧電流測試；

表 10.17　（續）

成分（分類）	一、功能測試細目	二、速度測試項目
	試裝置的品牌公司、作業系統或是第三者提供的所有驅動程序。	2.上傳信號品質測試； 3.裝置結構測試； 4.一個或是多個主機端互連性測試，該主機端可以允許在不同的作業系統環境工作。

五、第二步：細部測試

就測試項目的特性可以分成兩大類：互連性、電氣特性，詳見表10.18。

表 10.18　USB 3.0 的認證測試項目

認證測試	說明
一、互連性（interoprability）	USB 從版本 1.0、1.1 至 2.0 規格，這其中 USB 1.1 規格支援二種速率：低速 1.5 Mbps 以及全速 12 Mbps；USB 2.0 額外多了高速 480 Mbps 的傳輸速度。在 USB 發展的過程中，產生下列三種 USB 主控器（host controller）。 1.OHCI（Open Host Controller Interface） USB 1.0/1.1 主機器，由康柏（2003 年被惠普合併）公司主導，採用 Memory-mapped I/O（CPU 使用記憶體指令的方式來存取 USB 控制器）的控制方式，受到大多數公司採用。 2.UHCI（Universal Host Controller Interface） USB 1.0/1.1 主機器，由英特爾主導，採用 I/O-mapped I/O（CPU 使用 I/O 體指令的方式來存取 USB 控制器）的控制方式，UHCI 的電路比 OHCI 精簡，不過需要相對複雜的驅動程式，主要使用公司為英特爾和 Via。 3.EHCI（Enhanced Host Controller Interface） USB 2.0 主機器只支援高速傳輸，其中包含四個虛擬的全速或者低速控制器。 有鑑於 USB 裝置必須兼容上述三種規格的主機器，2004 年 2 月 USB 論壇組織公布的「Universal Serial Bus Full and Low Speed Electrical and Interoperability Compliance Test Procedure」1.3 版的文件，規範互連性測試的各項細目，驗證待測裝置可以兼容上述三種 USB 主機器。

表 10.18 （續）

認證測試	說明
	*耗電量測試 在互連性測試項目中首先會量測待測裝置的耗電量，在平均電流汲取的測量是使用 USBCV 程式來作用，主要量測項目有二。 1.還未組態完成的電流消耗，此項電流不得超越 100 mA，否則視為失敗； 2.完成組態的電流消耗，標準如下。 (1)當該 USB 裝置的電源來自裝置本身，最大汲取 USB 匯流排的電流需要小於 250 mA； (2)當此 USB 裝置的電源來自 USB 匯流排，則電流消耗必須要小於 500 mA。 USB 3.0 的高傳輸量與高供電量特性，也代表「高耗能」，因此業者在設計 USB 3.0 控制晶片時，導入了智慧型節能設計，讓 USB 3.0 介面在閒置時不會耗費任何電力。在進行低量傳輸時，就採低耗能模式；如果必須進行大量高傳輸時，才會切換至高耗能模式。也因此聰明的 USB 3.0 介面將會因應傳輸量的需求，隨時進行「電源管理」，可說是頗具綠能概念的新設計。 周邊裝置的互連性測試與作業系統、主機端跟周邊裝置都息息相關，所以 USB 論壇組織特別規範一個 USB 周邊的完善安排連接型態，稱之為「Gold Tree」，此最佳的接續組合同時能夠提供以下要求。 ・提供 USB 所規範的等時傳輸、控制傳輸、中斷傳輸與大容量傳輸； ・允許五階的 HUB 串接； ・從主機端到最後一個裝置可以有 30 公尺長； ・包含高速傳輸裝置與全速傳輸裝置的分支； ・可以測試 UHCI、OHCI 與 EHCI 的控制器。 在進行互連性測試的時候，會把待測裝置接在已經第 5 層集線器（USB 允許每個主機器連接最長 5 層，每層的連線最長是 5 公尺．最多 127 個「含主機端」裝置）的狀態下進行測試，以確保在最極端的連線狀態下，該待測裝置的功能仍能正確無誤的工作。
二、電氣特性（electrical specification）	根據 USB 論壇組織 在 2005 年 1 月公布的「USB-IF USB 2.0 Electrical Test Specification、Version 1.03」USB 2.0 周邊儲存裝置的電氣測試包括下列四項。 ・訊號品質； ・浪湧電流； ・壓降／浮動電壓； ・復歸電壓測試。

資料來源：整理自溫逸倫（2009），第 137～138 頁。

六、電氣測試專論：訊號品質測試

訊號品質是電氣測試中的重點，因為電路板（PCB）的布局、電磁場干擾（EMI）、接地雜訊（Ground bounce），以及電路本身所產生的訊號抖動、容錯能力等，都會影響最終 USB 訊號傳送品質。

訊號品質測試包括五小類，詳見表 10.19 說明。

表 10.19　USB 3.0 訊號品質測試

小類	細類
一、傳送（transmitting）	1.訊號速度（signal rate） USB 高速傳輸端的速度必須是 480 Mbs±0.05%。 2.眼狀圖測試（eye diagram test） USB 裝置跟主機端的連線，實驗的訊號品質必須符合傳輸端的波形眼狀圖要求。 3.上升／下降時間測試（rise/fall time test） USB 高速驅動端在差動的上升或是下降，其訊號振幅強度從 10% 到 90% 所需時間大於 500 微微秒（500ps）。 4.單調性測試（monotonic test） 此測試的目的在核對傳輸的訊號振幅是否為平滑且持續地增加或平滑且持續地減少，通常非單調性的訊號可能導因於電路本身暫時性的準穩態（metastability）、熱雜訊或是抖動（jitter）。USB 高速裝置的訊號振幅必須滿足單調性，不可以發生忽高忽低的訊號振幅，且符合所規定的眼狀圖騰。 5.J/K 測試（J/K test） 當 D+ 或是 D− 其中之一被驅動到邏緝高準位，且其終端被連接到一個 45Ω 的電阻到地，此時輸出電壓（output voltage）必須滿足 400 mV±10%。 6.SEO_NAK 電壓測試（SEO_NAK voltage test） 當 D+ 或是 D− 都未被驅動時，且終端連接 45Ω 的電阻到地，此時輸出電壓必須滿足 0V±10%。
二、接收（receiving）	1.抑噪電路測試（squelch test） 一個高速裝置必須內建一傳輸端封包偵測器，即抑噪電路（永遠不接受封包），不接收差動訊號振幅小於 100 mV 的封包。 2.接收器靈敏度測試（device receiver sensitivity test） 一個高速裝置必須內建一傳輸端封包偵測器，即接收器（可靠的接收封包機制），接收差動訊號振幅大於 150 mV 的封包。 3.最慢同步速度（minimnum sync.） 一個高速裝置的傳輸端封包偵測器必須使該高速裝置的接收器具備足夠快的速度，使之能夠偵測傳進來的資料，能夠達到延遲鎖相迴路（DLL）的鎖相要求，而且能夠在 12 個位元時間內偵測到同步訊號欄位（SYNC field）的結尾（end）。

表 10.19 （續）

小類	細類
三、封包參數（packet parameters）	1.32 位元同步測試（32-bit sync. test） 所有傳送出封包的同步訊號（非重複封包，not repeated packets）開頭必須是 32 位元長度的同步訊號欄位（32 bit SYNC field）。 2.封包間隔時間測試（interpacket gap. test） 當接收完一個封包後馬上又去發送封包，主機端跟裝置端必須在其間提供一個 8 至 192 位元時間長度的內封包間隔（inter-packet gap）。 3.結束封包寬度測試（8-bit EOP） 所有傳送封包的結束封包（EOP）（資料碼框開始～SOF 除外）必須是連續的 8 位元反相不歸零訊號，其訊號內容為 01111111。
四、速度偵測（speed detection）	1.高速重置測試（reset form HS） 裝置從非高速暫停模式（non-suspended high-speed mode）重置（reset）時，必須在 3.1 毫秒（3.1ms）至 6 毫秒的時間內，發出一躍頻交握（chirp handshake）。此時間從重置訊號發出前的最後一個微開始封包（uSOP/micro Start of Packet）發送開始算起。 2.暫停狀態重置測試（reset from suspend state） 裝置從暫停狀態（suspend state）重置時，必須在 2.5 微秒（2.5 us）至 6 毫秒的時間內，發出一躍頻交握。裝置從全速狀態（full-speed state）重置時，必須在 2.5 微秒至 3 毫秒的時間內，發出一躍頻交握。 3.動態頻移或躍頻（chirp K width） 動態頻移或躍頻（CHIRP）測試的目的是在速度檢測協定中檢查上傳和下傳埠的基本時序和電壓。裝置產生的動態頻移之交握（handshake）必需介於 1 至 7 毫秒。 4.高速終端測試（HS termination） 在測試裝置速度的過程中，當該裝置偵測到一合法躍頻之 K-J-K-J-K-J 序列（Chirp K-J-K-J-K-J sequence），則此裝置必須切斷（disconnect）與 1.5K 歐姆之上拉電阻（pull-up resistor）且在 500 微秒內啟動高速模式。
五、暫停／繼續（suspend/resume）	1.全速模式測試（FS termination） 匯流排如果閒置 3 毫秒，裝置必須在不超過 125 微秒的時間內，回復到全速模式。 2.暫停模式支援（suspend support） 裝置必須能支援暫停模式。

表 10.19 （續）

小類	細類
	3.由暫停模式切換至高速模式測試（suspend to HS） 假設一裝置由高速模式被切換到暫停狀態，之後當此裝置接收到繼續的訊號（resume signal），必須能夠在 2 個位元的時間內回到高速模式。 4.壓降測試（drop test） USB-IF 要求 USB 埠提供的電壓（V_{BUS}）值需在 4.75～5.25 V 之間，而該 USB 埠在最大的負載（500 mA）下必須保證最大的壓降需小於 350 mV；另一方面，此要求可使匯流排供電的下游集線器可提供大於 4.4V 的電壓。 5.浮動電壓測試（droop test） 在此定義的浮動電壓是主機端的所有埠（不含待測埠）皆為全負載的狀態下，對該待測埠交替給予 100 mA 電流的負載條件以及無負載條件，電壓（V_{BUS}）變化值需要小於 330 mV。 6.浪湧電流測試（inrush current test） 「浪湧電流」指的是當裝置的電源剛被導通時瞬間產生的大電流，如果不去處理或是限制此電流，此大電流可能會導致裝置的損壞。尤其是在插入裝置的瞬間，裝置通常會瞬間汲取大量的電流，隨後電流的汲取會進入衰減的過程。如果汲取的電流量超過特定值，匯流排上連接的其他 USB 裝置的運行則可能受到妨礙。此現象可透過增加適當的旁路電容來降低浪湧電流。其中，USB 2.0 規格規定在 V_{BUS} 數值為 5.15V 時，裝置汲取的總電荷應該低於或等於 51.5uC 7.復歸電壓測試（back-voltage test） 當從通電的 USB 連接器上把 USB 裝置拔除時，因為電感（纜線是最主要發生的來源）的關係，會產生復歸電壓。對於周邊的裝置，設計上必須要有一些微小的電容存在（最小 0.1uF），以確保產生的回復電壓不會影響到上游的 USB 埠。

資料來源：同表 10.16，第138～141頁

註　釋

①經理人月刊，2009 年 12 月，第 95～96 頁。

②經濟日報，2009 年 12 月 29 日，B1 版。

③經濟日報，2009 年 12 月 28 日，專 2 版，廖郁佳。

④經濟日報，2007 年 6 月 18 日，A9 版，謝瓊竹。

⑤經濟日報，2009 年 4 月 13 日，A7 版，周子瑜。

⑥天下雜誌，2005 年 8 月 15 日，第 103 頁。

⑦天下雜誌，2005 年 4 月 1 日，第 188～189 頁。

⑧工商時報，2004 年 5 月 3 日，第 12 版，曠文琪、宋丁儀。

⑨工商時報，2009 年 11 月 19 日，A5 版，楊玟欣。

⑩溫逸倫，「USB 認證、測試解析」，電腦與通訊，2009 年 12 月，第 136～141 頁。

本章習題

1. 去找到一家公司的一個產品，做出圖 10.1。
2. 以表 10.1 為架構，說明研發部如何符合「價量質時」四項競爭優勢。
3. 以表 10.2 為架構，說明研發部如何符合目標成本。
4. 承上題，說明該產品的設計過程。
5. 以表 10.3 為架構，說明其如何進行可靠度工程。
6. 以表 10.7 為架構，說明該產品如何做到環保設計。
7. 以表 10.8 為架構，說明該產品環保標章、碳足跡標籤的認證。
8. 以圖 10.2 為架構，說明該產品在「減重」方面的努力。
9. 以第四節為基礎，說明該公司工業設計部的貢獻。
10. 以表 10.11 為基礎，說明該公司如何進行壽限試驗。

11

聯合研發

科技界裡，沒有任何公司可以從一個很強的核心事業起家後，再發展出另一個很強的核心事業。我們這些人如果運氣夠好的或能力夠強，也許可以做對一個。然而，史蒂夫・賈伯斯卻做對了四個。

——**安迪・葛洛夫**（Andy Grove）　前英特爾董事長兼執行長

世界經理文摘，2009 年 12 月

學習目標

獨立研發和技術移入是 1 與 0 的兩端，合作研發則是其間情況，也是台灣企業借力使力，以追日趕美的終南捷徑。本章回答合作研發的 5W2H 相關問題。

直接效益

本章站在企業立場，說明挑哪些大學、創新育成中心、研究機構、研發聯盟，一起進行合作研發。

本章重點（*是碩士班程度）

1.哪種公司偏好合作研發？§11.1

2.台灣各產業技術取得方式。表 11.1

3.企業跟大學研發合作二種方式。表 11.9

＊4.三種常見的研發聯盟優缺點比較。表 11.11

5.研發聯盟對企業的技術貢獻。表 11.12

前言　團結力量大

2002 年世界五百大企業，第五百名營收是 101 億美元，五百大平均年營收是 244 億美元，台灣只有幾家公司可以上榜，所以台灣企業可以稱為利基產業。利基公司獲勝之道在於「智取」，而不是「力敵」。

2003 年 11 月 24 日，長興化工副總經理蕭慈飛在經濟部中小企業處主辦的中小企業展望與對策研討會中指出，很多公司只會擴大自己的優勢，卻忽略自己的弱勢。然而，利基產業不可能單打獨鬥，了解弱勢才能互補整合彼此所需。因此，尋找和創造利基時，合作要大於競爭，好比長興化工的特殊單體產品在世界排名第四，就考慮跟排名第三的公司談合作，創造彼此最大利基。

蕭慈飛指出，資訊產業也是傳統技術的延伸，例如半導體也要有研磨盤才能研磨，但是半導體產業技術仍被歐美抓得很緊，面板卻是台灣的機會，未來一、二年正是整合面板、創造利基的好時機，遲了就要憂慮。

「團結力量大」，本章依公司生命週期等作為架構，依序說明各種合作研發的對象。例如，第二節創新育成中心便是新成立公司合作研發的最適配對象；第三節是跟大學進行產學合作；第五節產研合作，主要以工研院為對象。

11.1　技術取得方式現況

本書的重點之一在於技術取得，而不是站在研發角度如何管理研發部——即研發管理。因此，廣泛的探討如何取得技術就很重要。我們在本節第一段先拉個全景，然後再把鏡頭拉近一點，針對生物科技產業來詳談。

一、哪種公司偏愛合作研發？

全球經營環境特色之一是技術不連續，企業積極尋找合適的外部夥伴

（external partners），包括同業或異業公司、研究機構和大學等，共同合作創新，已經成為建立競爭優勢的重要課題。Tether（2002）指出，是否透過合作創新，產業競爭現況、公司特性和創新的類型是重要決定因素。他以英國創新調查社群（CIS）所公布的調查結果為資料來源，進行實證研究，主要結論如下。

1.研發密度和高科技產業由於研發成本比較龐大，所以合作研發的案例比較普遍；

2.經常投入必要的研發支出的公司比較傾向於採取合作研發活動，屬於激進創新類型者，由於比較沒有市場競爭顧慮，而且有能力決定未來產業競爭的典範，因此公司比較傾向尋找外部夥伴合作研發。

二、2002 年的研發方式

根據經濟部技術處「智慧資本專案」在 2002 年 10 月所做的調查顯示，台灣產業的研發方向主要以新產品或新技術的開發為主。研發方式傾向自行研發，少數產業會進行合作開發，而懂得運用授權或技轉的公司少之又少，詳見表 11.1。

這意味著企業多數習慣「閉門造車」，卻不懂善用槓桿原理，結合外界資源，加速研發腳步。閉門造車的原因不外是對外界不了解，不知道哪裡有資源可用。時隔八年，技術取得方式已變得更有彈性。

表 11.1　台灣各產業技術取得方式

行業別	技術取得方式						
	自行研發	合作開發	企業併購	國內授權	國外授權	國內技轉	國外技轉
石化塑膠業	84	6.4	0	3.4	0	0.5	5.7
汽車業	65	35	0	0	0	0	0
食品業	85	13.5	0	1.5	0	0	0
紡織業	61	39	0	0	0	0	0
電子資訊業	86.5	8.5	0.2	0.1	2	0.3	2.4
電機機械業	89	8.2	0	0.7	1.1	1	0
鋼鐵業	90	2.1	0	7	0	0.1	0.8
其他	85	13.5	0	1.5	0	0	0

資料來源：資策會 MIC，經濟部技術處智慧資本專案，2002 年 10 月。

三、2003 年生技業研發方式調查

台灣經濟研究院在 2003 年 5～7 月間針對生技醫藥產業進行大規模的問卷調查，共有 258 家公司接受調查。研發型生技公司是指「公司有正從事生物科技相關產品或技術研發人員人數占員工總數 10% 以上者」，有 165 家符合此標準，據此推估 2002 年生技產業營收 250 億元，員工人數 6,609 人，其中 1,842 人從事研發，調查成果如表 11.2～表 11.8 所示。

表 11.2　公司獲得專利技術授權的主要來源國

選項	選填家數	比率
美國	29	19.3%
歐洲國家	9	6.0%
日本	12	8.0%
台灣	68	45.3%
其他	32	21.3%

資料來源：孫智麗（2003），第 129 頁，表十七。

表 11.3　公司研發創新活動的主要進行方式（複選題）

選項	選填家數	比率
免費的過期專利	15	4.3%
企業自行開發的非專利技術	96	27.6%
企業自有專利	75	21.6%
取得其他公司授權	8	2.3%
取得學術研究機構授權	36	10.3%
合作研發共同使用成果	60	17.2%
跟海外交叉授權	6	1.7%
跟海外合作研發共同使用成果	21	6.0%
取得海外專利授權	26	7.5%
其他	5	1.4%

資料來源：同表 11.2，表十八。

表 11.4 公司研發創新活動的主要進行方式（複選題）

選項	選填家數	比率
在公司內部自行研發	146	44.4%
設立子公司進行	13	4.0%
跟其他公司或研究機構共同開發	92	28.0%
委託其他公司或研究機構開發	47	14.3%
技術授權交易	31	9.4%
其他	0	0.0%

資料來源：同表 11.2。

表 11.5 公司的生產活動所使用關鍵技術主要來源（複選題）

選項	選填家數	比率
產品或技術開發風險高，必須跟其他公司（或機構）共同承擔	20	6.4%
產品或技術開發經費大，必須跟其他公司（或機構）共同分攤	30	9.6%
為了縮短開發時程，必須跟其他公司（或機構）共同合作	72	23.2%
其他公司（或機構）擁有貴公司研發過程所欠缺的技術	54	17.4%
藉由研發合作以使用其他學術、研究機構的設備	54	17.4%
藉由研發合作以取得相關市場或技術資訊	38	12.2%
藉由研發合作促進經驗交流建立關係	41	13.2%
其他	2	0.6%

資料來源：同表 11.2，第 170 頁，表十九。

表 11.6 公司進行合作研發的主要方式（複選題）

選項	選填家數	比率
跟同業間進行平行關係的研發合作	19	6.6%
跟上游供貨公司或下游客戶進行垂直關係的研發合作	30	10.4%
跟研究機構或大學進行研發合作	104	36.1%
跟國外同業間進行平行關係的研發合作	16	5.6%
跟國外上游供貨公司或下游客戶進行垂直關係的研發合作	14	4.9%
跟國外研究機構或大學進行研發合作	18	6.3%
參與政府主導的研究計畫（衍生成果）技術移轉活動	24	8.3%
參與政府補助的研發計畫	62	21.5%
其他	1	0.3%

資料來源：同表 11.2，第 130 頁，表二十一。

表 11.7　合作研發所面臨的困難（複選題）

選項	選填家數	比率
在智慧財產權歸屬或研發成果移轉方面的看法不同	35	13.9%
在專利授權金方面的收入或回收比例的認知（看法）不同	19	7.5%
在出資比例方面的認知（看法）不同	27	10.7%
在人力資源投入方面的認知（看法）不同	10	4.0%
在研發重點或主題上的認知（看法）不同	16	6.3%
在研究時程或發展順序上的認知（看法）不同	18	7.1%
實際參與人員溝通困難或訊息傳遞不良	9	3.6%
實際參與人員動機不強或誘因不足	13	5.2%
實際參與人員異動頻繁，流動性高	26	10.3%
合作契約的訂定難以周延	18	7.1%
相關政策優惠不足	15	6.0%
相關法令限制	12	4.8%
產學研合作研發計畫申請補助不易	34	13.5%

資料來源：同表 11.2，第 131 頁，表二十二。

表 11.8　公司在 2000～2003 年進行研發創新活動的主要成效（複選題）

選項	選填家數	比率
勞工成本的降低	11	3.0%
總產能的增加	18	4.9%
產品線的擴大	49	13.4%
產品品質的提升	80	21.8%
新應用技術的產生	83	22.6%
專利數目的增加	53	14.4%
營收或利潤的增加	59	16.1%
成果不明確	14	3.8%

資料來源：同表 11.2，第 131 頁，表二十二。

11.2 創新育成中心

「武大郎玩夜鷹——什麼人玩什麼鳥」，對公司來說，每種外在的研發機構都有其適用時機，嗷嗷待哺的新創公司缺人、缺錢、缺設備，最好的研發合作對象就是**創新育成中心（innovation center）**。

作學問是跑接力賽，一棒接一棒，有關創新育成中心的全面描述，在伍忠賢著《知識經濟》第九章第四節創新育成中心，已用一節詳細說明，本節不擬重複。本節重點是站在新創公司角度，回答：「找哪一個育成中心落腳比較好？」

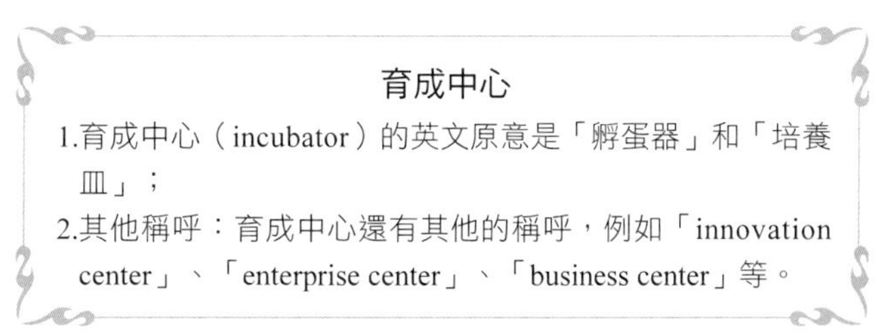

育成中心

1.育成中心（incubator）的英文原意是「孵蛋器」和「培養皿」；

2.其他稱呼：育成中心還有其他的稱呼，例如「innovation center」、「enterprise center」、「business center」等。

一、緣起

育成中心可以提供創業者早期所需的實驗、營運空間、技術和管理服務，甚至資金等資源，幫助企業新生命加速成長。科技育成中心是育成中心的一種，其目的在於協助企業進行研發和科技技術的移轉，主要工作以培育中小科技公司，使其能在一個有組織的培育環境中減少失敗的可能性，降低風險，增加成功的機率，對技術創新有顯著貢獻，並且能協助中小企業達到產業升級的目標。

育成中心的概念在 1980 年代開始逐漸興盛，鑑於歐美各國育成中心成功的經驗，加上墨西哥、新加坡、香港、南韓等國大力推動此措施，並且把育成產業視為發展高科技和促進技術創新的產業孵蛋器。經濟部中小企業處於 1996 年引進，積極輔導育成中心的成立。從 1996 年 7 月工研院設立首家育成中心起，已經有 92 家以上，協助育成企業取得 1,600 多件專利及 700 件技術

移轉，已育成了 3,000 多家中小企業，其中已有 37 家上市、上櫃。

二、客戶滿意程度調查

Mian（1995）曾經針對美國大學技術育成中心，抽樣六個育成中心內的 47 個進駐公司作一項為「大學技術育成中心對技術租用公司附加價值貢獻評估」的研究。以大學形象、實驗室／設備支援、學生人力支援、技術諮詢、圖書館資源、相關研發活動、教育訓練、技轉方案、運動和社交活動、大型電腦支援等作為評估項目，進駐公司把前六項評定為較有價值，五～八成公司認為後六項價值甚低，足見現有的服務項目並不完全被公司認同。

經濟部中小企業發展基金會針對育成中心的 1999 年度成果評鑑，委託中華創業育成協會設計一項針對育成中心、進駐公司、專家的綜合調查。進駐公司採自我評鑑方式進行，評鑑項目包括下列幾項。

1.公司基本資料

員工配置、行業別、利用空間大小、利用服務的頻率等。

2.滿意度／重要性調查

提供空間跟硬體設備、提供技術開發的支援、提供組織跟人力發展支援、輔導改善內部管理制度、提供行銷及市場規劃跟諮詢、提供資金融通管道的協助、提供行政支援跟服務。

三、關鍵成功因素

中山大學公共事務管理研究所李鳳梧等（2000）針對科技創新育成中心經營關鍵成功因素所作的研究指出，包括三大因素。

(一)整體環境

整體環境指國家或大區域的相關政策法令、經濟和科技環境。例如，美國在 1980 年代開始正視育成中心的可行性，制定相關政策，例如地方發展基金和高科技單位的參與和資金援助，加速了育成產業的發展。同時，相關法令（例如，獎勵投資減免條例、智慧財產權保護法，到育成中心土地取得）的完備程度，也直接影響到育成中心的發展。

(二)特定育成環境

育成中心跟進駐公司、主要投資人、大學跟鄰區的網路式互動，對育成中心的成敗也具顯著影響。

(三)育成中心經營管理

這是非常個體層次的、涉及每個育成中心的獨特能力。下列四項對育成中心的成功有正面貢獻。

1.中心的基礎背景、目標跟政策

成立時間越久、規模越大、促進技術移轉為目標。

2.經營單位跟資助者

大學附屬機構跟大學提供運動休閒設施。

3.進駐公司種類跟進駐標準

進駐公司宜多元化，並且以具創業家精神跟成長潛力的公司為佳。

4.培育服務項目

提供辦公服務跟研發措施，並且協助進駐公司技術結盟。

(四)以交通大學創新育成中心為例

史丹福大學聯合周邊大學有了「矽谷」，麻州理工大學有了「波士頓中心」。

交通大學具備良好理、工及管理的學術基礎，並且擁有多個技術專精的研究中心、研究群跟實驗室，可進一步跟創育中心結合及運用相關資源，以支援科技產業的發展，更可以相關的專業技術來協助進駐的公司加速商品化，再強化其管理方面的功能，並可協助公司有效的管理資源及經營方向。

創育中心定期舉辦創意競賽，用意在開啟更多的新點子新方案，輔導各企業能走出自己的一片天，約有二十家的公司進駐，包括：IC 設計、資訊、光電、生技和能源。

交大創育中心的宣傳案例之一即為校友潘健成等 5 人成立的群聯電子（8299），2008 年股價登上 600 元，一度坐上 IC 設計股股王寶座。董事長潘健成（1974 年出生）榮膺「安永年度創業家大獎」中的「縱模創業家獎」項。

四、美國波士頓市劍橋地區成功經驗

在美國，產學合作相當密切，大學實驗室的研究還是偏重基礎或比較前瞻的研究，離商品化或事業化往往還有一段距離。為什麼在波士頓市劍橋地區也像矽谷一樣瀰漫創業家精神，讓許多新創技術源源不斷地誕生？為何會成為一個「大孵化器虛擬育成中心」？這是因為哈佛、麻州理工大學為主的大學跟研究機構有許多好的技術、學長姊的創業典範，有為者亦若是。地方上有經驗的公司經營者、律師、地主、創投公司熱誠地參與，因而有足夠關鍵數量的新創公司，以致吸引了加州或紐約市的資金跟人才進來該區，形成良性循環。政治大學科技管理研究所教授溫肇東以實地參訪經驗，說明麻州理工大學創新育成中心成功的關鍵因素。

美國其他各地的科技聚落，有許多大學、實驗室也都希望走出自己一片天。其中又以波士頓地區，尤其是麻州理工大學在科技創業方面的作法值得參考。公司育成通常有三階段：第一階段是從「創意」到「新創公司成立」（即 Minus Two Stage）；第二階段育成是把產品開發出來，通常台灣講的育成是這一階段，在工研院可以看到很多的例子；第三階段則是為公司發展出一個賺錢的**經營方式**（**business model**，一般稱為**商業模式**），在燒光早期資金前快速取得收入。

麻州理工大學技轉中心（technology licensing office, TLO）和周邊的資源協助科技創業育成，主要是在第一跟第二階段，最大的瓶頸在於找出可行的產品概念以及經營方式，尤其越創新的技術越難證明其價值或市場可行性。這項工作不是大學的強項，對一般公司來說風險也過高，因此這階段可以說是在「支撐」該項技術的「遠景」（funding the vision）。

從創意到成立新創公司需要許多工作，在智財權保護方面，技術授權辦公室有全職的專家 20 多人可以全力協助，他們通常找尋的是絕對優秀（世界級）的技術，而且其智財權占有制高點位置，如果是熱門題目尤佳（因為創投公司會跟隨風潮）。大學有較明確的技術授權政策，以及流暢的授權程序，技術發明人肯積極參與新事業的建構也是重要的考慮。

公司概念的成形（公司應該長成什麼樣子），通常跟發明人的風格和跟比較熟識的學長、同學或友人商討而定，技轉中心可從旁協助。至於經營層的組成通常是由發明人、同學、投資人分別推薦人才，有時候技轉中心也會幫忙介紹。另外，介紹投資人給團隊也是技轉中心重要的工作，種子資金有來自創投、地方產業、前輩、同學朋友、鼓勵新興中小企業開發新技術推動計畫（SBIR）等，這時的辦公地點可能是在發明人的車庫、金主或園區的辦公室，計畫書的撰寫則由發明人和主要的投資人共同完成。

該技轉中心營業項目包括：申請專利、各種顧問諮詢（包括公司組織結構、市場發展方向、創業者的生涯建議）、介紹金主，以及授權合約的訂定（包括：定義授權範圍、實地審查條款、募集金額、產品發展里程碑等）。一般來說，麻州理工大學並不直接投資於新創公司，也不提供空間、管理或事業計畫書撰寫等，也不會擔任董事。

11.3 產學合作

大學有台灣最多的博士人才，因此如果能跟大學進行研發合作，往往能取得突破性發展。在伍忠賢著《知識經濟》第九章第三節大學，以一節詳細說明產學合作方式，本節不擬贅述，此處偏重美國、台灣的實例說明。

一、各取所需

門當戶對在產學研究合作也適用，由表 11.9 可見，小公司只能跟大學所設立的育成中心合作。等到公司翅膀硬了，便可以跟大學的系所、院，甚至校長商談合作了。

表 11.9　企業跟大學研發合作二種方式

企業	跟大學合作	所需
大公司	跟院所系合作	基礎研究成果以求技術突破
新創公司	寄居大學的育成中心	便宜的辦公室空間

二、美國成功的經驗

1990 年代造成美國經濟快速成長的一個非常因素是，大學跟企業合作的強度大幅增加，這跟美國從 1980 年初推動「產學合作教育」（cooperative education），隨後在 1980～1990 年間公布了「拜杜法案」、「史帝文生－懷德技術創新法案」、「國家合作研究法」、「聯邦科技移轉法案」，以及「國家競爭技術移轉法」等五個重要法案，健全以大學為主體的產學合作研發環境，有非常密切的關係。

由於這些法案通過實施，在美國的專利中，屬於美國大學申請的比率，已從 1980 年的 1%，增加到 1991 年的 1.5%，再增加到 1991 年的 3%。在專利取得方面，美國大學取得專利的平均數高於美國全國總平均數，而且，由 1981 年不到 500 件的專利，成長到 1998 年的 3,151 件，呈現六倍成長，顯示美國大學跟企業的密切互動已對美國經濟發展產生重大貢獻。

三、產學合作動機

產學合作（industry-university collaboration）研發一直是政府相當重視的一環，基本的政策邏輯是大學的研究通常是新技術的主要來源，因此如果能透過合作關係，當有助於企業快速取得重要的技術，並且予以商品化。產學合作對大學的好處是由於有企業資金的贊助，所以可以加速研究設備升級跟研究人才之投入。

Santoro 和 Chakrabarti（2002）認為公司規模跟技術核心程度影響產學合作，他們以美國國家科學基金會（NFS）所主導贊助的 21 個大學研究中心為研究對象，透過問卷調查、統計分析方法，得到下列結果。

(一)大企業進行產學合作的動機

大公司在財務跟核心技術等資源方面有一定程度的優勢，因此，在基於多角化跟企業成長的考量下，它們大都希望透過跟大學合作研發，增加各種不同科技領域接觸機會，尤其跟其核心事業經營比較無關的科技領域。

(二)中小企業的如意算盤

中小企業由於先天上體質較差，技術跟財務資源的匱乏，促使公司積極尋求跟大學合作研發的機會，以快速取得所需的核心技術。

四、以交通大學為例

每年 11 月底公布的教育部高等教育評鑑中，2007 年交通大學在國立大學「智權產出成果與應用效益」項目中拿下第一。自 2001 年成立智權中心，聘了一名專職法務人員。2001～2007 年，交大累計取得國內外專利 275 件、技轉授權案件 208 件，智財權權利金收入 1.86 億元。其中「無名小站」的授權金達 3,000 萬元，居個案最高；不過，這是靠 2006 年訴諸法院才爭取而來的。機械系教授洪錫源的「3C 產品前瞻技術」，獲得 2,500 萬元權利金。

(一)向美國史丹佛大學看齊

學界最常提到的案例便是美國史丹福大學「生出來」的谷歌（Google）。史丹福大學取得股票，谷歌在 2004 年股票上市，股價最高時突破 600 美元，讓史丹福大學大賺一筆。

1970 年代史丹福大學成立技轉中心，它的模式後來成為美國大學技轉中心的原型。史丹福大學的教授，扣除行政費用後，還只能拿回三分之一，其餘則回饋給學校，進行再投資、成立獎學金等。

(二)專利的取得與技轉

1.重賞之下，必有勇夫

交大明訂創作人有權利金八成的回饋，可說是全球大學中的最高水準。

2.審查

申請專利是有成本的，以台灣來說，一件專利的申請約需 10～15 萬元，國外專利達百萬元。

交大在校內設有專利審查委員會，當中網羅了來自企業界的校友，因為業界最清楚這個有沒有用。由業界來參與把關，沒有用，就請教授再提出解釋，不適合者，就停止申請。

3.專利的銷售

技轉中心也會請專利所有權人（教授）推薦潛在客戶，平時專案人員也藉著舉辦座談會、說明會等方式，有系統地蒐集園區的人脈與直接聯絡管道。

(三)產學運籌總中心

2008 年，交大成立「產學運籌總中心」，訓練一個理論、實務兼具的小組，成為學術和產業的橋樑，有研發成果卻不願意跟業界合作的教授，該小組便可接手研究案，跟業界接軌。

(四)鼓勵學生創業

交大提出師生創業機制，由學校衍生出去的公司，學校可握有股票的原則。

(五)以「鈊象交大聯合研發中心」為例

2008 年 2 月 18 日，知名線上遊戲公司鈊象電子（3293）選擇跟交大合作，主因是交大資工研究論文在台灣占一席之地。雙方進行產學合作共同投入數位內容遊戲發展，開發「賽車遊戲的影子技術」、「即時天氣系統模擬」和「P2P 技術」等，研發成果將轉成商業用途。

五、產學合作成果的落實

產學合作研發有二種方式來落實研發果實。

(一)技術商品化

技術移轉的方式很多，從技術授權、諮詢顧問、合作開發、整廠輸出等，大學皆可以把技術順利移轉給企業使用。眾達國際美國事務所律師 Thomas A. Briggs（2004）表示，美國很多大學或是財務困難的公司都願意賣出專利權，台灣公司可以選擇適合自己的產品、發展策略，前往選購，說不定比自己研發的成本還划算。

(二)衍生公司

對大學來說，由內部研發人員成立衍生公司，預期可有效提升商品化的成功機率，因此，美國大學和研究機構經常利用事業化方式把其所研發的技術進一步商品化，美國聯邦實驗室也不例外。

六、小心實務界跑到大學前面

社會習以為常的把大學稱為「卓越中心」（Centre of Excellence,

COE），以為學者在基礎研究方向比實務界更有相對優勢。

然而像日本等這樣的工業先進國，當產業研發費用（industrial R & D expenditure）遠超過大學時，不僅產學合作比重在降低，甚至連技術評估、前瞻，學者往往因為不食人間煙火而被排除在外。

11.4 逢甲大學在產學合作的布局

逢甲大學連續四年（2006～2009 年）榮獲教育部私立大學卓越教學第一名，每年獲得億元以上的補助款。教學卓越的基礎在於優秀師資，而這又支持逢甲大學的產學合作（本書偏重研發）和產業育成中心。

一、商機：五校拚中科商機

全台第一個科學園區一新竹科學工業園區於 1980 年設立，成立的目的即在於引進國外技術人才，帶動產業轉型、激勵工業技術升級，創造高科技產業發展契機。而交通大學因為位置接近竹科，便於把學術資源和產業界力量相結合，所以，當 1997 年交大在竹科矽導研發中心成立創新育成中心後，在協助申請政府部門輔助、尋找創投資金、進行技術移轉、專家輔導、專業諮詢、教育訓練等整合性的服務規劃上，都能有效幫助進駐公司，減少創業投資金額與風險，提升創新技術及創業的成功率。

對竹科公司來說，交大育成中心的進駐，使創新技術商品化更見效率，協助了產業升級，也蓄積更多向上提升的能量。

同樣的，二十一世紀初，全力發展光電、半導體、精密機械、生技等產業的中部科學工業園區，也有五所大學的育成中心進駐，逢甲大學是其中之一。

二、五虎搶珠

中科有苗栗，雲林虎尾等幾個附屬基地，因此在其中設立大學育成中心的共有附近五所大學，其提供的服務範圍詳見表 11.10。

表 11.10 中部科學園區的大學育成中心

大學	硬體	服務
一、逢甲大學	2008 年 10 月 27 日，中科校區中科研發大樓啟用	設立研發育成與產學合作專區，提供園區公司與上下游協力公司、中部傳統產業與加工出口區公司及新創事業，進行技術研發，包括：創新育成、技術授權、企業研訓、在職進修、員工訓練、科技研究推廣等服務，或奈米製造、微機電、光電、精密檢測與製造等相關研究。
二、中興大學	2008 年 11 月 1 日，研發創業育成中心啟用，6 億元興建，地上 5 樓、地下 1 樓	設置創新育成、智財管理、產業學院、實驗室等四大事業部。 對於進駐公司提供設施完善的辦公空間，及各項服務與支援，並規劃各種訓練課程，包括：EMBA、EDBA 班及第二專長訓練中心，提供人才培訓計畫，協助公司培育奈米科技、平面顯示器、半導體、精密機械、生物科技、電子商務、智權管理等方面的高科技人才。開幕之初便有 12 家公司進駐，其中，資訊電子、半導體、機器工業類占八成。
三、朝陽大學	2006 年進駐中科，「企業創新學院大樓」	創新育成、技術研發及產業學程三個中心的資源，使技術研發、創業培育、人才培訓與產學合作等各階段所需的人力、物力相對充沛。
四、暨南大學	在中科設立創業育成中心	協助整合中部產學界的研發能量，以文化創意、商業服務、科技事業為主軸，跟產業界保持密切合作，以跨院系的師資進行協助，並開設各種訓練課程，逐步擴大在台中地區的服務能量。
五、虎尾科技大學	在中科虎尾基地，育成與推廣教育中心	配合勞委會職訓局委託的「新興職類職業訓練計畫」、「熱門職類職業訓練計畫」，培育與補充產業所需人才，並以「國民就業準備職業訓練計畫」，協助暫離職場人員增進重新投入職場的能力。

資料來源：整理自戚文芬，「借力使力，向上提升」，創業、創新育成雙月刊，2008 年 12 月，第 22～24 頁。

三、定位

各大學育成中心依據其資源而定位，例如，想到半導體、光電產業，企業自然會聯想到清華大學、交大；而想到生物、農化，當然就會想到中興大學；

至於逢甲大學則以機械等見長。

四、特色之一：電聲研究所

2006 年時，在國際電聲領導公司美律實業、國際高級音響設計與製造公司美隆工業二家企業大力贊助，捐助「鉅額」給逢甲大學購置電聲軟硬體設備，因此 2007 年逢甲成立電聲碩士學程，是全台第一家電聲研究所，每名研究生畢業後就有 5～6 個工作選項，月薪水準也比一般同期研究生多出 5,000 元，為產學合作成功案例。電聲研究成為逢甲大學重點突破的領域。另外，美隆工業也響應培育電聲人才的行動，在 2008 年捐贈逢甲高品質揚聲器系統五組供學生實驗。美律和美隆每年提供獎學生，也贊助學生到企業研發總部及大陸工廠參訪和實習。

2008 年 10 月，逢甲大學在中科內的新校區建構國際級電聲實驗室，定名為「美律電聲實驗室」（Merry Electrocacousstic Lab），光是其中一間「聲波無反射」的專業無響室便耗資千萬元。①

五、特色之二：逢甲產氫技術

燃料電池是純電動汽車等吃電產品的未來希望，燃料電池的主要原理便是用氫產生電力。

逢甲大學從 1998 年起開始從事厭氧生物產氫相關研究，在本土產氫菌種篩選、產氫生物反應器設計及菌種結構分析等厭氧生物技術上，已獲傑出成果及國際肯定，為人類開發新能源找到出路，全球專家學者紛紛到逢甲大學觀摩交流，並指派專人至學校進行菌種顆粒化技術的研究。在經濟部能源局委辦下，逢甲「生物氫能研究團隊」於 2007 年 12 月建置全台第一座「生質能源示範系統」（pilot plant）稱為「產氫夢工場」。

2008 年 11 月 15 日，逢甲大學校慶重頭戲發表卓越研發「高速率生物產氫」系統成果，主要運用各種不同的厭氧生物菌種，跟蔗糖為主的基質液體進行反應，進而產生氫氣及二氧化碳。1 公斤蔗糖能產生 250 公升氫氣，相當於 0.4 度電能，產氫量是別人的四倍，40 瓦燈泡可使用 10 小時，800 瓦微波爐可使用半小時並烤熟一隻雞。所產生的氫氣轉化電能後，還可推動氫汽車、LED 燈等，應用範圍廣泛。下一階段鎖定木材、稻桿、玉米桿、蔗渣等非食物性的纖維素作為產氫料源，讓這項高速率產氫技術儘速商品化。②

六、逢甲大學技轉五度五關

逢甲大學技術授權中心不斷追求自我突破與進行區域整合，跟中山、靜宜、弘光、修平、東海、朝陽等中部地區大學簽訂研發成果推廣合作協議書，成為合作夥伴，並偕同夥伴學校進行研發成果管理與推廣活動。

2001 年起，國科會頒布「行政院國家科學委員會補助學術研發成果管理與推廣作業要點」，把原本的補助計畫變更為獎勵制度並逐年進行評比，同時制定最高給獎五次的退場機制，以便鼓勵其他大學持續推動技術移轉的相關業務。這一項獎勵制度由每年參選的大學中擇優獎勵五所學校，並給予 150～200 萬元獎勵金。

本中心於 2008 年，以合併前三年技術授權金額、件數以及專利申請、獲得件數與校外服務及區域整合的成果，第五度榮獲績優技轉中心的殊榮。以後，不再列入評比。③

七、逢甲大學育成中心轉型

逢甲大學於二十一世紀初整合校內創新育成中心（Business Incubation Center）與技術，授權中心（the Office of Technology Licensing），即「創新育成+技轉授權」（BINTEL）模式，逐步進行組織改造與功能調整，成為產學合作單一窗口。藉由一次到位的單一窗口設計，提供產業界最快最好的跨領域垂直整合服務。透過該校豐沛的學研技術、設備資源及相關服務網絡與地方產業相結合，提供技術支援、商務服務、管理訓練、資金挹注、技術授權等多項功能的整體服務給公司。④

八、逢甲大學中科校區研發育成與產學合作專區

逢甲大學中科校區 2008 年 10 月 27 日舉行啟用典禮，占地 2 公頃的中科校區科研大樓內各單位專責推動產學合作相關事務，成為提供中科業界產、官、學及研究交流的互動平台。

科研大樓是一棟融合科技、人文色彩的建築，內部除了設有複合材料高分子基材研究中心、生質高分子材料研究中心（跟寶成合作成立，全台首座）、積體電路電磁相容量測實驗室、美律電聲實驗室等特色實驗室，還有經營管理

學院進駐提供 EMBA 課程，可便利業界人才就近上課。新啟用的校區也有多家公司已進駐育成中心。

設於逢甲專區內的「台俄技術交易平台」，更是中科管理局引以為傲的國際技術合作交易典範。經由此一平台運作，於 2008 年 6 月 23～24 日在中科管理局舉辦第一屆「台俄技術論壇」，為大學育成中心的跨國合作，新添一樁佳績。

產學合作方面，逢甲大學以「FoCUs Inno－逢甲應諾」為目標，藉由靈活創新的合作方式，應諾及契合企業需求，並以極具特色、貼近產業的**「研發試量產線」（pilot plant）**服務模式銜接校內研發成果提供業者研發出新技術後，由實驗階段導入試量產階段，從中找出問題修正後，再跨入生產階段，降低研發成本，創造出與企業產學合作的新典範。

11.5 研發聯盟

台灣產業結構有三大特色：一為中小企業占全國企業總家數達九成八以上；二為產業以零組件製造見長，產業上中下游體系完整；三為產業發展領域多元，研發投入強度各不相同。

一、團結力量大

美國通用汽車總裁華格納認為，在二十一世紀，規模大的汽車製造公司不一定就能贏，講求環保、安全和智慧型運輸系統的新技術，就是決定勝負的關鍵。因此增加合作對象，在採購低公害引擎方面跟本田技研工業公司、富士重工合作，2000 年 5 月還把合作範圍擴大到資訊和通訊領域。通用汽車的作法對豐田的國際合作策略造成影響，豐田也改變「歐美各一個合作夥伴」的初衷，改採全方位外交。

二、三種研發策略聯盟

研發為主的策略聯盟由結盟的時間、家數，依序至少可分為下列三種情況，在表 11.11 中，我們依公司自己可以控制程度來分類，而且還有第 2 欄分類。

表 11.11　三種常見的研發聯盟優缺點比較

控制程度	舉例	優點	缺點
一、製販同盟	統一超商和 18℃ 鮮食供貨公司共同開發	有現成訂單，不用擔心今天	有排他性，即只能在同一產業（如超商）內，供應給單一公司（例如統一超商），有明日不再續約之憂
二、製造同盟	1.上中（或中下游）：台積電和摩托羅拉共同研發 0.13 微米銅製程	同上	同上
	2.競合：通用汽車和本田汽車、寶馬（BMW）共同開發環保引擎，即氫燃料電池車輛	各取技術所長，而且有一定的訂單	常常會因利益衝突而鬧翻臉
三、產學研大聯盟	由 20 家公司、大學、工研院等組成，例如電子所的。 1.「微電子系統關鍵技術計畫」 2.先進構裝技術聯盟	團結力量大，而且參商越多，產業規格統一，越有規模經濟效果	常會發生三個和尚沒水喝的現象

(一)技術聯盟

2010 年 1 月初，在經濟部工業局及能源局支持下，工研院宣布跟億光（2393）、璨圓（3061）及光林等近 20 家公司，組成「LED 路燈產業聯盟」。

該聯盟會長、工研院副院長曲新生表示，這是第一個以 LED 路燈產業為主的應用聯盟，匯集 LED 路燈中下游公司，建立台灣自主的 LED 路燈垂直產業鏈。

透過各種聯盟活動，與公司聯合推動 LED 路燈模組標準化及路燈技術創新，開發新型 LED 路燈，提高 LED 路燈的壽命、可靠度及品質。透過該共通性檢驗平台，提升 LED 路燈品質，迅速跟國際標準接軌，使台灣成為具國際競爭優勢的 LED 路燈產業基地。這是政府贊助的**技術聯盟（government-sponsored R & D consortia）**。⑤

(二)技術合作

在技術合作（technoligcal collaboration）時，以一對一公司來說，也常是有強有弱，強的一邊扮演老師、弱的一方扮演學生，這關係稱為學習配對（learning dyad）。教學相長效果，不只是學生受益，有人稱為「相互學習」（interactive learning）。

(三)產研或產學研發合作

詳見本章第二、三節。

三、美國成功經驗

在 1981 年，日本產品大舉攻占美國市場，日本當時一些策略聯盟是日本超越美國的重要關鍵。美國經歷了 1980 年代製造業全球競爭優勢的衰退後，再加上科技分工日益精密、研發成本益趨龐大，以及加速產業技術創新和擴散的壓力下，美國各界開始出現放鬆反托拉斯法中對策略聯盟管制的聲浪，法院和行政機關隨之改採比較寬鬆的見解和作法，希望能夠促進策略聯盟的發展。

最切合實際的政策邏輯是鼓勵企業間以跨產業的合作，以結盟成各式各樣的夥伴關係（partnerships）。製造業夥伴關係的形成，最主要的效益是互補性資源（包括技術和人才）的流通，進而提升美國整體產業的競爭優勢。美國政府推動「製造夥伴擴充」（MEPs）專案，把合作的對象擴大到大學以及公私立研究機構等。在「恢復製造競爭優勢」的效果上，各研究機構跟企業間的技術服務和資源整合運用，可以發揮一定程度的績效。

典型範例之一是 1987 年由政府和產業界合資成立的美國半導體製造技術聯盟（Semiconductor Manufacturing Technology, SEMATECH），以確保美國半導體製造技術及其支援產業在世界上的領先地位。

四、台灣要脫胎換骨

台灣經濟屬於「快速追隨」型，跟歐美日科學和技術關聯度高的「突破發明」型不同。如果要使台灣產業由以製造為主的快速追隨型態轉型至創新為主的突破發明型態，台灣產學研間的創新系統關係需要進一步強化，可以藉由聯盟型態的組織強化產學研間的研發效率，以支援產業轉型。

萬事起頭難，籌組研發聯盟可說是最困難的事，因為要讓同業坐下來一起討論共同研發技術；但是如果把槍口一致對外，那正是主要說帖。為了讓研發聯盟易於籌組，經濟部技術處首先替業者買單，只要研發聯盟參與公司提出可行性計畫，經濟部提供先期補助經費，以形成聯盟誘因，並且積極跟公司和研究機構洽商促成。經過先期研究階段，如果認為可行，再透過業界科專申請補助以進行技術開發，藉由聯盟參與者出具資金、人才、設備、技術和管理等資源，以分攤成本、風險，共享成果。

經濟部推動研發聯盟政策目的在促使產業進行異業或產業上中下游結盟，或同業間在競爭前（pre-competition）階段的結盟，以有助於產業規格的訂定、共用平台的建立或異業技術的導入，甚至可以促進新產業的誕生，對傳統產業的轉型有積極促成的效果。

對公司來說，參與研發聯盟可以獲得經濟部補助研發經費，研發出來的智財權歸公司所有，有助於釐清公司間的專業分工、計畫管理、費用分攤、資料保密、成果分享和成果使用等議題。研發聯盟在先期研究階段可以協助公司協商共識和處理原則，有助於未來研發時順利產出預期成果。

研發聯盟型態包括下列五種。

1.同一領域多家公司進行共通性技術產品研發，即水平聯盟；

2.同一領域多家公司進行上中下游技術整合，即垂直聯盟；

3.不同領域的多家公司進行跨領域技術產品整合的研發型態，即跨業聯盟；

4.多家公司進行研發服務業的整合型態；

5.結合技術研發和研發服務的多家公司進行技術研發及其產業服務的型態。

五、研發聯盟對企業的技術貢獻

業者科專的本質是研發聯盟，而研發又可分為產品、製程研發二大類，依此邏輯，我們把業界科專的聯盟依其功能再予以細分，並且舉例說明，詳見表11.12。

鑑於台灣產業結構以中小企業為主體，政府希望企業間組成聯盟，共同開發需要的技術，由聯盟成員共享開發成果，以提升產業核心能力。

表 11.12 研發聯盟對企業的技術貢獻

	產品			製程			
	技術改良	技術突破（次世代技術）	新規格	垂直整合	系統整合	量產技術	品質認證或測試
產業或產品	面板	白光 LED	DVD	織布	3G 手機		
聯盟	TTLA 研發聯盟	次世代照明光源研發聯盟	前瞻光儲存研發聯盟	新合織紡織研發策略聯盟	Mobil Internet Service 研發聯盟		智慧家電產業研發聯盟
時間	2002						

資料來源：整理自張峰源，「研發聯盟推動現況」，經濟情勢暨評論，2003 年 9 月，第 95～100 頁。

六、台灣研發聯盟的主要推動者：工研院

工研院有 6,000 位研發人員、每年經費 140 億元，是台灣最大規模的政府研發單位（基礎研究則屬中央研究院），其組織架構詳見圖 11.3，至於技術移轉例子詳見第十二章第一節十。

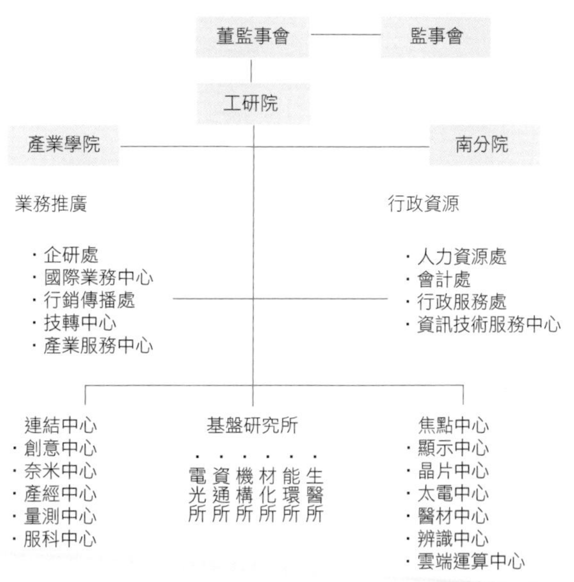

圖11.3 工研院組織

資料來源：工研院。

註　釋

①經濟日報，2009 年 5 月 19 日，C8 版，徐谷楨。

②經濟日報，2008 年 11 月 17 日，D2 版，宋健生。

③經濟日報，2009 年 1 月 14 日，E10 版，王妙琴。

④黃智彥，創業、育成雙月刊，2008 年 6 月，第 24～29 頁。

⑤經濟日報，2010 年 1 月 13 日，A1 版，金萊萊。

本章習題

1. 再找一些論文比較哪種公司偏愛合作研發？
2. 把表 11.1 更新，有什麼新發現？
3. 找一家進駐大學育成中心的公司，說明育成中心有何貢獻？
4. 找一個跟大學合作研發技術的個案，說明大學有何貢獻。（例如經濟日報，2009 年 9 月 2 日，C8 版，逢甲大學產學合作案。）
5. 「無名小站」的交大畢業生股東在什麼情況才釋出一些股票給交大？

12

外部技術來源
——技術移轉

沒有顧客的創新毫無價值，甚至不配稱為創新。

——*伊梅特*（Jeffrey Immelt）

美國通用電器（GE）集團董事長兼執行長，接任傑克・威爾許後，
推動擴及全公司的「想像力突破」（imagination breakthrough）方案

學習目標

台灣科技公司的技術來源以外部為主，因此了解技術移轉、研發合資和公司併購等三種外部技術來源，在科技管理中就變得非常重要。

直接效益

如何進行技術移轉、合資甚至公司併購，在本章中皆有執行細節的說明，所以本章很適合作為實務的教戰手冊。

本章重點（*是碩士班程度）

1.買方、代工公司對彼此的貢獻。表 12.1

2.零售公司跟製造公司分享銷售資訊的優缺點。表 12.2

3.中衛體系的關係和結構。表 12.3

4.中衛體系中的知識流向。圖 12.1

5.供貨公司分級制度。圖 12.2

6.買方對外包公司應建立的策略控制系統——知識管理的角度。表 12.4

7.技術移轉的分類。表 12.5

8.技術移轉雙方的中英文用詞。表 12.6

9.影響技術移轉績效的因素。表 12.7

＊10.技術吸收的內容。表 12.9

＊11.影響公司技術吸收能力因素。圖 12.3

12.知識水準結構——以技術移轉為例。表 12.10

13.技術取得管理。表 12.11

14.三種合資的合作開發。圖 12.5

＊15.技術策略聯盟的管理機制。表 12.13

前言　挾外援以自重

在商品輸出方面，台灣出口大於進口，貿易順差對經濟成長貢獻卓著。可是在技術貿易上，方向正好相反，技術進口遠大於技術出口；狗咬人不是新聞，人咬狗才是新聞，技術進口稀鬆平常，反倒是技術授權給外國公司，不管金額大小，都成了新聞。

因為外部技術來源非常重要，所以技術長在技術移轉、合資研發和公司併購等三種外部技術取得方式，扮演舉足輕重的角色。

在第一節中，我們先說明全球電子代工島的台灣常常透過代工來取得國外大公司的技術，國外大公司常是研發端（像 IBM）或行銷端（像戴爾），因此，整個中衛體系的知識管理就非常重要。

第二節詳細介紹技術授權的範圍和影響績效因素，化繁為簡地讓你可以快速抓住重點。

第三節我們詳細說明技術授權契約，不僅法務人員（包括律師）該懂，甚至極端一點的說，合約實質內容是技術人員協商出來的，法務人員只是針對適法性提出意見，再把協商內容形諸文字罷了！

第四節我們詳細說明透過成立研發合資公司的三大功效，並且舉三個例子讓你了解，大公司仍會透過合資以收借力使力的技術槓桿效果。

為了節省篇幅，透過公司併購方式以取得技術，本書只舉例討論，有興趣者可參考伍忠賢著《公司併購》（新陸書局，2009 年 3 月）。

12.1 中衛體系的技術交流

把核心能力以外的活動外包是 1990 年代企業再造的主要結果，美國戴爾公司 98% 的製造外包、福特汽車高達七成。對科技管理來說，**策略性外包（strategic outsourcing）**不僅是利用外包公司的蠻力（或勞力），而且更重要的是利用其智力，此時可稱為技術本位的外包（technology-based outsourcing）。也就是外部知識槓桿（leveraging intellect），藉以提升自己可動用的技術能力。

一、戴爾公司的作法

在全球擁有 5.5 萬位員工、顧客散布在 170 個國家的戴爾公司，2008 年度營收 611 億美元。

戴爾在全球有五個生產據點，美國二個、歐洲一個、亞洲二個（馬來西亞、大陸）；以亞洲來說，常以協同研發的方式，把 98% 的產品外包給台灣的廣達、仁寶等公司來製造，剩下 2% 為了保持高水平的品質，則由自己來做，詳見張保隆、伍忠賢著《生產管理個案分析》（五南圖書），第一章美國戴爾公司的外包進程。透過本身嚴格的品管管理，降低售後維修次數，不過，全公司還是維持六天左右的庫存。

一般客戶在下午四點以前下的訂單，可以在當天交貨；而四點以後下的訂單，則在第二天送貨。交貨如此快速，而且可以完全依照客戶的需求來組裝一台個性化的電腦。

二、上焉者，用其智；下焉者，用其力

外包主要是用其力，但是只要管理妥當，雙方逐漸建立信賴、培養經驗，便升級到「研發外包」。外包公司從製造代工晉級為設計代工公司，外包公司的功力也不可同日而語，稱為「技術升級」（technology refreshment）。由

表 12.1 可見，買方對外包公司的運用角度，由原物料一欄可看出是逐步進階的，為了讓外包公司能發揮其智力，買方只需下訂單（說要什麼）就夠了，不要扼殺其創意的告訴他該怎麼做。

表 12.1 買方、代工公司對彼此的貢獻

價值鏈	零組、配件生產（組裝）行銷業務		
一、中文用詞 供應商、外包商、供貨公司 二、英文用詞 1.supplier 2.vendor 3.provider 4.seller 5.contractor	外包公司的存在價值 1.前端投資（front-end investment） 2.低成本（規模經濟） 3.彈性（範疇經濟） 4.高品質 5.知識深度，表現在創新等技術更新	買方的額外貢獻（除了貨款、技術以外） 1.市場資訊 2.新需求 3.市場洞察	一、中文用詞 委託廠商 二、英詞用詞 1.buyer、buying company 2.customer firm 3.clients 4.downstream partner

資料來源：整理自 Quinn, James Brian, "Strategic Outsourcing: Leveraging Knowledge Capability," SMR, Summer, 1999, pp. 18～19.

(一)顧客面的資訊分享

零售公司的顧客面資訊分享（information sharing）或許可以視為供應鏈中知識分享的試金石，如果連資訊也不願分享，那更不用說價值更高的知識了。

當然，美國史丹福大學商研所 Lee 等三位教授（2000）也得到一個常識性的研究結論，高科技產品需求起伏甚大，所以供貨公司及時分享零售公司的銷售資訊的獲益最大，詳見表 12.2。

為了落實公司間合作，強化通訊等以進行知識分享是必須的，這在資訊管理領域中稱為「公司間（資訊）系統」（inter-organizational systems, IOS）。不過，愛爾蘭的大學學院 Finnegan 等三位教授（1999）的調查結果指出，企業對此還停留在資訊系統上，比較著重在企業間合作，例如，最常用的通訊方式便是電子郵件。

表 12.2　零售公司跟製造公司分享銷售資訊的優缺點

資訊公開程度	資訊分享	資訊保密
優點	透過「供貨公司管理存貨」（vendor-managed inventory, VMI）或持續補貨計畫（continuous replenishment programs, CRP），可降低產銷失調、存貨積壓，快速進行「有效率消費者反應」（efficient consumer response, ECR），也就是順向供應鏈管理	安全
缺點	資訊外洩	產銷秩序大亂（demand distortion），尤其是當供應鏈很長時，牽一髮動全身的長鞭效果（bullwhip effect）最嚴重
例子	如美國沃爾瑪百貨（Wal-Mart）的 Retail Link Program 把零售點銷售彙總數連線傳給供貨公司（例如嬌生公司）	

資料來源：整理自 Lee, Hau L. etc., "The Value of Information Sharing in a Two-Lerel Supply Chain," management Science, 2000, pp. 626-627.

(二)協同管理

供應鏈管理的重點在於**協同商務（collaboration）**，達到供應鏈上資訊透明度的目標，企業必須擁有供應鏈上下游正確及快速地交換資訊的能力；這包含二個部分：作業流程的整合（process automation）和資訊的交換能力（data exchangeability）。公司必須把內部作業流程延伸至外，並且跟其上下游公司流程串連，以建立資訊快速獲取的通道；此外，公司還必須能提供其上下游即時的雙向資訊交換機制，並且以標準化的方式進行。

(三)資訊交換的範例

中衛體系資訊共享的代表範例可說是「電腦輔助訂貨和後勤支援」（computer-aided acquisition and logistic support, CALS），也就是在資訊硬體等基礎建設上，透過共通的資料庫，即時的進行採購、研發、設計、製造、物流和售後服務，以達到加速產品上市速度、降低成本和提升品質等目標。

經濟部技術處推動「示範性資訊應用開發計畫」，列為電子商務、e 化的

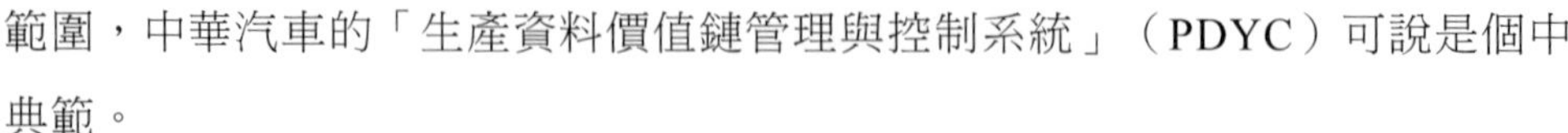

範圍，中華汽車的「生產資料價值鏈管理與控制系統」（PDYC）可說是個中典範。

(四)知識網路

知識網路（knowledge network）主要是指公司和上中下游公司的知識往來關係，不過，這用詞（大陸把網路稱為網絡）文縐縐的，大都只有學術論文在用；比這更大的稱為產業人際關係網路，俗稱人脈。

(五)電子企業社群

企業知識網路的電子化便是電子企業社群（e-business community, EBC），也就是各合作夥伴以網際網路作為供貨公司、配銷商、貿易公司和顧客合作的平台。

問題不在於電子企業社群時代是否已經來臨，而在於如何利用這種新型態。公司必須學習，才能跟夥伴一起進步，並且發展適合的環境給所有的參與者。

美國克萊斯勒公司是這方面的先驅，致力於把供貨公司帶入設計、生產和後勤的程序中，但是零件設計仍然細分，直到 1999 年，汽車內裝供貨公司才自己執行市場研究，並且能創造自己的整合設計，而不只是照克萊斯勒的計畫做。

三、三種中衛體系類型

美國稱為供應鏈管理，台灣以前稱為中衛體系，本質上是製造同盟（或聯盟），背後技術能力提升的精神則是「**學習型聯盟**」（**learning alliance**）。依據體系內公司間的學習方式，至少可以分為表 12.3 的三種形式。

表 12.3 中衛體系的關係和結構

名稱	頂級供貨公司夥伴關係（superior supplier partnerships）	供貨公司協會（supplier association Kyorvoku kai）	供貨（公司）聯誼會（consortium）
代表公司制度內容	IBM、戴爾 開放式的委託買方、代工廠公司關係，大都以買方為中心，其餘供貨公司間不往來	日本豐田汽車 分級（tiered）供貨公司夥伴關係，最優供貨公司（most favored factory）轄數個一級廠，一個一級廠轄數個二級廠	加拿大 Allen Bradley 由供貨公司自行組成，排除買方介入，聘請 Dave Hogg 擔任促進者（facilitator）
1.入會條件	代工績效越好，責任（例如代工金額）越大	代工績效和技術能力	願意去學和教別人
2.利益分享	惟馬首（買方）是瞻，買方吃肉，供貨公司喝湯	惟馬首是瞻，但是利益分配公平	集體進步和利益
3.共通性（commonality）	產品	產品	啟發性學習
4.綜效重點	配對合作而產出	配對和網路間合作	集體學習和智慧
5.依賴	共同命運	共同命運	共同遠景和共同領導
6.產出	績效導向（成王敗寇）	績效導向	改善績效的公司學習
7.信賴和控制	明示控制、能力信賴	明示控制、習慣性信賴	inapplicable 控制、名聲（goodwill）、信賴

資料來源：Stuart, Ianetc., "Case Study: A Leveraged Learning Network," SMR, Summer 1998, p.90, Table 1，第 2 列為本書所加。

四、古老的製造同盟——知識分享方向

知識流通方向常是有來有往，但是往往是一面倒的，中衛體系中的知識流向可分為順向知識流通（down-stream knowledge flow）、逆向知識流通（up-stream knowledge flow）和雙向，詳見圖 12.1，可以稱為「垂直合作」（vertical collaborations）。

此外，這二者間的知識交流大都是「一對一的」（paired relationship），買方藉此策略阻絕（strategic block），以確保本身地位（安全）、維持對外包公司的控制。

傳統的供應鏈管理比較像金庸《笑傲江湖》中的五嶽劍派，雖是口口聲聲喊口號的說「五嶽劍派，同氣連枝」，但是大都以力服人，私下往往各行其是。

(一)順向知識流通

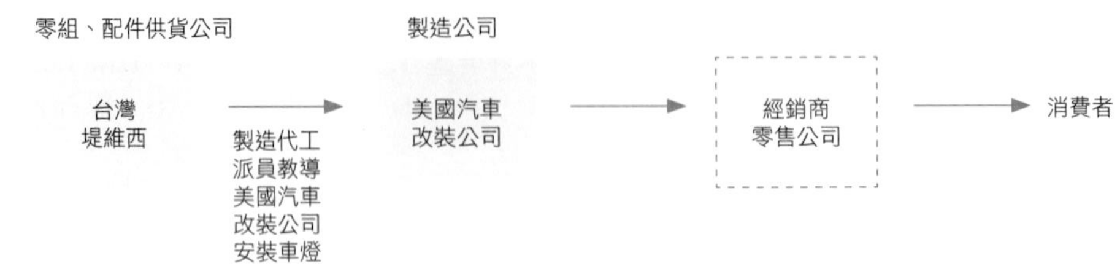

(二)逆向知識流通

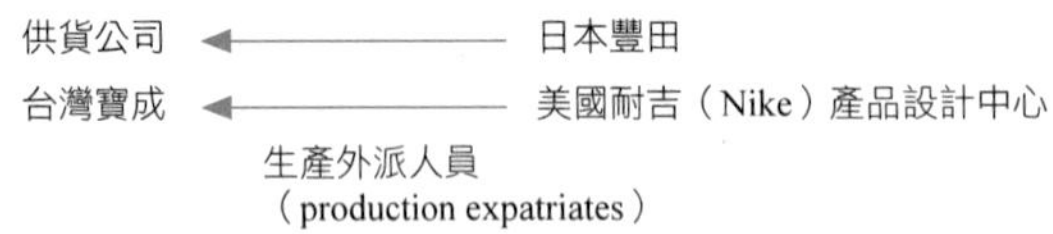

圖 12.1　中衛體系中的知識流向

五、豐田的供貨公司協會制度

日本豐田汽車的製造管理已經成為全球大量、規格化、高品質的最佳實務典範，其內容已經成為業界常識。豐田怎樣輔導供貨公司進行知識交流也史不絕書，許多汽車、電子、航太業也都引為標竿學習。

(一)供貨公司分級制度

豐田以產品別採取雁行理論，套句俗語說即是「上司管下司，鋤頭管畚箕」，每一個國家選一家「最優供貨公司」（most favored supplier）或稱一級供貨公司（first-tier supplier），詳見圖 12.2。由師兄帶領師弟們進行品管等，即擔任該系統的整合者，重點是各產品別的供貨公司聯誼會各自練功。

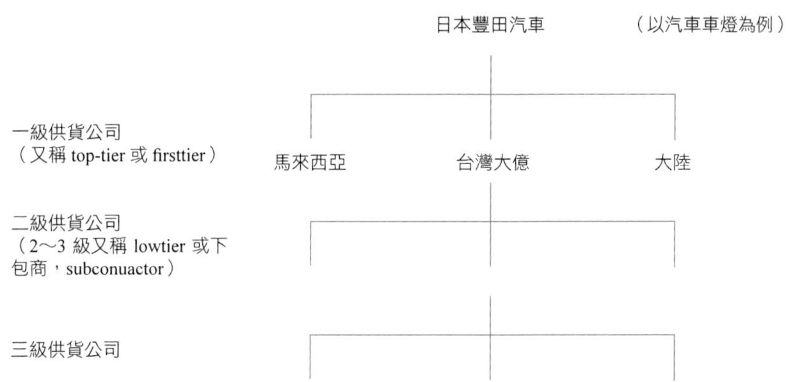

圖 12.2　供貨公司分級制度

一般常見把豐田制度神化，但是其制度缺點如下。

1.Kamath 和 Liker（1994）認為此制度不適合產品生命週期短、高度客製化、小量生產的高科技產業；

2.就維繫中衛體系的動力來說，比較像金庸筆下《笑傲江湖》中，日月神教教主東方不敗、任我行採取三屍丸來控制各堂主，而各堂口可視為各產品別的產品協會。

(二)供貨公司協會的運作

日本豐田汽車組成供貨公司協會，只願意跟其他供貨公司分享最佳實務（best practice）的公司才准加入，加入後必須把工廠開放給其他公司參觀。

透過每月聯誼分享各公司的新作法，豐田 60 位現場工程師一年去各供貨公司約 2.7 次（每次約 3～5 天），協助他們解決問題、發展最佳實務，再加以輪調，使最佳實務快速散播。豐田把供貨公司組成共同學習小組，迅速在供貨公司中輪流見習，以刺激發展新知識。豐田投資各一級供貨公司，在其董事會占有一席，再把法人代表董事輪調，交流經營新知。豐田利用各種機制，讓供貨公司和豐田共同創造新知，擴展成網路組織式學習。

豐田的供貨公司體系並不是人人學得來，主要是豐田很強（尤其業績），所以對供貨公司才能強勢，不准各供貨公司供貨給其他汽車公司；此外，豐田分的也比較多。對夥伴們的學習來說，則是同一類產品（例如車燈）的供貨公

司各自成立一個協會，創意數目比較少，而且豐田主導性很強。

六、槓桿學習網路

加拿大的電子物流設備公司布萊德雷（Alien Bradley）則比較像《笑傲江湖》中的令狐沖、任盈盈，因為不夠強，所以對供貨公司也強勢不起來。輔導供貨公司們組成**供貨公司聯盟（supply consortium）**，商會、工業會都是此聯誼會的形式之一，布萊德雷公司不介入，聯誼會不是專為該公司而設立；目的是追求「天下第一勇」（世界級最佳實務），聘請 Dave Hogg 擔任會長，也是靈魂人物。由於討論會（或論壇，Forum）不分產品別，有興趣的公司都可以加入，重點是由於術業有專攻，因此不像豐田制是豐田拉著供貨公司進步，反而是供貨公司推著布萊德雷公司進步。加拿大維多利亞大學 Stuart 等四位教授（1998）的文章即大大稱讚此具有槓桿效果的學習網路（leveraged learning network）效果。

七、英特爾

2008 年，英特爾亞太科技論壇，8 月在台北舉行，之後移師上海。接著轉往以色列、南韓、巴西等地。由於兩岸產業結構不同，英特爾有不同訴求，在舉辦的科技論壇則偏重大陸內需市場。英特爾位於台北的亞太科技論壇以亞太區所有國家的科技公司主管、工程師等為參加對象。2009 年的努力方向是進軍手機晶片市場，下半年以 Atom 為核心推出 Moorestown 平台，爭取智慧型手機市場龐大商機。此外，也推出代號為 Larrabee 繪圖晶片核心。

8 月 27 日，英偉達（NVINDA）執行長黃仁勳表示，過去手機強調通話功能，電腦功能放在第二，但未來電腦功能將會成為重點，所以對英偉達等繪圖晶片廠來說，智慧型手機會是第二次個人計算革命（second personal computing revolution），英偉達推出 Tegra 手機晶片因應。[1]

八、外包時對知識的策略控制

美國達特茅斯（Dartmouth）大學管理學教授 J. B. Quinn（1999）是外包方面的權威學者，他認為外包不是採購、廠務方面的戰術層級，而是董事長應該親自處理的策略事務，整套策略控制的作法詳見表 12.4。知識管理方面的重點在於外包公司有沒有持續學習，以保持技術領先。

表 12.4　買方對外包公司應建立的策略控制系統——知識管理的角度

階段說明	投入選定外包公司	生產代工公司研製時	產出完工交貨時
方法（知識）	策略監督系統（strategic monitorring systems）	回饋系統以進行知識分享、知識共識，以進行雙向（對客戶、對外包公司）創新	策略追蹤系統（strategic tracking systems）
說明	1.供應公司們的設計、製造水準，建立供貨公司「知識庫」（knowledge base），買方因此變得更聰明了，尤其是當自製而對外毫無所悉時 2.監視各供應公司人員和設備投資、替誰代工、在代工的地位……		監督外包公司績效

資料來源：整理自 Quinn (1999), pp.19~21。

九、僅止於代工，不能自行出貨

為了爭取大陸市場商機，全球 DRAM 公司均加強在大陸的布局，英飛凌以技轉中芯 0.11 微米製程技術，在大陸當地擁有 DRAM 產能。

2003 年 11 月 27 日，英飛凌全球銷售暨市場執行長副總裁鮑爾德（Peter Bauer）表示，英飛凌跟中芯的合作方式很簡單，就是以技術移轉方式取得 DRAM 產能，中芯不能利用英飛凌技術自行生產、銷售 DRAM，所以英飛凌沒有投資中芯、北京中芯環球的打算。

十、工研院技術移轉給晶元光電

高亮度 LED 是全球 LED 市場的主要成長動力，2005 年產值已達 40 億美元。台灣在 LED 產業雖然產出量為全球第一，產值卻低於日本，為全球第二，其原因與主要基礎專利被日本掌控有重要關聯。

2006 年 8 月 31 日，工研院移轉二項專利給晶元光電。

1.交流（電）發光二極體

可以把 LED 直接插到交流電的交流發光二極體（AC LED）技術，可立即應用於指示燈、霓虹燈等，可節省 30～40% 電力，全世界只有美、韓與台灣有此技術。

2.ITO 電極技術

晶元光電是最早把 ITO 技術運用在紅光 LED 的公司，資深副總陳澤澎表示，取得這項專利會讓晶電的 ITO 布局更完整，一旦專利建構完整，其他對手進入空間就變窄，晶電發表的專利已有 200 多篇。

工研院光電所經理黃勝邦表示，ITO 電極技術的專利突破在高亮度 LED 中電流無法水平分散的困難，可以提高 LED 光源亮度 20～50%，讓台灣業者具有全球大型公司相抗衡的能力。日本日亞化和歐司朗對此項專利相當感興趣。晶電工研院簽署 ITO 的專利授權，大幅提高晶元光電的競爭優勢，晶電將以此專利作為全球大型公司交叉授權的籌碼。②

12.2 技術移轉

從國外公司移入技術是台灣電子業茁壯的主要動力之一，其他還包括製造代工、設計代工等取得技術。

一、授權專利權人的好處

授權（license）是技術移轉的方式之一，也是公司間縱向分工的一種機制。因為專利權人雖然享有一定的排他權利，但是專利權人（或授權）並不一定具備製造或行銷能力，透過授權給其他在製造或行銷上具有優勢的公司，使被授權的人可以避免自行研發的風險，享有早日進入市場的利益，而專利權人也能在市場上推廣其技術，更可有權利金的收入。

二、生技研發公司跟製藥公司的互補

生技研發公司的主要經營項目在於進行基礎研究和發明，新藥開發過程中，每一階段的成果都有其價值，都可視同階段性產品，**移轉對外授權（out licensing）**給策略聯盟的合作夥伴。生技研發公司其初期的主要營收來自於對製藥公司的授權交易，製藥公司提供生技研發公司所亟需的資金，也提供具有藥效的先導性化合物（lead compound）的篩選、有效先導性成分修飾（lead refinement）、臨床試驗、法令專長。生技研發公司提供製藥公司階段性產品**移轉引入授權（in-licensing）**，填滿其研發中產品線（pipelines）所需技術，也可能是彼此交互授權，各取所需。

三、技術移轉的分類

到道館學跆拳道就是簡單的個人之間技術移轉的常見情況，也就是繳學費學技術。同樣地，企業間技術移轉的相關定義如下。

(一)技術移轉的分類

技術移轉可從很多角度來了解，表 12.5 是常見的幾種分類方式。

表 12.5　技術移轉的分類

方向	技術層次
1.技術引進	1.管理、策略
2.技術移出	2.產品
	(1)多樣化技術
	(2)高級化技術
	(3)專門化技術
	3.製程
	(1)提高精密度
	(2)節省能源
	(3)節省生產費用
	(4)軟體
	(5)生產管理

(二)技術移轉的相關用詞

雖然技術移轉是個歷史悠久的觀念，但是英文用詞經常隨作者的強調重點、習慣，而有「七嘴八舌」的現象，詳見表 12.6。

表 12.6　技術移轉雙方的中英文用詞

台灣		外國
一、中文 技術接受公司 技術移入單位 受讓人、被授權人	雙方稱為簽約兩造（contracting partie）	一、中文 專利權人 技術移出單位 讓與人、授權人
二、英文 transfer sending unit source unit teacher firm		二、英文 transferrer unit target unit student firm

(三)交互授權

交互授權本質是種物物交換、資產交換，所以有些人使用**技術交換**（**technology swap**）來形容，雙方公司交換的標的物是技術。

四、影響技術移轉績效的因素

影響技術移轉績效的大分類因素早已成為常識，詳見表 12.7，可以粗分為操之在我（例如技術移入公司的吸收能力）、操之在人（例如技術移出公司的意圖）和彼此互動的三大類因素。剩下的是如何「小題大作」，也就是拿放大鏡甚至顯微鏡把單一因素再細分。

表 12.7　影響技術移轉績效的因素

管理程序／對象	投入	轉換	產出
移出公司	1.契約內規定 2.合作夥伴的透明度 3.非志願性技術移轉的策略企圖		
		1.雙方互動關係 2.傳遞管道（tansmission channels）	
移入公司	1.吸收能力（absorptive capability），這又受自身技術能力（indigenous technology capability）影響 2.管理：技術取得管理（technology acquisition management），在合資時稱聯盟管理技巧	留才能力（rententive capability）	技術能力強化

在此處，先針對四項因素說明。

(一) 知識基礎互補 vs. 相似

夫妻間個性互補或相似才比較適配，這一直是男女之間交往的重點。在技術合作時，這往往是熱門的研究主題，結論都大同小異。美國印第安那大學商研所 Lane 和 Lubatkin（1998）二位教授的研究結果很具有代表性。

1.先有底

理工系畢業生來唸企管碩士班時，由於管理方面基礎不好，因此比較累；同樣地，進行技術合作時，移入公司員工的基本知識就是吸收能力。

2.專業知識宜互補

合作公司間專業知識（specialized knowlege）差異較大、較好，因為可以互相激發火花。

(二)透明、開放

透明（transparancy）或開放（openness），在美國密西根大學企管所 Kale 等三位教授於 2000 年的實證指出。

1.在技術移轉時

在技術移轉時，「不透明」是指技術移出公司單向懷疑技術移入公司會包藏禍心，因此故弄玄虛。

2.在技術合作時

在技術合作時，透明是指彼此「坦誠相見」，不會彼此懷疑對方偷雞摸狗。

影響夥伴間互信前提倒有點「一朝被蛇咬，十年怕草繩」的惡性循環，反之也會有良性循環。

(三)非志願性技術移轉

在技術移轉活動中，契約以外知識傳播的活動和機會稱為「非志願性技術移轉」（involuntary technology transfer 或 expropriationn），本質上是技術外溢（technology spillover）。

1.外包時

在製造聯盟中，委託公司對於代工公司在製造過程中的協助，即為一種非

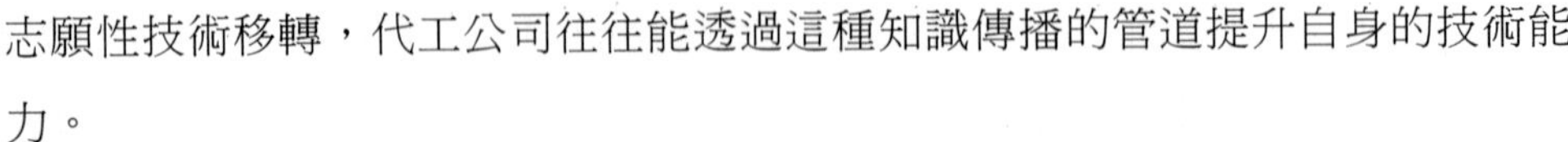

志願性技術移轉，代工公司往往能透過這種知識傳播的管道提升自身的技術能力。

2.在技術移轉時

技術移出公司有意（半買半送）、無心的多露一、二手給移入公司，後者免費多學二、三招。

(四)雙方互動

合作雙方的關係特性包括下列二種。

1.公司間互動

訓練、技術和管理協助的提供，對於在合資中從夥伴身上得到知識的程度呈正向的關係。合作夥伴間的溝通會影響他們之間的互動品質和內容，並且進一步影響合作績效；企業跟研究機構間溝通越多，則技術移轉績效越佳。

2.公司間差異

夥伴間技術的互補程度對策略聯盟是否成功非常重要，公司間特定屬性的差異會阻礙公司間一起工作的效率和能力。

五、舉一反三

技術移轉、中衛體系和研發合資幾乎可用同卵三胞胎來形容，雖然各類研究看似洋洋灑灑，但是以簡御繁的關鍵在於其交集皆是技術移轉，只是依產業（例如生技）、國家（或區域）策略有所不同罷了，詳見表 12.8。

表 12.8 影響中衛體系、研發合資績效的因素

公司間關係	中文字類比	影響績效因素
中衛體系	巳	互信以外，還加入協助機制
研發合資公司	已	額外強調互信，即「關係資產」
技術移轉	己	詳見表 12.7

六、吸收能力

就近取譬，「沒有那樣的胃就不要吃那樣的瀉藥」，這是指人胃的吸收能

力；個人學問的吸收能力常是指「看得懂八九成」。不過，公司的技術吸收能力（organnization's absorptive capacity）倒沒有這樣膚淺，有關這方面大都以 Cohen 和 Levinthal（1990）的研究為主。

(一)吸收能力的內容

美國印第安那大學商研所教授 Lane 和 Lubatkin（1998）對公司技術吸引能力的定義最寬鬆，一言以蔽之，就是技術轉換能力，詳見表 12.9。重點是吸收能力是否用得出來才算，不只是像參加背書比賽那樣，他們稱為「被動學習」（passive learning），反正就是把「看得快，懂得多，記得牢」看得很淺，差的只是沒有慧根（指技術取得）。滿腹經綸（公司員工經歷、訓練時數）但是經營績效卻乏善可陳（指技術運用），這種「少根筋」照樣算吸收能力不及格。所以，廣義的吸收能力、技術取得管理都有著「送佛送上天」、「好人做到底」的涵義，不只是「師父領進門，修行在個人」而已！

表 12.9　技術吸收的內容

知識轉換	投入	處理	產出
一、能力種類	選擇性注意、記憶的能力，稱為技術基礎（know-what）	把技術化成能力的處理程序（know-how）。二個衡量公司知識系統的代理變數如下。	把技術商品化的能力（know-why）
二、內容	即科學知識（scientific knowledge）	1.鼓勵發表、申請專利的薪資制度； 2.公司（尤其研發部）比較不集權（research decentralization，或稱 lower management formlization）。	Prahalad 和 Battis（1986）稱為「支配邏輯」，包括下列二種情況。 1.在已知合作案規模、風險水準、規模時，對專案的偏好； 2.依產品生命週期、市場地位、關鍵成功因素，而決定策略的內容。

資料來源：整理自 Lane, Peter J. etc., "Relative Absorptive Capacity and Interorganization Learning," SMJ, 1998, pp. 465-466。

(二)影響吸收能力的因素

Cohen 和 Levinthal（1990）研究指出影響吸收能力的因素（詳見圖12.3），令眾人跌破眼鏡的是，像 Peninngs 和 Harianto（1992）的研究指出，經驗（技術存量豐）比技術資產投資還重要；套用阿基米得的名言：「數學之途，無君王之途。」君王沒有數學的底，而且又不用功，花大錢請家教的效果也是有限。美國麻州理工大學、哈佛大學商學院這些名校或許校舍老舊，但是強的是一脈相承的老經驗。

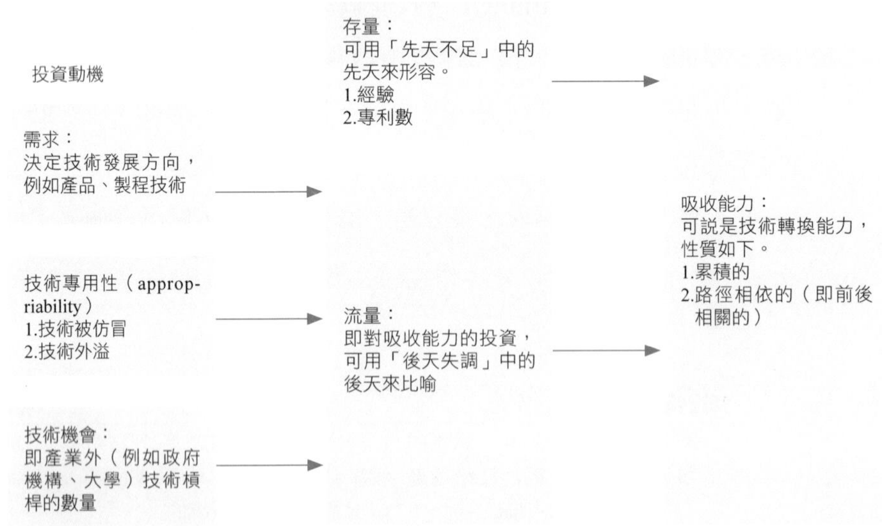

圖 12.3　影響公司技術吸收能力因素

資料來源：同表 12.9，p.463。

(三)狹義：學習能力

狹義的吸收能力是指俗稱的學習能力（capacity to learn）。

(四)個人知識基礎

個人能不能學得來（technology acceptantce）、用得出來（adaption），都得看個人知識基礎（individual knowledge base）有沒有底，否則不具必要知識（requiste knowledge），學起來就比較吃力了。

七、技術移轉過程的公司學習

技術移轉時的公司學習跟一般情況並沒有差別，反倒重點擺在雙方能不能打破戒心、多敞開心胸一些，這偏向「心理—社會」（學）領域。

(一)OECD 的定義

OECD 對技術移轉時的知識水準結構（knowledge level structure），區分為四個階段，詳見表 12.10，要能做到「青出於藍而勝於藍」，那是上上之策。

表 12.10　知識水準結構——以技術移轉為例

技術引進階段	技術初引進時	外聘技師離開	熟練時	勝於藍時
知識水準結構	知識運用（operation knowledge），即「青出於藍」階段	知識維護（maintenance of knowledge）	知識修正（modification knowledge）	知識設計（design knowledge）

但是，大部分只做到「因時因地制宜」的知識修正，那已經是物超所值了，也就是學到創造知識的方法，以後才有源源不斷創造知識的能力，才不至於三不五時還得去買魚。

(二)拚老命學 vs. 聰明學

技術移入往往都屬於科學知識，是為了解決產品、製程工作的特定問題，跟買魚比較像；只能裝出門面一陣子，屬於 know what transfer。但是，如果額外再把它當成許多部門的知識取得，像唐三藏取經般的「一次學最多」，那就超級划算了，可說是如專門知識移轉（know-how transfer）。

八、吸收意願

在整個技術移轉過程中，技術的創造一直到技術商品化過程，人力資源管理扮演關鍵性角色，過去有關成功技術移轉的研究都強調經濟面、行銷面、人力資源面、組織過程和技術面五大影響技術移轉績效的重要因素，但是人力資源似乎是比較被忽略的一環。

Jain 和 Martyniuk（2001）主張技術創新擴散本質在於「人」的投入，因此在技術移轉過程忽略了人性因素，則技術移轉成功機率幾乎是微乎其微。從人力資源所扮演的關鍵角色探討人力資源對於技術商品化影響，包括：知識的創造、運作過程、使用者角色，以及技術擴散的領先使用者。無論是何種性質的技術創新、移轉案，一位別具洞見的領導者和能夠敞開胸懷進行經驗、資訊分享的研發人員，都是技術移轉成功的關鍵因素。

九、技術取得管理

知識取得往往是狹義地指「取得知識來源」，以技術類知識來說，便是「取得技術來源」（technology sourcing）。技術取得管理（technology acquisition management），顧名思義是指技術取得實務，但是用詞混亂，狹義技術取得管理指的是表 12.11 中的五個主題。根據英國 Strathclyde 大學 Durrani 等三位教授（1999）的說法，這詞還有另外二個更廣的用法。

- 技術管理系統。
- 技術管理方法論。

表 12.11　技術取得管理

學者	研究主題	有關技術取得
Betz（1996）	技術預測	Betz 採取一系列程序以預測技術改變，並且規劃新技術的導入。
Betz（1998）	技術規劃	Betz 採用型態分析（morphological analysis），有系統地探索各種技術方案。
Wolff（1992）	技術掃瞄	提出公司辨認各種可用於自己營運的新技術的方法。
James ect.（1998）	企業併購以取得技術的方法和實務	1.在併購決策時，整合技術取得事項的各個困難點； 2.併購後，落實技術資產價值的工作。
Bidualt 和 Cummings（1994）	透過策略聯盟來創新	1.挑合作夥伴； 2.在研發或合資公司時，設計適當的技術取得和經營結構。

資料來源：Durrani, Tariqs. etc., "IN Integrated Approach to Technology Acquistion Management," IJTM, 1999, p. 601, Table 3.

12.3 技術授權契約——兼論公平交易法的運用

專利權人就法律賦予的排他權利，允許他人實施專利的發明，這種契約就是授權契約（license contract）。

授權契約和房屋租賃契約很像，基本內容有下列數項。

1.授權契約標的物，常以專有名詞定義之；

2.授權期間；

3.授權產銷地區；

4.授權用途。

至於其他一般國際合約的共同條款（例如：合約修改、通知、準據法、仲裁終止等），限於篇幅，本文不擬贅述。

一、授權對象

對被授權公司最關心的莫過於是否「定於一尊」，即「你是唯一」，就不會有人來搶生意。所以，授權的第一個重要條款就是授權對象人數，可分為下列二種情況。

(一)獨家授權

在專屬授權的情形下，獲得該項技術的公司可以在特定時空下擁有該項技術專有使用權，也就是獨享該項技術所帶來的利益，經營風險比較小，容易取得比較大的競爭優勢。技術的外顯性是另一項重要的特性，越具有外顯性的技術，移轉技術的成本就越低。外顯是指技術資訊可以比較容易地簡化成操作手冊或是藍圖等，易於表達技術內容，不需要經由長期的人際接觸和經驗累積，比較容易理解技術的內涵，並且發揮技術的效能。

1.當二房東時

當授權人有「再授權」（sub-license）的情況，其再授權的被授權人本來應該向原授權人支付權利金。由圖 12.4 可見，在授權契約，C 公司使用 B 公司所擁有的專利，還向 A 公司繳 20 萬元的權利金，那麼原本約定給 B 公司的 100 萬元是否可以減為 80 萬元，這要先講清楚。

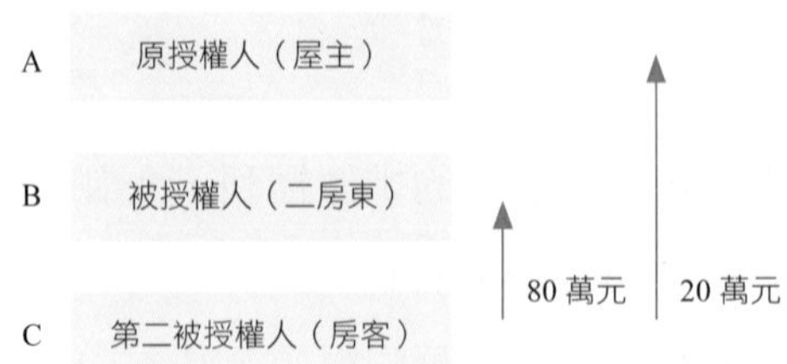

圖 12.4 再授權情況

2.當有技術改良時

技術授權合約經常規定雙方有改良技術時應該互相授權給對方，以求長期維持技術不斷更新的完整性。一般來說，這種改良技術的授權不附帶權利金。如果從原授權技術衍生出不同的新技術時，則該技術授權有可能須另議權利金。

在技術授權期間內，由於商業或技術原因而需要增加授權的技術範圍或額外智慧財產權時，增定適當權利金。在這情形下，被授權人最好審慎提防授權人藉此夾帶延長原先授權技術和收取權利金的期限。

(二)非獨家授權

當授權人把技術授權給好幾位被授權人時，被授權人要求「最惠國條款」（most favored nation clause），希望能享受授權人給予其他被授權人最優惠的相同待遇。從授權人角度，應當盡量避免給予授權「最惠國條款」，因為每個被授權人所涵蓋的市場和所代表的競爭優勢以及對授權人的重要性情況不一，沒有給予「最惠國條款」的絕對道理。

二、權利金計算方式

權利金的計算方式常以營收為基礎，例如下列二種計算方式。

1.銷售額或銷售淨額（詳見下述定義）；

2.銷售量，例如每片 DVD-R 0.015 美元。

當權利金取決於銷售額時，技術授權人須提防被授權人怠於生產、銷售產品，使授權人權利金落空的「技術被葬送」（bury the technology）的不利情形。

保障權益的方式包括：規定被授權人須盡「最大努力」（best effort）產

銷義務、規定最低權利金數額，或規定在此情形下授權人可以提前解約等，這個問題在獨家授權的情況尤其需要特別注意。

銷售總額

一貨物稅	一保險費用
一營業稅	一進貨折讓
一關稅	一銷售佣金
	一運費

銷售淨額

三、權利金支付

(一)頭期款

除了上述權利金之外，技術授權也有規定在授權開始時，被授權人即須支付一筆定額的**頭期款（upfornt fee）**，其金額常跟授權人原技術開發成本的攤還或新技術研發的資金需求有關。頭期款能讓授權人落袋為安，減少現金壓力，以免夜長夢多。

(二)里程款

為了確保技術授權移轉順利展開，循序產生預期效益，也有規定檢驗技術移轉績效的一些里程碑，由被授權人在每次里程碑達成時支付「里程款」（milestone payment）給授權人。也有授權人為了鼓勵被授權人增加產銷數量，規定隨產銷數量增加而權利金（費率）遞減的案例。

四、權利金審計條款

此一條款提供授權人在契約有效或到期後一定期限內，得委任獨立第三人審閱被授權人生產與銷售等相關財務資料，以確保被授權人依合約規定的方式及期間付予授權人正確金額的權利金。

五、聲明與擔保條款

在技術授權合約中，有一些條款有助於被授權人確保取得適當技術移轉的功能，如果授權人將其商標也授權給被授權人時，為了維持其商譽，必須確定被授權人產銷的產品有足夠的品質，所以當然會戮力移轉其技術給被授權人。

對於被授權人權益來說，最直接的保障應該是授權人就授權技術所做的聲明（或陳述）與擔保。如果違反這些條款，授權人或被授權人負起損害負擔賠償責任。因此，這些條款常是技術授權雙方談判的重點之一。

在授權契約的談判中，最重要的條款之一就是擔保條款（warranty），這也是授權人跟被授權人最常產生歧見的項目。一般來講，擔保條款可以分為下列。

(一)簽約權利

第一項擔保比較沒有爭議，主要是有關締約當事人的事項，雙方聲明及保證雙方簽約者有權簽署授權契約、授權契約的簽署並不違反公司章程、授權契約係合法、有效並有拘束力的合約等事項。

(二)授權權利的擔保

跟一般有形物的交易不同，授權的交易標的是法律上的權利，其範圍或效力是比較複雜的法律問題。

被授權人的目的是要利用專利權的合法權利，通常會希望就以下幾種事項得到授權人的擔保。

1.授權人自稱技術合法

最基本的聲明擔保通常是授權人聲明，它對所授權的技術及其載明相關智慧財產權有合法權利，並且有權可以移轉該技術給被授權人。合法權利並不一定指所有權，只要授權人有充分權利可以憑以履行合約義務即可。

2.授權權利金不會被撤銷

授權的權利在授權期間不會因為舉發或其他原因而被撤銷。

3.沒有侵害他人智財權

至於授權人是否應該聲明擔保其智財權的效力，或聲明擔保其技術不致侵害第三人的智財權，則屬雙方見仁見智、立場互異的課題。縱使授權人合法擁有智財權，其效力也未必絕對，有可能因為他人異議或其他原因喪失或減損其智財權效力。全球技術工藝浩瀚無窮，日新月異，某項智財產是否不會侵害第三人權利，這是沒有人敢打包票保證的事情。因此，常見的妥協是授權人聲明其並不知悉也無理由懷疑其智財權效力有瑕疵或有侵害第三人權利的情事。

(三)授權人自稱技術效能

另一個經常爭論的議題是授權人是否應聲明擔保的品質或效能，被授權人當然希望有這項擔保以保障技術效能。不過，技術移轉的成效不但跟授權人傳授有關，被授權人吸收能力也很有關係，更可能受到其他很多客觀因素的影響。如果想把全部責任加於授權人身上有點不公平，授權人對這條款常常極力抗拒，需要妥協：有時會答應聲明擔保其授權的技術在其自己的工廠以相同方式實施，應該可得到相同的效能。

(四)雙方拔河

授權人一般都希望能盡量縮小擔保的範圍，最好不要作任何擔保，以減少其法律風險，但是被授權人卻都希望能盡量擴大授權人擔保範圍，以增加其保障，最後結果往往看雙方談判地位而定。

法律上並沒有一定的標準去決定授權人應該提供擔保的範圍，一般來說，對於出具第一項擔保是比較可能為授權人接受的，畢竟授權人對於授權的權利本身在簽約時的地位如何，應該有比較清楚的認知。

授權人一般都不會接受第二項、第三項擔保，因為專利權是否會因舉發或其他原因被撤銷，並不是授權人可以控制的事，完全善意的授權人也不能保證權利不被撤銷。

授權產品的製造或銷售行為是由被授權人去進行，製造或銷售一項產品當然有可能不只利用一個專利。在這種情況下，授權人去出具不侵權的擔保，事實上有很大的風險，自然應審慎為之。

被授權人一般都認為，使用授權專利來製造或銷售授權的產品是否會侵害第三人的智財權，關係重大；如果授權專利侵害第三人的智財權，不止被授權人無法使用專利，更將遭受侵權訴訟之苦。

依一般分配責任對稱的原則，責任應該由負擔這種責任成本比較小的一方來承擔，不過也不能一概而論，仍須視具體情況而定。

上述第二種和第三種擔保如果被授權人堅持加入合約中，比較折衷的作法有：在該等擔保條款中規定「依照授權人之了解」等限制的文句或縮小擔保範圍，規定當授權人違反該等擔保時，僅在一定的金額內負責。

(五)損害賠償

違反授權聲明與擔保條款時，授權人應該負損害賠償責任的範圍，以及被授權人提出請求的方式和期間等事項，都應在技術授權合約內詳細載明，以杜絕疑義。一般來說，授權人賠償責任都會訂有上限，常是以其依合約可收取的權利金及其他報酬的全部或一部為限，合約中規定，被授權人在知悉有違反授權人聲明與擔保情事時，應立即通知授權人，以便授權人可以儘早採取適當必要行動，防止損害擴大。合約常常規定被授權人應提出賠償請求的合理期間，以免雙方責任長期懸而不決。

六、公平交易法

「專利權行使」跟「公平交易法」之間的關係，一直倍受爭論。

為了使執法標準更臻明確，公平會公布「公平會審理技術授權協議案件處理原則」，對技術授權合約中的各種約款，表明其在公平交易法上的效果，其主要內容簡單說明如下。

(一)違法條款

下列例示約款，如果已經影響特定市場的功能或對特定市場有限制競爭之虞者，被認為違法。

1.限制被授權人就競爭商品的研發、製造、使用、銷售等。

2.為了區隔顧客，規定被授權人須使用特定行銷方式，或限制被授權人技術使用範圍或交易對象。

3.強制被授權人購買其不需要的專利或專門技術。

4.強制被授權人應該就授權的專利或專門技術所為的改良，以專屬方式回饋給權利人。

5.授權的專利消滅後或技術不可歸責被授權人的事由被公開後，授權人限制被授權人不得自由使用技術，或要求被授權人仍支付費用。

6.限制被授權人在技術授權合約屆滿後，不得製造、使用、銷售競爭商品或採用競爭技術。

7.限制被授權人就其製造授權商品銷售第三人的價格。

8.限制被授權人爭執技術的有效性。

9.拒絕提供被授權人關於授權專利的重要資訊。

(二)灰色條款

下列例示約款，如果在特定市場具有限制競爭或妨礙公平競爭之虞者，可能被認定為違法。

1.區分授權區域的限制。

2.限制的範圍和應用領域無關，而限制被授權人銷售範圍或交易對象。

3.要求被授權人必須透過授權人或其指定的人銷售。

4.不問被授權人是否使用授權技術，直接依被授權人某一商品的製造或銷售數量要求被授權人支付權利金。

5.不是為了使授權技術達到一定效用、維持授權商品的商標信譽或維護技術秘密性的合理必要範圍內，要求被授權人向授權人或指定之人購買原料、零件等。

6.沒有正當理由，就交易條件、授權實施費用等，對被授權人們差別待遇。

如果約款經公平會認定為違法者，視情節經重，第一次最高可以處 2,500 萬元罰鍰；逾期仍未停止、改正者，得按次連續再處罰鍰，最高為每次 5,000 萬元，至停止、改正為止，而行為人並可能負擔刑責。

(三)常見專利授權糾紛

一般來說，台灣公司面臨的專利技術授權糾紛大抵包括下列幾種方式。

1.濫用市場地位

2001 年荷商飛利浦、日本索尼和日本太陽誘電被公平會認定其等透過共同決定授權金價格的合意，以聯合授權方式，取得在台可錄式光碟專利技術市場的獨占地位，又不當維持授權金價格、拒絕提供被授權人有關合約的重要交易資訊等，可說是濫用市場地位，已經違反公平法，共處以 1,400 萬元罰鍰。

2.差別待遇

美商 RCA 公司曾來台收取彩色監視器專利授權金，被指控比在南韓、大陸收取的授權金較低，而對台灣收取授權金較高，影響台灣的競爭優勢，有國際差別價的差別待遇，台灣公司向公平會提出檢舉，最後 RCA 跟公平會以行政和解收場。

3.包裹授權（即搭售）

例如，授權人要求把 100 項的專利技術當成包裹一起賣，但是事實上被授權人所需技術不過其中 10 項。

4. 撈過界的跨國權利金

例如，台灣公司的產品半數在台銷售，半數輸往歐、美；理論上，授權人只能按其登記有專利權的地區收取權利金，卻要求台灣公司就全部產品皆支付權利金。

5. 權利金逆溯計算

台灣公司在 2005 年起開始使用某技術，於 2008 年為授權人發現並且議定授權合約，那麼，過去三年的權利金可否超乎尋常水準地高額收取以示「薄懲」呢？

七、侵權糾紛時

授權雙方最頭痛的問題是技術授權侵害第三人權利，雙方必須密切配合因應，合約通常規定知悉有侵權情事的一方應立即通知另一方。就侵權糾紛的攻擊防禦，合約通常規定授權人有義務也有權利主導第三人的訴訟和解事宜，同時也應給予被授權人參與觀察或協助攻防的機會。如果訴訟或和解有影響被授權人權益的可能時，授權人應該跟被授權人協商。在這方面，最需注意避免發生雙頭馬車、互相掣肘的僵局；合約也應該規定適當機制，在授權人怠於履行其攻防義務時，讓被授權人有權為其自己利益代為進行攻防必要程序。

授權雙方在處理侵害第三人權利問題時，可能產生的費用該如何負擔，也應該在合約內盡量事先釐清訂明，以免屆時增加雙方紛爭。當發生侵害第三人權利情事時，授權雙方在攻擊防禦過程中，不論是要訴訟到底或和解妥協，彼此間利害不一致的衝突所在多有，很難事先一一預想規範，須賴雙方隨時理性協調，最好能同舟共濟，否則容易讓第三人各個擊破。

八、尊重專家

無論高科技公司把智財權當成一夜致富的武器或防禦工具，各式各樣的技術授權契約實不可免。眾信協合國際法律事務所律師黃蓮瑛建議，企業平時即應留心各種智財法規的進展，而在擬定重要的技術授權合約時，應該借重律師的專業，以免「省小錢、花大錢」，簽訂了無法有效執行又得不償失的技術授權合約。

12.4 透過合資以取得技術

在核心活動上，雙方合資（joint venture, JV）成立子公司，純以技術的角度來看，重要結合來源可以分為三大類，詳見圖 12.5。接著由右往左，舉例說明。

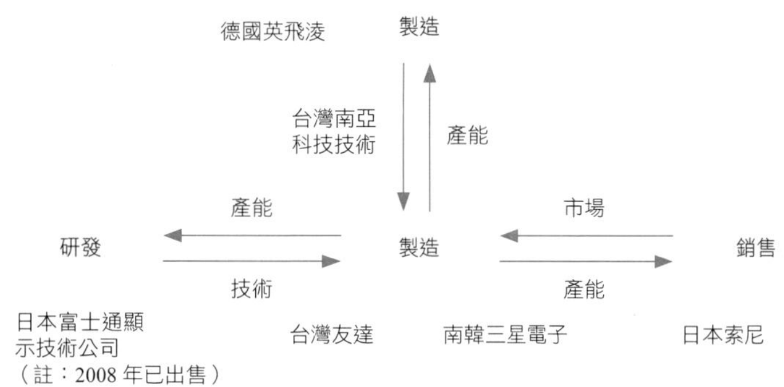

圖 12.5　三種合資的合作開發

一、合資的技術創新功能

從技術創新角度來看，合資公司發揮三種重要功能。

(一)取得營業祕密或不易移轉技術

1.取得營業祕密

公平會 1098 公聯字第 016 號許可的合資申請案即為一例，本案合資技術參與者為大山電線電纜等九家電力電纜業者和日商住友電品工業株式會社。由於就電力電纜系統的工程關鍵組件 96～161KV 接續器材，台灣企業缺乏產製能力，僅能透過技術引進取得國外關鍵技術，所以由台灣九家電纜公司共同出資設立聯友機電股份有限公司，以開發、製造、銷售高壓電接續器材。

德國默克和美國嬌生合資是第二個例子，默克在藥品研發上具重要地位，所研發的胚胎細胞基礎技術已經取得美國食品藥物管理局核准，但是對於消費者來說，默克的知名度不高，嬌生擁有全球消費者熟知的商標權，也有完整的銷售通路。

在嬌生跟默克達成合資協議後，二家母公司避免互相成為對手；最重要的是，默克和嬌生均可以迅速進入商品市場，互取彼此所需的智財權以創造經營優勢。

2.不易移轉的技術

以營業祕密形式保護的技術或仰賴後續支援服務很深的技術，通常難以單純透過技術文件交付和短時的人員訓練達成技術移轉目的。此外，單純授權往往也難以達成此等技術應用之最大效能。

嬌生透過授權合約固然可以取得胚胎細胞基礎技術的使用權，但是生物技術真正落實在醫療應用，仍須經過長時間的人體試驗、臨床試驗、量產、品質控制等程序，嬌生空有技術而沒有後階段試驗程序所需的原型、量產技術等各項設施、廠房或營業秘密，仍然無法如期跨入新的經營領域。

在單純授權無法達成技術移轉目的的情況下，併購該技術公司或設立合資公司即為最佳解決方式。但是就公司併購來說，除了取得所需技術外，必須同時承受不需要的事業部，直接增加技術取得的資金和成本；相形之下，設立合資公司反而是比較妥適的技術取得手段。東歐國家、大陸在政策上推動外資以合資技術公司進入其國內市場，重要目的之一即為取得技術，使國外先進技術能於當地長期落實。

(二)增加技術應用效能

產業技術分工越細膩後，單一產品往往涉及許多專利、專門技術或其他智慧財產權，擁有單一技術難以發揮最大效用。因此，透過聯合授權或其他合作方式促進技術應用，避免技術權利人間的相互侵權已經成為常態。

美國 MPEGLA 聯合授權（patent pool）案為透過合資公司增加技術應用效能的一例，MPEG-2 技術可廣泛應用於聲音、影像或其他通訊產業。然而，MPEG-2 應用同時涉及數百個專利或專門技術，權利人涵蓋全球四十多家公司，任何一項 MPEG-2 應用均須同時取得權利人的授權。因此，以聯合授權方式集合 MPEG-2 應用所需基礎技術，可以簡化授權程序，因而由 MPEG-2 基礎技術權利人集資設立 MPEGLA，由獨立的公司完全負責 MPEG-2 基礎技術對外授權、權利金收取、分配等事宜。這種為了技術管理所設立的合資公司，在技術移轉上扮演重要角色，可以加速技術應用效能。

有的為了避免專利侵權，而由權利人設立合資技術公司以共同運用技術，例如，由 RSA 和 Cylink 二家公司合資設立 Public Key Partners。

(三)以合資事業進行共同研發

前述高壓電力接續器材申請案為合資技術公司進行共同研發的一例，公平會 1098 聯字第 017 號許可的電動車申請案則為另一例子。本案緣起於工研院已就電動機車相關技術有初步研發成果，但是技術移轉後仍須投入後續研發設計。鑑於單一公司難以單獨承擔研發風險，由技術需求相關公司成立公司，以由工研院移轉技術、進行後續研發、統一採購電動機車相關零組件，最後再由其中一家公司代工組裝電動機車。③

二、研發合資的學習效果最強

如果談行銷合資公司是借力使力，那麼研發合資公司是「借智使智」，學習效果當然比較強。由於契約無法先預定過程和結果，因此契約的曖昧（cotractual ambiguity）讓研發合資公司員工可以享受比較寬敞的空間以發揮創意，這個結論來自美國哈佛大學商研所教授 Anand 和 Tarun（2000）的文章。

三、安全的知識分享

公司間的知識分享和公司內員工知識分享的情況大同小異，只是更複雜，尤其是公司間的差異。

(一)既期待又怕受傷害

策略聯盟的目標是雙贏，但是如果一方有私心，也就是想分享更多或付出較少，就會發生「既期待又怕受傷害」的情況。那麼，單一公司內知識窖藏（knowledge hoarding）情況又會發生，詳見表 12.12，彼此都在等對方伸出善意的手，否則何必「用熱臉去貼別人的冷屁股」；因為無異單方奉獻，代價是機密外洩。

表 12.12 知識分享 vs. 知識窖藏

員工間	知識分享	←→	知識窖藏
公司間	互惠	對立、緊張 ←→	保護、留一手
一、競爭：交易成本理論			稱為「學習競賽」（learning racing），都想從夥伴（對方）多學一些（out learn），自己防對方一些，稱為「投機行為」（opportunistic behavior）
二、合作：關係交換理論（Dole, 1983）	前提是公司間互信，建立夥伴關係（inter-partner relationships），即關係資產		

(二)親家間衝突

合資公司比較像小倆口，原生家庭的衝突（parental conflict）也像日俄戰爭一樣，讓大陸東三省百姓遭到無妄之災。美國西雅圖市華盛頓大學商研所 Steamsma 和 Lyles 二位教授（2000）把這劃歸為社會交換理論（social exchange theory），而把母子公司間探討角度之一換成知識本位角度，這跟表 12.12 有些不同，詳見圖 12.6。

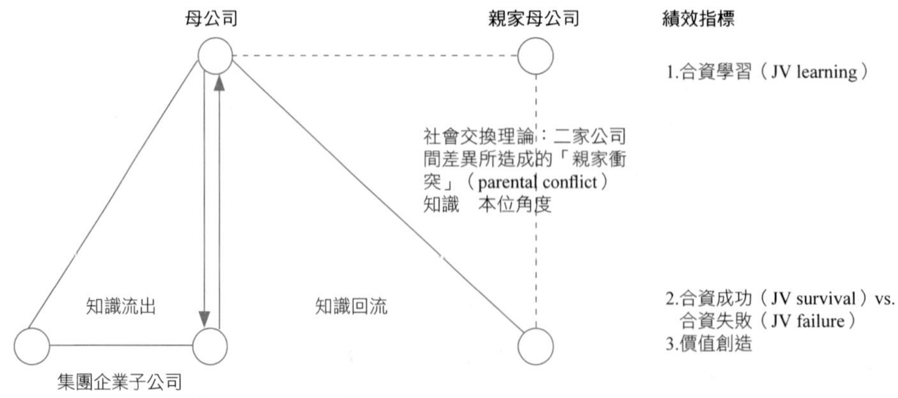

圖 12.6 親家衝突圖解

(三)豪豬取暖

策略聯盟時的公司間學習，可以用豪豬取暖來形容彼此緊張（tension）關係，詳見表 12.13。

表 12.13　技術策略聯盟的管理機制

管理機制	說明
一、統制機構（governance mechanisms），又稱契約機制（contracutal mechanisms）	1.合資時：跟交換人質很像，是種恐怖均衡； 2.技術合作時：主要是透過契約，先小人後君子地把遊戲規則訂好，尤其是違約時的罰則，可用「法治」來形容。
二、公司機制（organization mechanism）	1.衝突管理 ・母子公司間：親家衝突（parental conflicts） ・子公司層級：(1)企業文化衝突 (2)聯盟活動事項衝突 2.對彼此：策略聯盟管理能力； 3.對自己：「策略聯盟能力」（alliance capability），像 Anand 和 Tarun（2000）便詳細討論其內容。
三、員工間（dyadic level）	Gulot（1995）的二種信賴，詳見下列說明。 1.知識本位信賴（knowledge-based trust）； 2.deterrence-based trust 或 Madhok（1995）的行為本位信賴（behavioral-based trust）：單邊信賴另一方不會搞七捻三，簡單地說，比較偏「人和」。Rogers（1995）稱為人跟人之間「看對眼」（homopgily），也就是「對味」、「物以類聚」。

資料來源：整理自 Kate etc. (2001), pp.218~220.

1.合作

唯有合作才能截長補短，合作就得「先給再拿」（give and take），先伸出善意的手，別人才可能熱情回報。

2.競爭

光採以鄰為壑的心態，結果比較趨近於「囚犯兩難」（或囚犯困局），怕夥伴有「死道友，沒死貧道」的心態，當然會造成「學習競賽」（learnning race），彼此都打著「少教對方一些，多從對方學一些」的如意算盤，結果不說也知道。

(四)關係「資產」

大都著重在拆開彼此的心牆，也就是建立互信，並且進一步塑造出**「關係資產」（relational capital）**，俗稱人脈，這不是指點頭之交罷了，還得能肝膽相照才行。

如何建立彼此間的互信，這是「社會一心理」學的領域，跟塑造團隊精神的方式很像，我們不再贅述。

四、透過合資方式取得技術，連索尼都得仰賴三星電子

平面電視的普及速度超出預期，因此一直向外採購液晶面板的索尼，決定自行興建生產線，這樣不但能確保面板來源的穩定，還因為從面板到成品一貫製造，容易在品質方面跟同業有所區隔，並且提高獲利。

2003 年 10 月 11 日，索尼和三星電子各出 10 億美元，合資成立液晶面板公司 S-LCD，在迅速擴大的液晶電視市場上奪得主導權。

三星電子在南韓忠清南道牙山市取得土地，2003 年建廠，2004 年年底就啟用，月產量 10 萬片左右，主要生產面板。三星電子和索尼平分產能，除了組裝在自己的電視上，還會對外銷售；執行長由三星電子派任。

這次合資合約對雙方來說皆非常重要，這也顯示索尼為了改善獲利，開始倚賴三星電子的生產技術。2008 年，S-LCD 第二條八代線投產。

*為了穩定，只好犧牲彈性

公司跟面板公司結盟有利也有弊，在供不應求下，家電公司有必要跟面板公司結成良好的供應管道。但是，綁死在一起的缺點在於失去策略彈性。

12.5 透過公司併購以取得技術

為了節省篇幅，本書以一個極簡單的例子來說明透過公司併購以取得技術。由表 12.14 可見，2010 年 1 月 20 日，友達宣布收購索尼旗下的日本場發射顯示器科技公司（FET）。

一、外界的推測

奇美電（3481）成軍並搶下索尼電視面板大單，威脅到友達跟索尼

表 12.14　友達收購索尼旗下的 FET

項目	內容
收購金額	12 億日圓（4.14 億元）
收購對象	・場發射顯示器科技公司（FET） ・日本場發射顯示器科技公司（FETJ）
收購內容	FET的資產、設備、材料、技術與發明（不包括人員）
收購後地位	友達成為場發射顯示器（FED）的領導公司
友達的目標	以發展新技術的質變，超越奇美電（3481）帶來的量變威脅

資料來源：友達。

的合作關係，外界認為，藉由收購場發射顯示器公司（Field Emission Technologies, FED），友達可拉近跟索尼在技術、訂單等各方面的合作關係，趁勢扳回一城。⑤

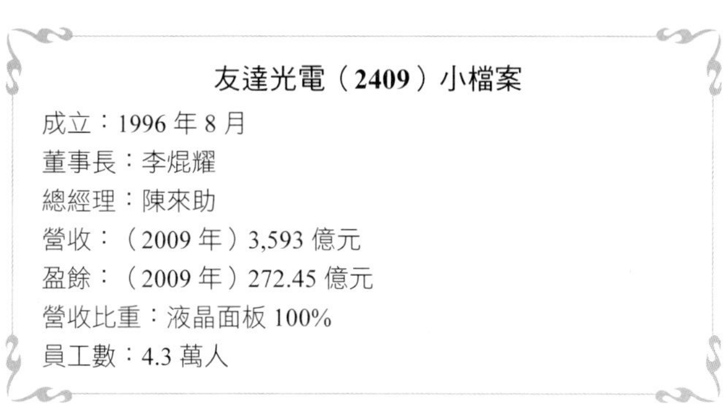

友達光電（2409）小檔案

成立：1996 年 8 月
董事長：李焜耀
總經理：陳來助
營收：（2009 年）3,593 億元
盈餘：（2009 年）272.45 億元
營收比重：液晶面板 100%
員工數：4.3 萬人

二、買方的說法

對此收購案，友達總經理兼執行長陳來助表示，希望能為更多客戶提供解決方案。針對高階市場（例如醫療與廣播用）螢幕的需求，場發射顯示器科技公司這項技術就十分合適。索尼過去在場發射顯示器技術上一直位居領導的地位。

場發射顯示器技術在快速反應時間、高效率、亮度和對比度方面可跟映像管相媲美，畫質與省電性均更為優異，未來場發射顯示器技術的市場將針對高階的顯示器發展，可能成為繼有機發光二極體（OLED）之後，另一個平面顯示器技術的新選擇。

場發射顯示器面板因屬於自發光，因此不需要背光源，成為更節能的顯示器之一。而其提供深層黑的特性，在顯示動態影響畫面時表現更為突出，在索尼與 FET 的發展下，技術及量產性均有所突破。加上暗室對比高及其寬溫特性等多重優勢，未來朝高階顯示器發展。

此資產收購合約內容包括：相關專利、技術、發明及設備。FET 公司擁有場發射顯示器領域的核心技術，友達收購此技術後，可望成為全球少數擁有商品化量產場發射顯示器能力的公司。

三、收購東芝的新加坡子公司

2010 年 3 月 31 日，友達宣布收購東芝的新加坡子公司（AFPD），完整掌握低溫多晶矽（LTPS）的智財權和量產技術。④

註　釋

①經濟日報，2008 年 8 月 28 日，C1 版，涂志豪。

②經濟日報，2006 年 9 月 1 日，C3 版，詹惠珠、李娟萍。

③摘錄自李爲華，2003 年，第 19～21 頁。

④經濟日報，2010 年 4 月 1 日，A3 版，蕭君暉。

本章習題

1. 以圖 12.1 來說，找一家公司（例如廣達）為例來說明上中下游的技術溝通。
2. 以圖 12.2 為基礎，以一家科技公司為例來說明。
3. 以表 12.4 為基礎，說明委外代工時，如何避免技術外洩？
4. 以表 12.5 為基礎，再找文獻看看還有哪些分類方式？
5. 以表 12.5 為基礎，再找文獻看看還有哪些內容？

6. 表 12.9 中，技術吸收能力還有哪些內容？

7. 以圖 12.3 為基礎，還有哪些因素影響？

8. 以表 12.10 為基礎，以一家公司為例來說明。

9. 以表 12.12 為基礎，以一家公司為例來說明。

10.以表 12.13 為基礎，以一家公司為例來說明。

13

專利運用

在電子業中，除了資本額2,642億元的半導體龍頭台積電、資本額781億元的面板龍頭友達，宏達電以資本額57億元的輕盈姿態，就能達到「一天1億」的水準，「創新能力」是背後最重要的推手。

宏達電總經理兼執行長周永明經常說：「我在乎的是『稀少性』。」提供客戶有價值而稀少的服務，就像是罕見的寶石，讓宏達電在遠離新竹科學園區的台灣其他角落發光。

背後更重要的意涵是：台灣過去大多倚賴資本密集產業，靠著投資、蓋廠、接訂單、賺錢的賺錢方程式，IC設計業的聯發科、手機業的宏達電嘗試書寫「小資本也能一天賺1億元」的新法則，只要努力加上智慧，「創新密集」法則也許更能為小島台灣來大視野。

——陳雅蘭

經濟日報，2007年12月28日，A3版

學習目標

本章從知識（技術只是其中一部分）的保護、維護切入，進而說明專利部署、運用，甚至專利官司的攻防戰，皆是技術長、法務長等必備的知識。

直接效益

本章涉及專利部署、申請，甚至侵權時的攻防步驟，不管公司內部、外部專業人士都可以從文中專家的智慧結晶，快速進入情況。

本章重點（*是碩士班程度）

1.法律以外的知識保護方式。表 13.1

2.知識的法律保護。表 13.2

3.公司生命週期的創新和專利策略。表 13.3

4.專利取得前後的運用方式。表 13.4

5.專利運用的目的分類。圖 13.2

6.智慧財產權分類和保護型態。表 13.5

7.台灣保護智慧財產權相關政府機關。表 13.6

*8.WIPO 統籌管理的智慧財產權協定。表 13.7

前言　就近取譬，清楚易懂

技術取得後，最好有登記（例如專利申請）才能獲得政府公權力的保護；此外，專利以外的智財權也需要公司進行法律以外的保護。本章第一節從廣角角度切入，才不致狹隘的只討論專利，甚至矮化到變成智財權的法律課程罷了！

在第二節中，我們以公司（或技術）生命週期的架構，說明各階段的創新（或技術運用）、專利策略。

第三節說明取得專利前後如何運用技術。

第四～七節則說明專利所有權人和專利使用者間的法律攻防戰，而且詳細舉例說明，再加上律師的心血結晶。這部分可說很實用，連法務室人員看了可能都大呼過癮！

13.1　知識維護、保護

知識是公司無形資產，資產要維護，否則會「年久失修」而壞掉；資產更要保護，否則會被偷走。一般科技管理書籍大都只討論專利、營業秘密法主題；本書涵蓋範圍較廣。

1.顯性知識

顯性知識主要是專利，涉及專利法、著作權法等智財法，少數涉及公平交易法。

2.隱性知識

針對「不可言傳」的營業秘密，則基於營業秘密法，跟關鍵員工簽訂僱用契約中的競業禁止條款。

在本節中，我們先從大角度來看知識維護、保護問題。

一、能力的維護方式

針對不同資源，其維護方式也不同，例如對於公司、個人能力的維護，分別可採取下列措施；至於有形、無形資產的維護方法則比較簡單，在此不作贅述。

(一)個人能力的維護方法

為了把「個人能力」留在公司中，同時要留人也要留心，常見提高關鍵員工對公司承諾的激勵方式如下。

1.滿足其生存、生活需求：例如員工入股制度；

2.滿足其成長需求：提供進修、學習機會、職涯發展（例如計畫性晉升）；

3.滿足其自尊需求：例如獨立辦公室、職稱（例如合夥人制度、專屬停車位）；

4.滿足其自我實現需求：例如內部創業。

不過，這些措施只能留住現有的個人能力，1992 年以來的《第五項修練》（*The Fith Discipline*）掀起的公司學習，目的在提升個人、公司能力。鑑於人力資源（指員工的經驗、人際關係等）的重要性，策略性人力資源管理逐漸成為顯學。

(二)「公司能力」的維護方法

公司能力（**organizational capacity**）的維護方法之一是，儘可能把員工「不可言傳」的能力寫出來，並且編成類似《葵花寶典》一樣的檔案，確保其不准外流，具體措施舉例如下。

1.成文化

例如，把員工出國考察經過寫成心得報告、機器重大故障排除予以記錄。政治大學科技管理研究所教授李仁芳（註：2009 年 10 月借調擔任行政院文建會副主委）表示，統一超商的厚基知識大部分表現在 27 本營運手冊中，例如「如何選擇店址」便有 3 本手冊說明，把前人成敗經驗化成準則，這是統一超商開店失敗率低的主因之一。

2.設立組織、職位

李仁芳表示，一家公司是否重視公司知識管理，可以從一個職稱上看出來，即「知識長」——套用美國企業對各功能部門主管的稱呼，例如財務長。「知識」比較狹義的說法是智慧財產（例如專利權），例如，1997 年北京市法院成立「知識產權審判庭」，管轄範圍還包括商標訴訟。知識資源對於知識密集的高科技產業尤其重要，所以這些企業有必要建立知識資源管理制度，除了設立專責單位來管理企業內知識資源外，更重要的是下列措施。

1.經營者應該建立一個人性化管理的環境，這比任何有形的管理或獎勵都有效；

2.透過企業內網路或企業入口網站，提供（尤其是異地、異國）員工——尤其是研發人員，一個非正式但是體制內認識彼此，進而交換訊息、心得的途徑。

對知識管理有興趣的讀者，請參閱伍忠賢著《知識管理》（華泰公司，2001 年 7 月）。

二、知識的保護機制

知識散布難免會造成知識外洩以致為人作嫁，所以對內、對外最好建立知識**保護機制（protection mechanisms）**。常見的有法律以外、法律上等二種保護措施，前者比較適用知識密集的服務業（英國稱為 knowledge-intensive business services, KIBS）；後者比較偏向製造業，因為製程、產品大都有形、具體，可以依智慧財產權法向智慧財產局申請專利、登記商標，取得版權保護。

此外，在討論（知識）保護系統（protection systems）時，有些人又去討論其他配合措施，例如，航空公司的累積里程方式本身就是客戶忠誠卡觀念的運用，用以鎖住顧客（customer lock-in）。跟知識保護機制合併使用，效果跟合金比較像，可以取得多種金屬材料的優點。不過，這樣談下去可能沒完沒了，尤其撈到策略管理領域，所以，本節還是聚焦在知識保護（knowledge protection）這狹義的範圍。

(一)法律以外的保護方式

跟戰爭時的阻絕措施一樣，法律是最後一道防線，在這之前則有一道低絆網、高絆網、地雷帶、詭雷，以保護公司所擁有的知識。常見的如表 13.1 所示。

表 13.1　法律以外的知識保護方式

處理程序	投入	處理	產出
隱性知識		1.專用性（appropriability）：量身訂做，不適合他用，即全面創新策略； 2.頻頻出招：持續製造新知識，讓競爭者疲於奔命。	
顯性知識		1.限量：例如《笑傲江湖》小說中，林家的《辟邪劍譜》只有一套； 2.分人處理：例如委託代工時，把製程拆成數家外包公司，讓對方無法破解。	1.機密文件由人親持，包括設立信差； 2.文件保密等級，例如，武俠小說中丐幫的打狗棒法只傳給下代掌門人（例如洪七公傳給黃蓉）； 3.（對內）尤其對外，企業資訊入口網站的防火牆，以防止駭客入侵； 4.文件採密碼方式傳遞； 5.公司內知識移轉時，盡量採取「人一工具」等方式，讓外人無法抓得住人怎樣講的部分。

(二)法律上的保獲

採取法律作為公司知識的保護措施，其中最常見的是**智慧財產權（intellectual-property right, IPR）**。

1.斷代

1995 年以前，台灣企業申請（尤其是國外）專利權，大都基於防衛考量，以免被歐美公司控告侵權、仿冒時，證據力不足。之後，企業百尺竿頭更進一步，已經能做到技術輸出，此時採取**攻擊性專利策略（offensive patent strategy）**的公司越來越多，輪到像台積電、鴻海等以法律為武器來嚇阻別人冒用。

2.法令

各種知識元素皆有特定的法令予以規範，常見的是表 13.2 的內容。

表 13.2　知識的法律保護

知識元素	知識內容	法律
員工	1.版權 2.研究報告等	營業祕密，例如競業禁止條款等
方法	營業祕密 商標	智財法
機器設備	專利	智財法 網路入侵、下病毒相關法令

3.這個厲害：全面創新策略

無限上綱地說，美國技術前瞻公司總裁 Ronald Mascitelli（1999）認為，隱性知識本位策略（tacit-based strategies）的極致表現是「全面創新策略」。創新有下列二個面向。

- 量身訂做，至少跟客戶貼近。
- 創新過程中全員皆參與，而且大都運用隱性知識，許多精密機械公司大都是少量多樣，可能一樣成品得經過 20 人，每個人又有 20 道工序，加起來便有 400 道工序，而且大都沒有藍圖（隱性知識成文化即變成顯性知識），前後的銜接靠默契。最戲劇化的全面創新策略便是即興式爵士樂團演奏，沒有樂譜，樂手憑的只是對音樂的體會；球隊也是如此。

因為以全員、隱性知識為本位，所以競爭者很難模仿，除非全面挖角或併購整個公司。

13.2 專利策略

專利屬於技術的一部分，技術是高科技公司的根，也是最主要的競爭武器，如何妥善運用，這是董事會的策略議題，所以 1995 年以來，**專利策略**（**patent strategy**）的觀念逐漸流行。本節從二大角度來切入，一是公司技術各生命階段的專利策略；一是專利取得前後的專利運用方式。

一、公司生命週期的專利策略

創新方法和專利運用方式最好隨著產業或技術所面臨不同階段而加以訂定，詳見表 13.3。

表 13.3 公司生命週期的創新和專利策略

策略	導入期（萌芽期和起步期）	成長期	成熟期	衰退期
創新方法	1.個人靈感 2.腦力激盪 3.應用科學的結合	1.先前研發經驗 2.用以解決功能衝突的創新理論 3.模仿	1.顧客需求 2.迴避設計	1.添加附屬功能 2.替代技術的研發
專利策略	專利申請質重於量	專利部署	專利授權	相關周邊技術專利

資料來源：劉尚志、陳佳麟，「全球知識競爭時代之專利發展策略」，科技發展政策報導，2001 年 5 月，第 347 頁。

(一)導入期

當一個新興的產業在發展初期；技術或產品尚未標準化，市場狀況也還不明朗時，此時進入這個產業的公司如果想要成為市場的領導者，必須注意技術和產品的開發，才可以在未來成為主流。然而要成為領導者之前，除了要比較早進入市場外，往往也要克服一個雛形階段產業的困難，例如，及時成為技術和產品規格的提供者。

新興產業發展初期的困難稱為「鴻溝」（chasm），這包括下列三種情況。

1.無法克服產品和服務存在的缺點；

2.客戶無法或不願接受其產品和服務；

3.公司本身營運不佳等。

一旦公司跌入鴻溝，則可能消聲匿跡；能夠較早跨越鴻溝的公司才有機會成為領導者。

以網際網路和電子商務技術發展為例，雖然正在快速發展，但是從市場發展狀況來看，2006 年應該是介於產業生命週期的導入期和成長期之間，許多技術的標準還不明朗，標準經營方式也還未形成，公司不斷在摸索以尋求合適的經營方式。商業方法如果藉由技術來據以實施，固然可以透過專利來保護，然而對於網路公司來說，在產業發展初期，創新概念不斷產生，新創意很可能相當快就被更新的點子取而代之。

如果標準化的技術還沒有出現、百家爭鳴之時，申請專利固然重要，但是能不能成為未來的主流，就有相當程度的風險存在。如果屬於突破性的商業方法創新，以該創新性的商業方法觀念作為中心，發展出配合實施此商業方法的技術以申請專利，這是比較穩當的作法。因此通常必須在技術、資金、人才和知識環境都齊備的前提下，才有機會成為主流市場的領導者。台灣公司可以選擇小而美的利基市場切入，例如掃毒軟體趨勢公司的成功經驗，在電子商務中這樣的例子很多，台灣公司有機會成為全球的領導者。

(二)成長期

當技術進入成長期時，此時已經有比較多公司投入研發，因而產生許多不同代技術。從導入期就開始進行研發的公司已經累積一定程度的研發經驗，因此便可以利用累積經驗用於輔助產品進一步創新。公司在研發策略上必須使技術更成熟或增加技術的附加功能。

此時，公司必須使其所提供的技術更為穩定、品質更高，仍須注意其產品的上市時間，才能確保高營收成長率和獲利率。公司的專利策略主要工作是專利部署，也就是發展或改良屬於核心技術的相關應用，並且把此技術申請專利。對於大部分的後進公司來說，由於已經喪失市場先機，唯有縮短研發時間才能迎頭趕上。在此情形下，最好的創新方法就是利用模仿創新，以既有的技術為基礎，運用一般性六個創新方法（例如：逆向思考、轉移、組合法、改變方向、延伸和省略或分割等），產生符合公司策略的技術。

(三)成熟期

當技術逐漸發展而進入成熟期，公司間的產品競爭更激烈，企業在該期的前期階段必須改善或重新設計技術流程，把顧客需求作為技術開發的首要考量，才能提升其技術競爭優勢。在成熟期時，技術已經標準化，資訊相當充足，對於在此時才進入產業的公司來說，其研發所需投入時間和成本最低。但是，必須注意由於此時專利發展已經相當完整，對於公司所推出的技術如果想避免侵害他人專利，除了尋求授權之外，最好的方法是進行完善的專利資訊管理，透過專利資料庫了解現有專利發展方向，透過專利迴避技巧使研發成果不致落入他人專利範圍。

(四)衰退期

當技術邁入衰退期時，新一代的替代性技術必然產生，由於替代性技術處於剛萌芽階段，一時之間還不能夠完全替代，既有技術還有市場價值。在這個階段，各個技術的主要功能和使用技術差異已經相當小，價格競爭成為公司間的重要課題。公司如果想維持一定獲利，必須進行另一種形式的創新，例如改善技術使用的介面，提供專業、即時、自動化諮詢服務，以增加技術的附加價值，進而延長和增加其在市場的生存時間和空間。①

二、技術的二階段運用

技術依專利取得前後來分，有很多種運用方式，詳見表 13.4，底下詳細說明。

表 13.4　專利取得前後的運用方式

階段	取得專利權前	取得專利後
作法	專利結合產業規格	專利聯盟
	共同開發專利	專利國際投資／合作／包括專利商標
	遍布專利網	相互授權
	基本專利	專利購買
	公司內提案、激勵制度，以鼓勵員工研發	技術授權或稱讓與專利
	文獻公開	對技術移入者來說此即「專利」

三、專利取得前

在取得專利之前，公司有下列幾種面向可以進行技術運用。

1.文獻公開

指擁有技術但是不考慮專利申請，逕自發表文獻，藉以防衛性阻止他人取得專利權，花費少、功效大，但是自己也喪失專利保護。

2.基本專利導向

須預測未來成長性，逐步確立基本專利，所以首重專利內容。

3.遍布專利網

許多大公司慣用遍布專利網的方式，再結合基本專利導向策略，全面性申請基本專利的周邊技術、相關技術，藉著網羅相關專利技術構築專利保護網。全球最大的男性刮鬍刀吉列，非常清楚獲利的核心關鍵在於製造精密小型產品的專業、磨光與處理刀片的熟練技術，以及品牌管理的技巧，因此，光是一支鋒速三號刮鬍刀，就有 50 多項專利權，涵蓋表面塗布、製程等各個細節。

藉由新型、改進式、新式樣的衛星式專利申請、註冊，迴避對手的核心專利，或對於可以申請專利的技術直接公諸於文獻，阻止他人獲得專利，並且輔以異議、舉發等積極行動。策略意圖在防衛跟隨者模仿，形成差異、區隔，獲得局部優勢產品或技術壟斷。美國葛來公司 1980 年代研發成功全世界第一台收合嬰兒床，從此，便成為該領域的領頭羊。未料這項專利被設計代工公司台灣的明門實業給翻新。明門運用「衛星專利策略」，以鄉村包圍城市的方式，在葛來的專利之上另外申請二項衛星專利，讓自己的產品更受歡迎。「當我們掌握了一個關鍵性的專利技術之後，會把周邊所有執行這項專利必須使用的技術，一併申請下來。」是明門實業的致勝秘訣。

同時兼顧專利數量成長、專利品質提升的策略，戰術上，以大量專利申請環繞著基本專利，建構衛星專利網路（patent network）。發展本身的基本專利，如果本身擁有基本專利，則可以免除遭受技術包圍，以利於本身未來的應用發展。要是對手擁有基本專利，衛星專利網路可以牽制對手的擴展活動空間。策略意圖在「進可攻」（優質基本專利布局），「退可守」（以大量衛星專利作為談判籌碼，降低糾紛成本）。

4.共同開發

共同開發的方式非常多樣，多半是以一個強力的專利技術作為開發基礎，共同投入研發，這往往涉及複雜關係，例如，共同研發成果的分配問題、反授權、開發利益分配。

5.專利跟產業規格結合

專利技術新產品在市場推出時即形成產品標準規格。

四、基本專利的重要性

冠亞智財公司總經理蕭春泉認為，專利布局首要在創造一個有用的專利，專利的精華不在案件數量的多寡，而在於是否正好落在一個基本專利之上。基本專利就是同業或其他相關產業根本沒有選擇的餘地，必須使用該項技術內容，也就是一個最有價值的專利獲利會十分可觀。

一個有價值的專利是經過事先規劃的專利，透過專利分析了解業界專利的布局和趨勢，並且配合業務部了解市場需求的交叉點，評估該項產品是以單項技術作深耕突破，還是放寬視野在相關產業上作結合。

從確實需要出發進行研發，然後申請的專利才可能抓到一個產業的基本專利，就等於得到一個金礦，甚至於再根據該基本專利作一些追加的技術改良，擴成一個專利線或專利網，才能獲得最大的利潤。②

五、專利取得後

取得專利後，常見運用方式如下。

(一)讓與專利

爭取權利金作為企業收入，多為美、日大企業所採用。

(二)相互授權

即相互把各自擁有的專利權交換利用，互相實施專利權。2004 年 12 月 14 日，索尼（美國專利數 13,000 件）跟三星電子（美國專利數 11,000 件）簽訂專利共享協議，彼此拿出 94% 專利共享，期間到 2008 年。③

(三)購買專利

收購重要的專利技術，再加上和遍布專利網並用，將可以發揮市場獨占效果，但是仍須注意公平交易法的風險。

(四)專利跟商標結合

是指藉由專利實施權交換商標專用權的開放使用，歐美企業慣用此一策略。

(五)專利國際投資／合作

以專利投資方式，在全球跟相關公司投資、合作。

(六)專利聯盟

是指數家公司把彼此的專利權彙集成聯盟（patent pool，專利池），彼此可以自由應用，對於消弭叢生的專利訴訟成效頗著。

13.3 專利權人如何運用專利

有人學功夫只是為了強身、防身，少數人則是想藉「三兩三」的功夫賺錢，像大陸河南省嵩山市附近很多少林功夫學校有數萬人在學，畢業生大都想當武警、保鏢、武打明星（像李連杰）等。

一、智財權價值的五個層級

當大部分台灣科技公司對智財的運用還停滯最底層的防禦，台積電拉高對智財的策略思維，把自己定位在智財價值金字塔的頂端——遠見（visionary）。圖 13.1 是由美國戴維斯與哈里遜（Julie L. Davis & Suzannes Harrison）所提出。

台積電蔡力行曾驕傲地說，台積電對製程研發投入 20 億美元，提供了客戶 1 億美元矽智財產值。

台積電法務長杜東佑表示，台積電已運用智財替公司、夥伴、客戶創造價值，「我們的目標是讓客戶擁有強而有效的智財、協助他們保護其市占率，」「並且利用智財形成研發同盟、商業策略聯盟。」

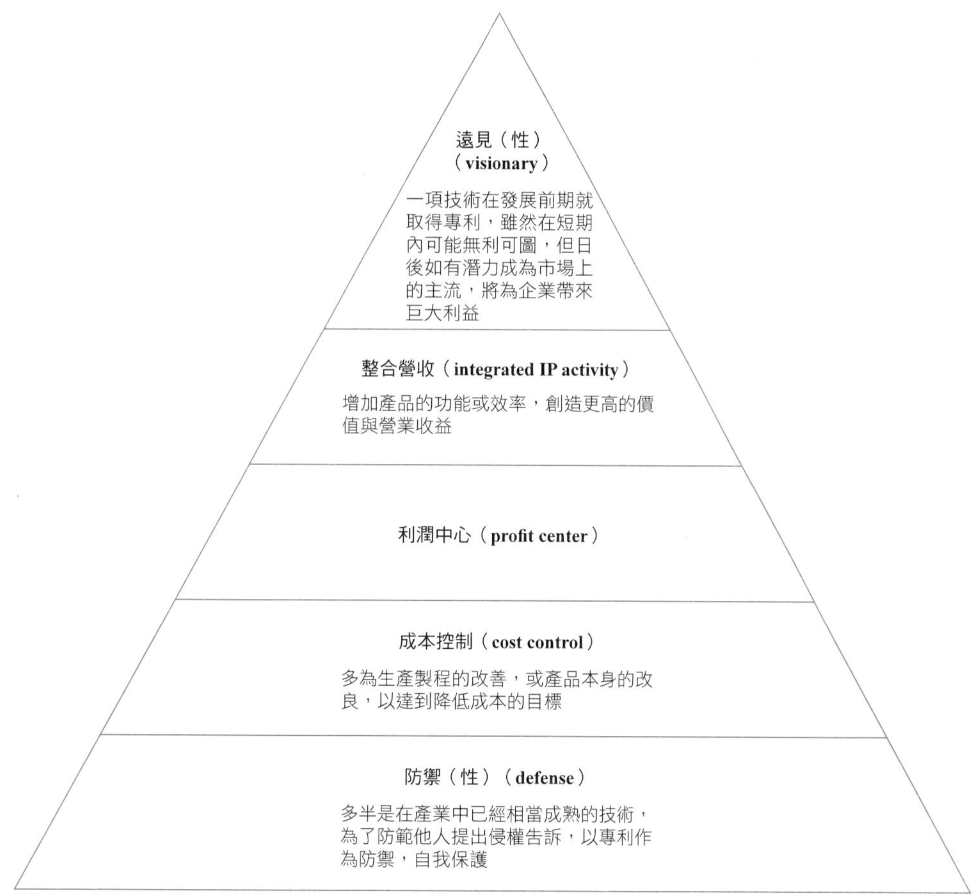

圖 13.1　智財權價值的五個層級

杜東佑打比方說，如果台積電想要在 28 奈米製程取得領先地位，法務、製程、研發、業務人員將聚在一起合議，先辨認出核心技術領域，法務部再判斷以商業機密、或專利、或其他方式來保護核心關鍵技術。這些專利或商業機密，就會成為和夥伴建立新商機的橋樑。「1980 年代，台積電是一個低生產成本、新經營方式的公司；現在，台積電是科技領先的公司，」杜東佑說，其中的差別就在於活化智財的價值。④

同樣地，公司取得智財權，如圖 13.2 中的分類，可以二分法分為攻擊、防禦二種用途，詳細說明如下。

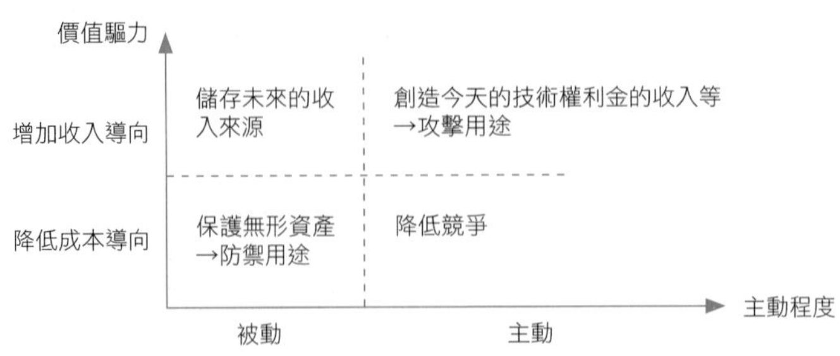

圖 13.2　專利運用的目的分類

二、攻擊用途

花大錢做研發以取得專利，專利權公司往往都想賺最多，如果無法獨占或至少寡占市場，如果光自己產銷產品無法賺最多，那麼只好把專利當成產品來賣，賺些權利金。至於有些研發服務業（例如實驗室型公司），權利金是最主要收入，可說是把專利當成攻擊武器（offensive weapon）的極端例子。

(一)賺權利金

1.高通

美國高通（Qualcomm，取名自 Quality Communication）是通訊晶片科技的先驅企業，也是無線網路資料和語音傳輸二大應用標準當中分碼多重擷取（code-division multiple access, CDMA，或多碼多工存取）規格的最主要、最成功推手，也是全球最大晶片設計公司。

公司董事長老傑可布斯（Irwin M. Jocobs）曾任教於美國麻州理工大學，教授電子工程。老傑可布斯當年突發奇想，決定把 CDMA 應用到行動電話網路上，還曾惹來高科技業團一陣訕笑，因為當時大家都認為另外一種名為分時多重擷取（time-dirision multiple access, TDMA，或多時多工存取）的科技，才有可能成為無線通訊應用的基礎。

老傑可布斯證明，CDMA 是可行的，1985 年 7 月乾脆出來創業，甚至成為全球最大晶片設計公司，以獲利豐厚的智慧財產權授權業務為主的企業。高通雖然也製造和銷售手機用的晶片組，但是該公司這部分營運的不確定性比較高，獲利金也還不如收取 CDMA 的權利金。

市面上每賣出一支應用 CDMA 技術的手機，高通就可收取相當於該手機批發價格 5% 的權利金。

2.日本吃肉，台灣喝湯

全球大尺寸面板市場需求緊繃，台灣多數面板技術都來自日本轉移，日商光靠過去的協議條款就可以享有採購價打折以及固定比重供貨的優惠，這種情勢對台灣面板公司在景氣高峰時的獲利和營收衝擊難免。

1999 年以前，日本公司一向把相關的量產技術視為至寶，但是在南韓公司的強力競爭下，日商開始把量產技術轉移台灣，一方面可以收取高額的技術權利金；另一方面，日本公司不必再花錢擴充產能冒投資風險，就可以獲得足夠的面板供給，可以說是相當划算的交易。

3.追討權利金，要先等羊養肥

專利權人通常會在產業趨於成熟、出貨量龐大而明顯時「下手」。光電科技協進會產業分析師鄭德珪指出，要抽取權利金當然要等到「羊養肥了」才有意義，獲取的權利金才會多。

以可讀取式光碟（CD-R）產業為例，外商公司第一次來台追索權利金是在 1999 年，當時中環、錸德、精碟號稱「台灣光碟業三寶」，全台灣 30 多家光碟片出貨量、20 億片占全球八成，平均每一家公司單月產能都在 1 億片以上，而中環、錸德、精碟當年每股盈餘都有 3 元以上的水準，豐厚獲利成了「樹大招風」。光碟公司目標明顯、產能又大，如果按照未協調前的權利金比重每片 3.2 元計算，可寫一次式光碟權利金可能高達 64 億元。1999 年 4～5 月間，荷商飛利浦聯合日本索尼、太陽誘電跨海來台追索可寫一次式光碟片權利金，此一追索動作，使得台灣光碟公司均已在財報上提列支付的權利金。

4.官司不是目的，而是手段

智財權的戰火序幕一開，往往是一場冗長的訴訟之爭，如果勝訴，原告可以獅子大開口；縱使訴訟沒有成功，也造成對方在市場形成障礙，是一項擾亂對手營運的兩手策略。

專利權官司是一場冗長的法律訴訟程序，原告主要是把被告逼上談判桌，以拿到合理的權利金，美國科技業訴訟案高達 95% 的比率最後都是以和解收場。

打官司還有另一個效果，公司被告之後，股價跟著重挫，影響公司在股市籌措資金的能力和客戶下單的意願，營運前景自然也蒙上一層陰影。「當你扯上官司，市場投資人或顧客對你還有信心嗎？」

(二)要你賠錢——柯達 30 億美元的教訓

以柯達公司（Eastman Kodak）為例，產品大賣和數十億元投資付諸流水之間只隔著七張紙。也就是七張由柯達的對手寶麗來（Polaroid），即生產拍立得相機的公司所擁有的七張專利權證書。這七張紙使柯達從 1976 年以來「立即取照」生意功虧一簣，而侵權賠償、浪費的研發費用、關廠裁員、回收產品，以及 14 年司法大戰的訴訟費用等，讓柯達公司在此一役損失約 30 億美元。

(三)沒錢就出場

生產太陽電池的光華開發科技，在 1999 年介入太陽能電池、感光鼓（OPC）這二塊新興市場，不久遭到日本三菱公司控告感光鼓技術侵權。此案終判，光華開發科技贏了這場官司。雖然如此，研發卻就此暫告中斷，這是利用專利嚇阻對手進入市場的例子。

(四)共同研發

生技公司商品化時程長，手中握有專利的公司，其實很少拿專利作為防禦性武器，多半會利用專利權逼可能侵權的公司進行「和解」，以共同研發。

三、防禦用途

由於過去十年來付出太多授權金，以及遭受太多侵權官司的威脅，台灣公司投入研發並且獲取專利，主要仍是將專利視為防禦武器（defensive weapon），以預防被競爭對手控告侵權。

「100 項專利裡，可替企業創造價值的專利大概只有 10 項。」工研院技術轉移中心副主任王本耀表示。太穎法律事務所所長謝穎青甚至認為，能替公司創造商業價值的專利只有 3～5%。

台灣公司申請的專利商業價值之所以不高，也可以由「專利影響力」指標（也就是被引用次數）看出，根據台灣大學智慧資產分析與創新設計研究室研究資料顯示，「專利影響力」最大的企業由台積電奪冠，在數量領先的鴻海則跌至第八名。力晶半導體在數量上雖然排名第十，影響力卻居第三大；而傳統產業中的福太洋傘、華星樂器、喬工和鑽全，其所擁有專利被引用的程度甚至高於高科技產業。

(一)成事不足，敗事有餘

由於取得專利需要申請維持費用，對很多小公司來說是沉重負擔。鑑於專利的要求之一是新穎性，而只要發明人先發表論文，就可以破別人申請專利的局，如果硬要申請，只好來向你進貢！

對於經濟價值不高的技術，為了避免將來仍有他人會申請相同或近似專利，企業可以考慮把這些技術透過公開揭露的方式，例如公開發表，或是如美國大公司發行的技術揭露報告，使得某些技術喪失申請專利新穎性。

(二)降低競爭

在兩國作戰時，敵方在我方海域布雷，這些水雷平常好像睡著，但是只要一被觸動，便會爆炸。同樣地，有些公司把專利權備而不用，就像聽演唱會時用來占椅子的東西，所以又稱為**「沉睡的專利」（sleeping patent）**，以讓潛在競爭者望之卻步。

(三)交互授權

交互授權會出現在二個領域。

1.同行

同業間互通有無，主要是抵擋其他對手。

2.不同行

互補技術的二家公司，彼此授權，共同或各自開發產品，例如大陸比亞迪跟歐美汽車公司合作，進軍電動汽車市場。

13.4　政府對智財權的保護

各國政府都非常重視智慧財產權的保護及對本國產業優勢的影響，有關智慧財產權保護的相關政府單位很多，並沒有一個統一事權的單位，詳見表13.5。

表 13.5　智慧財產權分類和保護型態

	權利類別	保護範圍	保護時間	保護型態
產業財產權	發明專利權	物品專利權人，專有排除他人未經其同意而製造、販賣或為上述目的而進口該物品之權。方法專利權人，專有排除他人未經其同意而使用、販賣或為上述目的進口該方法直接製成物品之權。	從申請日起 20 年，醫藥品、農藥品或其製造方法得延長 2～5 年。	權利
	新型專利權	專有排除他人未經同意而製造、販賣、使用或為上述目的進口該新型專利物品之權。	從申請日起 12 年	權利
	新式樣專利權	就其所指定新式樣所施予的物品，專有排除他人未經同意而製造、販賣、使用或為上述目的而進口該新式樣及近似新式專利樣物品的權力。	從申請日起 10 年	權利
	積體電路布局權	排除他人複製、輸入、散布電路布局或電路布局的積體電路。	電路布局申請日或首次商業利用之日，以及早發生者起算 10 年。	權利
	植物新品種保護	推廣、銷售、使用權。	從審定公告之日起算 15 年。	權利
	商標權	使用和排除他人使用相同或近似的商標於同一或同類商品。	商標專用期間為註冊之日起算 10 年，得不斷申請延長。	權利
	營業祕密保護	禁止他人以不正當方式取得營業祕密。	無	利益
	不公平競爭禁止	禁止他人以不正當方式為競爭行為。	無	損害賠償請求權
著作權相關權利	著作權	僅及於該著作的表達，而不及於其所表達的思想、程序、製程、系統、操作方法、概念、原理、發現。	以自然人創作保護到著作人死亡後 50 年，法人的創作保護至公開發表後 50 年。詳見著作權法相關規定。	權利
	著作鄰接權	對於著作的散布所付出的成本的保護。		未保護

一、法令保護範圍

智財權的保護範圍，由表 13.5 可以一目了然。

二、智慧財產權取得要件

取得智財權，必須符合一定要件，本段依表 13.5 中的順序說明。

(一)專利

專利可以分為下列三種，由上到下說明。

1.發明

發明（invention）必須具備實用性、新穎性和非顯著而易見性，才能得到專利保護。

(1)實用性

實用性（utility）的意義是指申請的發明必須以道理上而且安全的方式來執行標示功能。美國聯邦巡迴上訴法院對實用性要件的處理方法是：「如果某當事人製造、出售或使用一種裝置，即證明該裝置有實用性，發明的商業成果顯示其實用性。」依據日本的專利法，發明必須能應用於企業上，當發明在技術上或企業上可資利用，則符合企業應用的要件。

(2)新穎性

新穎性（novelty）的要件是指先前技術中沒有產品或方法跟申請專利的產品或方法是相同的。先前技術是成文法和法理上的技術名詞，先前技術（prior art）的範圍包括在專利申請人發明日期前，在任何國家以任何語文取得專利或見於刊物的技術。依據日本專利法，因有「實質同一」規則，所以「新穎性」的意義稍有不同，如果發明和先前技術的某一方法或產品實質相同，則該發明為先前技術所先占。因此，縱使沒有同一產品或方法，要是發明和先前技術的方法或產品差異微小，而可以視為實質同一，仍然不算新發明。

(3)非顯著而易見性

無顯著性（nonobviousness，非顯著而易見性）的要件是新穎性要件的延伸，舊方法、產品或技術的修改，如果在發明時，對一般專於此項技術者為顯而易見，則不能取得專利。

2.新型

專利法第 97 條所指的新型專利是指對物品的形狀、構造或裝置創作或改良，新型的專利保護要件則為產業上的利用性、新穎性和進步性。日本專利法第 29 條第 25 項規定進步性的要件，要求發明不得為一般專於此項技術人所能輕易構思。因此，進步性要件和非顯著性要件有一致之處，二者都要求舊產品、方法不同的修改，必須是對專於此項技術者為非顯著。

日本實用新型保護的要件和專利保護的要件類似，只是有關進步性的要件不像專利法那麼嚴格。只要一項裝置不是一般專於此項技術者都能輕易構思，就可予以註冊。因此，實用新型可以非常有效地保護稍作修改的改良物。

3.新式樣

新式樣專利要件為新穎性、非顯著性和裝飾性，物品使用時看不見的部分或是基於功能考量而採取的形狀，不得申請新式樣專利。日本的意匠法（新式樣法）要求產業可應用性、新穎性和創作性。為了符合實用性要件，把新式樣具體化的物品可為手工或機器大量製造的物品，單項製造的工藝品、純粹藝術品、自然產品或以自然產品為主的物品等式樣，都不符合此項要件。創作性要件和進步性或非顯著性要件相似，具有該行業普通知識者根據現有式樣就能輕易創造的式樣，縱使是新的，也不得註冊。

(二)積體電路布局保護

積體電路布局保護法所賦予的權利和著作權的權利在某方面有相同之處，二者皆以原創性為申請保護的要件。該法的保護範圍和著作權保護一樣，不包括以任何方式描述、解釋、圖解或具體化的想法。

(三)營業祕密

營業祕密只保護真正的秘密，這資訊必須不是該行業眾所公知或常識，得受保護的營業祕密不須符合專利法所定的新穎性和非顯著性等嚴格標準。此外，著作權不能妥善保護的東西，可能適合於營業祕密保護，著作權只保護表達訊息或意見的方式，而不保護內容本身；營業祕密保護則涵蓋訊息實際內容或構想；機密的必要條件不因訊息洩漏給受信賴者（如公司員工或領照人）而喪失。

(四)著作權

取得著作權唯一要件為作品的原創性，依據著作權法規定，獨自創造的作品縱使正好跟某一舊的作品一模一樣，理論上仍屬原創性。

著作權法一向要求作品具有「原創性」的要素，不過這要件不難符合，這是日本和美國著作權法共同的要件。作品如果出自作者，即是原創的，也就是說，「……作者用他自己的技巧、心力和判斷力來創造作品，並未直接抄襲或掩人耳目模仿他人作品。」縱使作品有模仿某一舊作品，只要創作者加入極富創意的變化，就具原創性。不過，只對舊作品作一些極微小的修飾，並不符合原創性的要件。

依據日本著作權法規定，著作權保護要件和美國著作權保護要件相似，而且原創作品和衍生作品皆受到保護。

三、政府相關機構

徒法不足以自行，政府設有專司，負責執行智財權，詳見表 13.6。

表 13.6　台灣保護智慧財產權相關政府機關

單位名稱	主要功能
經濟部智慧財產局	掌理專利權、商標專用標、著作權、電路布局及營業祕密等智慧財產權管理的專責機關，是一般所稱智財權主管機關
法務部	智慧財產權侵害案件的訴訟執行等
國家通訊傳播委員會（NCC）	MTV 和第四台侵害著作權的取締工作等
經濟部工業局	促進工業發展，解決工業界有關的問題
經濟部國貿局	協調各有關單位推廣智慧財產權和對外談判事宜
經濟部查禁仿冒商品小組	商標、專利侵害取締
資策會	資訊法律的先期研究、資訊界智慧財產權觀念推廣、各國智慧財產權法律的蒐集報導
內政部警政署	著作權侵害的查扣和協助取締
財政部海關總署	仿冒品出口的查驗和查扣
公平交易委員會	維護交易秩序、消費者權益和確保公平交易

資料來源：科技法律中心網站。

(一)世界智慧財產權維護

有鑑於國際間智慧財產權課題日趨複雜，於是在 1970 年成立了**世界智慧財產權組織（World Intellectual Property Organization, WIPO）**，並且在 1974 年成為聯合國正式的專門機構。

這是依照聯合國於 1967 年制定的「建立世界智慧財產權組織公約」所設，其目的在藉由國際合作，促進智慧財產權的保護。該組織並兼理多種國際智慧財產權公約的行政業務，其總部設於瑞士日內瓦，締約國 171 國，大陸在 1980 年 6 月加入，台灣因為沒有聯合國會籍，所以並不是會員國。該組織統籌管理的智慧財產協定主要有 11 種，詳見表 13.7。

表 13.7　WIPO 統籌管理的智慧財產權協定

工業財產權協定	保護標的	締約年
Rome Convention	演員、唱片製作人廣播組織	1961
Geneva Convention	場片	1971
Brussels Convention	衛星傳播的節目信號	1974
Nirobi Treaty	奧運符號保護	1981
Paris Convention	工業財產權	1983
Berne Convention	文學與藝術創作	1986
Washington Treaty	積體電路	1989
Madrid Agreement	防制商品來源標示詐欺行為	1991
Trade Mark Law Treaty	商標	1994
WIPO Copyright Treaty（WCT）	著作權	1996
WIPO Performaces and Phonograms Treaty（WPPT）	表演和唱片	1996

(二)世界貿易組織

世貿組織協定包括世貿組織設立協定和 29 項附屬協定，有關智慧財產權保護為 1994 年的「跟貿易有關的智慧財產權協定」（Trade Related Aspect of Intellectual Property Rights, including Trade in Counterfeit Goods, TRIPS）。在智財權協定中揭示了二項重要國際智慧財產權保護基本原則：(1)「國民待遇原則」（national treatment），即對於其他會員國民的智慧財產權保護，不得低於本國人所享有的保護；(2)「最惠國待遇」（most-favored-nation treatment），即一會員體給予任一其他會員體人民的任何關於智慧財產保護方面的利益、優惠、特權或豁免權，應該立即且無條件地給予所有其他會員體人民；會員國必須依協定條款給予最低標準的保護（第 1 條第 1 項），和關於著作權鄰接權的保護（第 14 條）。

智財權協定定義智慧財產權範圍如下。

1.著作權及相關權利；

2.商標；

3.產地標示；

4.工業設計；

5.專利；

6.積體電路的電路布局；

7.未公開資訊的保護；

8.對授權契約中違反競爭行為的管理。

四、從專利商標核准件數看趨勢

專利、商標件數和經濟發展關係密切，也是科技商品化程度的表徵。根據經濟部智慧局於 2010 年 2 月 8 日公布的數據，詳見圖 13.3，可以發現如下趨勢。

1.全年專利申請件數為 78,425 件，負成長 6.20%，是自 2002 年以來首度負成長，本國法人與外國法人均略減，外國法人申請件數衰退成長較大，年減 15.82%，外國法人申請件數為 27,169 件，大幅減少 5,000 餘件。主要是因為 2009 年金融海嘯衝擊，各企業紛紛縮減研發費用，因此從申請專利件數可以反映出來。

2.鴻海申請案為 3,250 件，大幅領先其他申請人（第二名工研院 820 件，第三名英業達 606 件），核發專利也有 1,859 件，因此鴻海自 2003 年起，連續七年蟬聯申請與專利核發雙料冠軍。

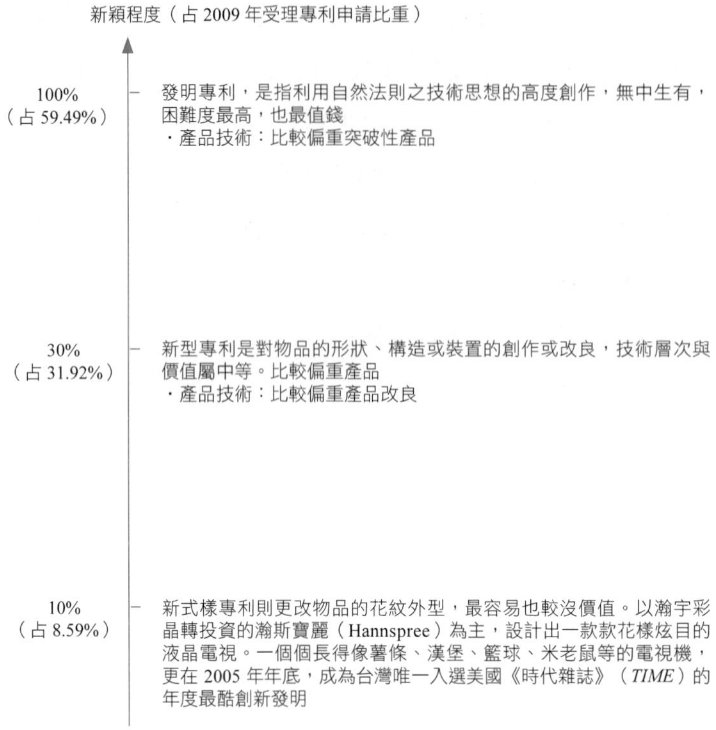

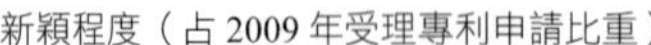

新穎程度（占 2009 年受理專利申請比重）

100% （占 59.49%）	發明專利，是指利用自然法則之技術思想的高度創作，無中生有，困難度最高，也最值錢 ・產品技術：比較偏重突破性產品
30% （占 31.92%）	新型專利是對物品的形狀、構造或裝置的創作或改良，技術層次與價值屬中等。比較偏重產品 ・產品技術：比較偏重產品改良
10% （占 8.59%）	新式樣專利則更改物品的花紋外型，最容易也較沒價值。以瀚宇彩晶轉投資的瀚斯寶麗（Hannspree）為主，設計出一款款花樣炫目的液晶電視。一個個長得像薯條、漢堡、籃球、米老鼠等的電視機，更在 2005 年年底，成為台灣唯一入選美國《時代雜誌》（*TIME*）的年度最酷創新發明

圖 13.3　2009 年台灣受理專利申請的結構

3.外國法人申請專利部分，以案件量而言，前三大為高通、索尼與皇家菲利浦，其中高通申請量 1,230 件、成長率 38.83%，高通屬於光電產業，跟台灣電子產業關係密切，所以申請量暴增，也在不景氣中逆勢上揚，表現搶眼。

13.5　專利申請

著作權採取創作主義，寫完了就是你的。不過，專利可不能你說了就算，還得經過智慧財產局的核准，本節說明專利申請的決策、執行細節。

一、衡量技術經濟價值，申請有效的專利

在申請專利之前，必須先考量該專利所帶來的經濟價值，也就是進行「效益成本分析」，詳見圖 13.4。所以專利絕對不是多多益善，縱使可以申請專

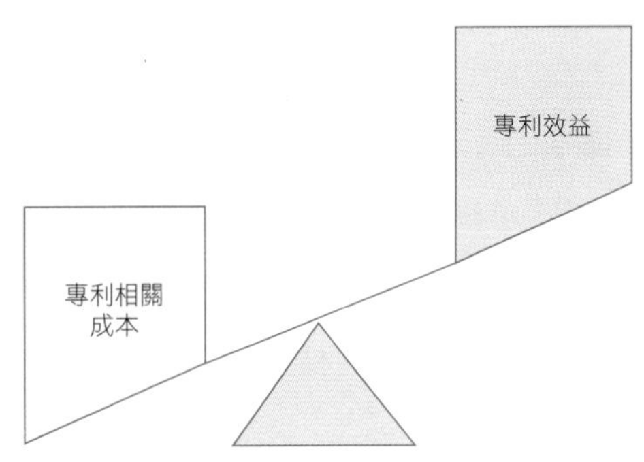

圖 13.4　划算的專利

利，在產業上的利用價值不高時，仍然無法替公司帶來成長的契機。另外，生命週期較短的產品，申請專利只會增加公司維護該專利的成本。

專利費用說少也不少

根據美國智財權管理局的統計，專利申請審核時間平均為 24 個月，申請費、律師費，以及獲得許可後在專利保護十餘年的時間內支付的專利維護費（maintain fee），一項專利從申請到通過平均費用為 10 萬元。以台灣一線大廠一年要提出 100 件專利申請案件來算，一年光是申請費用就要 1,000 萬元；如果再計算維護費，這個數字甚至要上億元。

二、模擬考一下

網路上有許多社群和網站提供免費的專利資訊，也讓我們對於專利的運用更為熟悉。

(一)壞專利

有一網站稱為專利剋星，經常提供和交換壞專利的資訊。壞專利（bad patent）通常是被撤銷或不應核准的專利。

(二)好專利：真金不怕火煉

質量好的專利是指專利內容說明和對外揭露詳盡，在美國專利訴訟中，上述二點常被對手運用為抗辯的主張。

有一網站透過高額懸賞獎金，對某一項特定專利有異議的人，都可以在該網站提出獎金，在一定時間之內，最先找到相關先前技術的人，就可以獲得獎

金。

三、申請專利的條件

基因發明的可專利性要件跟傳統其他發明的可專利性要件相同，因為基因發明技術領域存在的特殊性問題，所以，對於其可專利要件的考量自然有異於傳統發明之處。元動科技的林建華、李文琦詳細說明於下。

(一)實用性

在化學化合物和生物技術發明中，實用性會被特別加以考慮，主因是在這二種領域，技術的發展大多是依靠先前技術的累積，新的發明大部分都是利用舊有的發明技術才得以完成。因此，如果對於沒有產業上利用性或尚不知其產業上利用性的發明授予長達 20 年排除他人使用、製造的專利權，恐怕將會對該二領域的進一步研究發展造成阻礙，延遲其技術的進步和創新，而跟獎助發明促進發展的專利目的背道而馳。

歐洲專利局要求任何的 DNA 序列發明以及其相對應的蛋白質必須確實具有一種非臆測性的特定功能（specific utility)。因此，核苷酸序列所對應的蛋白質如果未在宿主中表現（一般常用的宿主為細菌、酵母菌或是哺乳類細胞），則其被認為具有產業應用性的可能性就很低。如果一核酸分子僅具有臆測性的功能，則歐洲專利局將依據歐洲專利議會規則（Rule 27(l)e EPC）要求申請人提出能夠顯示臆測性功能的實驗證據。

日本專利局要求發明必須具有特定的實用性，或其特定功能可由申請時所存在的一般知識導出。申請人必須提出訊息以顯示所請求的核酸分子所對應的蛋白質可能具有某種特定功能。要是其書面說明無法滿足前述要求，而且其特定功能也無法由申請時所存在的一般知識所導出，則日本專利局將要求申請人提出實驗證據。

2001 年 1 月，美國專利暨商標局發表了比較嚴格的實用性原則，其中即指出基因片段可被授予專利的先決條件是發明人必須提出更多的用途（特別是關於產物在自然界中的功用）。新的規則要求「具有可信度的、特定的及實質的實用性」（specific and substantial utility that is credible），但是有部分人士認為這些條件過於寬鬆。

(二)新穎性

在審核新穎性及顯而易知性的過程中，先前技術是一項重要的指標，「先前技術」依法律規定包括可能破壞新穎性，或是使發明成為顯而易知的任何事物。須特別注意者，用以衡量新穎性的先前技術和用以衡量顯而易知性的先前技術是不相同的。

依個案的情況，先前技術可能包括：美國和外國的專利、美國和外國的文獻、最後取得美國專利的申請中專利案件、美國其他人未取得專利和未經發表的研究，以及在美國商業上的使用或銷售該發明等。

(三)非顯而易知性

發明必須對發明當時和發明相關的技術領域中未能解決的問題，提供縱使在該項技術領域中技術有充分了解的人仍不易知、新的解決問題的方法或技術者，始有給予專利的價值。

在分子生物學的領域中，很多傳統而常用的技術能夠用來在不同的核苷酸序列中分離出特定基因。在這種情況下，發明是否為表面證據顯而易知的，就必須考慮先前技術是否已經提供對成功的合理期望。

美國以外的國家，例如歐洲和日本專利局，對於 DNA 分子序列發明的非顯而易知性的要求，就比美國專利局更嚴格。歐洲專利局認為，任意選擇的 DNA 序列發明除非具有不可預期的功能（surprising technical effect），否則其不被認為具有非顯而易知性。

日本專利局認為，利用傳統技術所完成的 DNA 序列發明，如果不具有不可預期的有用的效果（unexpected advantageous effect），則這項發明不具有非顯而易知性。

(四)不要「呷緊弄破碗」

2002 年 9 月 11 日，理律法律事務所律師王惠玲在「2002 華人生技國際研討會」中指出，由於在科學期刊上發表論文，對生技公司來說也有如「專利」般重要的商業資產價值，不少研發型生技公司更是熱衷此道。不過，王惠玲卻建議，生技公司最好還是在發表論文前就已經申請好專利，以勉戕害新穎性。

四、申請專利竅門

美國 Fish & Richardson 法律事務所律師針對如何撰寫英文專利申請書有詳細說明。專利申請書不僅要寫得讓專業的審查委員會議通過，同時也要考量到日後讓法官、非專業的陪審團員也能懂。

考量到陪審團的成員可能是家庭主婦或門外漢，因此專利申請書文字必須力求淺顯易懂。如果是申請電路板設計的相關專利，就應該附上簡單的方塊圖來說明，並且一定要儘可能的多舉例子，才容易說服陪審團。

「好的專利，是專利訴訟勝利的根本！」在寫專利申請書時，務必把取得訴訟勝利的要件全數納入考量，所以涵蓋面廣的好專利才可達事半功倍之效。

在專利的訴訟過程中，律師總是想盡辦法攻擊對方專利的弱點，以求達到撤銷對方專利的目的。因此。當公司在撰寫專利申請時，務必注意到如何在專利申請到的 5～10 年後，還能夠順利伸張專利權。

最好也要把發明人研究日誌、專利律師的初稿和專稿、相關產品發表會文章等，全數留作有力的證據。日後發生控訴事端時，上述文件皆扮演完整舉證的利器。

發明人的名單宜誠實列出，切忌虛報和漏列的情況發生。如果企業事先考量到發明人之一，日後上法庭做證人時，可能會有容易「放砲」的無法掌握行為，最好申請專利時就先採取申請二項專利的預防策略，讓該名「砲手」只名列其一項專利，另一項專利則以其餘發明人並列，以供作為日後上法院主張專利的依據，並且可接受傳訊出庭做證人。

所撰寫的發明總結，涵蓋的範圍一定要大，盡量多作特徵的描述。如果總結涵蓋範圍窄，就容易在訴訟過程中被對方主張排除侵權。切記在文字中不要有批評前輩的字眼，只須多加陳述自己的優點，讓陪審團能明瞭即可。

專利的標題也是越廣越好，這不同於撰寫學術論文時，因為希望多多被他人引用而把論文的標題、關鍵字等訂得狹窄。專利要從能禁得起訴訟考驗為出發點，例如，所申請的是利用紅外線做偵測器的結構，如果專利申請書寫的是「紅外線偵測器」，而不是強調結構，就很容易被他人以偵測器用的是紫外線等其他理由避開。

以英文撰寫發明的特色，在選字時，應該先調查美國最通用的「韋氏字典」或是「牛津字典」，挑選精準的用字也有利於日後的訴訟勝算。在專利的聲明中，務期掌握證明對方侵權的有利證據，這就有賴於聲明中詳細註明編碼、解碼和傳輸過程等技術。

專利說明書中不可以留一手，可以採取最佳實施案例的方式，詳細舉例說明，並且列舉數據來證明。發明人的純產品角度考量，或是企業降低成本、快速上市的不同想法，二者最好都要納入。儘管「專利法」規定，申請專利得把發明全數揭露，但是，企業仍然可以用「營業祕密保護法」來主張營業祕密需受保護。

申請專利還得注意「底線期」的限制，美國專利法律嚴格規定，在產品上市的一年內必須申請專利，過期則無效。

Fish & Richardson 法律事務所

Fish & Richardson 法律事務所是美國最早替台灣企業服務的專利事務所之一，該所現有 320 位律師，並且聘有生物科技、電子電機領域的專家，以兼具高科技技術及法律的專業知識。根據 *IP Worldwide* 雜誌的調查，該事務所在 2000 年、2001 年，連續二年獲得美國代理專利訴訟案件最多的事務所，2002 年則為美國代理專利訴訟案件第一的事務所。

五、專利文件彙整

專利文件常常多如牛毛，所以往往指定專人、專門空間予以保管，以免機密外洩。常見作法有二。

(一)專利典藏

專利典藏是把公司所擁有的專利簡介編輯成冊，以供專利授權談判時的談判籌碼或彰顯專利實力的表徵；比較類似小說中少林寺的藏經閣。

(二)技術手冊

技術手冊（technology book）則是擷取公司所研發技術的精華，描寫用語力求淺顯易懂，以供技術或專利授權談判時，讓對方認識一下我方研發技術

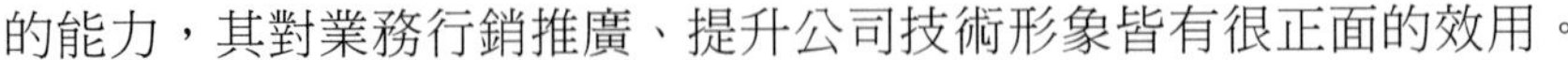
的能力，其對業務行銷推廣、提升公司技術形象皆有很正面的效用。

六、在大陸申請專利

2009 年，大陸擠下日本，成為僅次於美國的經濟大國，簡單地說，大陸從「世界工廠」升格為「世界市場」，基於專利採屬地主義，因此有必要簡單了解在大陸申請專利的規定。

(一)國際專利申請最愛大陸

世界五大專利局（美、日、歐、韓與大陸）其受理的申請案件占全球總申請件數的八成，2008 年大陸受理各國企業專利發明件數高達 82 萬件，居全球之冠，美國 48 萬件。

2008 年台灣人向世界五大專利局申請案總計約 4.5 萬件，其中以向中國大陸申請案 22,469 件最多，美國是 18,001 件居次。[5]

(二)2009 年 10 月版的大陸專利法

2009 年 10 月，大陸專利法第三次修正條文開始實施，詳見表 13.8。其中要求企業必須明定員工的發明獎勵制度，如果沒有合理規範，就必須給發明的員工該專利產品利潤的 2%。[6]

表 13.8　大陸專利法 2009 年 10 月版

項目	說明
1.	在大陸完成的發明可以直接向國外申請專利，但必須先經過國務院批准。
2.	專利審查採「絕對新穎性」，國內外都沒有公開過的發明技術，才能取得專利權。
3.	強制授權的範圍擴大，包括限制競爭或預防治療流行病所需的專利，都可以強制授權。
4.	只要未經專利權人的許可，他人不可以用其專利作為廣告、展覽之用。
5.	准許「一案二請」，可以先享有新型專利保護，再享發明專利。

13.6 專利權人的攻擊發起

權利要維護，否則權利就睡著了，此時擁有智財和未擁有智財幾乎沒有不同，甚至還會被譏笑是傻瓜。專利權人對潛在侵權人發起攻擊，跟二國作戰一樣，總要事出有因，才會師出有名，名正才會言順，有理才能走天下。本節說明「步步為營」的攻擊步驟，見表 13.9，詳細說明如下。

一、蒐證

當發現他人侵害自己的智財權而想對其提起訴訟前，最重要的是「蒐集具體事證」；在沒有蒐證至相當程度前，切莫輕舉妄動。「如何蒐集」是提起訴訟的一門重要學問。

二、智財權侵權分析

當你的專利受侵害而想提起告訴時，原告應該同時檢附主張專利權受侵害的「比對分析報告」才算合法的告訴。

(一)專利侵權分析

專利範圍（claim）的界定和侵權的分析是專利糾紛中最核心的問題，專利侵權分析包括：訴訟前、訴訟中的侵權鑑定分析、專利商品化的侵權分析和迴避設計。

侵權分析的步驟為：先檢驗專利範圍，必要時再採取周邊限定（peripheral definition）等原則，參考**專利說明書（patent specification）**作侵權分析；最後，輔以均等原則（doctrine of equivalents）作比較主觀的判斷，此必須藉助先前技術的分析。

(二)代勞、外包

在進行侵權分析時，除了熟悉侵權判斷的法則外，對於專利資訊的掌握也相當重要，幾乎大部分的智財權事務所的營業項目都包括此項。

表 13.9　智財權的攻防戰

控方：A 公司	被告方：B 公司
第一步：發警告信給 B 公司，請其勿再從事侵權行為，避免侵權者抗辯不知情。 第二步*：讓 B 公司營運資金凍結有困難 1.向法院申請證據保金 (1)在美國，美國有「證據開示」（discovery）程序。 (2)在台灣，依照民事訴訟第 344 條，跟該訴訟案有關的書件，兩造當事人有提出的義務，也代表法律相當鼓勵證據保全。智財法院為了強化證據取得能力，也增加一項新制度，智財法院可以警方的強制力，協助法官進行擴大範圍的同步搜索，以支援證據保全制度的健全度。	1.當 B 公司自知理虧：B 公司會依要求，在報紙上登道歉啟事。 2.當 B 公司有自信：B 公司準備應戰，讓「惡人先告狀」有機會提起確認未侵權的訴訟，在台灣，甚至可能被公平會認定是造成侵權者商業上的困擾。
2.向法院申請假扣押 B 公司有侵權之虞的商品，A 公司須提有擔保金。 3.向法院申請假處分必須要提出「勝訴可行性」的充分理由，才能取信法官准許假處分。 法院裁定後，聲請人要在 30 日內起訴，逾期法院可以依聲請或依職權撤銷。（智審法第 22 條） 第三步：抑制對手成長 ・跨國時，申請禁制令 再禁止 B 公司繼續製造、銷售侵權產品，形同斷了生路，加上投資人擔心訴訟纏身的公司，官司費用太高，也對投資行為產生疑慮。 像是在公平交易法規定，不能跟對手客戶講其供應商有侵權官司，但有別的方法，但也必須相當小心。 第四步：達成目的，在勝利情況下，取得權利金（即賠償金）。 1.和解 國際專利訴訟，大多以和解收場，關鍵就是雙方「各自保全多少證據」來決勝。 2.判決 明定法官公開心證。（智審法第 8 條）	從提供反擔保金來免為假處分 擔保與反擔保金可從極大值與極小值考慮，如果是極大值，A 公司提不出擔保，假處分就算下來也沒法執行，但以 3 億元資本額的 B 公司，要提出 2 億元反擔保金，可能就垮了，但要是不放手一搏，B 公司也是死。 B 公司決定，提出極大化 30 多億元的反擔保金，法院也同意了，反倒 A 公司提不出來反擔保金，就來找 B 公司談併購，打官司的目的顯現。A 公司此舉在拉高 B 公司經營成本，但 B 公司律師以 A 公司自己主張因侵權蒙受極大損害，好讓法院同意假處分，用 A 公司數字算出極大化的反擔保金，反將 A 公司一軍。 企業和律師可以要求技術審查官出具書面意見，並盡量在法庭上發表意見。 依當事人聲請，法院認為有必要，可以不公開審理。（智審法第 9 條） 強制提出證據。（智審法第 10 條）

*資料來源：部分整理自李貴敏，「專利訴訟，重策略而非官司」，經濟日報，2008 年 7 月 31 日，A15 版。

三、侵權警告函

(一)不要濫發警告函

企業間惡性競爭加劇，不少公司為了阻止對手拓展市場，故意寄發侵害智財權的律師函〔或警告函（**notice letter**）〕給對手的客戶，以使他們不敢跟對手交易，詳見圖 13.5。由於這類行為在市場上越來越普遍，為了阻止這類不當競爭原則，公平會決議，此種影響公平行為已經違反公平交易法第 24 條規定，會對違法公司處以罰鍰。

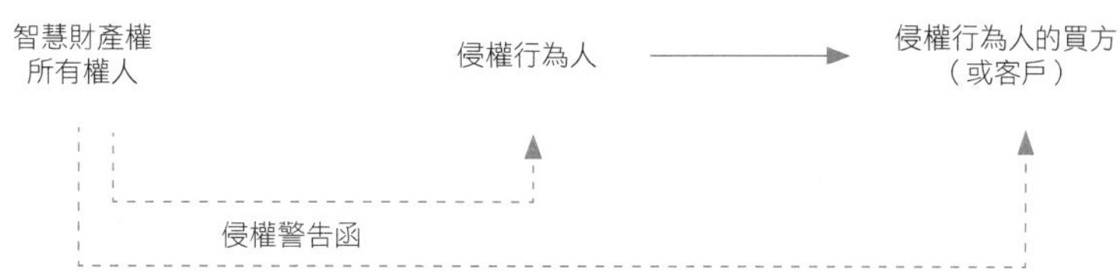

圖 13.5　侵權警告函的寄發對象

根據公平會調查，2000 年 7 月 16 日，易極通科技公司取得大陸仲季公司「DICO Mate」智慧財產權的專屬授權後，隨即於 8 月 15 日寄律師函給商之器公司和其客戶光電公司，聲明已經獲得仲季公司數位醫療影像系統軟體授權，要求勿侵害權益等；接著，在 10 月 17 日再寄律師函給 20 家醫院和醫療器材公司。

2003 年公平會表示，易極通並未踐行相關程序去發警告函，屬於足以影響交易秩序的顯失公平行為，違反公平交易法第 24 條規定。經衡酌其違法行為動機、目的和對交易秩序的危害程度等因素，依據同法第 41 條前段規定，命其立即停止前述違法行為，並且處以 10 萬元罰鍰。

(二)日亞殺雞儆猴

2003 年 7 月 10 日，擁有白光 LED 主要專利的日本日亞化學表示，南韓某 LED 公司侵害該公司的白光 LED 產品專利。在日亞提出停止侵權行為的要求後，該南韓公司已經接受日亞的要求，立即停止生產、銷售、出口和促銷侵害日亞的產品，還把廢棄庫存品、包裝用品、廣告品和侵害產品相關的設備等一併處理。

白光 LED 主流生產技術專利是由日亞所擁有，其藍光 LED 加上黃色螢光粉的技術，因為成本最低且技術簡單，被業界視為發白光最佳方法，但是日亞並未授權南韓和台灣此項專利。

一位業者表示，2003 年上半年台灣公司就因恐怕侵犯日亞專利而不太敢大量出貨。

四、跨國專利訴訟程序

國際通商法律事務所李忠雄、邵瓊慧二位律師建議採取下列跨國專利訴訟程序。

(一)策略規劃

正如擬定任何公司策略一樣，進行跨國專利侵權訴訟前，首先應該考量商業目的。一般起訴目的是保護特定市場專屬權、保持特定產品及其利潤，以及對過去侵權請求賠償，並且透過授權方式取得收入。

因此，開始訴訟前，專利權人首先應該分析專利的價值。該專利是否為關鍵技術？是否為公司主要產品？產品和技術的預期壽命？不同國家對於特定專利保護強弱程度如何？專利權效力是否容易遭質疑？因此，透過各國當地專利律師提供對於專利權利效力和侵害成立與否進行評估。

此外，了解潛在侵權者的專利權，以判斷雙方是否可能透過交互侵權以互蒙其利，抑或對方擁有其他強勢專利而可能藉機對專利權人進行強烈反擊。其他應考慮的因素包括：是否可能採取其他解決爭議機制（例如：進行仲裁、商業協調或透過政治力量介入）？何種情況是和解底線？投資人、客戶、業界和消費者等對於發動訴訟的看法為何？積極主張智財權有助於提升企業形象，但是，公司正進行其他公司併購或股票上市等關鍵時刻，重大專利訴訟的存在未必有利。

(二)進行訴訟的準備

決定發動訴訟後，第一步是決定可能採取行動的範圍。通常應以侵權行為發生地為主，如果涉及數個國家，則須決定何地為進行訴訟的主要戰場，這取決於各國市場的商業重要性，當地是否有主要侵權者可以作為被告，進行訴訟難易程度和費用高低也應該予以考慮。

訴訟程序因素常有舉足輕重影響，例如，當地法律救濟途徑是否充分妥適？大多數國家可以尋求假處分和損害賠償，但是其範圍則有相當差異，而且假處分通常僅有域內效力。舉證責任和舉證的方式？如何進行證據保全？機密資料在訴訟過程中是否受到保護？在一地取得的證據可否於其他地區使用？法院的經驗和態度？取得法院判決和上訴的時間長短？當地取得法院判決是否可以獲得承認和執行？

實體法方面，應該考慮專利效力和侵權事實是否由同一法院認定；如果是在不同法院（例如台灣和德國），則往往曠日費時，有時甚至有結果不一致的情況。如果由同一法院認定，則有時潛在侵權者會利用專利申請前的事由以茲抗辯。此外，還須考慮不同法院對於專利請求範圍的解釋、認定專利侵權的判斷標準和均等原則的適用範圍。

(三)訴訟協調

進行跨國訴訟應採取有效率的協調，公司通常應該有充分授權的人員（例如法務主管或負責律師）負責管理各地訴訟進度和證物資料整理。專利權人的完整專利小組應該跟各地律師充分合作，並且提供技術支援，而且最好能夠以同一種語言（例如英文）進行溝通以免誤解。

(四)不要爛訟——小心，刀子回砍到你

專利權人提出專利訴訟時也有風險，必須考慮一旦提起訴訟，其專利壟斷地位可能因為訴訟進行不順利而不保。一旦法院判決認定不成立侵權時，則可能引發其他第三者進入市場，甚至或因為認定其專利不成立或無法執行，使其無法收取權利金，更使原有市場遭侵蝕。縱使法院認定其主張有理而且侵權成立，侵權人日後有可能巧妙規避該專利設計而降低該專利價值。

五、索賠金額

在「專利除罪化」思潮下，企業提起專利訴訟常是以享有「專利權」請求「損害賠償」或索取「權利金」。這是專利訴訟一體的兩面，損害賠償是由非法侵害角度來說，索取權利金是由合法授權角度來說。

對於損害賠償額的計算，專利法第 85 條規定，遭侵害的專利權人可請求「所受損害」和「所失利益」。

(一)所受損害

「所受損害」是專利權人遭專利權侵害所受的實際損失，舉證問題頗多。專利法規定專利權人可用於沒有被侵權的狀況下，通常可以獲得利益減掉在受侵害的狀況下所得的利益間差額，作為其所受損害金額。

(二)所失利益

「所失利益」主要考慮因素包括：專利產品的市場需求、有無其他不具侵權的相同或類似專利技術、市場總需求和所失利益的數量等。

在專利訴訟過程，索取合法授權「權利金」談判時，該權利金應該如何計算，常令被告不知所措。美國 Georgia-Pracific Corp vs. Plywood Corp 乙案判決，列出 15 項考慮合理權利金的因素，可以作為參考。

1.專利權人將專利已經授權予他人所得的權利金；

2.被授權人使用和該專利相當專利所支付的權利金；

3.專利授權的性質和範圍，例如，專屬或非專屬授權、所授權的地域範圍或專利產品出售對象有無限制等；

4.專利權人的專利政策和行銷策略，例如，不予授權或僅於特定條件下授權等；

5.專利權人跟被授權人間的商業關係，例如，同業競爭關係或發明人和行銷公司間的關係；

6.銷售專利產品對被授權人其他產品行銷的影響；

7.專利期間和授權期間；

8.專利產品的利潤、商業成果及受歡迎程度；

9.專利產品的利用相較於舊有專利的優勢；

10.專利的性質、專利權人生產該專利產品的營業特色，以及對使用該專利所享受的利益；

11.一般使用相同或類似專利所可得利潤或價格；

12.侵權人使用該專利程度以及其因此所得到的利益；

13.侵權人使用該專利的期待利益，但是應扣除侵權人的製造成本、商業風險和加工等因素；

14.專家鑑定意見；

15.專利權人和被授權人間本著誠信原則，在侵權之始可以簽訂授權合約時所可能約定的權利金。

13.7 被告的自保措施

「吃燒餅沒有不掉芝麻的道理」，套用這句俚語，那麼被控專利侵權更是營運風險，甚至可能是種不可免的風險，就跟人的「老病死」一樣，既然無法免除，只好妥善預防、處理。

一、守方的預防措施

冠亞智財公司總經理蕭春泉認為，企業在研發產品之先，要有一套完整的專利布局，包括創新研發、管理訓練、專利申請、專利監視，以及防止侵權的損害分析。

(一)診斷

專利布局就是對公司作一個專利的總體檢（包括專利檢索），並且對類似產品專利案進行侵權分析，如果侵權機率很低，才可以小心研發投資量產，而對相關的專利權（不管是自己或同業的）做出一份專利地圖，了解相關行業在專利技術上的分布，作為後續研發的參考。

(二)迴避設計

迴避設計（around design）是以專利侵害鑑定分析的流程基礎，藉其間的差異使想研發的技術不落在已經存在的專利權利範圍中。迴避設計建立在專利檢索的基礎上，許多智慧財產權事務所或是智慧財產權資訊服務業都有提供這類服務。許多專利代理人不僅提供迴避設計服務，還強調所撰寫的專利申請書其權利範圍不致被人迴避設計。

台灣最大的相容性碳粉匣公司上福全球，當初從塑膠鞋轉型到相容性碳粉匣，為避免專利侵權，設立「專利破解室」，花了五年時間，解讀惠普 800 多項碳粉匣專利權，並從中發展自己的專利組合。

二、接到專利侵權警告函時

一般專利權人都會先出具侵權警告函，要求侵權人不要再侵權，否則小心被告。侵權人宜優先採取下列步驟來處理。

(一)先了解問題

收到專利侵害警告函後應該儘早回信，通常的作法是要求對方提供侵害專利的產品型號、說明我方產品侵害的事實，甚至要求對方提供申請專利範圍和侵害產品的對照分析表（claim chart）。如果有必要，為了確定相關專利的權利範圍，則可調閱專利審查歷史（file wrapper），以了解究竟。

(二)以未侵權函答覆侵權警告函

2003 年 12 月 16 日，眾達國際法律事務所資深顧問許克偉指出，企業接獲專利侵權警告函，「要證明別人的專利無效是很困難的，因為涉及技術比對的問題，未來應朝向『未侵害專利』的舉證方式，避免侵權風險。」美國法律已針對接獲侵權警告函卻未盡注意義務的企業，加重三倍的損害賠償責任，而如果接獲侵權警告函後尋求專利顧問提供意見者，則可被視為已盡此義務。

「避免把專利放在危險之中，也就是說，不要讓你的專利有被告的可能，」許克偉強調，這需要了解專利權人的身分和目的。當被控侵權時，則應進行先前技術搜尋，包括公司內部先前技術以及美、日、歐等各國專利局的資料等。

他提醒，回覆函有可能被公開，因此應要求雙方不得把協商內容採為證據。回應的內容須具體，有絕對的抗辯理由則應在協商時及時提出。

「談判過程拖久了，對方攻擊成本也越大，」他建議，協商前應探尋專利權人的商業意圖。例如，對方如果誤判發函對象的營收，可能因此高估從中獲取的權利金金額，控告侵權的動機自然大增。

(三)和解談判

如果經鑑定公司分析侵權人已經侵害他人專利，則應該做出迴避設計或者以互惠原則進行雙邊會談，以達到雙贏，最低限度也可避免官司纏身，保住公司聲譽。

三、被告攻防策略

台灣公司常常成為美國業者訴訟侵犯專利權的對象，一旦被告時，美國 Fish & Richardson 法律事務所律師 Eddie Wang 建議必須注意以下幾個步驟，你必須立場堅定，以更主動的策略採取自保動作。

自保動作就是找出自我防衛的理由，必須馬上查明被控訴的專利是否已經被其他公司註冊，了解是否為舊式樣的專利，再提出沒有侵權的證據。

查明此專利是否有不公正的情形出現，這點非常重要。專利權的正確實施有著不少限制，當然要能達到以上的結果，尋求專家支持非常重要。

先做好防禦動作後，接著採取攻擊，專利權官司纏訟時間非常久，被告必須非常堅強，當你表現出越堅持、越積極，你所付出的金額會相對減少。

透過防禦和主動攻擊程序之後，在這過程中尋找原告的弱點，針對其弱點持續施壓，並且強調持續打官司會造成的風險，讓原告了解其風險性，提高被告的有利條件。

大約有九成的專利權訴訟官司最後會以和解結束，如果真的無法以和解收場，只好攻擊對方的弱點。

在整場官司中，你必須具備高抗壓性，把你的訴求和主題明確讓陪審團、法官（以台灣來說，尤其是審判長）了解，並且以最簡單的故事作說明，讓他們了解你的訴求，這樣勝訴的機會便會增加。

四、實體防禦抗辯

眾達國際法律事務所張冀明律師認為，在面對請求「損害賠償」或索取「權利金」的專利訴訟中，被告可以依訴訟發生地的法律規定，提出**實體防禦抗辯（affirmative defense）**。例如，專利權人的專利無效、過期、曾獲明示或默示授權，或專利權人未為侵權通知等；也可以因訴訟當地法律不同規定，考慮提出專利權人是出於惡意或不當手段取得專利或有不公平競爭行為等反訴主張。

五、先下手為強

2003 年 11 月 4 日，晶片設計公司、聯電旗下的原相科技（3227）宣布，在 10 月 31 日向美國加州北區地方法院提出光學滑鼠用影像感測晶片專利確認法律行動，強調並未侵害安捷倫產品專利，並且主張安捷倫該專利無效。這是台灣晶片設計公司少數就智慧財產權主動以法律行動防堵全球公司訴訟威脅的案例。

原相科技自從 2002 年因光學滑鼠用影像感測晶片大賣，由虧損的減資公司反轉為獲利躍升的轉機股後，市場就不斷傳出安捷倫將對原相訴訟的傳言。也因如此，雖然安捷倫還沒有採取任何法律行動，但是始終是原相營運和股價的隱憂。

原相表示，基於安捷倫寄發警告函給原相的美國客戶，指出第 6433780 號美國專利為安捷倫所有，因此決定主動出擊，以釐清市場、投資人和員工疑慮。為了表示對此案的重視，蔡明介把聯發科前法務經理郭明輝延聘為原相法務經理借給原相。

原相總經理黃森煌表示，1998 年公司成立以來，便積極研發自有技術，原相有信心迴避競爭者的專利，甚至提供更令人滿意的產品。

原相以不同的設計方式獨立開發產品，已經申請和獲准多項專利。截至 2003 年年中，原相在台灣獲准專利件數為 12 件、公告中 8 件、申請中約 20 件，美國也獲准 2 件。除了前述專利外，如果有任何其他爭議產生時，原相也將隨時依法為客戶捍衛權益，客戶不須有任何疑慮。年中原相光學滑鼠用影像感測晶片用出貨量突破 100 萬顆，下半年占整體營收比重達五成。

(一)原相小檔案

聯電 1991 年獨立出來的晶片設計公司中，包括智原、聯發科等一代股王，以及在 LCD 驅動晶片相關市場獨霸一方的聯詠等。當年掛牌時，董事長都是蔡明介，蔡明介也因此被投資人譽為股王的推手。股王桂冠前一個傳奇是聯發科，而原相崛起的曲折過程跟聯發科近似，未來也同樣具備挑戰股王寶座的潛力，因此，在未上市市場（即興櫃）的動向觀瞻。

原相隨著感測元件（sensor）、光學滑鼠等產品與手機、PC CAM 等市場逐漸成熟，2003 年營收大幅成長四倍，每股稅後盈餘達 11.86 元，驚人的轉機、成長力道令投資人驚艷。2004～2005 年原相營收大幅衰退；2004 年 6 月股票上市申請撤件；2005 年 6 月 27 日由聯電董事長曹興誠接替蔡明介，擔任董事長。

(二)律師的看法

眾達國際法律事務所律師許維夫（美國專利權律師）表示，原相提出的法律行動是「**確認之訴**」（**declaratory judgement**），通常有二種主要主張：第一種是向法官要求，主張對方專利權無效；第二種是即使對方專利有效，但是公司本身的產品沒有侵犯到對方專利權。

確認之訴官司在美國是要向地方法院提出告訴，加州有四個地方法院，北區法院是在舊金山、矽谷一帶。

原相的這類法律行動是否可以被科技公司效法引用，以保護自己的專利呢？許維夫表示，一般公司不曾輕易提出這類訴訟，通常是等對方公司來找上門，雙方談不攏時，經過精密分析，才會先發制人，向法院提出告訴。這類法律行動很少用，縱使美國本土也很少看到，不宜被科技公司效法，原因是成本很高。所以他認為，原相一定有相當把握才會提出這類的告訴。

許維夫強調，美國律師費用非常高，如果只是打到一審，大型律師事務所的費用 100～300 萬美元。

(三)學者的看法

中原大學財經法系、政治大學智財所兼任副教授孫遠釗表示，原相科技的作法屬於美國專利法規中的確認之訴，在美國法律界相當被鼓勵，如今也開始被台灣企業引用，除了企業被美商「告怕了」之外，其中不乏有高人指點。

「確認之訴」是指原告請求法院確認和被告之間是否存在著某種民事法律關係的訴訟。這種訴訟是雙方當事人對於他們間的法律關係認識不一致，發生了爭議而至無法解決時，要求法院予以認定雙方存在或不存在某種法律關係，它的特點在於並不要求判令被告履行一定的民事義務，一旦法院對該法律關係作出判決，消除當事人之間爭議，此案即告結束。

孫遠釗指出，對晶片設計公司來說，為了避免其他專利權人找上門，主動提出確認之訴是正常作法，目的在於明示本身沒有侵權意圖，屬於化被動為主動的防禦策略，還可以掌握三大優勢：(1)選擇對自己有利的法院；(2)有從容時間準備資料；(3)事前不聲張，可以造成對手措手不及。⑦

六、後下手遭殃，只好和解

2001 年 3 月 23 日，隸屬於法商 AREVA 集團的美國 FCI 公司，針對球柵陣列連接器技術專利對鴻海提出侵權告訴一案。2004 年 2 月 13 日，美國陪審團在舊金山判決鴻海對侵犯 FCI 二項關於球柵陣列連接器技術的專利必須承擔法律責任，FCI 認為這項判決結果是雙方纏訴三年後的「重大勝利」。

這二項連接器被應用在筆記型電腦、桌上型電腦和伺服器上，FCI 公司僅把球柵陣列專利技術的全球許可使用權授予給泰科（Tyco）和 Molex 二家公司。

這二家公司是鴻海在全球連接器市場的對手。業界認為，FCI 此舉是為鞏固日漸流失的市占率。

鴻海表示，有關該系列產品是鴻海獨立開發成功，全系列產品的設計和技術上在美國、歐洲、台灣和大陸取得多項專利。

針對 FCI 公司對鴻海提出的專利訴訟，鴻海表示將尊重司法判決，並且循相關法律途徑提出救濟，以保護公司權益。鴻海重申維護智慧財產權的決心和努力，不容許任何個體侵犯鴻海的智財權。

由於 FCI 公司要求數百萬美元的賠償金額，業界人士評估，縱使最後法院判決鴻海必須支付這筆賠償金，對鴻海的影響相當有限。鴻海在連接器方面擁有龐大專利，FCI 也有所顧忌，擔心未來還是會互踩專利，預料雙方未來很有可能以「交互授權」的方式在庭外和解。

(一)利空謠言，股市重跌

2004 年 3 月 2 日，股市盛傳因為 FCI 求償 200 萬～2 億美元，鴻海 GBA Socket 連接器等產品將被禁止輸往美國，迫使英特爾將取消對鴻海相關產品訂單。由於此利空傳言，鴻海股價重挫，一度跌停至 139.5 元，引發電子股一陣殺盤，三大法人更聯手賣超鴻海股票逾 2 萬張，約占鴻海成交量 3.69 萬張的三分之二。

(二)鴻海闢謠

對此，鴻海當晚緊急發布重大訊息，指出 FCI 公司控告該公司侵犯其連接器專利權一事，早在 2 月 20 日透過股市觀測站發布重大訊息說明，該案司法程序還在進行，該公司正循法律途徑提出救濟，迄今沒有任何美國法院對此案有進一步的判決。

(三)和解了事

2004 年 3 月 26 日雙方和解，和解後，FCI 同意鴻海使用在 GBA Socket 相關技術。鴻海並未對外說明此次和解案具體的和解金額。

鴻海為了化解這位大客戶（筆者註：英特爾）出貨的疑慮，避免任何營運的風險，在客戶要求下，鴻海只好「買單」，認賠了事，雖然以郭台銘的個性十分在意專利侵權的是非對錯，這也讓他輸得相當不甘心。

由於 FCI 主張的專利涵蓋英特爾奔騰平台的 Socket 478 連接器，這項產品是鴻海連接器產品中的獲利主力之一（2001 年推出），加上後續可能還將影響在 5 月問市（Socket 755 連接器新業務），為免夜長夢多，鴻海才讓步。

FCI 小檔案

FCI 成立於 1989 年，是法國能源服務集團 AREVA 旗下一員。崛起迅速，成為全球三大連接器相互聯系統製造公司之一。2003 年的營收為 13.4 億歐元，營運觸角遍及 18 個國家，涵蓋通訊、數據、消費電子、工業、汽車和電力等相關市場，全球員工共 12,500 人。

13.8 美國的智財權保險

專利迴避只是專利訴訟風險管理五中類手段之一，智財權保險是其中一中類，其主要功能在於風險理財，也就是出事時、後有錢可以來善後，不致因為缺錢以致「家道中落」、「晚景淒涼」。

一、訴訟費用很高

在美國加州進行專利訴訟，一個審級的律師費用要花費 100～300 萬美元。財力雄厚的大型公司有能力來面對鉅額費用（尤其是龐大的律師和證人、鑑定人費用），但是小公司就沒那麼幸運。如果小公司選擇消極面對專利訴訟因而敗訴，則龐大的專利損害賠償金額更將是其難以承受的巨大損害。因此，進入或逃避訴訟，對於小公司都是極度困擾的兩難局面。以商業保險的方式來承擔追索或訴訟的風險，正是一種解決困局的可行方案之一。

二、美國的智財權保險

美國的智慧財產保險（intellectual property insurance）有三種基本樣態。

(一)商業責任保險

大部分公司投保「商業一般責任保險」（Commercial General Liability Policy, CGLP），其標準條款是由民間組織保險服務辦公室（Insurance Service Office）所制定，內容涵蓋甚廣。1973 年首次把「廣告侵害」（advertising injury）列入保險範圍。「廣告侵害」是指保險人在保險期間內所為，包含：誹謗（libel）、中傷（slander）、侮辱（defamation）、侵害隱私權（violation of right of privacy）、剽竊（priacy）、不公平競爭（unfair competition）或其他侵害他人著作權、商標或標語（slogan）等內容廣告行為，因而引起的第三人傷害。被保險人在請求理賠時必須證明：(1)傷害是因受保險期間內的被保險人廣告行為所引起；(2)被保險人的行為屬於上述定義的冒犯行為（offense），而且沒有被排除在保險契約之外。

(二)侵權責任保險

在智慧財產侵權訴訟大增和法院對於商業一般責任保險適用範圍的解釋窄化之後，專門針對智慧財產侵權責任風險而設計的侵權責任保險契約（infringement liability insurance policy），於是應運而生。最常見的保單是針對產品的製造公司、出售人和使用者，遭受其他專利權人主張侵權而可能發生的責任而設計。1994 年，美國國際集團（American International Group）推出首張專利侵權責任保險保單；隨後，多家保險公司紛紛推出類似保單，針對專利訴訟的被告面對專利權人可能追索的利潤和權利金提供理賠。

這些保單大致上均要求專利權人的首次追索（claim），即損害求償須發生於保險期間內，而且被保險人必須不是故意（intentional）或惡意（willful）侵權。有些保約中會加入排除條款（即保險人不理賠），例如。

· 新式樣、工業設計和植物種苗專利侵害。

· 因為被保險人違反授權契約而導致的追索。

· 申請中或已失效專利的追索。

· 被告未列名為被保險的訴訟。

· 同一授權契約多數被保險人間相互訴訟。

· 政府機關提起的訴訟（政府真正擁有專利不在此限）。

· 被保險人因為反托拉斯法而遭致的訴訟。

在大多數保單中，保險範圍涵蓋被保險人因為遭到禁制令和仲裁人的判決而遭受的損失。通常保險公司會要求被保險人的產品首次生產或銷售之前，先獲得專利律師「無侵害其他有效專利」的法律意見函，否則不予理賠。

(三)權利實施險

權利實施險（infringement enforcement insurance policy）是為實施被保險人自己的智慧財產權（特別是專利權時），例如，訴請他人就侵害自己的專利而賠償所產生的法律費用或其他損失。

跟上述商業或侵權責任不同的是，權利實施險的被保險人是專利權人本身，而不是可能的侵害者，而且其保費遠低於侵權責任險。對於小公司或個人的發明人來說，要應付財力雄厚的侵權人既耗時費力，而且所費不貲。在專利訴訟中，如果缺乏明顯獲勝的證據，律師通常不會接受「不勝不付」（no cure, no pay）的律師費給付條件。這種因財力不足而無法實施自己的智慧財產權的困境，因此「權力實施險」應運而生。此種智財權保險是一個比較廣泛的險種，保險範圍擴張至商標、著作權和軟體設計的實施。

跟商業和侵權責任保險相同的是，想主張理賠，必須符合許多積極和消極要件。因為這種保險將可能替保險契約雙方帶來可能的龐大追索利益，因此，保險公司對此比較有興趣承保。⑧

註　釋

①摘錄整理自劉尚志、陳佳麟，2001 年，第 347～349 頁。

②經濟日報，2001 年 2 月 17 日，第 40 版，蕭春泉。

③工商時報，2004 年 12 月 14 日，第 2 版，林秀津。

④天下雜誌，2007 年 7 月 4 日，第 46 版。

⑤工商時報，2010 年 2 月 9 日，A16 版，潘羿菁。

⑥經濟日報，2009 年 10 月 1 日，A11 版，何蕙安。

⑦工商時報，2003 年 7 月 15 日，第 13 版，陳碧芬。

⑧摘自蘇崇哲，「智慧財產權保險」(一)——由美國制度談起，科技政策透析，2002 年 11 月，第 45、47、49、50 頁。

本章習題

1. 以表 13.1 為基礎，你知道還有什麼分類方式來說明知識保護方式？
2. 以表 13.3 為基礎，跟其他相關文獻比較。
3. 以表 13.4 為基礎，跟其他相關文獻比較。
4. 圖 13.2 中，我們是否可以簡化成一個面向呢？即積極用途（增加收入）、消極用途（降低成本）呢？
5. 表 13.5 的智財權分類，有些人採表格式，有些人用樹狀圖，你比較喜歡哪一種？
6. 資料專屬權比較偏重營業祕密還是專利，為什麼？
7. 以表 13.6 為基礎，為什麼負責智財權管理的政府機關令出多門，而不採取一條鞭式呢？
8. WIPO 智財權協定對台灣有什麼約束力？
9. 找一個個案來分析跨國專利訴訟的流程。
10. 找一張智財權保單來分析其運用要件。

14

保障智財權的戰術作為

智慧財產權的授權與聯盟，就會形成產業競爭的聯盟，它不只是訴訟案，而是商業競爭策略。

所以重要的專利授權、談判、訴訟，都要提高層次到董事會討論。

——**郭台銘** 鴻海集團董事長

2007 年 6 月 8 日，鴻海股東大會中講話

學習目標

本章站在智財單位、法務室維護公司智財權的立場，說明專利、營業祕密的執行重點。由於是戰技層級，所以也很具體，會給你立即、直接的收穫。

直接效益

申請專利是專利（代理）事務最喜歡開授的課程，本章第一節八九不離十的交代重點，剩下的則是引用網路上的三個案例來「有樣學樣」一下。

本章重點

1.申請專利範圍。§14.1 一

2.先前技術。§14.1 二(二)1.

3.申請專利範圍撰寫方式。§14.1 二(三)

4.專利法基本特色。§14.1 三
5.專利侵權的定義。§14.2 一
6.專利被侵權時的求償。§14.2 四
7.員工競業禁止條款。§14.4

前言　專利不是天上掉下來的禮物

坐擁金山，不如換張黃金存摺；同樣地，專利也是一樣，必須申請，經過智財局核准，才能確保名花有主！

14.1　專利申請快易通

在專利申請方面，大公司大都自理，小公司則透過外部的專利師、專利代理人向智財局提出申請，這是執行階段的戰技作為。不過更重要的是，公司必須相當了解專利申請的重要原則，才不會「只見毫末而不見輿薪」。

一、申請專利範圍

專利權基本上具有下列三項特性。

(一)專利範圍

依據專利法第 56 條第 1、2、3 項規定，專利具有高度排他性。

1.物品專利權人，除本法令有規定者外，專有排除他人未經同意而製造、販賣、使用或為上述目的而進口該物之權。

2.方法專利權人，除本法令有規定者外，專有排除他人未經同意而使用該方法及使用、販賣或為上述目的而進口該方法直接製成物品之權。

3.發明專利權範圍，以說明書所記載的申請專利範圍為準，必要時得審酌說明書和圖式。

對於新型專利和新式樣專利的禁止規定也載明於第 103 條和第 107 條，由此可見，權利保護和專利侵害均以「申請專利範圍」為準。

(二)地域性

專利權人所獲得的專利權只能受到授與其專利的國家的法律保護，也就是在該國法律管轄區域內才有效。而在法律管轄區域外，專利權效力鞭長莫及，因此有人利用此一漏洞，轉移陣地迴避專利權。

(三)時間性

專利權在一定的時間內受法律保護，逾期或經撤銷確定者，專利權就失去法律效力，成為社會共有財產，任何人均可以實施該項專利內容，沒有專利侵權問題。

二、申請專利範圍的界定

專利權利的表現顯現於「申請專利範圍」，唯有適當地對專利權的保護範圍加以界定，並且給予專利權人周延的保護，又不致使他人創作活動受到不當干涉，才能使專利制度周延、可行。

(一)專利認定方式：周邊限定原則

對於一項專利來說，申請專利範圍等同於人的身分證一般，一切有關專利權的主張都必須以申請專利範圍的內容為依據，台灣對於專利權限的認定方式傾向於周邊限定原則。

申請專利範圍是申請人所想主張專利權利保護的創作範圍，**周邊限定原則（peripheral definition rule）**不承認擴張解釋，專利權效力不及於申請專利範圍外。支持此學說者認為，專利是創作者跟社會大眾間所締結的契約，當解釋專利權範圍時，也應該類似於契約解釋精神來規範，英國、美國、台灣等海洋法系國家採取此原則。此原則的優點為權利範圍容易界定；其缺點為申請人為了防止掛一漏萬，以致申請專利範圍的項數過於繁雜。

(二)說明書記載要項

接著以整份申請專利的文件（說明書），說明專利權的核心——申請專利範圍。

專利法第 22 條規定說明書記載要項重點如下。

1.先前技術

在說明書中應載明先前技術，而引證資料可以是專利有關的資料或是其他資料，例如：專利公報、期刊、雜誌、手冊和書籍等。引用專利資料時，須載明專利的資料來源、申請案號和公開日期，引用其他資料時也必須說明該資料的詳細來源。

有關於先前技術的文獻，是評估申請專利範圍中「請求項所載發明」可否准予專利時的重要參考資料之一，所以宜包括跟申請專利發明關聯性最深的技術文獻。

2.發明（創作）目的

發明（創作）目的中，應載明專業上應用領域、有關的先前技術，以及所欲解決的「主要問題」（subject matter）。

3.技術內容

技術內容應該載明解決「主要問題」所採取的技術手段及其作用，必要時，更須記載實際上如何使該發明的「技術內容、特點」具體化的實施例子。在實施例（embodiment）方面，應儘可能揭示多種獲致最佳結果的實施例子，必要時，更應該基於具體的實驗數據記載事實。

4.特點和功效

發明（創作）之特點和功效中應盡量具體記載發明所產生的「特有功效」，是依據申請專利的「技術內容、特點」，才能獲得的有利性功效（advantageous effects)，具體上常記載如何供作確認發明目的的達成，以顯示比先前技術有利的事項。

5.可據以實施

以「物」來說，可據以實施是指可製出該物、可使用該物；以「方法」發明來說，是指可使用該方法；就物的生產方法來說，則指可依該方法製造該物品。所以，「可據以實施」是指依申請當時的技術知識，可以正確理解，並且能「再現」該發明者。

(三)申請專利範圍撰寫方式

申請專利範圍有二種撰寫方式，各有其優缺點。

1.「寬」的撰寫方式

一個**「寬的申請專利範圍」**（**broad claim**）通常可以使用「屬性化」（generic）的名詞，藉以包含比較多的或是所有的該項發明技術所涵蓋的不同實施例於其專利範圍之中。例如，電燈，從「寬的申請專利範圍」角度，可以寫成「把電流轉變成為光能的一種裝置」。

一般來說，申請專利範圍所使用的文字越少，其專利範圍越廣。例如，「桌子」以及「具有四隻腳的桌子」二種不同描述方式，前者所涵蓋的範圍顯然要比後者寬廣。但是，有時候並沒有現成的屬性化名詞可以使用，此時可以用「手段加功能用語」（means plus function language）的句型加以表達。

「寬的申請專利範圍」通常是以「獨立請求項」的型態存在，其用字遣詞比較模糊，文字字數也比較少，以擴大其專利範圍。因此，其優點是專利範圍比較廣，缺點則是檢舉他人侵權時不明確。

2.「窄」的撰寫方式

「窄的申請專利範圍」恰好相反，通常是以「附屬請求項」的型態存在，其用字遣詞比較明確，文字字數比較多，明確界定權利範圍。其優點是檢舉他人侵權時較為明確，但是其權利範圍比較窄。

(四)申請專利範圍要件和原則

申請專利範圍在撰寫之前有一些要件和原則須先釐清，下列均跟申請專利範圍的撰寫正確與否有密切關係。

1.單句原則（single sentence rule）

要真正了解「申請專利範圍」的權利範圍，必須以「整體觀之」（as a whole），也就是專利法上「單句」原則。美國專利法上的「單一句子」原則上須以大寫英文字母開頭，並且在最後以一個英文「句點」結束，之間除了如溫度標示符號等外，不可以有其他大寫英文字母存在。

台灣任何一項權利必須是完整的「一個句子」，「單一句子」原則即每一項申請專利範圍的內容應該都視為一個整體。如果它是一個「機械」方面的專利，其主要構成元件包括：機構裝置個數、元件跟元件之間的連接關係、元件個別所發揮的功能，以及整體所發揮的功能。

2.獨立項請求（independent claim）

獨立項的記載形式，原則上不必引用其他請求項，而記載「獨立記載形式」。專利範圍第一項必須為獨立項，其撰寫方式分為二種。

(1)傑普森式請求（Jepson type claim）

2004 年 7 月 1 日起，智財局採用此方式，是二段式（two-part form）的撰寫格式。

A.前言（preamkle）：包含申請專利的標的、先前技術共有的必要技術特徵，以描述一個以上的製程、製品或是組合的所有元件。

B.以此衍生改良而出的技術特徵，在前言之後使用「轉折連接詞」（transition），最常見的用詞為「其特徵在於」，並且在「主體」（body）部分只描述創新的元件或是其改良所在。

說明書的撰寫簡化後，申請範圍的限定必須更為清楚，包括說明書中的具體實施例與其均等範圍，否則將產生日後解釋專利權範圍疑義。由於複數技術特徵組合的發明，其結構或性質往往難以界定的情形，施行細則中也新增可以（手段功能用語）界定專利申請範圍，其特色是不須詳細敘述元件的結構或材料，而僅須以實現某一特定功能的手段或步驟的方式來表現，可省略相關複雜說明，大幅簡化申請專利範圍的撰寫。

(2)馬庫西式請求（Markush type claim）

申請專利範圍在撰寫時如果找不到一個共同的、可以被接受的「屬性名詞」或是手段加功能時，經常使用本形式的申請專利範圍。經常使用於化學、製藥和製程步驟，純粹機械特徵也可以使用此法表達。

3.附屬項

附屬項是一項或一項以上的「申請專利範圍」，可以用「附屬」或「依附」的方式，藉以回溯參考，以及附加限制條件於同一申請案中另外一項（或以上）的「申請專利範圍」。一附屬項的權利請求項包括「獨立項」的所有限制條件，同時加上一些更詳細的描述、極限範圍或是限制條件。

4.多項附屬項

多項附屬項即「依附二項以上的附屬項」，應該以選擇式處理；各申請專利範圍內的元件或是零件的描述採用選擇式並不恰當，應找出共同的「屬性名詞」以替代選擇性。

由於容許申請專利範圍「多項式的存在」，因此其獨立項界定的範圍較廣，常輔之以附屬請求項，所以比較適合以周邊限定原則來解釋申請專利範圍，如果個案特殊也可採用中心限定原則。

因此善用多項式，而且對於獨立項的內容作精闢的定義，是唯一能夠達成妥善保護專利案內容的途徑。一個符合構思細密原則的申請專利範圍，不但在文字的選擇上字字珠璣，包容量大，而且在結構的描述上更須能夠涵蓋各種可能的修改和變化。經由精闢的文字定義，可以在未來的主張時保護到所有可及的範圍，這才是理想的申請專利範圍。①

三、專利法基本特色

台灣專利法架構上具有下列特色。

(一)申請優先主義

申請優先主義（first-to-file）指二人以上有同一發明，個別申請時，應就最先申請者准予發明專利。絕大多數國家的專利申請皆採用此原則，只有少數國家（例如美國）採取**發明優先主義（first-to-invent）**。

1.發明優先主義

申請智慧財產權的登記時，應注意保存充分完整的證據，例如，申請發明專利對於發明過程的實驗室日誌，應詳細載明實驗發明過程和各階段起始及完成日，以備未來遭他人提出權利異議或其他訴訟時，可以引為攻擊防禦手段。例如，矽統公司於 1993 年跟英特爾公司間的糾紛中，可以順利地避免可能引發的侵權訴訟。

有關「發明」專利中的發明，又可以分為先構思者（conception）和先實施者（reduction to practice）。美國專利法規定中，先實施者可取得發明專利，例外情形如果先構思者在構思過程和實施前有繼續研究的行為時，則可能成為發明專利的所有人。

2.建議

眾達國際法律事務所黃日燦、張冀明二位律師建議，基於此，公司研發人員或知識創新者對於其智慧結晶的記錄，宜詳細記載該項「智慧結晶」的構思日期、過程和實施日期。由美國專利法的相關規定，更可看出任何知識資產（專利、商標、著作及其他營業祕密等）均須詳加保有完整的文件內容，以備未來不時之需。

(二)異議制度

當所申請的專利經由智慧財產局審核通過後，必須經過三個月公告，沒有第三人有異議，則核發專利證書；這三個月異議期可以稱為公眾審查期。在此異議期間，專利權人的專利權僅是暫准的，此時雖有侵權事件發生，也不得主張任何專利權。

2004 年 7 月起，已取消異議制度，即智財局核准專利後，申請人即可繳費領證，取得專利權。

(三)懲罰性賠償

專利權屬於國家賦予發明人對於創作上公開的一定程度排他權的經濟獎賞，因此，對於專利糾紛理應透過經濟上的處罰、制裁來遏止或協調當事人之間的利益糾紛。即專利刑罰除罪化，所有侵害專利完全歸民事解決。

(四)沒有局部侵權這檔事

由於專利保護的範圍僅及於專利請求項的全部元件、技術或程序的組合，因此，如果僅製造、販賣專利範圍內的單一元件，縱使該元件僅能用於實施該專利之外別無其他用途，專利權人也無法請求任何權利的保護。

(五)侵權成立不論商業目的使用與否

台灣和美國專利法對於專利侵權成立與否，除了台灣專利法第 57 條所規定專利權所不及於的事項外，並不事先考慮侵權人侵害該專利是否涉及商業活動或營利行為。

(六)特許實施的規定

專利制度的設計不僅在於鼓勵發明人把其發明或創作揭露，更重要的在於希望該發明或創作能廣為利用或參考，使產業得以發展。因此，專利法於第 78 條規定在四種情事之下，第三人可以向智財局申請特許實施強制授權，該規定與「跟貿易有關的智慧財產權協定」第 31 條第 1 項(b)一致，包含下列四項。

1.因應國家緊急情況。

2.增進公益的非營利使用。

3.申請人曾經以合理的商業條件在相當期間內仍然不能協議授權，包含二小項。

(1)再發明專利權人和原發明專利權人。

(2)製造方法專利權人和物品專利權人之間的協議交互授權。

4.經過法院或公平會認定專利權人有不公平競爭的情事。

特許實施制度的目的在於希望能加快專利可能帶來的社會利益，並且降低其造成的社會成本，以免當不存在此制度時，想實施該專利人和專利權人之間交易成本過高。對於特定產業或發明，只有在一定的情況之下才可允許申請特許實施。例如，1997 年修正的專利法第 78 條規定：「半導體技術專利申請特許實施者，以增進公益之非營利使用為限。」第 80 條第 4 項規定：「再發明或製造方法發明所表現之技術，須較原發明或物品發明具相當經濟意義之重要技術改良者，再發明或製造方法專利權人始得申請特許實施。」主要的目的在於避免第三人任意地利用此制度而損害專利權人的利益。②

四、申請

為了有效處理專利申請案、提升審查效能、跟國際接軌，智慧財產局積極進行「智慧財產權 e 網通計畫」，從 2004 年起成立單一窗口，24 小時接受業者智財權申請，進而達到審查無紙化目標。

五、審查

專利法區分程式、公開前和實體等三種審查，前二者必為早期公開前進行審查。

(一)程式審查

程式審查主要是針對現行程序審查事項。

(二)公開前審查

公開前審查是指審查專利申請案有沒有涉及國家機密、國家安全、妨害公共秩序或善良風俗等情形。

為了避免企業重複的研發與投資，「發明專利早期公開」制度於 2002 年 10 月 26 日施行，預估每年約有一萬件發明申請案不須請求實體審查而直接公開於發明公報。

智慧財產局依據專利法第 36 條之 1 至之 6 項規定，施行「發明專利早期公開」制度，原則上，所有的發明專利申請案將於 18 個月後公開於「發明公開公報」。

早期公開的目的在於使企業儘速了解已申請專利的技術資訊，使產業技術研發方向和投入成本可以事先評估，促進研發能力的提升。而此制度也設有例外不公開的情形，例如：不合規定的程式者、申請案自申請之次日起 15 個月內撤回、涉及國家機密、國家安全、妨害公共秩序或善良風俗等情形則例外的不予公開。由於新型、新式樣創作技術水準較低，而產品生命週期也比較短，所以並不適用早期公開制度。

早期公開制度是從專利案申請後，經過法定期間後即解除保密狀態，使大眾經由公開管道得知已進入申請程序的專利技術內容，藉以避免企業重複投入研發和投資的浪費，並且可以使第三人得因發明技術內容的公開而及早獲得相關技術資訊，從事進一步研究發展，以提升產業核心能力。早期公開制度另配套有申請實體審查和暫時性保護等措施，即發明專利申請案如欲取得專利權，必須於申請後的一定期間內另行提出實體審查申請，而於公開後至審定公告期間則享有暫時性保護。然而，專利是科技產業的命脈，技術一旦公開，其對手可以藉此判斷評估專利申請人未來產品方向，更有甚者利用該已公開資訊以研發出阻礙對手的產品，早期公開制度所涉及專利技術、市場競爭等對企業的影響仍有待觀察。

(三)實體審查

實體審查的時點視申請人提出申請的時間，從申請日起三年內皆可。智財局並不主動進行實體審查，超過三年法定期間者，如果沒有任何有權提出申請的申請人，則該案視為撤回。

(四)公眾審查

專利申請案經審定核准後，公告三個月期間，任何人或利害關係人可提起異議；經取得專利證書者，在專利權有效期間內，任何人或利害關係人可以提起舉發，不過，2004 年 7 月此階段已取消。有關智慧財產權相關問題可洽詢經濟部智慧財產局，電話 (02)2738-0007，或上該局網站查詢：http://www.tipo.gov.tw。

14.2 專利侵權的救濟

專利是一種專有的權利，是一種無形資產，可據以產生獲利；一旦被仿冒，專利權人可以提起民事訴訟以保護自己的權利。

一、侵權的定義

法律保護專利，創作發明人除享有人格上發明的榮耀外，在實質財產利益上，專利權自申請日起算 20 年（發明專利）或 12 年（新型專利或新式樣專利）可以取得：「專有排除他人未經其同意而製造、販賣、使用或為上述目的而進口該物品之權。」

專利權的權利本質，是為了專利權人擁有「製造、使用、販賣、進口」的專屬排他權，排除他人對專利「自由實施」的權利，因此，對擁有專利之產品的「製造」、「使用」、「販賣」、「進口」其中任一項行為的實施都會構成專利侵害。所以，除了製造生產公司會觸犯專利侵權外，對於經銷商或零售公司也有可能成為專利侵害的訴訟當事人。

(一)使用仿冒品也算

第三人如果僅是單純的使用仿冒品，專利權人也有權利去禁止他不得使用。例如，A 公司從大陸進口一台仿冒 B 公司專利權的機器，A 公司只是單純在自己工廠內使用而已，並沒有製造或販賣的行為，也沒有製造或販賣該機器的意圖，這時候 B 公司仍有權利禁止 A 公司不可以使用該機器，A 公司只能向 B 公司購買專利機器來使用。

(二)販賣之要約

世界貿易組織「與貿易有關之智慧財產權協定」第 28 條把**「為販賣之要約」（offering for sale）**（大陸譯為「許諾銷售」）列為專利權的效力範圍。

為了符合世貿組織會員國所應遵守的最低義務，並且跟國際保護智財權的目的接軌，2003 年 2 月 6 日由總統公布 2004 年 7 月實施的新修正專利法，已經明文把「為販賣之要約」訂為專利權範圍（包括：發明、新型及新式樣專利）。因此，沒有得到專利權人的同意或授權而為販賣之要約者，也構成侵害專利權。

此次修法加入「為販賣之要約」作為專利範圍之一，是把侵害專利權的時點，從販賣提前至販賣的準備階段，除了符合國際保護智慧財產權的期待外，更大幅提升了對專利權人的保護。

因為如要求專利權人在銷售販賣行為完成後始得採取行動，則侵權產品早已流入市面，此時的任何措施皆顯得緩不濟急，不能充分達到防範的目的，因此，此次修法對於獎勵發明、提升技術水準的目標來說，可說是一項大利多。

無論是跟貿易有關的智財權協定或台灣專利法，對於「為販賣之要約」都沒有明確定義。按民法概念，契約的成立內含要約和承諾二種意思表示，而「要約」和「要約之引誘」（大陸稱為「要約邀請」）又是不同觀念，其最大區別即在於後者的標價人或寄送人不受要約約束，民法第 154 條第 2 項「貨物標定賣價陳列者，視為要約。但是價目表之寄送，不視為要約」，就是將這二種概念區別的最佳範例。

如果保護到「要約之引誘」的程度，則對專利權人不只是一項大的鼓舞，但要約的引誘使他人向自己為要約，僅為契約的準備行為，並不發生法律上的效果，如果此時即課予行為人侵權責任，效果未免過苛，可是大陸把「要約邀請」也認為是「許諾銷售」的一種。

專利權採取屬地主義，就是有地域性的限制，因此，無論是要約或要約引誘，其行為地的認定將涉及法院管轄權約有無，恐怕會有爭議。特別是網路廣告或拍賣網站行為，在新法實施後都有待觀察實務界的發展。

二、制止他人侵權

從 2003 年 3 月 31 日起，當專利權受到侵害時，專利權人只能用民事訴訟，向侵害專利權的人（即侵害人）請求損害賠償，請求財產上的賠償和業務上信譽減損的賠償；專利權人也可以禁止侵害人不得再為侵害，對侵害專利權的物品或從事經營行為的原料或器具，請求銷毀或其他必要的處置。專利權人提起民事訴訟，如果將來勝訴判決確定後，可以聲請法院裁定，把判決書登載在報紙上，登報費用由侵害人負擔，藉由判決書在報紙上登載，以回復專利權人的信譽，並且把侵害人不法侵害專利權的事情公諸於世，以達到杜絕專利仿冒的效果。

三、假處分

由於民事訴訟程序費時較久，而且侵害人通常會向智財局提出舉發案，進而聲請法院停止審判。這對產品週期甚短，亟須迅速獲得救濟的專利權人來說，常常感到緩不濟急。為了獲得及時救濟，專利權人得於提起民事訴訟之前先向法院聲請假處分，使法院命令侵害人在本案訴訟確定前，不得製造、輸入、銷售或使用，或為上述目的而進口侵害專利權物品，以取得暫時保護。

國際通商法律事務所合夥律師潘昭仙、盧柏岑說明專利權人聲請假處分時所面對的相關問題。

(一)聲請假處分前的準備

專利權人得知他人生產銷售的產品可能侵害其專利權時，應儘速設法取得侵害人產品和產品規格書，以便委請適當的鑑定機構從事專利侵害鑑定，取得侵害專利物品的難易，視該物品銷售對象而定。如果侵害物品的下游公司很特定，其流通對象、範圍均有限制，專利權人很難透過一般購買方式取得侵害物品。通常取得侵害物品或產品規格書管道有三：(1)從侵害者的下游公司處取得；(2)蒐集相關網站資料；(3)委請徵信公司協助取得。

(二)聲請假處分時考慮事項

專利權人準備向法院聲請假處分時；最好考慮法院對假處分審理、假處分的對象和方法，以及擔保金等問題。就聲請暫時狀態假處分來說，各法院是否通知侵害人陳述意見，處理方式也並不一致。

各法院對假處分要求的釋明程度未盡相同，有些法官認定暫時狀態的假處分相當於本案執行，對假處分要件中有關侵害案件要求達成嚴格釋明程度。但是有些法官似乎認為，只要聲請人提供充分擔保金，就核發假處分令。

究竟要提供多少擔保金，可能是專利權人決定是否聲請假處分的重要考量，擔保金額也是假處分最常發生的爭議。擔保金是擔保債務人因假處分可能遭受的損害，理論上應該審酌債務人繼續製造或銷售系爭侵害專利物品的利益。然而，當專利權人聲請假處分時，通常並沒有取得債務人製造、銷售侵害物品資料。

一旦法院未通知債務人提供相關資料，很難評估擔保金是否足以擔保債務人可能遭受的損害。有些法院會要求專利權人提供自己銷售專利權物品資料，並且依據該資料審酌債務人可能的損害。法院執行時是依假處分裁定的主文，因此，專利權人應仔細思考如何請求法院裁定假處分的主文，才能比較有效的保護專利權。

(三)執行假處分

專利權人聲請暫時狀態的假處分，其內容通常是要求侵害人不得為一定行為。如果侵害人違反法院核發的假處分，專利權人可請求法院對侵害人處以怠金或拘提管收；如果侵害人不遵守法院假處分，也可能觸犯刑法的妨害公務罪。

專利權人在法院核發假處分後聲請強制執行時，除了要求法院把假處分送達債務人外，得請求法院通知有關機關為適當協助。例如，系爭侵害專利的物品需要進口，可以請求法院通知海關協助。依據海關配合執行保護智慧財產權邊境管制措施，如果法院核發假處分令，而專利權人可以提供涉案貨物進出口時間和地點、運輸工具或進出口報單資料，海關可配合執行。

也常見專利權人眼中的「侵害人」以未侵害專利權為由聲請假處分，要求專利權人應容忍其製造、銷售系爭物品，不得干擾。③

四、專利被侵權時的求償

B 公司是發明專利權人，由於實施該項專利並推出市場後，廣受消費者青睞，A 公司見機不可失，於是進行仿冒，除了以低劣質料製造外，並且對外宣稱產品具有專利權，以低價傾銷市場，總計 A 公司共製造並售出約一萬個仿品。多數消費者於使用仿品後，因為故障連連，就直接向專利權人 B 公司請求維修或更換新品，B 公司才知道專利權遭侵害，立即委請律師向管轄法院請求排除侵害，並且賠償損失。B 公司就財產上損害的計算，得以下列較有利方式擇一。

(一)依專利權人 B 公司所受的損害計算

按 A 公司銷售仿品造成消費者對專利品誤認，甚至不再購買專利品，以致 B 公司專利品銷售數量驟減，得以專利品銷售數量減少為其損害的依據。然而，B 公司如果未能明確舉證上述損害時，可用一萬個專利品的價值為可獲得的利益作為計算標準。

(二)依侵權人 A 公司所獲得的利益計算

A 公司如不能證明製造仿品必要成本時，B 公司可用 A 公司所出售一萬個仿品全部收入作為其所獲得的利益。B 公司對 A 公司仿品的獲利證據通常較難掌握，所以，B 公司可於訴訟前先行聲請法院為證據保全，就 A 公司銷售仿品的數量、出貨單的相關資料等證據進行保全，將可以避免 A 公司在訴訟中隱匿獲利證據。

(三)由法院囑託專責機關或專家估算

按新公布專利法規定，因專利權價值係取決於市場機制，不屬於智財局專業範疇而予以刪除，所以這方式已經不援用。

A 公司以劣質仿品銷售以致消費者誤認是 B 公司所出售，而紛紛要求維修或更新，顯見 B 公司信譽已經因 A 公司侵害行為而致減損，B 公司也得請求賠償相當金額，這就是信譽損失的賠償。

A 公司是因為有利可圖而故意仿冒 B 公司的專利產品，法院可以就 B 公司的財產損失和信譽損失的總額，酌定 A 公司最高為三倍的賠償額，以維護專利人 B 公司的權益。

五、禁制令 vs. 假處分

眾達國際法律事務所主持律師黃日燦指出，想在美取得初步禁制令（exclusive order），須經法院裁定有可能勝訴，而且認定不發禁制令將造成原告難以彌補的損害和困擾，在衡量對公共利益沒有影響的情形下才會發給。

在第四節中，「台積電的訴請如果被獲准，將是很有利的發展，因為至少代表在發布的當時，法院認定台積電有可能勝訴。」黃日燦強調，不管日後雙方纏訟多久，禁制令會到全案訴訟結束後才會終止，意即在此期間，侵權人的產品製造、銷售都被禁止，對其營運非常不利。

禁制令雖然未必代表絕對勝訴，但是侵權人如果未能提出強有力的反擊立場，則大都會跟原告進行和解，以避免更嚴重的商業利益損失。禁制令訴訟提起後，法院會要求雙方出席庭訊，一般多在 2～6 個月間做出裁定。

萬國法律事務執行長郭雨嵐指出，美國法院在當事人訴請禁制令處分後，會傳訊雙方進行當庭攻防；相形之下，台灣過去對假處分的訴請，偏向採取「突襲」方式，在原告申請並且提存法定擔保金額後，不須經過開庭，法院就會做出假處分的裁定。

「傳訊雙方當事人固然較能釐清事實，但是對某些特殊個案來說，則無法發揮實質假處分的效果，」郭雨嵐提醒，尤其在民事訴訟法修正後，台灣對假處分裁定和執行更趨審慎，隨著智財相關訴訟日漸激烈，企業對這一點必須更加注意。④

14.3 商業祕密的維護

商業祕密本身由於界定困難，以及不易評估商業價值，因此，法律條文很難給予周詳的保護。高科技公司為了保護自身所擁有的科技優勢，最重要的還是須強調內部制度的建立，尤其是提供足夠的誘因留住科技人才。此外，公司給員工間契約的訂定，也須考慮到相關智慧財產權的規範問題。例如，員工對外關係和行為不得洩漏公司的商業機密，尤其是跟對手的互動中應遵守一定的程序。

一、營業祕密的法令規定

台灣高科技產業蓬勃發展，隨著市場競爭日益激烈，各公司間透過惡意挖角、不當獲取營業祕密等方式以從事商業角力的事情時有所聞，有機會掌握原公司機密資訊的重要幹部也常因此待價而沽，企圖藉此抬高自己的身價而牟取重利。因此，高科技公司如何保護自身的營業祕密和人力資源，並且避免相關爭訟的發生，已經是高階管理者必須重視的課題。

對於公司機密資料的保護，主要規定於營業祕密法和公平交易法中。根據營業祕密法第 2 條的定義，**「營業祕密」（trade secret）**是指：「方法、技術、製程、配方、程式、設計或其他可用於生產、銷售或經營之資訊」，其有祕密性、實質或潛在的經濟價值、所有權人已經採取合理保密措施等三項要件者。

營業祕密跟專利權最大不同之處在於營業祕密的「祕密性」是不須「公開」其技術或方法，而且營業祕密的保護並沒有期間的限制。社會上會有些享譽百年的長青企業，主要就是基於其營業祕密（像可口可樂公司的飲料配方）而獲得高度競爭優勢，企業的經營也因此歷久不衰。

1.營業祕密法

營業祕密法第 10 條規定，任何人及公司不得以竊盜、詐欺、脅迫、賄賂、擅自重製、違反保密義務、引誘他人違反其保密義務等不正當方法取得營業祕密，則受害的公司得依第 11 條規定向法院請求排除或防止之，並且得依第 12 條規定向侵害人請求損害賠償。

2.公平交易法規定

公平交易法第 19 條第 5 款規定，公司不得為以脅迫、利誘或其他不正當方法，從事獲取其他公司的產銷機密、交易相對人資料或其他有關技術祕密的行為，而有限制競爭或妨礙公平競爭之虞，否則該違法事業應承擔損害賠償的責任。請參照公平交易法第 30 條以下的規定。

3.勞基法規定

勞動基準法第 12 條明文揭示，如果勞工有「任意洩漏雇主技術上、營業上的祕密，致雇主受有損害」的情形，雇主得不經預告解僱之。

由上可知，如果其他公司以不正當方法取得公司的重要技術和商業機密，或任何人（包括離職員工）以不正當方法取得公司的技術、製程機密，因而造成公司損害時，公司得請求損害賠償，以保障其權益。因此，公司在跟員工簽訂的僱用契約中，會加上保密條款（confidential clause），甚至要求員工在離職後的一段期間內，不得向其他員工或舊識挖角（no solicitation，或稱禁止誘引條款）。

至於挖角部分，員工雖然基於憲法保障的工作權而有選擇職業和轉業的自由，但是由於商場上往往認為人力資源是公司重要資源，員工離職後也可能對原公司造成洩漏機密或夾帶商業情報給新公司的潛在威脅，因此對於員工的工作，多有以契約約定方式加以規範的趨勢。

法院已經做成判決，承認公司對其他公司的員工有「惡意挖角」的情事，而造成不公平競爭時，即可構成違反公平交易法第 12 條第 3 款和第 24 條規定，而須負民事的損害賠償責任，甚至刑事的背信責任。

針對產業間層出不窮的挖角事件，政治大學法律系教授馮震宇表示，企業可以循公平交易法、刑法、民法、營業祕密法等途徑尋求救濟。然而，由於各個法律規定的要件不同，法院認定證據的標準也不一致，並不是所有案件均能夠在法律上得到解決。

在營業祕密方面，縱使是廢棄物處理也要審慎，尤其是涉及研發等資料，最好能備有夠大、夠好的碎紙機加以處理，以免機密資訊不小心外流。

二、預防重於治療

營業祕密由於性質特殊，看不見又摸不著，不如專利權或著作權具有明確範圍，訴訟上本來就困難重重。多數案件，原告在第一步要證明所主張的資訊是祕密時，就會敗下陣來。國外方面，由於有明確的證據法則及發現程序，加上一百多年來累積的案例經驗，在進行此類訴訟時，對於舉證分配及訴訟結果比較能夠預期。

鑑於訴訟不易，求償困難，如何在事前防制祕密洩漏，並為可能發生的訴訟為證據保全，作法上就顯得格外重要。國外經驗可供參考，例如：機密文件分級管理、定期更新公司營業祕密範圍、限制影印機、傳真機的使用、網路上傳下載的限制、公司對外通訊監視和營業祕密政策宣示等，都是值得公司事前採取的防禦措施，如此一來，除了保護自己的營業祕密不外洩，也要避免誤用他人的營業祕密。

多數公司都光有營業祕密保護的形式，卻沒有做到營業祕密的實質管理。世新大學法律系教授鄭中人表示，以訪客登記制度為例，多數公司均任令訪客自由翻閱訪客登記簿，只要觀察和公司來往人員，許多祕密皆可從此流出。不過，大多數公司均承認沒有什麼方法能完全避免公司祕密的外洩。重要的是，公司應有把「個人技術公司化」的觀念。國巨建元廠就因為飛利浦把技術檔案作得很好，才能在這樣短的時間內恢復運作。

從早期的全友控告力捷案，後來的聯電控告矽統，到國巨控告華新科、台積電控告中芯營業祕密，案件層出不窮，背後主因多是訴訟案件不易成立，員工對營業祕密的洩漏沒有警覺，把電子郵件任意寄發視為正常，或許員工本身並不在意，但是對有意尋求合作的國外公司來說，可能就此質疑台商的保密能力，甚而減少在台投資。台灣想推動成為亞太科技重鎮，做好員工工作倫理教育，建立營業祕密制度，有其絕對必要性。⑤

三、日本的作法

日本企業在大陸有許多家電產品的承包公司，不過，這些工廠卻是日本技術遭濫用、製造仿冒品的溫床，大批產品的製作圖、生產技術由這些工廠流出。另外，日本模具公司的設計圖和資料遭到複製而流入海外企業，以致外國企業仿冒的案件快速增加。

日本經濟產業省在 2004 年度創設「智慧財產權日本工業規格」（JIS），以保證取得該規格的企業完全遵守智慧財產權制度。對於樹立公司內部控制制度、防杜技術流出的企業給予保證，以促使其他公司能夠安心地跟獲得該保證的企業交易。日本經濟產業省呼籲國際標準化組織（ISO）採用「智慧財產權 JIS」作為新基準。

要獲得智慧財產權 JIS 的認定，條件是企業必須徹底地管理和保護有關自家公司、交易客戶技術方面的資料，教育、管理內部，包括：「在公司內張貼禁止攜出機密資訊的標語」、「從業員工規則明訂禁止洩漏技術」、「工廠設置有關技術資訊的專門管理人員」。此外，也包括電腦設置防製密碼等在內。

四、保密防諜措施

預防重於治療，所以大部分大型高科技公司皆採取表 14.1、14.2 中的保密防諜措施。

五、美國肯德基的作法

桑德斯上校 1940 年在肯塔基州東南部開設小小的餐廳時，想出這個炸雞酥皮秘方，1950 年代初期利用這個秘方於炸雞粉，創設肯德基炸雞連鎖餐廳。

桑德斯於 1980 年去世，但他的樣子仍然是肯德基炸雞行銷攻勢中的重點。

桑德斯用鉛筆將炸雞粉的所有配方寫在一張已經泛黃的筆記本紙上，包括每一種成分的正確用量。這張有 69 年的炸雞酥皮配方極為重要，這份配方一直放在肯德基公司總部一個有二道號碼鎖的檔案櫃裡，保管秘方的人要開檔案櫃，首先必須打開保險箱，再開三道門的門鎖，才能看到檔案櫃。檔案櫃裡也放了裝著各種香草和香料的瓶子。

表 14.1　智財權的保密防諜措施

措施	說明
1.人員盤點	對於該項技術是否參與對手專利研發的經驗，以及是否參與相關專利經驗的確認，此作業應涵蓋法律、人力資源與研發部門。 法務人員與人資人員對於所研發出的技術內涵是否充分認知，進而提出適切的隔離建議與人員背景盤點程序與查檢項目。 研發人員對於智財的意涵與法律解讀是否體認其嚴重程度，確實配合與落實盤點、隔離等相關程序。
2.研發實驗室的門禁	著作潔淨室的場所隔離，更可能涵蓋廠務、總務、保全、資訊、研發等相關部室的協調整合，訂定嚴謹的進出管制，包含對於門禁授權的管制，以及定期之門禁進出權限、進出記錄之覆核。
3.研發日誌	巨細靡遺地記錄研發各階段的軌跡，且必須符合內容不可修改性、時間戳記等要件。
4.遠端稽核	員工在家連線回公司工作，一直是最方便而即時的應變處理方式，然而卻往往是營業秘密外流的直通車，尤其是研發部門，普遍缺乏遠端連線作業的稽核記錄（audit trail）。

表 14.2　預防營業秘密外洩的方式

情況	說明
一、手機、相機	規定外賓進入公司（至少研發區、廠區）應把（照相）手機、相機交給櫃檯保管。
二、電腦	
1.資料保密政策（date privacy）	將資料依重要性分類，重要資料須強化管理並限制使用人員。最好能做到每筆資料只開放給需要使用的人員讀取。絕對避免將重要資料存放在開放性空間或是網際網路，並定期教育內部人員資料（特別是敏感的客戶資料）保密的重要性。
2.密碼保護（password protection）	落實密碼保護制度，所有內部電腦資源（包括網路和移動設備，如 PDA 等）都應該透過有效的使用者密碼組合登入後才能使用，應用軟體也應有其密碼控管。所有密碼都應定期變更，以防有心者在密碼變更前破解密碼。密碼的長度及複雜度依使用者登入後的權限而定，權限越大的使用者（如系統管理員）密碼的長度及複雜度應該相對增加，密碼變更的次數也應更頻繁。如果單一使用者登入失敗次數過多，該使用者的帳號應該被凍結，登入失敗記錄的機制也應啟動，以利及時發現防禦入侵行為。
3.資料加密（encrytion）	重要資料除了在備份時需被加密外，在日常儲存、隨可攜式媒體被傳輸，以及隨電子郵件被傳遞時都應該被加密。自動硬碟或隨身碟加密軟體可以預防硬碟或隨身碟遭竊後所導致的資料遺失，郵件傳遞時可使用加密包裝（如將附件用 Zip 密碼保護）或透過數位憑證加密的方式，以確保郵件在傳輸中內容不會被竊取。
4.個人電腦	以工作站取代個人電腦，即不准員工上網，尤其是外傳電子郵件。
三、研發實驗室（即門禁）	針對前瞻實驗室等地方實施門禁，一般是採取員工識別證、密碼甚至生物辨識系統（例如按指紋、眼睛瞳孔掃瞄）。

任何時候，只有二位高階管理者能夠接觸。肯德基炸雞拒絕透露二人的姓名或職銜，公司有人設法模擬桑德斯的秘方，偶爾也有人宣稱找到桑德斯原配方的影本，但負責保管的高階管理者說，從來沒有人能夠調配出很接近的配方，因為實際秘方中有些讓人驚異的東西。

14.4 員工競業禁止條款

有些專門技術、營業祕密存放在員工腦中，所以很多美國公司和高階員工簽訂競業禁止條款，要求員工離職後半年不准到同業從事類似工作，這期間公司會給予離職員工一筆補償金，這樣的風潮也吹到了台灣。

一、三項員工守則

瀚宇彩晶協理暨總稽核張麗端建議每家公司、機構在進用新人時，僱用合約內容應該包括保密、競業禁止和智慧財產的歸屬三項重點。

二、緣起

競業禁止條款（non-competitiond clouse）原本只出現在航空業，航空公司為了培訓機師，動輒需要數百萬元成本，如果員工任職未滿一定期限就跳槽，將使雇主投資付諸流水，因而有必要簽署競業條款，約定任職未滿一定期限不得跳槽，否則將處罰高額違約金。

競業條款有逐漸蔓延之勢，從航空業、高科技業、金融業、補教業，連麵包店員工也可能被雇主要求簽訂競業條款。

高科技業或是航空業投下的訓練成本相當昂貴，簽署競業條款的目的就是不希望公司變成「新生訓練中心」。

尤其是晶片設計業，晶片設計人才必須花一年時間才能上手，但是往往學到技術後就被挖角，原公司花一年開發的產品，挖角的企業只須半年就能開發出來，如果沒有競業條款，將無法維持企業核心能力。

三、競業禁止的種類

依員工就職期間可以把「競業禁止」分為下列二種。

(一)在職期間競業禁止

勞基法並沒有禁止員工兼職，但是縱然上班以外時間，如果員工在雇主（公司）對手處兼差，顯有洩漏機密或厲害衝突之虞，公司如有競業禁止條款約束員工，應屬合法有效。

(二)離職後競業禁止

員工對公司的守密及競業義務，在僱用關係終止時便告終了，因此雇主每有對員工離職後一段期間（3～6 個月）競業禁止約定。

四、競業禁止條款的法律效力

在考量企業實務運作並避免競業條款過度氾濫，進而限制勞工就業權，勞委會僅明訂競業限制的職類、時間和地區，提供勞資雙方遵循的準則。

對員工「離職後」的競業禁止，因為公司法上僅有對「在職時」的董事和管理者有競業禁止的規定，所以透過契約禁止員工離職後於一定年限內任職於相同或類似性質公司，以確保公司權益。法院對競業禁止條款的效力也逐漸從原本認定為無效，而轉為在一定原則下（例如，禁止競業期間應給予員工代價金等）承認其效力。

由於離職後競業禁止條款限制員工的工作權，為了兼顧員工的權益，法院逐漸發展出判斷競業禁止條款是合乎公序良俗的五項標準。勞委會 2000 年 8 月間整理法院的見解而發布函釋，判斷標準如下。

1.企業或雇主須有依競業禁止特約的保護利益存在；

2.勞工在原雇主的公司應有一定的職務或地位；

3.對勞工的就業對象、期間、區域或職業活動範圍，應有合理的範疇；

4.應有補償勞工因競業禁止所遭受損失的措施（即代價措施）；

5.離職勞工的競業行為，是否具有背信或違反誠信原則的事實；

後來，又加上下列二項。

6.契約自由簽訂：在跟特定員工簽署競業禁止契約時，應先讓員工清楚明瞭競業禁止約款的目的和意義，並由員工依其自由意志選擇是否簽訂；

7.違約金合理。

勞委會研擬競業禁止契約範本，以保障勞工利益。

因此，國際通商法律事務所律師劉宗欣等建議，公司和員工簽訂競業禁止條款時，必須遵循上述原則，否則該條款將歸於無效而更不利於公司。

五、大霸 vs. 鴻海離職員工

2002 年 8 月，大霸電子公司員工跳槽鴻海，大霸以違反「競業禁止、保密義務」為由，控告前研發工程處劉姓經理等三人，並且求償 1,300 萬元事件。台北地方法院於 2002 年 10 月 16 日判決指出，大霸跟員工所定工作保密合約書條款，在僱用關係結束後，仍然限制勞工就業權利，有損害法律保障勞工權益的目的，因此駁回大霸請求損害賠償的訴訟；大霸雖然敗訴，但是仍可上訴。

大霸電子指出，陳、沈和劉姓等三名被告，原分別擔任該公司的研發工程處資深工程師、主任副理和經理，三人離職後都進入和該公司有同業競爭的鴻海擔任相同職務，違反當時簽訂的就業聘僱契約書，因此對其中陳、沈二人要求各賠償 500 萬元，劉姓員工則需賠償 300 萬元。

不過，被告陳、沈兩人在法院審理中辯稱，都有合法向公司辦理請辭；大霸電子卻不能證明三人至鴻海企業就職對公司造成何種實際損害。

判決書指出，競業禁止條款規定是前雇主原先跟員工的約定，要求員工不得使用或揭露之前工作所獲得營業祕密或隱密性資訊的義務，以防止同業惡性挖角或打擊原公司。該等條款應不得超過合理程度，如果前雇主確有需保護的利益，但是也不宜過度限制勞工權益，如果導致勞工處在困境中，雇主要有填補勞工損害的代償措施。

(一)短期痛

2002 年台灣資訊硬體業紛紛投入無線通訊業，由於明基和大霸是最早投入無線通訊的公司，常常成為同業挖角的對象。

10 餘位大霸研發人員轉赴鴻海任職，大霸高層表示，並不是不准部屬離職，只要工作清單交接清楚，大霸就會同意離職。大霸已經寄發存證信函給離職員工，警告員工注意競業禁止條款的問題。

大霸高層認為，這批員工離職，對大霸來說，僅是「短期的陣痛」，不曾傷及筋骨，大霸 GSM 研發小組人數仍然多達 170～180 人。

鴻海對於大霸上述指控立即予以反駁，鴻海強調，從未向大霸研發單位展開「挖角」，此次大霸部分研發人員已經或有意轉赴鴻海任職，並不是鴻海主動爭取，是該組人員在 2001 年 11 月前主動跟鴻海接觸，何來「挖角」之說。

鴻海認為，人員流動是業界常態，何況憲法保障人民選擇工作的權利，鴻海法務部評估，鴻海在法律上站得住腳。

鴻海表示，鴻海歡迎優秀同業人員到鴻海工作，鴻海絕對尊重同業的智慧財產權，不會有侵權的行為，鴻海絕對不允許轉赴鴻海任職的員工攜帶以前公司的產品、市場資料、研發設計到鴻海。

(二)補辦程序

大霸一批研發人員集體跳槽至鴻海，由於大霸僅要求員工簽下保密條款，面對十多名員工的集體跳槽，當時大霸高層主管無法可用，只能要求這些已經決定轉赴鴻海任職的員工在離職前必須補簽競業禁止條款，才能辦理離職手續，希望藉此激烈手段留下員工。並且在事件發生後，大霸也立刻要求新進員工簽署競業禁止條款，以防止類似事件再次發生。

台灣手機龍頭公司明基，由於過去經歷多次手機研發人員大跳槽的慘痛經歷，也在 2002 年 4 月開始要求新進員工簽下競業禁止條款。

六、不跟進

不過，包含華寶、華冠、奇美電等公司均表示，要求員工簽下競業禁止條款的意義不大，主要是因為不論是遭高薪挖角或是其他原因，員工流動本來就是自然現象，想走的人就是會走，強留也留不住員工的心。在這樣的環境下，不如轉而重視教育員工保密的重要性，在員工進入公司之際，就要求員工簽下保密條款，如此才能徹底保護公司研發成果。

如果強制想離職的研發人員短期內不能在其他公司開發類似產品，競業禁止條款必須配合補償條款，對員工才公平。法律還沒有制定出補償條款，公司不太可能貿然採用這種方法留住員工，反而是對任職超過一定年限的員工，透過發放股票、提高薪資的獎勵條款，還比較可有效留住員工，又不會破壞公司內部氣氛。

一位已經實施競業禁止條款的光碟機公司高層人士就指出，公司實施該條款多年，卻從未控告過離職員工，最主要原因就在於舉證太過困難，光是要證明該員工是否到競爭公司任職就得費一番功夫；而如果是該員工先到其他非競爭公司「過個水」，再到對手的公司赴職，就可規避條款限制。

條款中雖規定離職員工二年內不得到同類型公司任職，但是這個同類型定義又相當模糊。以聯發科挖角下游光碟機公司韌體程式設計人才為例，是否違反競業條款，最後也只能各說各話。由於公司的競業條款未能明確規定，造成離職員工可以從中找到漏洞；如果明確訂定相關細節，又擔心因此會使得優秀人才不願到公司任職。

由於工研院要求員工所簽署的「競業禁止條款」並無法如同企業有明確的懲罰規定，導致該條款形同虛設。而其中原因在於，工研院並無法給員工代償金這類補償措施，也因此只能要求員工不能把機密資料攜出，而工研院對此無法嚴格管理的原因還在於，此舉將使得優秀研發人才不願加入工研院。

註　釋

①部分摘錄整理自賴恩裕，1998 年，第 18～24 頁。

②摘自劉尚志、陳佳麟，2001 年 5 月，第 335～336 頁。

③經濟日報，2003 年 7 月 4 日，第 6 版，潘昭仙、盧柏岑。

④經濟日報，2003 年 12 月 23 日，第 3 版，林杰兒。

⑤工商時報，2002 年 3 月 24 日，第 11 版，蘇立立。

本章習題

1. 舉例說明專利範圍中的「周迅限定原則」。
2. 找二份專利，分析「寬」、「窄」的撰寫方式有何差別。
3. 舉例說明「先前技術」。
4. 舉例說明「獨立項請求」的傑普森式，馬庫西式撰寫格式。
5. 請舉例說明「申請優先原則」。
6. 請舉例說明專利侵權的「假處分」情況。
7. 請舉例說明「禁制令」與「假處分」的差別。
8. 請舉例說明專利侵權行為的判決罰款的明細內容。
9. 請舉一家公司為例，說明其如何維護商業秘密。
10. 請舉例說明公司控告離職員工洩密的情況。

15

技術交易

DRAM 業有結構性問題，因為台灣 DRAM 公司沒能掌握關鍵技術，跟三星等韓系公司間存在技術落差；而且產業長期供需失衡，「任何的經濟只要供過於求就是災難」，早在 1999 年就看到這個發展障礙，因此毅然決然退出 DRAM 市場。（註：1999 年，把德碁半導體出售給台積電）

經過這麼多年，DRAM 產業起起伏伏，但整個總帳算起來，是虧錢的。如果不賺錢的生意為什麼要做下去？DRAM 業是到該「再造」的時候了。

——施振榮　宏碁創辦人、智融集團董事長
經濟日報，2008 年 11 月 18 日，D3 版

學習目標

本章主旨是站在技術交易的動機，如何透過技術鑑價、仲介方式，把技術商業化，以賺取研發利潤。

直接效益

本章很實用，尤其在技術鑑價、仲介二方面。

本章重點

大陸主要技術交易中心。表 15.1

前言　兩把刷子

第三章技術商品化是技術自行運用以賺取行銷利潤，比較偏重自有品牌公司，本章探討**技術商品化（technology commercilization）**，也就是把技術當成工業品出售，賺取技術權利金，這比技術商品化來得容易。

台灣已經逐漸變成技術大國，有能力靠技術直接賺錢，因此本章的意義也更大，不再只是聊備一格而已！

15.1　美台專利成績比一比

由於美國是全球最大市場，所以各國企業在美國取得專利，便可以就近主張其權利（即專利的屬地主義性質），因此全球企業皆積極在美國申請專利。

一、美國十大專利企業

美國商業部專利商標局公布拿到最多專利的十大企業，IBM 以 2,941 件，比第二名的佳能多出六成的數目拔得頭籌，IBM 已連續 13 年奪魁了。①

(一)IBM：「叫我第一名」

1993～2003 年，IBM 已經累積 2.5 萬項專利，主要成長動力來自於隨選運算技術和服務方案的相關專利，包括：電腦系統錯誤復原和故障隔離、工廠規劃作業方法和系統等。

(二)有錢能使人研發

IBM 以專利多，並且收取專利授權費聞名於世。

IBM 旗下的工程師和研發人員約 15 萬人，公司投入大筆研發費用從事能夠申請專利的創新發明。

IBM 對追求專利不遺餘力，加州智慧財產權顧問公司 ICMG 分析師哈里森表示，IBM 的專利項目不僅能自行運用，也可能對其他公司有利。IBM 把專利視為公司資產，不像一般企業只是爭取法律保障而已，IBM 這項策略的附帶產品即是 2002 年高達 11 億美元的權利金收入。

(三)飛利浦申請案很多

全球家電大老飛利浦近年來轉型，研究發展品牌行銷，擁有的專利件數已於 2003 年秋季突破 10 萬件大關，每年也幾乎都從 8,000 件研發成果中挑選 3,000 件申請專利，成為向世界智慧財產權組織申請專利數目最多的公司。

飛利浦家電領域重要的專利包括：CD、DVD、JPEG、MPEG（數位視訊）、氙氣車燈、投影機的 UHP 氣體放電燈和 GSM 語音編碼等，而這些註冊專利每年都以銷售、授權、交換或是合作方式，替飛利浦增加數億歐元的收入，把研發成果轉換成經濟收入，並且再用於投資開發新技術。

二、台灣在美國的專利表現

根據經濟部技術處委託台灣經濟研究院的研究，台灣 2001 年在美國獲得的專利表現如下。

(一)2001 年的成果

根據美國專利商標局的統計，2001 年美國應用專利許可件數成長 5%，高於 2000 年的 3%。由於專利申請的審查和許可需要一年以上時間，因此，2001 年的專利許可代表 1999～2000 年科技業研發經費充沛的成果。

台灣不僅第三年蟬聯全球成長率冠軍，年增率達 15%，總件數 5,371 件為全球第四。雷曼兄弟證券公司分析指出，台灣技術水準現今領先大陸 15 年，而且在專利許可的一些層面，表現遙遙領先許多先進國家，足證台灣科技業已經邁向高附加價值產業，前景十分可期。

就全球分區來看，北美國家占 55%、亞洲 27%、歐洲 8%。

1996～2001 年，台灣一直維持取得美國專利大宗國家（超過 6,000 件）的成長率冠軍，五年平均複合成長率達 23%，遠高於全部美國應用專利的 10%。

經過國內生產毛額常態化之後，台灣的美國專利成長趨勢更加驚人，每 1

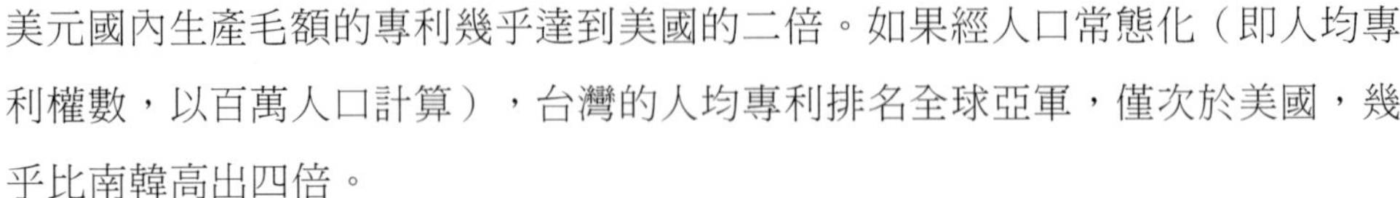

美元國內生產毛額的專利幾乎達到美國的二倍。如果經人口常態化（即人均專利權數，以百萬人口計算），台灣的人均專利排名全球亞軍，僅次於美國，幾乎比南韓高出四倍。

(二)賺不到技術權利金

在各國政府、全球企業把技術研發視同經濟獲利來源時，已躋身全世界專利四強的台灣，代表經濟效益的「技術貿易額收支比」，僅是排名首位美國的1.1%。

美國擁有的專利數目排名全球首位，一度在 1995 年因半導體技術大量輸出，使得技術貿易額收支比在該年上衝到 4.38%，2001 年稍微下降，還有2.75%，日本則逐年走高，以 2.34% 逼近美國。

根據國科會統計，台灣近十年來都在 0.02～0.05%，沒有明顯上升趨勢，也相對於其他五強是過分偏低。

台灣近年來逐步擴增至年年近百億美元的研發投入，讓台灣的專利數目在國際間「書面」上增加很多，卻至今沒有為自己賺到夠多的權利金，也未曾改變台灣為技術淨輸入國的事實。

2005 年 4 月 19 日，由台灣玉山科技協會、工業技術研究院、社團法人中華創業育成協會共同主辦的「Victory 2005 科技創業與投資說明會」中，周延鵬應邀以新創事業智慧資源暨法律策略為題，針對專利環境和智慧財產權現況發表演說。

政府每年花在研究機關（主要是工研院）等非營利事業的預算約為 300 億元，但每年研究機構研發成果所產生的權利金還不到 2 億元，顯示專利和智財環境從源頭就出了問題。

而從企業對待專利與智財的方式來說，不僅沒有從研發部開始研發的第一天就把專利和智財的商品化納入整體考量，加上企業多採專案基礎的方式作研發，專利都是隨意產生，不具連續性，而且技術出現突破後，即交由法務人員處理後續專利申請事宜，也讓專利研發、製程脫節，先天品質已經不良。

以 2004 年來常碰到專利問題的面板產業為例，台灣共有 1.5 萬件跟面板相關的專利，其中 8,000 件跟陣列、Cell 有關，但這些申請的專利都是根基於

3.5 代廠的技術，隨著面板主流已經轉向 5、7 代廠，這些專利也將不適用。

周延鵬表示，先天不良、後天失調的台灣專利是「沒打過仗的專利」，只能光宗耀祖而無防身能力。高科技和傳統產業每年還是得支付國外 1,200 億元的權利金。

也因此，周延鵬呼籲，面對專利和智財問題時，應該以專利能否商品化、對產業的產值影響為優先考慮，其次為侵權官司，企業動輒宣稱擁有多少項專利權反而最不重要。②

(三)偏重製程專利

經濟部技術處處長黃重球指出，2002 年台灣在美所獲得的專利當中，科學關聯度（即平均引用學術文件篇數）僅 0.21，遠低於美國的 4.46、日本的 3.2、德國的 0.99，以及南韓的 0.76。「顯示台灣偏向製程專利，原創性專利仍少。」專利的突破性和未來發展性可能比較低。

1.偏重製程專利的原因

台灣專利的科學關聯度之所以較低，一個重要原因是產業一向多以代工為主要發展方式。這種替人代工的經營方式，使台灣企業的能力都集中在製程和設計。對產品的基本結構、新功能、新產品和新技術觀念等比較基本或較突破性的創新，則受到既定的產品項目、買方設定的規格，以及買方對產品特質的想法所限制，而比較少下工夫，甚至無法下工夫。為人作嫁的方式雖然可以得到相當成功的經濟發展，從技術發展的觀點，台灣卻也因此走上了一條比較難以突破發展的路。許多公司因為做了很大的生意，由於怕得罪這些大買主而不敢發展自有品牌；而沒有自己的品牌，各種較突破性的新產品或產品概念就不容易主動推銷到市場上，公司和研發人員當然就少做這方面努力。

2.偏重製程專利後遺症

從創造專利權的能力這個角度來看，台灣有一些明顯的缺陷。由於許多代工公司都曾得到極高的營業額和利潤，在慷慨的員工入股分紅制度和高股價的情況下，很多人才都流向這些高所得的大型代工企業，結果他們的能力不僅被限制在發展科學關聯性較低的技術，許多寶貴的人才甚至只能從事生產和維修的工作，使其創造能力無法充分發揮。

3.至少有點改善

2004 年 2 月 12 日，經濟部智慧財產局公布「2003 年專利商標申請核准件數報告」，發明申請案增加 13.3%，顯示台灣自行研發能力明顯進步，鴻海精密和工研院再度蟬連十大法人專利申請件數的冠亞軍，明基電通、友達光電申請件數大幅成長。

從專利申請類型分析，發明專利申請核准增加 418 件、新型專利申請減少 13 件，顯示產業研發能力有明顯進步，過去著重於新型、新式樣專利申請的情形已經有改善。

(四)個別公司的表現

2005 年 10 月，《商業周刊》2005 年「專利 100 強」排行榜出爐，這是台灣首度針對專利權所進行的「品質」和「數量」大調查。由《商業周刊》和政治大學智慧財產研究所、台灣大學工業知識科技研究中心主任陳達仁、台灣大學圖書資訊學系主任黃慕萱、工業技術研究院等單位共同製作。

這份排行榜是從美國專利商標局 2004 年專利資料庫中，取出台灣企業專利數量最高的前 100 名企業，再從這 100 家公司，依 15 個產業和 1 個法人機構，進行產業別排行。在產業別排行中，乃先以「優質專利指數」（EPI）和即時影響係數（CLI），呈現各企業專利優質程度，再以「優質技術強度」（ETS）表現質與量的綜合分數。

就科技專利的產業別來分析，鑑於半導體製造的高度技術和複雜特性，半導體製程專利是美國專利分類的第二大宗，占全體應用專利許可的 34%。這項分類號碼為 98 的專利，也是成長最速的專利項目，2000 年成長率為 21%。

台灣持續擴大這個專利項目的占有率，2001 年達 21%，遠高於 1997 年的 14%。聯電和台積電再度顯現其重量級身分，聯電取得 438 件半導體製程專利許可，全球排名第三；台積電取得 395 件，全球排名第四。

15.2 技術商業化

1997 年，《哈佛商業評論》雜誌有一篇文章曾寫到：「現今的優勢往往屬於那些擅長從大規模技術中精挑細選的公司，而不是創造這些技術的公司。」

為什麼如此？因為擁有研發能力和技術的企業，不一定能把技術轉換成商品，形成競爭優勢，反而是那些懂得把技術商業化的企業才能夠取得在產業中領導的地位，企業如何應用技術是企業發展的成功關鍵因素。

一、發明卡拉 OK，卻一毛錢也沒賺到

日本卡拉 OK 發明人，1941 年生的井上大佑，年輕時在兵庫縣西宮市擔任沙龍樂隊鼓手，他從沒想過發明伴唱聲軌和可攜式麥克風有什麼了不起，當然也不會去申請專利。

1980 年，卡拉 OK 已經成為世界性的家庭用語，而井上大佑一毛錢也沒賺到，他和這個產業唯一最接近的關係是推銷克蟑藥給卡拉 OK 包廂。留著馬尾的井上在大阪近郊的辦公室表示，卡拉 OK 機器故障，八成是蟲子引起的。

卡拉 OK，日文原意是「無人伴奏樂隊」，這個概念早在 1971 年井上發明八聲道點唱機前就已存在，而 8-Juke 是一個紅、白顏色的木箱，裝配了麥克風、放大器和八音軌的卡帶播放機，儀表板則用英文標示，以便看起來「時髦」些。

井上以這部原型卡拉 OK 作為無歌手樂隊的鼓音伴奏，在沙龍中接受想唱歌的顧客點歌時播放。後來他又想到，可以藉機器來達到伴奏的功能。

井上說：「我是樂隊裡最差的一個，我完全沒有音樂技術可言，所以他們讓我擔任樂隊經理。我想，為什麼不用機器來代表我們所做的？」

在他的鼓吹下，6 位樂隊成員組成一家叫作「新月」的公司，生產了 11 部伴唱機，並且出租給當地的酒吧，讓想唱歌的人花 100 日圓藉電視機大小的點唱機播放一曲伴奏。這個價錢在當時相當高，但是自得其樂的消費者很捨得花這種錢。

井上說：「沒有卡拉 OK，幾乎不可能像專業歌手那樣在完整的背景樂隊伴奏下唱歌。在以前，那是夢想。」

不到三年，卡拉 OK 開始大行其道，大公司紛紛剽竊井上的創意推出自己的機型。等有人建議他申請專利時，已經為時太遲。井上承認：「我從沒想過申請專利。」

新月公司和大企業奮戰到 1987 年，不斷推出更新、性能更好的卡拉 OK 伴唱機，然而鐳射唱片（CD）技術誕生後，他終於宣布放棄。

井上大佑曾被《時代》雜誌選為亞洲最具影響的人物，跟甘地、毛澤東相提並論。

二、敝帚自珍

欠缺良好的技術商業化規劃，常讓許多原本可以產生巨大利益的智慧財產落得一場空。

一個典型的例子是日本索尼在 1980 年代保護他們自行研發出錄影機技術 Betamax（俗稱小帶），並且不開放授權給其他公司。Matsuhita 發憤圖強自行開發 VHS（俗稱大帶）技術，在 Matsuhita 充分授權之下，索尼的 Betamax 技術慘遭市場淘汰，VHS 躍升為全球業界的標準。

這個例子證明擁有研發能力和技術的企業並不一定擁有競爭優勢，懂得把技術商業化才能取得在產業中領導的地位。這些成功的公司深知成功商業化技術移轉的三大要素：科技、行銷和財務。縱使企業可以獲得關鍵技術，仍然必須結合企業策略和核心作業，開發出具有市場利基的商品和服務，才能落實研發經濟效益。

三、駝著黃金的騾子

根據安侯企管公司（KPMG）2003 年針對 300 家以上歐洲企業所作的調查報告，六成公司並沒有積極尋求從智財中找到營收。英國情況最糟糕，僅 32% 企業知道如何善加運用；德國表現居首，達 57% 善加利用。

2000 年，產業界一年研發支出 5,000 億美元以上，專利授權市場卻僅 170 億美元，顯然還有更多的智財收益來源。

四、三選一

一般專利移轉有出售、授權和允許他人於合資事業中利用該技術等三種方式，企業應仔細評估各個影響層面後，做出最佳的授權方式，以實現專利授權收入極大化的目標。

對於可能成為業界標準的專利，可以採取「非專屬授權方案」，授權多家公司使用，利用該技術拓展資金和市場，並且減低未經授權公司研發出專利迴避設計的可能，但是這麼做的管理費用比較高。

對於擁有核心技術發明的公司以技術出資方式跟其他公司再合資成立公司，享有他人投入的資金，且被授權人只能在合資事業的控制環境下使用該技術，控制權仍然操之在專利權人手上。

(一)出售

福特汽車在進行智財部署時，擬定使用資產的新方法，它把繪圖技術和設備授權給自己的供貨公司，當然這些公司對福特汽車的忠誠度也跟著凝聚起來。

(二)授權賺權利金

1.典型在夙昔的 IBM

像 IBM、德州儀器這類以研發見長的企業，光是一項發明專利就可以坐收龐大的授權金。台灣 IBM 業務諮詢暨系統整合服務部首席顧問卓宗翰指出，IBM 半導體事業部每年申請的專利數目跟台積電相當，專利權利金收入是台積電的十倍，主因在於 IBM 的專利有多項是屬於發明專利，多數半導體公司付錢向 IBM 買授權。台灣企業多半屬於在製程研發改善的新型專利或是屬於外觀設計的新式樣專利，商業化價值以至於收取權金的能力就相對較弱。

2.「有為者亦若是」的荷商飛利浦

飛利浦早在 1960 年代初期，就開始研究光碟這項儲存技術，直到 1980 年代末，才漸漸普及。

飛利浦知識產權及標準部總經理李俊杰說，飛利浦全球擁有 115,000 項專利，每年並提出 3,000 個新專利申請案，排行世界第一。不過外界多半沒有注意到，飛利浦每年默默投資高達 25 億歐元（近 1,000 億元）在研發上，占營收比例超過 8%，光是等光碟片市場成熟就花了二十年光陰，「早期懂得付出，後來就會有成果，這是正循環。」

以光碟片市場作為例子。台灣製造光碟片世界第一，市占率超過八成，年

產值達新台幣 2,100 億元，但各大公司都是跟飛利浦要求授權。[3]

(三)專利證券化

日本經濟產業省為了提高日本企業的產業競爭優勢，2002 年 4 月制定新架構，讓資訊技術和生技公司的專利證券化，把受益憑證出售給投資人。

產業省協助企業促成專利證券化的目的是希望增加企業的籌資方法，並且擴大專利的用途。

專利證券化後，只要有人願意投資，就能一次籌得鉅額資金，中小和新創企業因此容易研究開發新產品。

專利證券化還能刺激企業善用專利技術，日本專利約有 100 萬件，僅次於美國，但是實際供商業用途的只有三分之一左右。專利證券化使專利更容易為企業帶進實際營收，鼓勵企業善用專利。

證券化的架構是先成立**特殊目的公司（special purpose vehicle, SPV）**，以處分企業擁有的專利權。特殊目的公司向使用專利的企業收取執照費，收入視為受益憑證的利息來源，發行受益憑證後對投資人銷售，獲得的資金再付給專利權人。

五、安侯企管的諮詢服務

全球研發服務業正在起步中，其中以研究機構、交易平台、資訊平台為多，技術商業化的平台服務比較少見，而台灣在技術商業化的服務尤為欠缺。

安侯企管公司引進安侯歐洲子公司管理智慧資產和智慧資產的方法和經驗，建立「技術商業化整合性支援服務平台」，提供公司相關服務。這項計畫因為具前瞻性，已經獲得經濟部技術處的補助。

總經理李慶明表示，安侯的平台服務範圍很大，包括：研發流程改進、系統建置、智慧財產如何保管、如何商業化、如何鑑價和如何節稅等，安侯均會提供企業量身訂做的建議和作法。

(一)跨國平台

全球知名的智財方法「智慧財產組合管理」（Intellectual Porperty Portfolio Management, IPPM）主要的觀念在於，用整體、全方位的觀念檢討企業智財資訊、流程、工具和策略運用。其重要課題包括：技術評估、智財受損評估、策略、授權、稅務規劃、策略聯盟、鑑價、經濟分析、法律分析、市場調查，以及授權復原等十一個領域。

安侯企管的「技術商業化整合性支援服務計畫」，透過其服務平台和全球網路互動，把世界級智慧財產智財方法跟台灣公司分享，從中尋找國際合作機會，進而創出技術商業化市場。安侯企管優先選定六項專業知識導入，希望因此能快速提升台灣公司技術商業化相關管理水準。

(二)智財輪

安侯企管有一個智慧財產輪（IP Wheel）來作管理，包括：創新、保護、開發和執行四個階段，透過完善的管理，各公司處於其中哪一個階段，都可以便利的導入管理方案。該公司特別重視客戶的真正需求，依據需求來管理。智慧財產的價值很難認定，這也是為什麼該公司把它叫作「智慧金礦」，也有人把它叫作「你家後院裡的鑽石」的原因，因為挖掘起來很不容易，一旦找到它卻價值連城。

15.3 智財權鑑價

在進行智財權交易之前，買賣雙方皆會想聘請專業、中立、客觀的第三者提出鑑價報告，才不會「公說公有理、婆說婆有理」的各執一詞。

當然，有人說技術鑑價的用途很多，其一是在研發管理時，以實體選擇權定價模型來評估一個（承先）啟後研發案的貢獻。不過，這樣會越扯越遠，智財或技術屬於無形資產，而資產鑑價又有專業課程「公司鑑價」來說明，不是三言二語能夠「說明白、講清楚」的，有興趣者詳見伍忠賢著《公司鑑價》（三民書局，2002 年 7 月）。

本節偏重於外界的鑑價公司和智財管理服務。

一、智財權鑑價以找出「有價之寶」

智慧資產評估的必要性和重要性在於，公司可以藉由智慧資產評估來找出具有商業價值的智慧資產，進行技術移轉，以創造利潤。

二、交易價格

技術鑑價跟技術評估的重點不一，後者比較寬廣一些，技術鑑價主要在於針對技術評估時所得到的資訊計算技術的貨幣價值。

(一)技術評估

對於在技轉交易時的技術評估，要在具有財務實力的角度上，考慮該技術的市場潛力、競爭優勢、技術影響，以及市占率等。

(二)技術鑑價

技術鑑價（technology valuation）尤其是其中的專利鑑價（patent valuation）是技術移轉，技術作價時的重要議題，看了一些這方面文獻，仍覺得「回歸基本」（return to basic）的重要。

智財權是無形資產，而這屬於《公司鑑價》中的一部分。

1.影響價格因素

像 Patrick H. Sullivan（1994）針對一些產業，調查技術移出，移出情況下，針對授權相關因素（例如專屬 vs. 非專屬）去分析技術權利金的決定因素。

2.討價還價空間

在雙方討價還價過程中，最常採取 F. J. Contractor（1981）的最低、最高價來作為「議價區間」。

在決定技術或專利的價格時，則取決於市場潛力、產品價格、技術效益，以及市占率等。亞太智財科技服務公司（ATIPS）董事長林鴻六以技術鑑價的實務為例，一份完整的鑑價報告應該涵括專利、技術、市場等三大角度進行整合分析，以市場潛在價值建立技術價值，客戶往往透過鑑價報告激發許多開發市場的創意和開發新市場範疇。

「貨暢其流」的前提是要有市場和公正的度量衡，如此供需雙方才不會「找嘸人」。智慧財產技術服務業提供智慧財產方面的技術服務，經過政府認證的合格企業至少有 25 家，主要業務分為二項。

三、智財事業化服務中的智財鑑價

中華無形資產鑑價、中華徵信等 11 家公司提供智慧財產的鑑價服務。

(一)智財管理服務

2002 年 12 月，經濟工業局通過 14 家智財服務公司，智財服務業登上「新興重要性產業」之一。

以亞太智財科技服務公司為例，它是一家全方位智財服務公司，可以完全執行工業局定義的 12 項智財服務項目，尤其是在這 14 家智財服務業者，只有 5 家可以執行無形資產技術鑑價項目，亞太智財也名列其中。亞太智財董事長林鴻六表示，近年來專利侵權案例與日俱增，全方位的智慧財產權專業服務在國外行之有年，更是台灣產業迫切所需。1997 年 5 月 1 日，由企業界集資（資本額 1 億元）成立亞太智財，成為第一家就電子、電機、通訊、化學、化工、機械和生物科技等技術，提供專利技術分析、技術移轉、技術鑑價、專利授權、協商談判、專利檢索系統，以及各種前述相關的全方位顧問諮詢服務，藉以協助企業提升核心能力，以因應經營環境的快速變遷。

鑑於智財權市場業務快速成長，亞太智財把營運據點擴及中科院，並且通過中科院審查會，進駐中科院龍園育成中心。除了就近服務中科院廣大研發需求和提供專業鑑價諮詢之外，更可以直接對竹科的高科技公司提供更即時的智財服務。

(二)智慧資產經營管理協會

2004 年 3 月 2 日，中華智慧資產經營管理協會（IPAMA）成立，舉行理監事選舉，推薦中衛中心董事長陳明邦擔任理事長，常務理事長們推選亞太智財董事長林鴻六兼任協會秘書長。

該協會積極籌劃「智慧資產經營管理師」資格認證，逐步提升智慧資產經營管理人員的素質，並且取得國際認同。

陳明邦表示，該協會現階段工作重點如下。

1.第一時間掌握國際間重大技術研發和提供產業研發方向、因應之道；

2.推動兩岸智慧財產權互利交流機制的建構；

3.推動智慧財產權價值評估機制的建立，使智財如同有價商品般易於交易流通和管理；

4.強化智財權所有人跟金融界互信，提振創投公司的資本融通能力；

5.強化大學跟研究機構智慧財產權的交流和整合；

6.強化產業界智慧財產權管理能力，避免智財權流於只繳年費的呆貨，並且活絡高價智財權的獲利能力。

隨著智慧財產權經營管理逐漸受到重視，技術交易的相關活動也日漸蓬勃。舉例來說，yet2.com 在 1999 年成立；日本成立 JTM 以基金會的形式進行技術交易仲介；英國 BTG 以上市公司形式從事技術仲介；大陸成立許多技術交易所，上海也有技術產權交易所等單位。

15.4 智財權交易

智財交易和一般商品交易一樣，可分為下列二種通路形式。

1.有效行銷

即自產自銷，一般有二種方式：網路行銷，甚至開設專屬專賣店，在本節第一段中說明。

2.委託銷售

(1)智財專賣店，在第二段說明；

(2)智財交易中心，比較像股票的櫃檯買賣中心，有上架智財、最近成效價揭示，並且提供買賣雙方議價交易。

一、自產自銷的專賣店

台灣企業的專利人都以防禦為主，所以能多到、有用到拿出來賣的公司並不多。雖然台積電、聯電旗下各自成立智財交易中心，但是比較像新東陽，主要以販售自家的產品為主，而不像統一集團旗下的統一超商以販售各家商品為主。

(一)創意電子的矽智財交易中心

2002 年 6 月，台積電入主創意電子，跨足晶片設計服務。惠普和創意電子結合產官學界的力量，在台成立首座**矽智財交易中心（IP Mall）**，把海內外矽智財集中在一個虛擬平台上，有助於加速矽智財的流通和使用，提升台灣半導體產業在國際市場的競爭優勢。

提供矽智財供貨公司和使用者（晶片設計公司）一個完善的交易平台，讓矽智財透過仲介、交易、加值等交互授權使用的方式，加速矽智財的流通，並且增加智財權的重複使用率。該中心的運作方式是由政府提供初期營運經費補助，希望建立完整的矽智財交易架構和相關機制，創意電子預估在第一期計畫結束後將會有 500 個左右的智財上架，並且開始進行交易。就長遠來看，交易中心的建立，得以協助矽智財朝合理付費發展。

創意公司副董事長石克強表示，創意電子已經完成第一階段的基礎架構，並且從 2003 年底開始交易，第二階段將加入更多的先導技術和智財（例如 0.13、0.18 微米製程的矽智財）。

(二)智原科技的矽智財交易中心

2003 年 10 月，聯電集團透過旗下的智原科技和聯電成立矽智財交易中心（SIP Mall）。

1.台灣最大的矽智財公司：智原科技

智原科技在 1993 年從母公司聯電獨立出來，其宗旨就是為了台灣的矽智財產業紮根，初期著重於 Cell Library 資料庫開發、ASIC 設計服務，而後延伸至記憶、類比、數位智財權、CPU、DSP、Platform 等高經濟價值的矽智財元件的開發和服務，到現在建置矽智財電子交易中心，兼具智財開發者、彙集者和知識管理平台的經營者三重身分。

2.矽智財交易中心

由智原建置的矽智財電子交易中心和矽智財資料庫，以矽智財為交易項目，不僅是一項深具前瞻性、開創性的電子商務營運方式，而且可以促使晶片設計產業發展可重複使用的矽智財元件、制定矽智財標準，進而帶動台灣半導體產業再創高峰。

智原電子服務副總經理李明信指出，該中心有二大主軸，也就是矽智財的資訊平台和品質平台，以標準化、電子化儲存矽智財資訊，以便於矽智財的管理；公司目標是該交易中心建立品質標準和矽智財驗證機制，維持矽智財交易中心的品質水準。

本交易中心的發展目標是 2004 年成為矽智財產業入口網站，2006 年成為矽產業的入口網站，建立以全球矽智財元件資料交換和服務中心，並且藉由網際網路無遠弗屆的特性提供業者服務，縮短業界尋找適用矽智財和相關資訊的時間、成本。

隨著系統單晶片時代來臨，晶片應用層次日益複雜，產品設計開發時程卻仍須時 1～2 年，其中智財元件的重複使用率甚低，以致系統單晶片成本居高不下。如何提高智財權使用率，縮短產品開發時間，已成為產業界致力突破的課題。

李明信表示，本交易所成立後，建立智財收費方式，可以提高智財的經濟價值，也可以降低晶片設計公司的開發成本。這好比蓋房子一樣，不必從一磚一瓦開始自製，而以從矽智財之中採購一些標準化的建材，例如 CPU、記憶體等，就可以加快設計、整合的時間。

智財要能重複使用，其品質很重要。為了建立台灣矽智財品質評比和交換的標準，經濟部委託工研院系統晶片中心，邀集半導體產業代表性公司組成「品質標準制定聯盟」，共同規範並且制定半導體產業界的智財品質相關標準，經濟部技術處鼓勵參與「矽導國家型科技計畫」業界科專計畫的公司，採用「智財品質規範」。

3.將持續擴充智財數目

該交易中心已經採用這套甫第一版智財品質標準來管理交易中心內的智財。李明信表示，智財架上大部分是智原的智財，其餘有國際知名的智財公司 MIPS、安謀等的智財，這些智財均經過品質驗證或是有驗證報告。

該交易中心電子化系統平台的功能包括：智財管理、智財服務、智財交易、智財安全、電子商務基礎建設等項，智財買賣流程和服務流程可以全數以電子化作業完成，甚至還有法律文件供買賣雙方簽約參考之用。

智財供貨公司也可以利用這些功能，管理自己的智財和客戶。舉例來說，智財供貨公司透過智財服務的功能，可以追蹤客戶購買智財的使用狀況；如果技術已經有更新的版本，也可以主動通知客戶，以免影響客戶的產品設計。

李明信表示，我們可以保證網路上的智財都是最新版本。因為智財供貨公司可以隨時進入網站，上傳最新版本的智財，主動通知客戶更新版本，也可以藉由網站的使用者行為分析，深入了解市場動態和趨勢，了解客戶對哪些產品有興趣，並且進行智財維護、更新等售後服務。

該交易中心不只是矽智財貿易商場服務交易平台，甚至以知識管理為核心目標，電子化平台為手段，加速台灣業界對系統單晶片知識技術的交流與經驗累積，從而促使台灣成為全球矽智財主要生產國。

智原總經理林孝平表示，未來幾年智財產業年成長率 20%，市場大有可為，但是由於牽涉到智財權、奈米製程發展的問題，新進者不易跨入，產業走向大者恆大。

智原科技副總經理居禮表示，2003 年 10 月～2004 年 2 月已有 400 多項智財權，有 5 位客戶透過交易所進入設計階段，下一個階段則將配合聯電的奈米製程，導入更多的智財權上架。

二、專業仲介公司：英國 BTG 公司

全球知名的技術投資和開發公司 BTG 集團，透過全球各地創業夥伴來搜尋全球相關潛力研發成果，經過 BTG 專業小組的評估、篩選和加值組合後，再進行全球技術授權或創投業務。

BTG 從技術搜尋、開發到商業化的一系列實務操作方式，包括如運用機會掃瞄工具（opportunity screening tool, OST）、機會強度指標（opportunity strength indicator, OSI）、營運計畫可行性評估矩陣技術等工具，從事技術取得、技術加值開發、機會評估、技術分析、市場機會分析、商業化機會等一系列的評估程序。

三、美、日、中的技術交易中心

美、日、大陸跟台灣技術發展息息相關，其技術交易中心的運作有必要了解。

(一)美國的智財交易所

客戶上網進入矽智財電子交易所就能輕鬆搜尋到品質、水準一流的矽智財，並且可以立即跟矽智財供應公司進一步洽談購買細節。

在美國矽谷晶片設計公司工作的工程師安德生，想找一個 USB 智財元件，以用於該公司設計的晶片上，他連上網進入「www.sipmall.com」矽智財

電子交易所，然後在「關鍵字」一欄中鍵入 USB 的英文字。很快地，電腦螢幕出現了一長串矽智財名稱、規格、製格、等級等資訊，安德生選中了一項最適合的產品，放入他的最愛欄位。

美國技術交易平台公司 yet2.com 觀察到，企業技術授權程序至少需要 2 年的時間，其中尋找適當的合作夥伴就占掉一半的時間。

(二)日本立地中心

日本立地中心 Technomart 推動技術交易市場經驗，歸納出技術交易三個核心支柱：第一為利用展示會、商談會、技術說明會等積極促成面對面談的機會；第二為運用網際網路（e-technomart）提供線上技術交易資訊；第三為運用技術交易從事技術交易媒合工作。

積極強化這三大核心支柱是 Technomart 2004 年度的主要方針之一，另一方面，跟台灣、南韓和大陸等技術交易單位建立交流合作機制也是重點方針之一。

(三)大陸的技術交易

大陸技術交易市場發展相當蓬勃，詳見表 15.1。2002 年技術移轉市場規模人民幣 900 億元以上，以平均服務金額占技轉金額約 7.35% 計算，2002 年大陸地區的技術移轉服務產值達人民幣 66 億元。

表 15.1　大陸主要技術交易中心

名稱	網址
中國技術交易網	http://www.chinatis.com
北京技術市場	http://www.cbtm.com.cn/
上海技術交易網	http://www.stte.sh.cn/
重慶技術交易所	http://www.cqibi.org.cn/
瀋陽技術產權交易網	

根據北京市技術市場管理辦公室表示，北京技術合同成交額達人民幣 221 億元，占全大陸的四分之一，成為大陸最具規模技術交易中心。其中，電子信

息技術、生物工程與新醫藥、光機電一體化、新材料、環保與資源綜合利用等，是交易額前五名的高新技術，上海技術產權交易所統計，上海專利技術交易達人民幣 157 億元的歷史新高。

「深圳國際高新技術產權交易所」（高交所）採用交易商席位制，買方必須透過高交所的交易商代理或自行成為交易商，以找尋投資或實現獲利的機會。買（投資方）方通常是創投、公司。金融機構、投資銀行業者、資產管理公司、金主和其他符合資格的大陸海內外實體。至於項目（技術方）交易商為大學、研究機構，僅可自營出售包括股權或非股權的產權（例如：動產、不動產、經營權）和技術成果轉讓或交易，而不可以代理進行買賣。交易商的身分是多重的，例如，引進更多具潛力的專案以提高投資方的興趣、撮合買賣雙方、為其代理的項目方或為買方進行審慎調查，以及協助推廣高交所。

高交所是大陸第一家以私人股份有限公司形式運作的產權交易所，定位為企業前往創業板或主板市場上市的中繼站。

四、台灣技術交易市場整合服務中心

在知識經濟時代，智慧財產的及時取得和策略運用，已經成為企業經營的重要課題，唯有透過有效率的技術交易平台，提供整合性智慧財產交易訊息和相關交易、商品化服務，才可以降低企業的研發風險和交易成本，以迎接全球化知識經濟的激烈競爭。

智慧財產的有效率運用是國家創新網路效率表徵之一，長期以來台灣一直缺乏這類整合性交易資訊平台。2001 年 11 月 5 日，台灣技術交易市集開幕，積極建立整合性智慧交易訊息，並且和智慧財產技術服務業攜手合作，提供智慧財產交易配套服務。

台灣技術交易整合服務中心（TWTM）由經濟部工業局主導成立，整合技術交易市場的諮詢媒合機制，提供相關技術加值服務，包括：技術專利項目的審核、媒合企業融資和創業輔導等。該中心以會員制方式運作，對會員提供相關技術服務，現階段以技術交易的審查和推廣為主要業務，未來希望能建立專業的交易市集、提供包括不良資產的移轉處理等媒合服務。

(一)功能定位

經濟部工業局成立的台灣技術交易市場整合服務中心主管黃祺雄表示，為了扶植智慧財產技術服務業發展，並且優化台灣技術交易環境，該中心提供免費諮詢的服務方式，各公司可多加利用。

有意購買他人的智慧財產或擬以技術創業而尋求他人投資的團體或個人，經由台灣技術交易市場資訊網把資訊公告在交易網上，藉由資訊網路廣為傳播，由該中心結合智慧財產技術服務業進行媒合。

黃祺雄表示，該中心透過技術鑑價、技術仲介或撰寫營運計畫書等輔導措施來提升技術交易效率。中心資料庫已經收受 6,000 筆以上海內外團體或個人提供的技術或專利項目，供社會各界查閱和運用。

業界有技術要買或賣，請洽詢台灣技術交易市場資訊網：www.twtm.com.tw 或電話 (02)2655-8515 進行交易。

(二)會員制

會員在向整合服務中心或上網提出申請後，即享有各種權利，並且負有一些義務。在權利方面，會員可以免費張貼技術或資金需求公告、可以優先參與技術交易人才培育課程，而服務中心提供其技轉、法務、智財權技術行銷、政府輔導資源的諮詢服務，並且協助引介創投及技術交易服務業會員。會員義務包括：必須承諾配合提供交易成果資訊，必須承諾技術、專利項目無侵權疑慮，並且對技術交易服務業會員負交易保密義務。

(三)服務範圍也包括文化創意

2003 年 4 月 24 日，該中心跟藝奇藝術、得意傳播、華藝數位藝術等文化創意內容公司簽約，TWTM 計畫可以提供的交易型態從技術、專利等技術類智慧財產。

(四)定期辦理技術交易展

每年 9 月底開始一連四天，在台北世貿中心展覽一館舉辦「台北國際發明暨技術交易展」，結合技術展覽、技術商談、國際技術移轉說明會、技術交易服務國際研討會等活動；專利發明展則參考國外類似展覽作法。

(五)不定期辦理的技術市集

為了協助台機企業以合理條件引進日本技術，並且獲得日商鉅額委託生產、共同合作開發第三國市場機會，經濟部技術處、台日經濟貿易發展基金會、交流協會、台日商務協議會、日台商務協會議會，在台北福華大飯店舉辦「台日技術投資商談會」，邀請日本多家知名公司來台提供 300 項技術。

註　釋

①經濟日報，2006 年 1 月 11 日，A8 版，廖玉玲。

②工商時報，2005 年 4 月 20 日，第 13 版，吳筱雯。

③遠見雜誌，2006 年 6 月 3 日，第 172 頁。

本章習題

1. 請進一步比較美國前十大專利取得公司在發明、新式樣、新型三種專利的比重，跟台灣情況有什麼不同？
2. 為什麼美國公司只有二家打入排行榜前十名？
3. 詳細分析 IBM 專利授權收入的內容。
4. 飛利浦有可能成為第二家 IBM 嗎？
5. 惠普有可能成為第二家 IBM 嗎？
6. 鴻海為什麼是台灣企業中在美國取得專利第一名？
7. 分析三種技術商業化方式的適用時機。
8. 台灣第一家技術交易所何時會出現？

16

科技績效評估和修正

以汽車來說，十九、二十世紀時都不知道汽車產業會如何發展，至二十世紀早期，全美國出現 2,700 家汽車公司，經幾十年變化，九成九公司倒閉，只剩通用、福特、克萊斯勒三家。現在通訊、網路及媒體娛樂等高科技用品仍在變化中，「我自己就打 Skype，完全不會打普通電話」，然而這些巨變，這股產業趨勢，要歷經 20 年才會塵埃落定。

——約翰・奈斯比（John Naisbitt） 趨勢大師

經濟日報，2008 年 5 月 22 日，A5 版

學習目標

技術控制很重要，本章提供短、中、長期衡量方式，而且具體可操作，可說是理論與實務兼擅。

直接效益

實用技術存量、生產力、報酬率的衡量方式，讀完後便立即可派上用場，甚至可以不用聽老師上課講解了。

本章重點（*是碩士班程度）

1.公司的策略績效指標。表 16.1

2.機器產能、技術利用率的比較。表 16.5

*3.技術能力衡量。表 16.6

*4.技術能力產出的衡量單位。表 16.7

*5.實用技術存量的衡量方式。表 16.8

*6.技術能力的內容。表 16.9

7.技術投資金額、費用科目。表 16.16

8.技術投資報酬率的衡量方式。表 16.17

前言　大處著眼

「一分耕耘，一分收穫」、「十年寒窗沒人問，一舉成名天下知」、「自古無場外的舉人」，這些俚語都指出科技管理的投資總會「一翻兩瞪眼」地面臨攤牌，看看是否划算。

既然公司靠技術決勝負，因此技術「績效和修正」的控制最後層級就該提升到董事會。

一、技術控制的三項功能

技術績效評估（technology performance review）屬於管理活動中控制中二大項目之一，目的至少有三。

1.論功行賞（controlled），即透過獎罰的控制型態來影響員工行為，

2.檢查（checked）公司的健康狀況；

3.策略修正（challenged），尤其是針對策略所根據的假設（整個產業都有的共通想法稱為產業典範），如果打破傳統，則稱為典範移轉。

二、技術績效評估

科技管理無法立竿見影的大賺錢，但是也不見得「吃到最後一口才知道蛋整個壞了」，因此中間有二道里程碑績效，即第三、四節討論短期績效，第五

節說明中期績效，第六節介紹財務績效。

16.1 策略控制在科技管理的運用

「策略控制」（strategic control）是企管中的新領域，也是繼 1980 年代策略管理邁入企管知識的主流後，在策略管理程序三階段中最後也是發展較少的領域。

一、傳統控制理論的缺點

傳統（traditional 或 classic）控制理論視策略管理為下列二者。

(一)視策略管理為組織層級控制中的一環

依組織層級來分，控制可分為下列三個層級。

1.策略控制（strategic control）

由經營者、高階（事業部主管以上）管理者處理。

2.戰術控制（tactical control）

由中階管理者負責，例如事業部等營運計畫達成率。

3.作業控制（operational control）

例如每月的預算、進度（schedules）的檢討。

(二)視策略為一系列的計畫

把策略看成一系列投資案（project），所以需要經營者、高階管理者的控制、干預，以確保策略正確執行，達到正確結果。

傳統策略管理因為有下列缺點，所以才有新的策略控制學說提出。

1.比較把策略擬定的假設視為理所當然；

2.在績效指標的選擇上傾向於採取單一指標（例如獲利率），以免失之主觀或難以衡量，但是這可能造成中高階管理者短視近利；

3.當（策略）資訊處理能力不足時，錯誤或誤導的資訊會造成目標、衡量標準和衡量方式設定得亂七八糟；

4.無法適當考慮策略跟結果間的不確定性、複雜性、變化和時差，也就是在因果關係不明朗的情況下，回饋修正機制的效果將大打折扣。

二、二種主流的策略控制學說

為了彌補傳統控制制度的不足，1980 年代以來有準則、焦點連結二種主流的策略控制學說提出，把控制的重點集中於造成關鍵成功因素的核心能力上。

三、短、中、長期的績效指標

由表 16.1 可看出，我們依時間水平把績效評估的對象區分出來。

表 16.1　公司的策略績效指標

時間	短期（一年以內）	中期（一至三年）	長期（三年以上）
種類	里程碑（或管理）績效	財務績效	（股票）市場績效
衡量指標	・論文發表 ・專利技術能力、新產品開發率、新市場開發率、市占率	純益率、投資報酬率、資產報酬率的趨勢	權益報酬率、股價（股東財富的代表）、股票報酬率

四、策略績效指標

就跟哈伯望遠鏡是地球的前進觀測站一樣，功能之一在於提早提供「彗星撞地球」的預警資訊。同樣地，策略績效指標便應該具備此項功能，以便診斷策略執行是否達到策略目標，本段重點在於討論策略績效指標和績效衡量。

策略管理的文獻對於策略是否允當，往往從結果來看，也就是「策略適配」（strategic fit）程度。衡量「策略適配」的方法之一，是以長期來看，如果企業能生存、成長，則足見策略適配很好；反之，如果是失敗（例如撤資）、萎縮，那麼可以說是企業對「環境適配」（environmental fit）不佳。

然而，誠如經濟學大師凱恩斯的名言所說：「在長期，我們都死了。」上述衡量方式雖可作為策略績效的評估方式之一，但是卻不適合作為策略控制的工具，因為很可能「來不及啦！」為了解決此問題，因此需要採取里程碑策略績效指標（strategic performance indicators）作為策略控制的績效評估工具。

(一)EMC 技術落後，虧損意料中

美國料資倉儲業者 EMC 銷售不振，已使 EMC 股價從 52 週的高點 99 美元跌到 2001 年 1 月底的 13 美元，也使 EMC 的問題暴露無遺。EMC 的部分問題跟經濟衰退無關，而是出於自己踏錯步。EMC 死抱陳舊的設計太久，利用過於極端的手段爭搶訂單，並且董事會有太多創辦人的親信，執行長杜奇（Joseph Tucci）想要扭轉頹勢，需要的不只是經濟回春。

更糟的是，EMC 的技術已經落後。多年來，EMC 體積大如冰箱的 Symmertrix 磁碟系統售價超過 100 萬美元，號稱全球效果最佳，但是價格比 IBM 和日立資料系統公司的產品高二、三倍；IBM 和日立的產品品質更好，售價卻低很多。部分捨 EMC 而改用 IBM 產品的顧客也說，IBM 的管理軟體功能比較好，服務收費也低很多。

連鎖雜貨零售商漢納福德兄弟公司（Hannaford Bros.）資訊長霍馬說：「EMC 把銷售不佳怪罪給景氣，實際情況是，市場情勢已經出現根本的變化。」霍馬八年來是 EMC 的顧客，但是 2001 年起改用 IBM 產品，他說：「我喜歡 EMC，而且更換系統是一大傷害，但是 IBM 的技術較佳。最重要的是效率，不是成本，IBM 已經迎頭趕上 EMC。」

(二)由技術軌跡來看

製造業的關鍵成功因素在於成本（含良率）、品質（主要是規格），而如果技術領先則大可確立競爭優勢。由技術軌跡，拿自己公司和產業平均水準、對手甚至產業技術標準比，就可判斷自己公司技術領先幾年。

我們以晶圓代工中的台積電為例，主因是它的技術軌跡很明確，而且由於知名度高，報導特別多，大家耳熟能詳，卻對它的產品皆很陌生。

底下的說明只是舉例（即下列各公司認知略有不同），以通用製程（此外還有低功耗等約六種製程）、良率 95% 時來說明，由圖 16.1 可見二個特色。

1.緊盯標竿英特爾

台積電以英特爾為標竿，不求跟英特爾在製程精細程度（即奈米）上並駕齊驅，但求不要落後一季以上，惟有如此，才能接到超微（英特爾最大對手）的訂單。

2.領先對手半年以上

為了避免對手（特許、聯電、中芯國際）死纏爛打，台積電依序領先下列對手的時間為：領先特許一季、聯電二季、中芯三季以上。如此才可接下賽思靈等追求極先進製程的訂單。

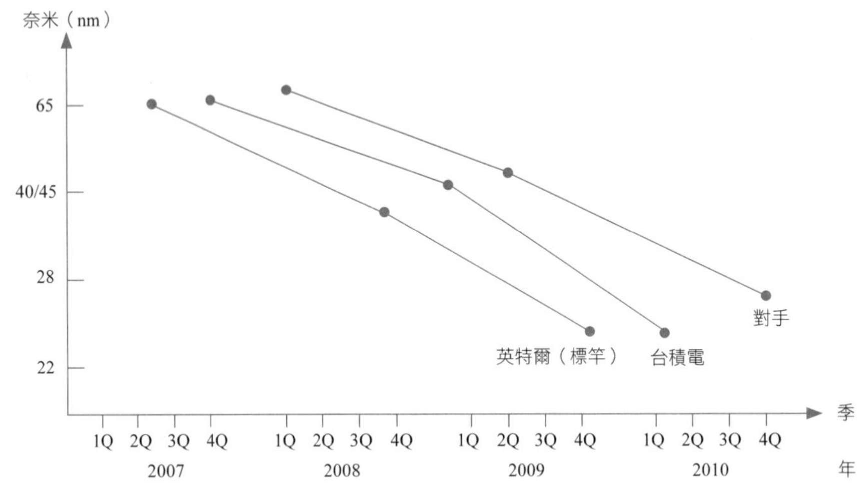

圖 16.1　台積電先進製程進程

五、科技管理的短期績效

短期內只看管理績效，或稱**「里程碑績效」（milestone performance）**，至於包括哪些變數、如何衡量，則視策略目標而定。例如，成本領導策略比較強調生產力、技術能力；有些學者稱這種非財務性的績效衡量方式為「策略控制」（strategic control），不過本書不打算採取這麼狹義的定義。當然，也可以把幾個績效指標加權平均計算而求得績效指數，作綜合衡量的工具。

養兵千日，用在一時，但是為了擔心到時拿不出來，因此軍隊、消防隊常常演習，假戲真做。同樣地，既然研發人員是知識工作者，在知識變成商品之前，可能便先有原料、半成品產生，因此，論文、專利權等客觀外部數字往往用來作為科技管理的短期績效指標。

六、極短期的研發進度控制

研發進度控制是最常見極短期戰術控制指標，三個月內要看到研發達成第一項指標，六個月後達到第二項，一年後要達到第三項，這些指標定義清楚。當這些專案越來越成熟，要使這些專案越來越市場導向。例如，研發專案剛開始時只要達到概念或技術層次的指標，當越接近產品發表時，這些指標可以是市場測試和客戶接受程度等。定期檢討研發組合的流程，分析達成指標的程度，例如如果有二次沒有達到指標，專案就必須停止，這是最難下決策的部分。

七、組織層級和控制型態

從最適控制幅度的觀點，一般來說，每一層級對自己可能採取行政控制。對下一層級（例如，表 16.2 中母公司對事業群或地區總部）有可能採取行政控制或財務控制；至於對於下二級單位，由於「天高皇帝遠」、鞭長莫及，比較可能採取例外管理，尤其是其中的危機管理。

表 16.2　各上級單位對自己、下級單位的控制型態

層級＼控制單位	事業部	子公司	事業群	母公司
母公司、（全球企業）總部				行政控制和文化控制
事業群、（地區）總部			行政控制	行政或財務控制
子公司		行政控制	行政或財務控制	危機管理
事業部	行政控制	行政或財務控制	危機管理	—

對於絕大部分公司來說，文化控制很少是唯一的控制型態，它只是補強行政控制、財務控制的一種方式。

(一)研發部組織層級

對一個大型公司的研發成果績效評估，分為研發部、專案小組和研發人員三個層級。特別是專案小組層級，從原理研究、實用研究、產品開發、產品測試各個階段性小組，具有不同的任務和人員結構，考核的重點各不相同。負責原理研究的小組，應該考核其是否能掌握一個領域的研究方向；負責實用研究的小組，考核其是否能利用新技術提出新功能或解決技術難題。當然，產品開

發跟產品測試的小組也有很大的不同，彼此不能混為一談。

(二)考核程序

研發部的考核可由公司的企劃部來負責，由公司的高層根據相關部門提供的資訊作為考核指標。考核的流程通常包括：研發部目標的制定、進行評估和意見溝通三個環節。

(三)個人目標

對研發人員來說，一般要設定業績目標和能力發展目標，業績目標由專案團隊目標分配到個人，能力發展目標則是研發人員根據高績效研發人員的能力模型結合個人興趣制定出來的，並且自訂達到該目標所採取的行動計畫。對研發人員的考核可以採取個人自評和上級評核相結合。

八、口頭報告的頻率

上級對下級控制頻率，主要取決於二項因素，詳見表 16.3。

表 16.3　董事會對經理、事業部的控制頻率

（單位：次）

情況 上對下	正常情況	異常情況
董事會對		
1.總經理室	月	週
2.事業部	季	月
3.直轄功能部門和董事長室	月	週
總經理對		
1.總經理室	週	日
2.事業部	月	週、日
3.功能部門	月	週

(一)是否達成目標

正常情況下（目標達成率八成以內），董事會大抵不會把管理階層逼得太緊，以免下級喘不過氣來。唯有異常情況，董事會才會越級關切事業部、功能

部門如何恢復正常，此階段可說是留校察看期。

(二)組織層級

對於下二級單位，例如事業部、功能部門，在正常情況下，董事長大抵透過報表了解狀況；頂多只是一季請一級單位主管、主管報告一下。

九、公司各層級對經營績效的責任歸屬

控制的對象是依「課責」（accountability）來分，不同組織階層的權責如表 16.4 所示。雖然職掌說明書（job description）中不見得會說得很清楚，但是只要假以時日，董事長、總經理、事業部主管都會清楚自己的責任區域。

表 16.4　公司各層級在策略控制上的責任

角色／層級	對內角色		對外角色
	對下策略控制	對其他子公司	
董事長	以財務績效為主 以核心能力等為輔	衝突處理	股權式策略聯盟
總經理	焦點在核心能力里程碑績效如下。 ・生產：不良率 ・業務：客戶滿意程度 ・經營：市占率	同級協調、整合	非股權式的公司級策略聯盟
事業部主管		同級協調、整合	非股權式的事業部級策略聯盟

16.2　技術產能

在說明技術生產力之前，可能你不會覺得技術「產能」、能力、能量（technology capability）是個有意義的觀念，因此，必須先說明如何衡量公司擁有的技術能力。

一、技術存量的衡量觀念

(一)存量

技術是種無形資源，既然是資源，就可能衡量其存量、流量。具體比喻更顯清楚：一部 A4 影印機一分鐘能連續印 A4 紙 60 張，這就是影印機的產能。由表 16.5 可見，公司技術也有其產能。

表 16.5　機器產能、技術利用率的比較

產能種類	性質	舉例
機器產能	有形資產的存量	無形資產、能力的存量
技術產能	1.2009 年聯電的產能利用率 80% 2.2009 年觀光旅館上市公司住房率 68% 3.資產周轉率	詳見表 16.7、表 16.9

(二)知識能力從技術能力延伸

前面是「以實就虛」的比喻方式，「以虛喻虛」的說明技術能力。技術能力在生產管理、科技管理領域已經有 40 年的歷史，因此觀念更成熟，詳見表 16.6。

(三)衡量單位

技術是種投入，跟其他的原料、材料一樣，在計算生產力時，產出（output）有二種衡量方式：量、值，各有其優缺點（詳見表 16.7）。

以直接人工的產出衡量來說，「人均附加價值」是比較好的衡量方式；以實物產量作為衡量單位，最討厭的是當產品售價大幅下降，遠超過生產力的提升，此時人均產量增加反而不划算。

表 16.6　技術能力衡量

	技術能力	學者
一、衡量	technological assessment	
二、存量		
1.存「貨」	technological inventory technological capability	
2.能力	例如。 1.研究人員數 2.研究經費	Pfeiffer 和 Metze（1989） 例如。 1.公司，Tremblay（1994） 2.開發國家，Bell 和 Pavitt（1992）
三、分析		
1.實用 BCG 分析	1.technology protfolio 2.technology market portfolio、technology balance sheet	 Pfeiffer etc.（1982）
2.貨幣化衡量（evaluation）	1.資產面的應用潛力 2.負債面的績效潛力	Specht 和 Beckmann（1996）、Hartmann（1999）

表 16.7　技術能力產出的衡量單位

衡量單位	量	值		
		銷售值	生產值	附加價值
實例	人均產量	人均營收	人均成本	人均附加價值
評論	例如，裕隆汽車每人、每年平均生產 10 部車，缺點是無法計算報酬率，以了解划不划算	不適合作為生產力的衡量，因為有可能只是需求面造成價格飆漲	可以免除人均營收的缺點	適合作為公司生產力衡量，因為扣除供應公司的貢獻（即原物料）
適用人士		公司外部人士，因為缺乏公司內部資訊	公司內部人士	公司內部人士

二、技術存量的衡量

技術存量可以用量、值方式衡量，由表 16.8 可見二種衡量方式，底下將詳細說明。

表 16.8　實用技術存量的衡量方式

衡量單位	(1) 學歷（年）　(2) 專業資歷（年）	(3) 維護因子
一、數量衡量（physical measurement）	=[(1)+(2)×(3)] 1.大學：4，1～40 年 2.碩士：4 （1 年折算大學 2 年） 3.博士：12 （1 年折算大學 3 年）	訓練、研討會時數 121～144 小時 1.5× 102～120 小時 1.4× 81～100 小時 1.3× 61～80 小時 1.2× 49～60 小時 1.1× 36～48 小時 1× 24～35 小時 0.8× 23 小時以下 0.6×
二、貨幣衡量（value measurement）類似人力資源會計觀念	=(1)+(2)+(3) 1.大學　114 萬元=2.2 萬元×13 月×4 年 2.碩士　73 萬元=2.8 萬元×13 月×2 年 3.博士　187 萬元=3.6 萬元×13 月×4 年	1.訓練費用（含薪資） 2.研討會費用（含薪資） 3.專業報刊費用

註：×代表倍數（multiplier）。

(一)只考慮三項因素

公司技術主要為隱性知識，而這主要儲存在員工身上，因此我們用學歷、專業資歷、維護因子等三項來衡量單一員工的技術存量。至於公司（或部門）的技術存量則是三者的總和，只是數量、貨幣衡量方式時，此總和的計算方式不同。在貨幣衡量時，最容易清楚，我們說一位 F16 飛行員值 1 億元，那是把學員薪水、訓練費用加總累積計畫，代表空軍對飛行員的投入、投資。

(二)那麼其他因素呢？

我們也想把技術存量涵蓋技術手冊、專利權數等公司記憶，但是碰到難以量化的難題，至少有下列二項值得考慮進來。

1.有機器設備（含電腦軟硬體）才能做實驗，這部分可用貨幣來衡量。

2.購入的技術（移轉），至於自行研發的技術則可以採取成本加成法入帳。

三、技術存量的實物衡量方式

「薑是老的辣」、「辣椒不在多，夠辣一顆就夠了」、「我走過的橋比你走過的路多」，這些俚語足以形容以「年」作為衡量公司技術存量的實務單位。

(一)學歷

學歷常用來作為個人的潛力，例如，加拿大蒙特婁市研究中心專案經理 Pierre J. Tremblay（1999）就提出此論點。只是在表 16.8 中，我們做了一個質變數的假設，即以大學學歷作為標準物，碩士班修課一年折合大學二年實力、博士一年折合大學三年實力，隱含從薪資水準來倒推此假設。

(二)專業年資

在此強調專業年資，電子博士在創投業當副總三年，才到晶圓代工公司上班，前三年工作資歷往往不被晶圓廠視為年資。

Tremblay（1999）的標準更嚴格，專業指的是能創造技術創新的資歷，例如研發、技術部，如果整天都只是處理例行訂單（他的研究對象是紙漿廠），數十年如一日，則不能算得上功力深厚。由表 16.9 中第 3 欄中的「規模」一項便可看出。

表 16.9　技術能力的內容

內容	人力	（技術）研發生產力或公司對技術研發的承諾
名稱	人力資產或人力資源能力（human resource capabilities 或 competencies）	組織能力
指標	1.博碩士員工數／產能 2.博碩士員工數／員工數 ・學歷：個人的潛力、Tremblay（1994、1997、1998、1999）研究指出，這對生產力成長的解釋能力不高	1.規模：研發員工數／員工數 2.密度：研發的頻率（次數） 3.角色：研發的活動，包括障礙、排除、產生、執行 4.責任：員工覺得對研發的責任額 ・申請專利權數目（patenting），這是衡量創新的代理變數

資料來源：整理自 Trembaly (1999), pp.805~806，本書把技術「變革」一詞改成研發。

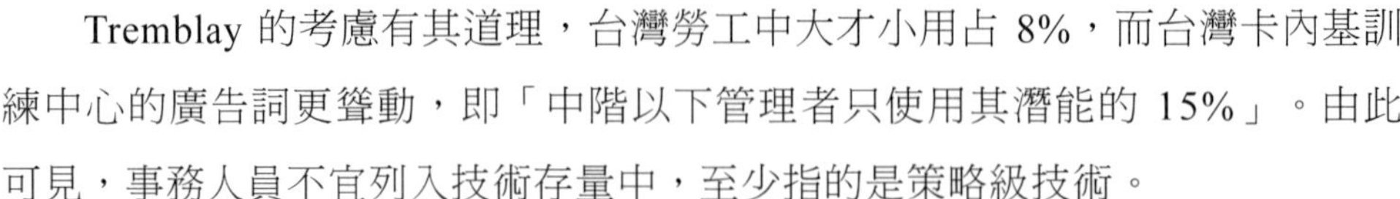

Tremblay 的考慮有其道理，台灣勞工中大才小用占 8%，而台灣卡內基訓練中心的廣告詞更聳動，即「中階以下管理者只使用其潛能的 15%」。由此可見，事務人員不宜列入技術存量中，至少指的是策略級技術。

(三)維護因子

就和機器設備得維護保養才能永保如新一樣，同樣地，員工也得透過訓練、參加研討會、參訪等方式，以避免能力衰退。在表 16.8 第 3 欄中，我們加上維護因子。

16.3 論文發表

研發導向的製造業、服務業在研發過程中（獲得專利前），研究人員往往有機會發表研究成果，對個人、公司皆有提升形象的助益。

少數公司、大部分大學和研究機構會以作者生產力來衡量員工績效，常見的定律有三，依序為布萊德福定律、洛卡定律和齊夫定律，這屬於教育、資訊、圖書館學領域。

至於哪些期刊才被承認，爭議不大，看看台灣大學圖書館架上便八九不離十了。此外，依期刊等級分為三分、二分，甚至一分。有些還增加「花紅」，即論文如果被（該作者以外）引用次數超過 20 次，還追加分數。

＊小心科技研究的論文

三位學者（Neal S. Young、John P. A. Ioannidis、Omar Al-Ubaydli）在 2008 年 10 月 7 日公布的研究〈Why Current Publication Practices May Distort Science〉中指出，權威學術期刊的錄取率往往低於 10%，學者為求刊出，只好投期刊審核委員所好，因此，最後刊登出來的論文就可能偏頗。常見的失真（造假是最嚴重的失真）如下。

1.報喜不報憂

科學期刊往往傾向刊登「正面」而非「負面」的研究結果，例如 2008 年年初有一系列提交給美國食品暨藥物管理局（FDA）、關於抗憂鬱藥物效果的研究，最後刊登出來的研究成果幾乎全部都是證實這些藥物有效，顯示這些藥物效果是負面或無效的研究幾乎都沒被登出來。

2.譁眾取寵

各期刊越來越傾向於刊登特別的論文，尤其是那些「有話題性，且可透過重印銷售而獲利」（publicity and profitable reprint sales）的文章。

經濟學中的**「贏者詛咒」（winner's curse）**是指買家付出比實際價值更高的代價，才能贏得拍賣。例如拍賣一處油井，雖然每個競標者估計的油藏價值不同，但把所有競標者的出價平均後，將會接近該油井的真實價值，但得標者卻須付出比該油井實際價值更高的代價才能勝出。

在科學實驗中，大多數實驗的結果平均後，也將會接近真實結果，但現實世界裡卻是更極端、更特殊的實驗結果才能刊登出來，然而這些被刊登出來的結果卻未必接近真實結果：1990～2004 年，49 篇最常被科學家引用的論文中，有至少四分之一不是跟後來的實驗結果相牴觸，就是被證實為誇大。①

16.4 以專利權數來衡量創新績效

創新績效（innovation performance）衡量方式中尤其是對於石破天驚創新（radical innovation 或 radicality of innovation）的定義、衡量方式還莫衷一是。不過，芬蘭赫爾辛基大學工程博士 Ritta Katila（2000）認為，像生物科技產業，應該以專利權和 10 年專利被引用數來衡量其石破天驚的程度。

一、專利的重要性

2002 年 9 月 18 日，英國《金融時報》報導，根據美國專利商標局的預測，2002 年美國專利申請件數成長率可能不到 1.3%，遠不及過去幾年來動輒二位數的成長幅度。由於專利申請一向被視為一國生產力的重要指標，這項預測的結果對美股、美元和貨幣政策都將造成重大的影響。

儘管 2001 年以來美國經濟陷入十年來首見的低潮，美國財經官員和民間經濟分析師始終對該國生產力維持強力成長抱持堅定的信心，並將此視為支撐美國經濟復甦的定心丸。

美國專利申請在 1990 年代後期加速成長，從 1996 年之後每年成長率大都保持 10%。在此同時，美國生產力成長率也不斷擴張，不少經濟分析師把此歸功於研發的成果展現。如果羅根的預測果真準確，美國生產力成長恐怕將隨著萎縮。一旦這股支撐力量喪失，美股、美元價位勢必面臨強大的下跌壓力，美國聯邦準備理事會有可能調整當前寬鬆的貨幣政策，以防止物價上揚。

著有許多專利創新相關研究論述的舊金山聯邦準備銀行經濟研究員威爾森表示，專利申請成長下滑並不一定會立即影響到生產力成長。大多數的經濟分析師都已經認定，研發支出、專利申請跟生產力三者之間存在「密切」的關聯。

聯準會副主席佛格森在一場演說中，公開駁斥專利申請跟生產力之間有直接的關聯，他表示，雖然牽涉的原因相當複雜，但是他相信，美國生產力的強力成長還會持續好一段時間。

二、台灣情況

智財權已經成為衡量科技創新能力的主要指標，觀察高科技產業的專利權消長，近年來聯電專利數量明顯下滑，可能跟聯電轉而追求專利品質，積極轉型為控股公司，採轉投資晶片設計公司的策略有關。

該所針對聯電、台積電和鴻海三大民營企業所累積的專利數統計，1992～1995 年積極擴廠，並且大幅累積專利數的聯電，仍以約 3,700 件專利，領先台積電約 3,500 件和鴻海的近 3,400 件專利，排名第二。

近年來聯電新取得美國專利數持續下滑情況，鴻海每年仍以取得 550 件以上的新專利數成長。鴻海於 2006 年躍居台灣專利數最多的公司，台積電仍將保持第二名，工研院第三名、聯電掉到第八名，形成專利排行榜大逆轉。

三、專利品質——專利引用研究和應用

由專利核准數觀察，僅能以量的角度衡量，其遞增的現象是否也代表台灣產業創新能力的遞增研究顯示，需同時由質的方面加以考量。由於專利的本質是獲得發明和創新技術的合法性，其文獻的特性跟一般的學術文獻有所不同，例如美國專利文獻中均會註明此專利引用的先前技術和引用到美國或國外專利等資訊等。

(一)專利引用專利文獻

專利引用分析（patent citation analysis）是使用書目計量學（bibliometrics）的方法分析專利文獻被引用的情形及其相關的資訊，在此稱為「專利計量學」（patent bibliometrics），利用此以建立各項專利指標，以評估各項產業及各國或各公司的（產業）研究發展活動現象。這是目前國科技政策研究單位積極進行的重要工作之一。

在知識經濟的時代中，每天至少產生超過 2,000 件的專利文獻，且每一篇文獻中，均引用（cite）一些更早的專利文獻或資訊。同樣地，新產生的專利申請人在申請專利文件中引用先前技術文獻，稱為 Applicant Citation（AC）；當專利申請通過時，以美國專利為例，在第一頁會標明此專利所引用的關鍵先期技術，此項引用稱為 Examniner Citation（EC）。

專利引用數（patent citation number）是一項專利被往後的專利或非專利文獻所引用的計數。以美國專利為例，平均每篇申請的專利中，大約引用過去五到八篇專利文獻和一篇專利以外文獻，這專利以外文獻是指學術上的科學文獻（scientific literature）。另一方面，平均而言，一項專利從出版到被引用大約八年甚至更久時間，而且有 70% 的專利文獻不被引用或僅被引用一、二次，而被引用六次或更高次數的專利僅占 10% 左右。

然而，由於專利的本質、特性跟學術論文獻不同，其被引用的目的或程序和學術論文獻被引用的情形即有所差異。另一方面，由於專利文獻引用的分析資訊的可用性，已經激起大家使用書目計量學建立分析技術，從過去技術報告文獻分析演進到專利文獻引用分析。

專利文獻引用分析是專利引用分析為基礎的專利研究，主要探討文獻中所連結引用的專利文獻情形，專利文獻引用分析已經被當作一項衡量技術品質與影響力的指標。例如，專利文獻引用到的先期技術是一項重要的指標，當一專利文獻被高度引用（5、10、15 次或更高）時，代表這專利包含著一項領先的重要技術，這項重要技術被往後許多的專利所應用或加強其功能。

(二)專利分析的用途

分析專利引用情形，可以評估被引用的專利的品質和影響力，而且可以分析引用和被引用的關聯性，包括各國、公司或各領域之間被引用的情形等。比較重要的專利分析應用如下。

1.鑑定尖端技術活動力

如果「專利被引用次數越高，代表這專利具有特殊價值」的假設成立，則尖端技術可以被鑑定出來。在 Narin 和 Olivastro（1988）的研究中，以日本汽車、電子、影像等產業為例，發現這些產業的尖端技術在美國專利中均被高度引用，尖端技術跟高度引用有顯著的關聯性。

2.衡量各國專利被引用的成果

如何衡量一個國家的專利被引用的成果呢？在過去研究中，大多以 The Top Decile 前十大引用績效比率（Citation Performance Ratio, CPR）來衡量，其中 Top Decile 是指專利被引用超過 10 次以上。引用績效比率是指一個國家的專利在 Top Decile 的百分比。

所有專利在 Top Decile 百分比的比值，即：

CPR = $TD - n\%/TD - all\%$

其中，$TD - n$：第 n 國家的專利在 Top Decile 的百分比

$TD - all$：所有專利在 Top Decile 的百分比

3.建構技術的關聯地圖

技術地圖是由高度被引用專利和其相互關係的專利所建構而成，它可協助評估公司或國家在各個領域中的相對地位與關係。這個訊息也可被使用來追蹤（keep tracking）最熱門（hot）的技術領域。假如一家公司的專利被其他公司引用許多次，它將被顯示在分類區域中的中心地方。如果沒有個別的公司被顯示，代表這項專利技術沒有被任何一家公司所應用。

利用共同引用（co-citation）的分析，和分析的結果繪製成專利地圖，檢驗出某項技術相關聯的領域發展，以及使用共同引用字語（co-word）和分類技術建構以專利為基礎的相關地圖等。這項研究以荷蘭的科技研究中心（Centre for Science and Technology Study, CSTS）的研究最具成果。

4.競爭資訊

專利引用分析也常被使用作競爭資訊工具，在 Narin 等人（1984）的研究中，已經使用專利引用數目以評估該項產品技術和公司間的競爭優勢等。

在美國，有專門的顧問公司提供公司技術的資訊，以提高其資訊服務的價值。此服務是以「有系統的監視」（monitoring）政府公開的研究和專利文獻為基礎。

5.連結科學文獻

專利引用的情形可能引用到專利以外文獻（non-patent references, NPR's），有多少專利引用有關基礎科學研究的論文呢？這項研究可以顯示有關專利文獻引用科學論文的情形，了解各領域專利和基礎科學間的關係。Noyons 等人（1984）探究有關雷射醫學上，技術跟基礎科學間的介面及其關係；Hicks 等人（1986）分析出在美國專利中，化學領域的專利有 40% 引用基礎科學論文，而物理領域只有 13%。Narin 和 Olivastro（1988）研究發現，有關美國和歐聯（EPO）的專利中，將近有 100 萬篇的科學論文出現在歷年來的專利首頁上，美國專利中，近十年的專利文獻引用科學論文的現象有倍增（三倍）的現象，而歐洲的專利並沒有顯著增加。另一有趣的現象是：在二系統被引用的科學論文中，特別是生物醫學方面，將近 75% 科學論文來自某一基礎科學機構所發表的文章，顯示此項產業的專利技術大多依賴這家機構的基礎研究。

四、專利引用相關指標和應用

專利和專利的引用分析已經廣泛地應用在衡量各國產業的創新和各項活動分析等，在這過程中建立許多相關的技術指標，以作為衡量的依據。對於建構技術指標的工作，美國專利文件提供了重要資料來源，其中包括專利引用到美國和國外的專利、科學文獻。CHI 研究公司提供美國專利被引用的基礎分析，並且提供九項指標資訊，以利研究者使用。

(一)專利引用指標

技術指標最為常用的有下列六項指標。

1.高度引用的專利

產業技術指標最基本的一項是技術品質和影響指標，是這專利被往後專利引用的次數，高度被引用的專利（highly cited patents）是一項相當重要的指標。一項專利被往後的專利高度引用，代表它具有相當的重要性和關鍵性，這

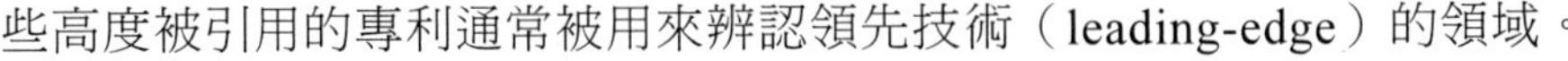
些高度被引用的專利通常被用來辨認領先技術（leading-edge）的領域。

2.科學文獻引用的數目

專利被科學論文引用（number of non-patent links, NPLs）的資訊是一項重要指標，可用來建立專利技術跟科學領域間的連結。

3.技術衝擊指標

4.當前衝擊指標

5.技術週期時間

6.技術強度

(二)CHI 研究公司三大類指標

美國 CHI 研究公司已經建立美國專利資料庫中的分析基礎資料和相關指標資料庫，使研究人員能夠從資料庫中加值分析具有意義的現象。

CHI 研究公司所發行的資料庫，根據美國專利整理分析出相關的指標，共有三類九種指標，已於第七章第七節中說明過了。

由 CHI 公司的資料顯示，在「專利成長百分比」指標項目，1993～1997 年中，成長比最多的領域是：生物科技類成長率 89%、醫學電子類 73%、「電腦與其周邊」81%。科學連結是計算專利在專利首頁中引用學術文獻的平均數目，其中以生物科技類最高，有 14.4 篇；其次醫學類 7.3 篇、醫學電子類 2.2 篇。

由於當前影響指標的計算方式比較複雜，在此作簡單說明。以計算 2010 年的值為例，一家公司在 2005～2009 年五年的專利數和全世界的專利數，如表 16.10 所示，公司和全球被引用數、每年平均每篇被引用數，如表 16.11 和表 16.12 所示。

表 16.10　A 公司和全球專利數

	2005	2006	2007	2008	2009
全球	71,662	72,860	81,954	76,542	95,530
A 公司	104	250	125	180	285

表 16.11　A 公司全球專利被引用數

	2005	2006	2007	2008	2009
全球	35,312	36,854	50,765	40,970	52,635
A 公司	62	130	65	102	165

表 16.12　每年平均每項專利被引用數

	2005	2006	2007	2008	2009
全球	0.49	0.51	0.62	0.54	0.55
A 公司	0.60	0.52	0.52	0.57	0.58

表 16.13　A 公司和全球專利被引用的比值

	2005	2006	2007	2008	2009
A's Citation Ratios	1.21	1.03	0.84	1.06	1.05

由表 16.12 可以算出 A 公司和全球專利被引用的比值，如表 16.13 所示。將此比值當作計算 A 公司每年被引用的比重（假設為 W_i），可以計算出 A 公司 2005 年之當前影響指標值為：

CII（A 公司 2010）= $\Sigma W_i \times$ 每年專利數／每年專利總數

其中，Σ代表累加，由 2005～2009 年的累計數。由上式計算得出當前影響指標值為 1.04，代表 A 公司於 2010 年的影響力，即專利平均被引用 1.04 次。

以專利作為基礎的指標，常被用來作為技術產出（technology output）的指標，適當方法來計算專利基礎指標，有關計數程序的問題如下：專利局的選擇、參考數據的選擇、專利組別的選擇等。為了避免統計數據偏差，至少有專利家族、優先登記年、發明國家等方法。由於專利保護和公司策略息息相關，同一專利會重複在不同國家登記的情形，所以用「專利家族」來把它們整合起

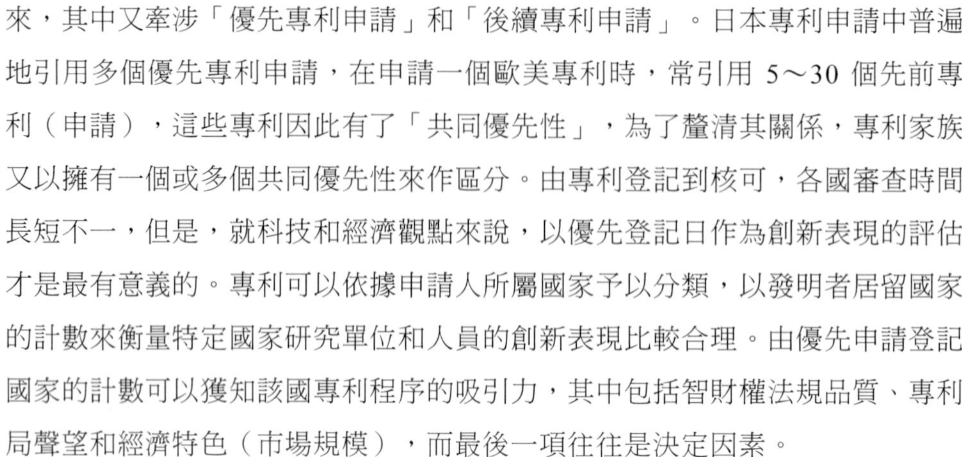

來，其中又牽涉「優先專利申請」和「後續專利申請」。日本專利申請中普遍地引用多個優先專利申請，在申請一個歐美專利時，常引用 5～30 個先前專利（申請），這些專利因此有了「共同優先性」，為了釐清其關係，專利家族又以擁有一個或多個共同優先性來作區分。由專利登記到核可，各國審查時間長短不一，但是，就科技和經濟觀點來說，以優先登記日作為創新表現的評估才是最有意義的。專利可以依據申請人所屬國家予以分類，以發明者居留國家的計數來衡量特定國家研究單位和人員的創新表現比較合理。由優先申請登記國家的計數可以獲知該國專利程序的吸引力，其中包括智財權法規品質、專利局聲望和經濟特色（市場規模），而最後一項往往是決定因素。

五、專利的限制

專利指標雖然被視為最接近「創新產出」的衡量代理變數，不過，受限於不同企業或產業對申請專利傾向（或偏好）存在極大的差異性，加上大多的專利指標反映的是創新過程中的「發明階段」，對於商業化後階段的經濟價值與衝擊則付之闕如。Keith Pavit（1982）也提出同樣的觀點，他認為研發資料低估小型公司的創新產出。至於書目計量指標，通常反映的是基礎研究變化的型態，而不是創新過程。這些指標的限制，主要來自技術和創新內涵複雜度高，只有多面向指標才能完整描述其現象，任何單一指標僅能反映部分現象，無法反映全貌。

(一)遺珠之憾

雖然專利被許多學者和企業界公認為比較具有代表性的指標，仍然有許多缺點，例如，某些創新活動的成果在主客觀條件的考量下並不會訴諸專利權的保護。

(二)品質無法客觀評估

對於專利品質的認定仍然缺乏客觀標準，表 16.14 中由專利律師角度來看專利品質。

表 16.14　專利律師如何看專利品質

層面	品質低	品質高
一、市場面（動機）：專利的市場價值	或許這個專利容易抓到侵權者，也不容易被同業迴避設計；但是市場很小，假設發明 1 顆螺絲，但一年賣不了 10 萬顆，市場性相對有限，專利的價值也相對有限。	專利訴訟最重要的一點就是在控告對方時，要證明自己因為對方侵權而蒙受的營業損失，如果不能證明有重大損失或是營業上使用的價值，如果影響營業收入越大的，當然專利價值就越高。
二、工程面		
1. 容易迴避設計	有一種專利，雖然很容易抓到侵權者，但卻也很容易迴避設計，不是有價值的專利。 例如，手機輸入方式是常見容易被迴避設計的部分，特別在大陸有很多白牌手機，模仿大公司的手機輸入方法，假設原廠是 3 個鍵就可以輸入成 1 個字，白牌手機有時只要多一個步驟，就可以迴避專利，那麼專利價值就不高。	但如果任何第 4 步驟，非得經過前 3 步，那麼這個手機輸入法專利，就是關鍵性的好專利。
2. 容易抓侵權	有些技術很好，但是太高深，要蒐證，再做技術比對不容易，雖然就技術觀點是好專利，但是專利價值分類來看，要做複雜的專利技術還原工程，就算不上好專利。因為要證明對方是抄襲自己的專利，反而要讓自己花費很大的還原工程，到法院要花很多時間來舉證，在價值上不能算是好專利。	看起來很簡單，跟侵權者技術一比對，各步驟立即顯而易見，很容易抓到侵權者。這種最基礎、關鍵的專利是最好用的專利。

資料來源：整理自經濟日報，2008 年 6 月 4 日，A15 版，單寶荃。

(三)有專利，但不見得賣得到錢

台灣在美國取得的專利數量已居全球第四名，但是所收取的權利金卻排名全球第十五名，顯示台灣公司的專利品質仍有待提升。

智財世界無法用算術來衡量火力，研發人員為了業績把一個專利拆成三個專利申請，並不是新鮮事，所以專利越多，絕不等於武器越強。

熟稔智財保護的律師幾乎都說，一個好的專利，絕對勝過數十個沒什麼攻擊力的專利，重點是要如何取得專利界中的「血滴子」？老闆們應該趕緊檢查一下手中的專利庫，是否足夠應付每一場專利戰爭？同時別再花錢「保養」沒用的破銅爛鐵。

(四)技術銷售，3‰（千分之三）比 3% 的魔咒

台灣的專利授權比率約 0.3‰（或稱千分之三），美國約 3%；由此可見，台灣公司的專利「賺不到錢」。

$$專利授權比率 = \frac{專利授權數}{專利核准數}$$

16.5 創新產品營收

不論是產品或製程技術，到最後一定會反映在產品營收，尤其是產品製程更明顯。在本節中，我們先由大來看小，由 OECD 1970 年代的創新指標來看創新產品營收和總營收比重。

一、OECD 版創新指標的演進

鑑古知今，由 OECD 版創新指標的演進，可以知道各階段衡量內容、方法的優缺點，進而給未來開路。1970 年代，OECD 提出了具體的科技指標（Science & Technology Indicator, S&T 指標），用以衡量已開發國家的科技水準。各國紛紛以 OECD 1967 年提出的 Frascati 手冊為標準，作為該國科技資料蒐集、調查和統計的指南。其主要內容如下。

(一)層級

由小到大分成四個層級：企業（包括大學、研究機構）、產業、國家和國際（例如 OECD 30 國）。

(二)傳統研究方法

投入產出分析（input-output approach）是把科技活動視為投入和產出的過程，利用投入跟產出間的關係來分析科技水準、生產力等。這些衡量方法中，最常用的科技指標主要包括二類。

1.投入指標（input indicators）

主要衡量一個投入研發的程度，例如：研發經費和研發人員數。

2.產出指標（output indicators）

主要衡量研發的產出，包括：專利、科學論文篇數、技術貿易額、創新營收占總營收比重等指標。

(三)創新營收比重

1.「創新營收」是指公司改良新產品的營收，必須考慮公司規模、研發成效、對基礎研究的親近性和競爭優勢；

2.「創新性」參數是創新方程式的剩餘值，考慮上述科技、組織、文化與環境等以外部分。「創新性」參數如同「總因數生產力」的角色。

傳統的科技投入和產出指標大都出現在各國科技統計要覽，例如，日本科學技術協會每二年一版的「科學與技術指標」、美國國家科學基金會二年一版的「Science and Engineering Indicators」、台灣國科會每年出版的「科學技術統計要覽」。

傳統科技指標廣被引用，不過因為仍存在一些衡量上的限制，所以在解讀國家科技水準或創新能力時，仍需了解指標的背景限制，才能作正確的判斷。

二、技術創新調查

2001 年，國科會企劃處和經濟部技術處委託輔仁大學，在 2001 年 8 月～2002 年 7 月之間調查 10,000 家 6 人以上的製造業和服務業，了解其在 1998～2000 年間投入技術創新的情形，詳見表 16.15。

依據調查的結果發現，技術創新的產品對企業營收的貢獻度 18%，其中製造業為 24.1%、服務業為 13.3%。

企業從事技術創新的比重有多少呢？超過一半的企業有創新的活動，34% 引進新製程，略高於推出技術上新產品的 28.2%，22% 同時進行新產品和新製程的創新。

創新的成功率如何呢？大約 46.5% 有成功的技術創新活動。而製造業（48%）成功的比率高於服務業（44.9%）。進行製程改良的公司中，59% 使成本降低，64% 增加產能，二者合計超過 100%，多出的部分代表同時產生成本降低及增加產能的功效。

表 16.15　技術創新調查

項目	全體	製造業	服務業	說明
有技術創新活動	50.2	51.1	49.3	
有技術創新活動（20 人以上企業）	63.7	68.3	58.6	以企業員工人數加權
推出市場上為技術創新產品之收入占 2001 年營業額比率	3.02	4.56	1.08	
推出對公司而言為技術創新產品之收入占 2001 年營業額比率（20 人以上企業）	9.8	13.4	7.0	
非技術創新產品占 2001 年營業額比率	82.0	75.9	86.7	

成功的技術創新者有何特色呢？其產品開發和製程開發者多半為公司或是公司所屬集團；有成功推出新產品的企業中，66% 是由公司或集團內部進行研發工作；而成功發展新製程的企業，也有 57% 是由企業自行研發相關技術；有技術創新產品的企業，64% 以台灣為主要市場，其中製造業為 49%，服務業為 89.8%。②

技術創新調查

國際間技術創新調查（community innovation survey, CIS）於 1990 年由歐盟發起，其主要目的是蒐集各會員國在技術創新過程的投入產出與效益等資料。目前歐盟已進行三次技術創新調查，正著手規劃第四次（CIS4）。

三、美國 3M 的創新營收目標

美國 3M 公司每年研發 500 多種新產品，公司目標是年營收的 30% 必須來自近四年內研發的產品，可以知道新產品為其生命泉源，注重革新的精神讓它在 1989～2008 年連續 20 年名列美國《財星》雜誌前十大最受敬佩的企業（most admired corporations）之一。

16.6 科技管理的財務績效

「殺頭的生意有人做，賠錢的生意沒人做」，不管有多少冠冕堂皇的理由，公司對科技管理的投資如果無利可圖，恐怕就會改弦更張，甚至半途而廢。

一、財務績效的範圍

財務績效常見的指標，依序為投資報酬率、（股東）權益報酬率和股價（用以衡量股東財富）。我們討論科技報酬率，至於權益報酬率也可以如法炮製。首先我們想先把股市績效幹掉。

在美國，財務管理皆是「以（股）價看人」，也就是以股價高低來衡量上市公司執行長（董事長制時為董事長、總裁制時為總裁）的經營績效，一看不行，便慘遭撤換，像刮鬍刀霸主吉列公司執行長霍利便是一例。2000 年，美國前二百大企業中便有 39 位（約占二成）執行長下台，比 1999 年的 23 人還高。

二、技術投資金額

技術投資金額（the accounts of technology investment）或技術費用（technology expense）是不同的觀念，前者是資產負債表中的資產，後者是損益表中的費用科目，但是皆可再詳細細分。

(一)依會計科目分類

由表 16.16 可見，跟你我唸大學一樣，科技管理至少有五大類的科目。以個人考碩士班來說，技術移轉權利金費用便是升研究所補習班費用。

研發（部門）費用列入本來就沒有爭議，這裡把部門二字括號處理的原因是有些公司有研發之實，但是卻沒有設立研發部門、技術管理（部門）費用，道理相同。

表 16.16　技術投資金額、費用科目

會計科目＼技術製程	取得：把技術視為原料	處理：創造、儲存	產出：產出、傳遞
一、資料採購費	（進行資料探勘等）		出版（例如技術手冊）
二、技術移轉權利金	√		
三、人員訓練費用	√（尤其指外訓）		例如內訓（會研討會）
四、研發（部門費用）		√	
五、技術管理（部門）費用		√	
・軟體	在資本租賃、貸款購置情況下，需要把利息資本化		
・硬體			
・員工薪資			
・通訊			

技術是有壽命的，雖然稅法上有規定各項資產的折舊期間（例如美國專利權 15 年、電腦軟體 5 年），但是正確作法是採取經濟壽命，往往比稅法的規定短。6 年技術進步一倍，或技術價值打對折，那麼一般技術投資的經濟壽命「最多」12 年，未來只會越來越短。特定產業（例如研發、商品化期間往往長達 15 年）、特定項目其經濟壽命須視個案決定。

1.折舊方法

在內部報表時，不必拘泥於稅法上的直線、加速折舊方法，也可視技術衰退方式來決定折舊方法。

2.依技術製程分類

依照技術製程來區分技術投資金額，可由比重分配進一步進行經營分析。假設技術取得占八成投資金額，尤其主要是來自向外購入技術，長久以往，這樣的資源配置會導致「倚賴外源」，跟檳榔樹一樣根吃土太淺，很容易被颱風吹倒，甚至下盤不穩，造成土石流。

反之，如果產出部分的費用占五成以上，那可能員工流動率太快，一直忙著訓練新兵、老鳥教菜鳥，這不是好事。

所以，最佳比重分配是呈橄欖形，例如「20%（取得），60%（轉換），20%（產出）」。

(二)費用資本化的處理方式——技術資產的鑑價

無形資產、能力的鑑價並沒兩樣，有市價法（併購價、技術移轉）、內部方法，在此處，我們採取目標利潤法（俗稱成本加成法），只是有二點必須深入討論。

1.費用「資本化」

以資產入帳的技術投資（例如電腦硬體）本來就沒有爭議，唯有稅法上規定以費用出帳的科目，在公司管理會計上才有必要採取〈16-1〉式方式轉換為資產。

（當年技術費用金額 + 利息支出）

現值總額

即利息資本化

×(1 + 資產報酬率)

= 當年技術資產價值（value of current technology investment）……〈16.1〉

2.用什麼作為獲利率

既然技術是種資產，那麼用資產報酬率來作獲利率可說允當。這又可分為二種情況。

(1)事前

在 2005 年度預算的，採取預期資產報酬率。

(2)事後

年度財報編製後（例如 2010 年 4 月時，2009 年財報出爐），則採取資產報酬率。此時把技術價值作為財報的附註，稱為「市值基礎的財報公告」（value reporting）。

(三)把主觀價值也以貨幣表示

有家企管顧問公司提出技術獲利指數（technology profit index），來衡量實施科技管理後的有形、無形獲利總和、技術費用的比值。

有形獲利是指導入科技管理後的新增營業利益；無形獲利是事前由公司董

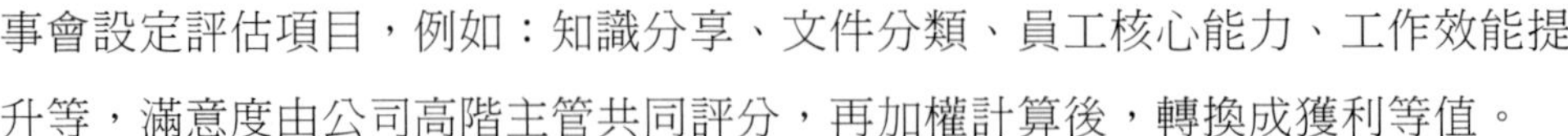
事會設定評估項目，例如：知識分享、文件分類、員工核心能力、工作效能提升等，滿意度由公司高階主管共同評分，再加權計算後，轉換成獲利等值。

(四)折舊期間

宜以經濟壽命為準。

三、技術投資報酬率

連商譽等無形資產的價值、研發的投資效益都可衡量，那麼，比研發廣的技術投資報酬率（return on technology investment）也就沒有「筆墨難以形容」的道理。

技術報酬率比較像廣告（尤其公司形象廣告），往往有遞延效果，因此不是只有一種計算方式、一個數值罷了，至少有下列二種分類方式。

(一)短期 vs. 長期

「邊際收入大於邊際成本」的經濟決策準則連沒唸過大一經濟學的人都能朗朗上口，換另一種說法，這可以稱為偏生產力，只是現實中很少出現實驗室中「變動一項變數，其他情況不變」的理想狀態。

此外，技術是累積的，而且往往有門檻效果，未達門檻時便放棄，便像「為山九仞，功虧一簣」中所說的，可能以前都白忙了。

基於這二點，表 16.17 中的短期、年度（硬砍一刀）、邊際分析，意義可能不大。

(二)依組織層級區分

技術投資的經費分配依組織層級，至少可分為公司、部門（事業都、功能部門）、專案小組（或實務社群）、個人。因此，理論上可計算出四個層級的技術投資報酬率，據以分析哪些單位的投資划算，以做好資源配置。

表 16.17　技術投資報酬率的衡量方式

期間＼價值來源	年度（邊際分析）	加總
一、收入增加，大都偏向 1.產品創新 2.其他	（新增營業利益／年度技術費用）3 億元 舉例（3 億元／1 億元）－1＝200%	折現率：加權平均資金成本（累計創造營業利益現值／技術投資總額現值） （30 億元／10 億元）－1＝200%
二、成本降低，大都偏向 1.製程創新 2.其他	（費用支出減少／年度技術費用）	（累積成本降低金額現值／技術投資總值現值）

註　釋

①摘修自商業周刊，1092 期，2008 年 10 月，第 146 頁。

②摘錄自卓越雜誌，2003 年 11 月，第 53～54 頁。

本章習題

1. 以一家公司為例，其技術績效衡量方式，最高管理單位層級為何？
2. 以一家公司為例，說明其科技管理的作業控制、戰術控制和策略控制。
3. 以表 16.1 為基礎，舉一家公司為例。
4. 以圖 16.1 更新，有何變化？
5. 以表 16.5 為基礎，舉一家公司為例來說明。
6. 以表 16.6 為基礎，舉例說明。
7. 以表 16.8 為基礎，舉一家公司為例來說明。
8. 舉例說明引用績效比率（CPR）。

國家圖書館出版品預行編目資料

科技管理／張保隆，伍忠賢著．－－初版．－－臺北市：五南，2010.10
面；　公分
ISBN 978-957-11-5971-3（平裝）
1.科技管理
494.2　　99006656

1FR2

科技管理

作　　者 — 張保隆，伍忠賢（207.4/31.3）
發 行 人 — 楊榮川
總 編 輯 — 龐君豪
主　　編 — 張毓芬
責任編輯 — 侯家嵐　余欣怡
封面設計 — 盧盈良
出 版 者 — 五南圖書出版股份有限公司
地　　址：106台北市大安區和平東路二段339號4樓
電　　話：(02)2705-5066　　傳　　真：(02)2706-6100
網　　址：http://www.wunan.com.tw
電子郵件：wunan@wunan.com.tw
劃撥帳號：01068953
戶　　名：五南圖書出版股份有限公司

台中市駐區辦公室/台中市中區中山路6號
電　　話：(04)2223-0891　　傳　　真：(04)2223-3549
高雄市駐區辦公室/高雄市新興區中山一路290號
電　　話：(07)2358-702　　傳　　真：(07)2350-236

法律顧問　元貞聯合法律事務所　張澤平律師

出版日期　2010年10月初版一刷
定　　價　新臺幣680元